高等院校材料专业“互联网+”创新规划教材

压铸成形工艺与模具设计

（第2版）

主　编　江昌勇

副主编　沈洪雷　姜伯军

参　编　丁　旭　李丹虹

主　审　赵占西

内容简介

本书是2012年9月出版的《压铸成形工艺与模具设计》一书的第2版。本书在导论部分将压铸的工艺过程与特点、压铸的应用及发展、典型压铸模的设计基本要求及设计流程、本课程的学习任务与学习方法等做了详细介绍。全书共分11章（除导论外），分别为压铸原理及工艺参数选择、压铸合金、压铸机、压铸件设计、压铸模的结构组成、浇注系统及排溢系统设计、成形零件和结构零件的设计、推出机构设计、侧向抽芯机构设计、压铸模材料选择及技术要求、压铸模CAD/CAE技术简介。附录中列出了压铸模设计范例、压铸模结构实例及分析、压铸模设计相关标准目录、与课程内容相关的部分网络资源站点。

本书设有本章要点与提示、导入案例、本章小结、关键术语、练习题、实训项目等模块；全书提供了较多的案例，采用了大量的插图和表格，同时灵活设置了特别提示、实用技巧、拓展阅读、学以致用等模块，增加了教材的生动性和可读性。

本书可供材料成型及控制工程专业使用，也可供机械类相关专业及高职高专模具专业选用，还可供模具企业工程技术人员参考使用。

图书在版编目(CIP)数据

压铸成形工艺与模具设计/江昌勇主编. —2版. —北京：北京大学出版社，2018. 1
(高等院校材料专业 “互联网+” 创新规划教材)
ISBN 978-7-301-28941-9

Ⅰ. ①压… Ⅱ. ①江… Ⅲ. ①压力铸造—生产工艺—高等学校—教材 ②压铸模—设计—高等学校—教材 Ⅳ. ①TG249.2 ②TG241.1

中国版本图书馆CIP数据核字(2017)第266971号

书　　名　压铸成形工艺与模具设计（第2版）
Yazhu Chengxing Gongyi yu Muju Sheji
著作责任者　江昌勇　主编
策划编辑　童君鑫
责任编辑　黄红珍
数字编辑　刘　蓉
标准书号　ISBN 978-7-301-28941-9
出版发行　北京大学出版社
地　　址　北京市海淀区成府路205号　100871
网　　址　http://www.pup.cn　新浪微博：@北京大学出版社
电子信箱　pup_6@163.com
电　　话　邮购部62752015　发行部62750672　编辑部62750667
印 刷 者　北京溢漾印刷有限公司
经 销 者　新华书店
787毫米×1092毫米　16开本　21.75印张　502千字
2012年9月第1版
2018年1月第2版　2023年6月第5次印刷
定　　价　52.00元

第 2 版前言

压铸成形与塑料注射成型、金属板料的冲压成形并列为材料三大成型体系。压铸产品应用领域的多元性推进了压铸行业的快速发展。现代压铸生产中，最终产品（压铸件）的质量是与压铸模、压铸设备和压铸工艺这三项因素密切相关的，其中，压铸模最为关键。“压铸成形工艺与模具设计”是一门应用性、实践性很强的专业课，它的主要内容都是在生产实践中逐步积累和丰富起来的，并且相关知识和技术一直在不断更新。同时，随着高等教育形势的发展，课程建设与课程改革面临一些新情况、新问题，课程教学也有一些新要求。经过编写组讨论，为了动态反映压铸成形工艺与模具设计领域的最新技术和最新动向，在保持原有体例的基础上，编者对《压铸成形工艺与模具设计》一书进行修订，博采众长，将最新的技术成果及教学体会补充进来，以最大限度地提高教材的适应性，更好地为教学服务。

本次修订内容主要包括以下两方面：

(1) 结合教材内容，精选了大量的教学视频、动画、高清实图等，可以通过二维码链接对应的学习资源。

(2) 对部分文本和插图进行精致化处理。

① 替换部分图例，以进一步加深读者对知识点的认识和理解。

② 增删部分文字表述，进一步完善某些具体知识、内容，融入最新的知识、最新的技术进展。

③ 对文字表述及插图的不足、不妥之处进行了修订。

本书的编写遵循学生的知识建构规律，根据所属学科性质确定编写内容的深度、广度和重点，突出实用性和实践性，注重对学生学以致用的能力进行完整的训练。本书具有以下主要特色：

(1) 基于模具设计流程串联融合教学内容，突出实用性和实践性，强化工程观念，既利于教又利于学。

(2) 着眼于对实践情景的模拟，精选有实用价值的技术参数、设计方案和实践案例，采用大量的插图和表格，图例丰富，图文并茂，有利于读者从工程实践角度对知识点的理解。

(3) 灵活设置特别提示、实用技巧、拓展阅读、学以致用等多个模块，既能更好地说明某些知识点，又有助于增加教材的生动性和可读性。

(4) 全面引入最新国家标准及行业标准，名词术语规范统一，充分利用和筛选各种资源及技术成果，吸纳新知识和新型实用技术，使学生学而有用，学而能用。

(5) 通过评析来源于生产实践一线的设计方案及结构例图，实现理论知识学习与设计实践的有效衔接。

(6) 结合教材内容，精选了大量的教学视频、动画、高清实图等，可以通过二维码链接对应的数字资源，既丰富了教学手段，又拓展了学习途径。

本书由常州工学院江昌勇担任主编并负责全书的统稿及修改，具体编写分工：导论、第 4～9 章及附录 3、4 由江昌勇编写，第 1 章由贵州大学丁旭编写，第 2～3 章由常州工学院李丹虹编写，第 10～11 章由常州工学院沈洪雷编写，附录 1、2 由常州明顺电器有限公司姜伯军编写。

本书由河海大学赵占西教授担任主审。

在本书的编写过程中，编者得到有关兄弟院校和企业专家的大力支持和帮助，并参考了各类有关图书、技术资料、学术论文及网络资料，在此一并表示衷心感谢。

由于编者水平有限，书中难免有不当和疏漏之处，恳请使用本书的教师和广大读者不吝赐教，以便修正，以臻完善。

编　者

2017 年 10 月

第 1 版前言

压铸是最先进的金属成形方法之一，是实现少切屑、无切屑的有效途径，应用很广，发展很快。压铸成形技术与塑料注射成型、金属板料的冲压成形并列为三大材料成型体系。压铸行业是现代机械制造工业的基础工艺之一。我国的压铸工业经历了半个多世纪的发展，已成为一个新兴的产业。

压铸生产的基本要素包括压铸机、压铸模、压铸合金、压铸件结构及压铸工艺参数。作为压铸生产过程不可缺少的工艺装备之一——压铸模，它的功能是双重的：赋予熔化后的金属液以期望的形状、性能、质量；冷却并推出压铸成形的制件。模具是决定最终产品性能、规格、形状及尺寸精度的载体，模具技术是综合性、实践性很强的一门学科，也是近年来飞速发展的学科之一。

本书是作者在多年从事压铸模具设计的教学、科研及生产实践的基础上，依据应用型本科材料成型及控制工程专业人才培养目标与规格的要求，参考国内外大量有关压铸成形工艺与模具设计方面的著作和最新技术资料，借鉴近几年各相关院校材料成型及控制工程专业应用型人才培养经验和教改成果，并根据压铸成形工艺与模具设计的课程教学需要整理编写的。全书共分 11 章，分别阐述压铸原理及工艺参数选择、压铸合金、压铸机、压铸件设计、压铸模的结构组成、浇注系统及排溢系统设计、成形零件和结构零件的设计、推出机构设计、侧向抽芯机构设计、压铸模材料选择及技术要求、压铸模 CAD/CAE 技术简介。并在附录中列举了压铸模设计范例和压铸模结构实例及分析，让学生学而有用，学而能用。

本书在编写过程中力求反映工科教育的特点，根据所属学科性质确定编写内容的深度、广度和重点，以整体培养规格为目标，强化工程观念，注重学生综合素质的形成和科学思想方法与创新能力的培养，对学生学以致用的能力进行完整的训练。本书具有以下主要特色：

（1）基于学生的知识构建过程，以金属压铸模具设计的基本流程为主线，以典型压铸模具的设计过程为载体，以培养学生模具结构设计能力为核心，串联融合教学内容，内容及编排体系以既便于教师组织教学，又便于学生循序渐进学习两方面为出发点。

（2）充分利用和筛选各种资源和技术成果，采用大量的插图和表格，图例丰富，图文并茂，同时提供了较多的案例，有利于读者对知识点的理解。

（3）全面引入最新国家标准和行业标准，名词术语规范统一，吸纳新型实用技术，突出实用性和实践性。

（4）每章均列举知识要点与学习提示，通过导入案例模块导入相关的应用实例，引出与知识点相关的问题及章节学习重点，并着眼于对实践情境的模拟，设计相关的实践操作案例，以实现理论知识学习与设计实践的有效衔接。

（5）灵活设置了特别提示、要点提示、实用技巧、拓展阅读、学以致用等模块，以便更好地说明某些知识点，也有助于增加教材的生动性和可读性。

本书的导论、第 4～9 章及附录 3、4 由常州工学院江昌勇编写，第 1 章由淮阴工学院康志军编写，第 2～3 章由常州工学院李丹虹编写，第 10～11 章由常州工学院沈洪雷编写，附录 1、2 由常州明顺电器有限公司姜伯军编写。全书由江昌勇任主编并负责全书的统稿及修改。本书由河海大学赵占西教授担任主审。

在本书的编写过程中，编者得到有关兄弟院校和企业专家的大力支持和帮助，书中所选用的部分插图未能一一注明出处，在此一并表示衷心感谢；同时感谢所引用文献的作者，他们辛勤研究的成果丰富了本书的内容，为本书增色不少。

由于编者水平有限，书中难免有不当和疏漏之处，恳请使用本书的教师和广大读者批评指正。

编　者

2012 年 8 月

目　录

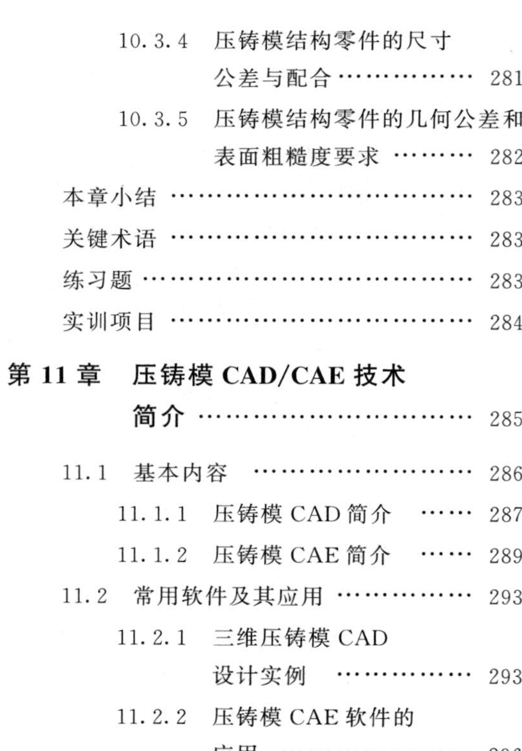

第0章 导论

压铸，压力铸造的简称，是一种金属零件接近最终形状尺寸的精密成形工艺，最终产品为压铸件。其实质是在高压的作用下，液态或半液态金属以较高的速度充填进入压铸型(压铸模)型腔，并在压力下成形和凝固而获得轮廓清晰、表面光洁、与压铸模型腔相符、可以互换的压铸件。

在有色金属铸造中，压力铸造是一种最为重要的生产方法。近年来以铝、镁、钛、锌为主的轻金属在压铸工业中占据重要的地位，铝合金铸件总量的60%是压铸生产的。压铸成形工艺在提高有色合金铸件的精度水平、生产效率和表面质量等方面具有明显优势。我国机械、汽车、航空航天、电子等工业的发展，为压铸件生产提供了广阔的空间。

0.1 压铸的工艺过程与特点

1. 压铸的生产工艺过程

压铸生产的一般过程如图0.1所示。

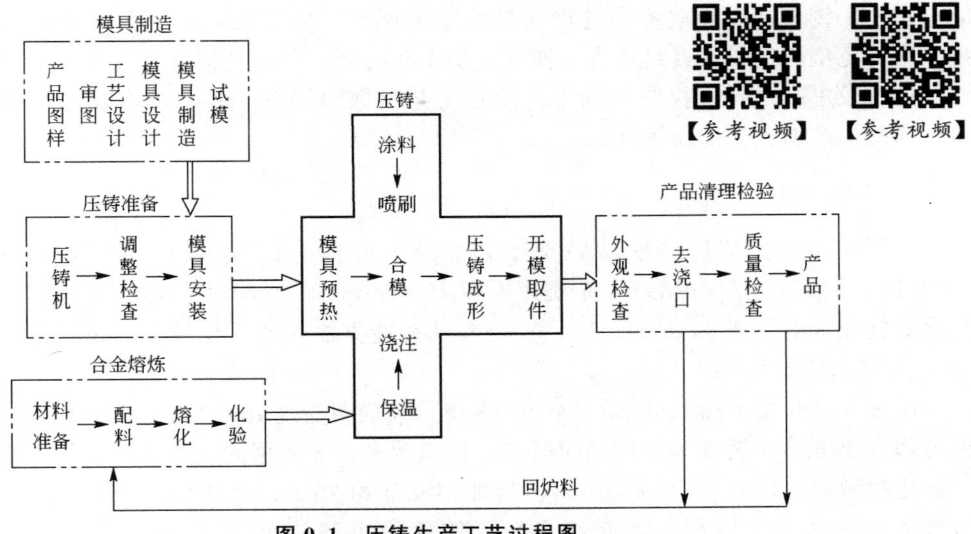

图0.1 压铸生产工艺过程图

2. 压铸生产的基本要素

压铸生产的基本要素包括压铸机、压铸模、压铸合金、压铸件结构及压铸工艺参数。每一个要素都会影响压铸生产的结果，同时又相互影响和相互制约。

1）压铸机

压铸机是压铸生产的最基本的关键设备，是调整和选择最佳压铸工艺参数的硬件，是获得优质压铸件的核心。设计压铸模时，首先要根据压铸件的尺寸、体积及工艺结构特点选择压铸机，必须使所选的压铸机的技术规格及性能符合压铸件的技术要求；或者基于现有的压铸机，使所设计的压铸模符合压铸机的各项参数指标要求。

2）压铸模

压铸模(又称压铸模具)是进行压铸生产的主要工艺装备，是压铸件成形的载体。压铸生产中压铸工艺方案及各种工艺参数的合理选择，是获得优质铸件的决定因素，而压铸模则是工艺方案的具体体现，也是对工艺参数进行选择和调整的基础。生产过程能否顺利进行，压铸件质量能否保证，很大程度上取决于模具结构的合理性。

3）压铸合金

压铸合金主要包括铅合金、锡合金、锌合金、铝合金、镁合金、铜合金等。其中铅合金、锡合金和锌合金的熔点相对较低，适用于压铸复杂而精密的小铸件；由于铅和锡的强度很低，而且锡的价格较贵，故在机器制造中用得较少；压铸件所用比例最大的是铝合金，其次是锌合金、铜合金，近年来镁合金压铸件产量呈快速增长趋势。

4）压铸件结构

压铸件是压铸生产的最终产品。压铸件的结构工艺性是否合理，对压铸模的结构、压铸件的质量、生产成本有着直接的影响。如果压铸件的结构不合理，不仅会导致模具结构复杂，而且成形质量也无法保证。

5）压铸工艺参数

压铸工艺是将压铸模、压铸机、压铸件结构与压铸合金等要素有机地组合并加以运用的过程。压铸生产中最重要的过程就是液态金属充型的过程，是许多因素共同作用的过程。影响充型的主要因素是压力、速度、温度和时间。各工艺因素相互影响和制约，只有对工艺参数进行选择、控制和调整，使各工艺参数协调在较佳状态，满足压铸生产的需要，才能生产出合格的压铸件。

3. 压铸特点

高压和高速充填压铸模型腔是压铸的两大特征。它常用的压射比压一般为20～200MPa，最高可达500MPa。充填速度在10～50m/s，有些时候甚至可达100m/s以上。充填时间很短，一般为0.01～0.2s。与其他铸造方法相比，压铸有以下三方面优点：

1）产品质量好

压铸件尺寸精度高，可达CT4～CT8级；表面粗糙度 Ra 值为0.8～6.3μm，最低 Ra 值可达0.2μm；压铸件表面层晶粒较细，组织致密，表面层的硬度和强度都比较高，强度一般比砂型铸造提高25%～30%，但延伸率降低约70%；尺寸稳定，互换性好；可压铸薄壁复杂的铸件。例如，当前锌合金压铸件最小壁厚可达0.3mm；铝合金铸件可达0.5mm；最小铸出孔径为0.7mm；最小螺距为0.75mm。

2）生产效率高

机器生产效率高，一般卧式冷室压铸机平均 8h 可压铸 600～700 次，小型热室压铸机平均每 8h 可压铸 3000～7000 次；压铸模寿命长，一副压铸模，压铸铝合金，寿命可达几十万次，甚至上百万次；适合于大批量生产，并且可以实现一模多腔的工艺，其产量倍增或多倍增加；易实现机械化和自动化。

3）经济效果优良

由于压铸件尺寸精确、表面光洁等优点，一般不再进行机械加工就能直接使用，或加工量很小，所以既提高了金属利用率，又减少了大量的加工设备和工时；铸件价格便宜；可以采用组合压铸，嵌以其他金属或非金属材料，既节省装配工时又节省金属。

压铸虽然有许多优点，但也有一些缺点尚待解决，如：

(1) 压铸时由于液态金属充填型腔速度高，流态不稳定，故采用一般压铸法，压铸件易产生气孔，不能进行热处理。

(2) 对内凹复杂的压铸件，压铸较为困难。

(3) 高熔点合金(如铜、黑色金属)，压铸模寿命较低。

(4) 不宜小批量生产，其主要原因是压铸模制造成本高，压铸机生产效率高，小批量生产不经济。

0.2 压铸的应用及其发展

1. 压铸发展简史

压铸历史至今不足二百年。压铸的起源也众说不一，据国外文献和书籍介绍，压铸最初用于制造枪弹、活字等。早在 1822 年，威廉姆·乔奇(Willam Church)博士曾制造一台日产 1.2 万～2 万铅字的铸造机，已显示出这种工艺方法的生产潜力。后来在 1838 年由美国布鲁斯(Bruce)制造了一种新的铸字机，其生产效率更高，并且很快流传于世界各国。经改良后，1849 年斯特奇斯(Sturges) 设计并制造成第一台手动活塞式热室压铸机，并在美国获得了专利权。1855 年默根瑟勒(Mergen - thaler)研究了以前的专利，发明了印字压铸机，开始只用于生产低熔点的铅、锡合金铸字，到 19 世纪 60 年代用于锌合金压铸零件生产。

压铸广泛用于工业生产还只是在 20 世纪初，之后压铸机也迅速发展。1904 年法兰克林(H. H. Franklin)公司(英国)开始用压铸方法生产汽车的连杆轴承，开创了压铸零件在汽车工业中应用的先例。1905 年多勒(H. H. Douhler)研制成功用于工业生产的热室压铸机，压铸锌、锡、铜合金铸件。随后瓦格纳(Van Wagner)设计了鹅颈型气压立式冷室压铸机，用于生产铝合金铸件，在欧洲得到广泛采用。1927 年捷克工程师约瑟夫·波拉克(Jesef Polak)设计了冷压室压铸机，由于储存熔融合金的坩埚与压射室分离，可显著地提高压射力，使之更适合工业生产的要求，克服了气压热压室压铸机的不足，从而使压铸技术向前推进了一大步，铝、镁、铜等合金均可采用压铸生产。由于整个压铸过程都是在压铸机上完成的，因此，随着对压铸件的质量、产量和扩大应用的需求，已对压铸设备不断提出新的更高的要求，而新型压铸机的出现及新工艺、新技术的采用，又促进压铸生产更加迅速地发展。例如，为了消除压铸件内部的气孔、缩孔、缩松，改善压铸件的质量，出现了双冲头(或称精、速、密)压铸；为了压铸带有镶嵌件的铸件及实现真空压铸，出现了水平分型的全立式压铸机；为了提高压射速度和实现瞬时增加压射力以便对熔融合金进行有效的增压，以提高压铸件的致密度，又发展了三级压射系统的压铸机。又如，在压铸生产过程中，除装备自动浇注、自动取件及自动润滑机构外，还安装成套测试仪器，对压铸过程中各工艺参数进行检测和控制。它们是压射力、压射速度的显示监控装置和合型力自动控制装置及计算机的应用等。

近40年，随着科学技术和工业生产的进步，尤其是随着汽车、摩托车及家用电器等工业的发展，又从节能、节省原材料诸方面出发，压铸技术已获得极其迅速的发展。压铸生产不仅在有色合金铸造中占主导地位，而且已成为现代工业的一个重要组成部分。近年来，一些国家由于依靠技术进步促使压铸件薄壁化、轻量化，因而导致以往用压铸件产量评价一个国家铸造技术发展水平的观念改变为用技术进步的水平衡量一个国家铸造的水平。

从世界范围和我国情况来看，铝合金、镁合金压铸件应用的范围日益广泛。由于压铸工艺和技术的发展，又使压铸件在有色金属铸件生产中所占的比例日益增多。

2. 我国压铸业发展概述

1949年前，我国仅有上海贯一模具厂等少数厂有几台压铸机压铸锌合金。20世纪40年代中后期上海进口了英国的小型气动热室机、昆明进口了捷克的Polak600型(锁模力76t)立式冷室压铸机、重庆进口了美国KUX的锁模力100t的卧式冷室压铸机，开始了压铸件生产。20世纪50年代初我国引进了一些捷克生产的波拉克型立式冷室压铸机和苏联生产的压铸机生产压铸件。50年代末期随着我国压铸业的发展，开始自行设计制造了卧式冷室压铸机，同时也仿制了立式冷室压铸机。60年代以来，生产了大批的、各种规格的压铸机。1968年我国设计制造了当时世界上最大的4000t压铸机，1978年开始制定了压铸机新的系列，统一了技术指标和有关工艺性能的技术规范。之后，相继制定了压铸合金、压铸模、压铸工艺、产品验收等国家、部及行业标准，指导了国内压铸生产。

进入21世纪，随着世界加工制造业向中国的进一步转移，无国界的市场，使得我国压铸行业面临发展壮大的机会，凭借资源、人力、市场等诸多优势，中国压铸业迅速踏上了它的崛起之路。据不完全统计，中国涉及压铸产业的厂商7000余家，从业人员保守估计有几十万人，模具制造、原辅材料及辅助企业遍布全国各地，压铸件产业集群在珠三角地区、长三角地区及其他地区蓬勃发展，压铸机制造能力和压铸件产量均居世界前列。

压铸是现代机械制造工业的基础工艺之一，因此压铸行业的发展标志着一个国家的生产实力。我国的压铸工业经历了半个多世纪的发展，已成为一个新兴的产业。虽然从生产效率、压铸机质量和先进技术等综合水平来看，与压铸先进国家相比还存在一定的差距。但是，中国压铸产业拥有国际和国内两个巨大市场，拥有有色金属资源充裕和劳动力成本较低的双重优势，并拥有一支长期从事压铸工艺研究和生产实践的专业技术队伍，这些构成了中国压铸产业发展的重要基础，并将支撑中国压铸业继续以较快的速度持续发展。这就为我们尽快接近和赶超世界先进水平提供了可能，目前我国已经跻身世界压铸行业大国之列并正在向压铸行业强国迈进。

3. 压铸的应用范围

压铸是最先进的金属成形方法之一，是实现少切屑、无切屑的有效途径，应用很广，发展很快。目前压铸合金不再局限于有色金属的锌、铝、镁和铜，而是逐渐扩大用来压铸铸铁和铸钢件。压铸件也不再局限于汽车摩托车工业和仪表电器工业，而是逐步扩大到其他各个工业部门，如农业机械、机床工业、电子工业、国防工业、运输、通信、造船、计算机、医疗器械、纺织器械、钟表、照相机、建筑和日用五金等几十个行业。在压铸技术方面又出现了真空压铸、充氧压铸、精速密压铸及可溶型芯的应用等新工艺。

1）压铸件的产品类别

我国压铸件的产品类别及总产量在各应用领域所占比例见表0－1。

【参考视频】

表0－1 压铸件的产品类别

应用领域	汽车、摩托车	机械装备	家电及3C产品①	日用品类
产品类别	发动机的缸体、缸盖罩、变速器壳体、壳盖、链条盖、托架、支架、油底壳、端盖、转向件、节温器壳体、齿轮室等压铸件	柴油机、汽油机、电机、泵、阀、液压元件、缝纫机、清洗机、电动工具、气动工具、仪器仪表、通信设备、医疗仪器、扶梯梯级、航空航天、船舶、机车、自行车等压铸件	家用电器、电饭锅、三明治炉、铝锅、电熨斗、风扇、燃气具、灯具、厨具、计算机、手机、照相机、办公用品、运动器材等压铸件	玩具、仿真模型、五金件、卫浴洁具、锁具、礼品、工艺品、饰品、灯饰、表壳、打火机、拉链、皮带扣、领带夹、开瓶器等压铸件
所占比例	48%	13%	11%	28%
备　注	目前生产的一些压铸件最小的只有几克，最大的铝合金压铸件质量达50kg，最大的直径可达2m			

2）压铸件的材料类别

目前采用压铸工艺可以生产铅、锡、铝、锌、镁、铜等合金件。基于压铸工艺的特点，由于目前尚缺乏理想的耐高温模具材料，黑色金属的压铸还处于研究试验阶段。在有色金属的压铸中，铝合金占比例最高，为60%～80%；锌合金次之，为10%～20%；铜合金压铸件较少，比例仅占压铸件总量的1%～3%；镁合金压铸件过去应用很少，不到1%，但近年来随着汽车工业、电子通信工业的发展和产品轻量化的要求，加之近期镁合金压铸技术日趋完善，从而使镁合金压铸件市场受到关注。目前在世界范围内已经形成有一定规模的汽车行业、IT行业、基础结构件的镁合金压铸件产业群体。

4. 压铸的产业特征及发展趋势

1）压铸的产业特征

压铸成形技术与塑料注射成型、金属板料的冲压成形并列为材料三大成型体系。

① 所谓“3C产品”，就是计算机(Computer)、通信(Communication)和消费类电子产品(Consumer Electronics)三者结合，亦称“信息家电”。3C产品包括计算机、手机、电视、数码影音产品及其相关产业产品。

我国的经济水平，特别是拥有千万吨有色金属资源和丰富的劳动力资源及巨大的市场，决定了我国在国际产业分工中的位置，主要处于产品制造的序列，因而将在很长一段时间内承担国际有色金属铸件及其制品的生产制造业务，国际压铸生产重心向东方转移已成必然趋势。压铸行业在巨大市场需求的刺激下，仍将继续保持较高速度增长，由于铸造机械产品的技术水平仍然与市场需求差距较大，使压铸行业的发展存在巨大的发展潜力和扩展空间，为压铸行业的快速增长带来机遇。

压力铸造的最终产品是压铸件，随着压铸件在工业及日常生活中的广泛使用，对其质量、性能和使用范围提出了越来越高的要求。降低压铸件的成本，在最低的材料消耗和制造费用的前提下达到结构的功能特性及满足其使用要求，以期在压铸件的生产中获得最佳的技术经济性，这是现代压铸生产的基本特征。

压铸产品应用领域的多元性是我国压铸生产的主要特征之一。

(1) 汽车发动机用压铸铝合金缸体发展迅猛。近年来，这一趋势在我国展现的非常明显。汽车发动机投资热方兴未艾，有力地推动了铝合金发动机压铸缸体的加速发展。

(2) 汽车零部件铸件已构成巨大市场。压铸件的轻量化已成为重要的发展趋势。以汽车为例，新一代汽车的目标是每100km油耗要减少到3L，这就要求整车质量减轻40%～50%。汽车轻量化的迫切需要为压铸业的发展提供了广阔前景。国内外市场对压铸件的巨大需求，这就决定了中国压铸行业持续发展是历史的必然。汽车产业强劲的内需和外需推动了零部件制造业的迅猛发展，其中铝合金压铸件占有很大份额。

(3) 建筑与日用五金压铸件增长势头强劲。房地产业的发展势头，有力地推动了建筑五金、日用五金压铸件的生产发展。

(4) 五金、灯具、玩具和车模行业的持续发展，为锌合金压铸件的增长提供了广阔市场。锌合金压铸市场以广东为主，其次是浙江、江苏、上海、天津、福建等省市。

(5) 镁合金压铸件在快速增长。我国镁资源极为丰富，而镁合金压铸产品则存在巨大的潜在需求。这种得天独厚的供需条件，必然激发镁合金压铸企业发展生产的积极性。近年来，镁合金压铸生产企业和科研单位由原来的几家迅速发展到近百家。上海乾通汽车附件公司率先大批生产镁合金变速器壳体。随后，镁合金笔记本式计算机外壳、镁合金手机外壳及数字摄像机、照相机外壳等成为热点，可以说，中国镁合金压铸大发展的局面已基本形成，将镁资源优势转化为经济优势，实现产业跨越式发展的愿望，有望逐步成为现实。

2) 我国压铸生产中存在的主要问题

尽管我国压力铸造有了突飞猛进的发展，但是与国外先进国家比较还存在很大的差距，主要表现在以下方面：

(1) 技术状况：技术落后，人才缺乏，新工艺新产品开发不力。

(2) 设备状况：我国有色合金铸件利用重力铸造和砂型铸造的比例还比较大，无论外观质量还是内在质量都存在差距，加工余量大，废品率高，合金利用率低。国产的压铸机、低压铸造机存在很大差距，自动化程度低，精度比较低，故障率比较高。充氧压铸、真空铸造、半固态铸造等新工艺采用甚少。

(3) 模具：模具的设计、制造和选用的材料都比较落后。一些高精度的模具还需要进口。我们自己制造的模具，设计、制造的周期长，精度低、成本高，特别是寿命低。模具设计有一定经验，但很少运用计算机模拟设计浇注系统、进行温度场分析、设计计算模具加热与冷却系统等。模具用材料较少，严重地影响了模具的使用寿命。

(4) 原辅材料：原辅材料的生产比较分散。各类专业厂很多，但大多数企业的设备简陋、技术落后、测试手段短缺，原辅材料品种不全，质量较差。有色合金铸造用量很大的各类涂料、粘结剂、脱模剂、精炼剂等，特别是一些高新产品还不能生产，基本上还处于低水平、无序供应为主的阶段。而工业发达国家的原辅材料的供应已经实现了社会化、专业化和商品化。

(5) 管理：生产管理落后。原材料供应、生产技术规范、产品检验、售后服务等方面都落后于形势。发达国家成功的企业在生产全过程中，都主动、严格执行行业标准、国家标准和符合国际标准的企业标准，因而废品率很低，只有2%～5%。而我国多数企业，被动、从宽地执行标准，有些甚至不执行标准。企业标准低于国家标准，废品率有的高达30%～50%。

3) 压铸技术及压铸模的发展趋势

(1) 压铸技术的发展。从技术趋向上看，主要有以下几大趋势。

① 压铸合金材料成形机理、工艺与技术研究及压铸填充过程分析在理论上将逐步提高，在实践上也将不断升华。

② 压铸工艺参数的检测技术将不断普及和提高，计算机技术的应用更加广泛和深入，压铸生产过程中自动化程度逐步完善，并日益普及。

③ 大型压铸件的工艺技术逐步成熟，半固态金属成形技术将有新的突破，快速原型模样设计的运用成为新的热点。

④ 真空压铸的采用，以及挤压铸造将进一步扩大压铸件的应用领域。

⑤ 模具型腔的材料有重大的进步，新的钢种有所进展。

⑥ 新的合金品种及其复合材料为压铸件的应用开辟新的途径，镁合金压铸件会有大幅度的增长。

⑦ 压铸单元的完整培植将成为压铸生产的主要模式。

(2) 压铸模的发展。作为压铸生产过程不可缺少的工艺装备之一——压铸模，由于受到整个模具行业的基础和管理体制的影响，在模具的标准化程度、制造精度和制造周期、生产效率、模具寿命及材料利用率、技术力量和管理水平等方面，与国外工业先进国家相比，仍有一定的差距。从压铸模具的设计理论及设计实践出发，大致有如下几方面的发展趋势。

① 先进模具设计与制造的基础理论和共性技术研究与开发。主要包括如下方面：模具设计与制造新方法、新工艺及关键技术研究；模具柔性加工和标准化、自动化生产技术的研究与开发，以及模具对柔性生产和自动化生产的适应性研究；提高模具可靠性与使用寿命的研究(包括模具失效分析、模具材料及热处理、模具表面强化、高性能模具材料的研发和模具钢选材系统等技术研究)；模具设计知识库系统开发，网络虚拟技术及模具虚拟制造系统的研发；模具设计制造过程最优化的智能化、信息化技术研究(包括模具设计制造智能化知识集成技术的研发)；模具制造在线检测技术，设计、加工、测量一体化技术和数字化调试技术的研究及推广应用；快速原型技术在快速经济模具中的应用和无模快速制造技术研究；模具绿色设计制造与再制造技术研究及推广应用等。

② 具有自主知识产权的模具设计制造和管理软件的研发、提高及推广应用。模具生产今后将越来越依赖于高性能的装备与软件。目前国产软件不但数量少，而且在性能、功能方面与国际先进水平相比尚有许多差距，我们应当自主开发软件。包括：三维CAD/CAM软件开发与提高；CAE软件的开发与提高；模具生产企业PDM系统研发；CAD/

CAE/CAM 无缝集成与一体化及与 PDM 集成技术的研发与推广应用；逆向工程、并行工程、敏捷制造技术的提高与推广应用；模具数字化设计制造技术系统研发与推广应用；模具生产及模具企业信息化管理技术及有关软件的开发提高和推广应用等。

③ 汽车轻量化节能降耗材料成形工艺与模具开发。随着汽车行业的快速发展及国产化进程的加快，如汽车缸体、仪表板、自动变速器壳体等大型、精密、复杂压铸件的需求会越来越大。“以塑代钢”和“以铝镁代钢铁”是汽车轻量化的必然之路。几乎所有要成为汽车零部件的材料，都必须使用模具来成形。因此，汽车轻量化模具的开发与产业化十分关键，对发展低碳经济非常重要。基于汽车轻量化的压铸模具主要包括：铝合金发动机缸体缸盖压铸模、钛铝合金汽车气门阀压铸模、汽车转向盘和仪表板等零件镁合金压铸模。

④ 推进标准化工作。我国模具行业标准化工作不但落后于工业发达国家，而且滞后于国内生产。标准化工作至少有三个方面必须加以推进：一是要加快国家标准和行业标准的制定和修订，尤其要研究制定精密模具和精密模具零件标准；二是大力发展模具标准件生产，提高标准件使用覆盖率，模具标准件生产企业要努力增加品种、提高质量；三是重视企业标准的建立，推广标准化流程生产方式，并在此基础上推进信息化、自动化生产。

近年来，模具标准化和专业化协作生产有了很大进步，除模具工作部分零件以外，其通用零件基本上实现了标准化和专业化生产。归口全国模具标准化技术委员会(CSBTS/TC 33)，由桂林电器科学研究所、广州型腔模具厂、上海皮尔博格有色零部件有限公司、东风科技汽车制动系统公司、成都兴光压铸工业有限公司等单位负责修订的 22 项压铸模国家标准已于 2004 年 3 月 1 日起实施。新版国家标准包括 GB/T 8844—2003《压铸模技术条件》、GB/T 8847—2003《压铸模术语》、GB/T 4679—2003《压铸模零件技术条件》、GB/T 4678.1—2003～GB/T 4678.19—2003《压铸模零件》。

0.3 典型压铸模的设计基本要求及设计流程

现代压铸生产中，压铸件的质量与压铸模、压铸设备和压铸工艺这三项因素密切相关。这三项因素中，压铸模最为关键，它的功能是双重的：赋予熔化后的金属液以期望的形状、性能、质量；冷却并推出压铸成形的制件。模具是决定最终产品性能、规格、形状及尺寸精度的载体，压铸模是使压铸生产过程顺利进行，保证压铸件质量的不可缺少的工艺装备，是体现压铸设备高效率、高性能和压铸工艺优质先进的具体实施者，也是工艺改进和新产品开发的决定性环节。由此可见，为了周而复始地获得符合技术经济要求及质量稳定的压铸件，压铸模的优劣成败，最能反映出整个压铸生产过程的技术含量及经济效果。

1. 设计基本要求

1) 模具结构要适应压铸合金材料的成形特性

设计模具时，充分了解所用压铸合金材料的成形特性，并尽量满足要求，是获得优质压铸件的关键措施之一。

2）模具结构要与成形设备相匹配

压铸模须安装在相应的压铸机上进行生产，成形设备选用得是否合理，直接影响模具结构设计的好坏，因此，在进行模具设计时，必须对所选用的压铸机的相关技术参数有全面的了解，以满足相互之间的匹配关系。

3）采用标准化零部件，缩短设计制造周期，降低成本

模具结构零部件和成形零部件的制造属单件或小批量生产，涉及的工序较多，因此周期较长，采用标准化零部件能有效地减少设计和制造工作量，缩短生产准备时间和降低模具制造成本。

4）结构优化合理，质量可靠，操作方便

设计模具时，尽量做到模具结构优化合理，质量可靠，操作方便，特别是那些比较复杂的成形零部件，除了正确确定它的形状、尺寸和质量要求，还应综合考虑加工方法的适应性、可行性及经济性。

5）善于利用技术资料，合理选用经验设计数据

模具设计是一项复杂、细致的劳动，从分析总体方案开始到完成全部技术设计，往往要经过计算、绘图、修改等过程逐步完善。为此，要善于掌握和使用各种技术资料和设计手册，合理选用已有的经验设计数据，创造性地进行设计，以加快设计进度并提高设计质量。在设计过程中，应将所考虑的问题及计算过程记录齐全，以便于检查、校核、修改与整理。

2. 一般设计流程

由于压铸件品种繁多，模具的结构特征和要求也各不相同，压铸模的设计流程会因设计人员的技术熟练程度和习惯而异。表0-2列出了压铸模设计的主要流程，详细设计过程及范例参考附录1。

表0-2　压铸模的设计流程

序号	设计阶段	主要内容及要求
1	明确任务	压铸件的任务书通常由零件设计者提出，模具设计任务书通常由压铸零件工艺员根据压铸零件的任务书提出，模具设计人员以压铸零件任务书、模具设计任务书为依据来设计模具。其内容一般包括：①经过审签的正规压铸件生产图样，并注明所用压铸合金的牌号与要求等；②压铸件的说明书(使用要求)或技术要求；③成形工艺方法；④生产数量及完成的时间要求；⑤压铸件样品(可能时)
2	设计准备	①消化压铸件图样，了解压铸件的使用要求，分析压铸件的结构工艺性和尺寸工艺性等技术要求，若发现问题，可对压铸件生产图样提出修改意见；②分析工艺资料，了解所用压铸合金材料的物化性能、成形特性及工艺参数，收集整理与模具设计计算有关的资料与参数；③熟悉工厂实际情况，如成形设备及相关技术规范、模具制造车间的加工能力与水平、其他有关辅助设备等，以便结合工厂实际，既方便又经济地进行模具设计工作；④通过调研，研究同类型模具的设计经验，进行设计可行性分析，准备设计需要的标准、手册、图册等技术资料，拟订设计计划

（续）

序号	设计阶段	主要内容及要求
3	选择压铸机	①根据“模具设计任务书”确定成形工艺及主要参数；②计算压铸件体积和质量，选择压铸机，了解其性能、规格和特点，校核有关参数，以便模具设计时有关技术规范能与之相匹配
4	拟定模具结构总体方案	①确定压铸件在模具中的位置，包括分型面的选择、型腔的数目及分布；②确定浇注系统和排溢系统，选择压铸件脱模方式，考虑模具打开的方法和顺序，推出机构的选择与设计等；③确定主要零件的结构与尺寸及所需要的安装配合关系，进行模架的选择、支承与连接零件的组合设计，确定冷却加热方式，设计模温调节系统
5	方案的讨论与论证	模具结构总体方案的拟定，是设计工作的基本环节。通过征询、分析论证与权衡，并经过模具制造工艺、成形工艺及成本等方面的可行性分析，选出最合理的方案
6	绘制模具装配草图	草图设计过程是一个“边设计(计算)、边绘图、边修改”的过程，其基本做法是先从型腔开始，由里向外，主视图、俯视图、侧视图同时进行： ①型芯、型腔的结构；②浇注系统、排气系统的结构形式；③分型面及分型、脱模机构；④合模导向与复位机构；⑤模具冷却或加热系统的结构与部位；⑥安装、支承、连接、定位等零件的结构、数量及安装位置；⑦确定装配图的图幅、绘图比例、视图数量布置及方式
7	绘制零件图	①凡需自制的模具零件都应单独绘制符合机械制图规范的零件图，以满足交付加工的要求；②零件图的图号应与装配图中的零件图号一致，便于查对
8	绘制模具总装图	要求符合设计规范，准确地表达所设计的模具结构，包括分型面、明细标题栏、技术要求和使用说明、浇注系统示意图等，并在图样的右上角附上压铸件零件图
9	编写设计说明书	要求叙述简练，详略得当，准确表达设计思路，设计计算正确完整，并画出与设计计算有关的结构简图。计算部分只需列出公式、代入数据，求出结果即可，运算过程可以省略
10	模具的制造、试模与图样的修改	模具图样交付加工后，还需关注跟踪模具加工制造全过程及试模修模过程，及时更改设计不合理之处或增补设计疏漏之处，对模具加工厂方不能满足模具零件局部加工要求之处进行变通，直到试模完毕能生产出合格的压铸件。图样的修改应注意手续和责任

0.4 本课程的学习任务与学习方法

1. 课程学习任务

本课程学习任务主要包括：

(1) 了解常用压铸合金材料的主要性能、成形特性。

(2) 理解压铸成形的基本原理和工艺特点。

(3) 学会基于压铸工艺要求进行压铸件结构工艺性及尺寸工艺性分析。

(4) 掌握压铸模与压铸机之间的相互匹配关系。

(5) 重点掌握典型压铸模的结构特点及设计计算方法。

(6) 获得初步分析、解决压铸成形现场技术问题的能力，包括初步分析成形缺陷产生的原因和提出克服办法的能力。

2. 课程学习方法

本课程是一门综合性和实践性都很强的课程，它的主要内容都是在生产实践中逐步积累和丰富起来的，因此，学习本课程除了重视书本的理论学习外，特别强调理论联系实际，重视实践经验的获取和积累。除此以外，学习时要注意以下几方面：

(1) 要具备扎实的相关基础知识，注意运用先修课程中已学过的知识，注重于分析、理解与应用，特别是注意前后知识的综合运用。

(2) 通过各章节中的学以致用、实用技巧、实训项目等环节的操练和运用，使所学知识得到巩固与提高，进而真正掌握这方面的知识。

(3) 熟悉相关国家标准和行业标准，熟知各种模具的典型结构及各主要零部件的功用，举一反三，融会贯通。

(4) 广泛涉猎课外参考资料，勤于思考，主动学习、自主学习。注意了解相关的新技术、新工艺和新材料的发展动态，学习和掌握新知识，为我国压铸业的发展做出贡献。

第 1 章

压铸原理及工艺参数选择

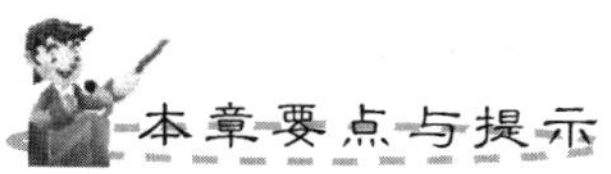

知识要点	目标要求	学习方法
压铸过程的基本原理	熟悉	通过多媒体课件中的图片介绍及动画演示，获得对压铸过程的初步认识，熟悉压铸过程的基本原理，并加深理解
液态金属充填理论及金属液流动特性	掌握	结合老师的讲解，对三种较为典型的液态金属充填理论加深理解，熟悉充填时液态金属流的种类及对其特性的应用，认识影响压铸金属流的因素以及金属流与压铸件质量之间的关系
压铸工艺参数及其选择	重点掌握	注意区分不同工艺参数的含义及选择规范。熟悉它们对压铸件成形质量的影响
压铸涂料	知道	要求理解压铸涂料的作用及对涂料的要求，了解常用压铸涂料的种类(名称)、配制方法及适用范围
其他特殊压铸工艺	了解	建议课外阅读相关的文献资料，进一步扩充对其他特殊压铸工艺的了解

导入案例

压铸生产的基本要素包括压铸机、压铸模、压铸合金、压铸件结构及压铸工艺参数。每一个要素都会影响压铸生产的结果，同时又是相互影响和相互制约的。压铸工艺是将压铸模、压铸机、压铸件结构与压铸合金等要素有机地组合并加以运用的过程。图 1.1 所示为压铸诸要素之间的关系，从中反映了压铸工艺是实现压铸诸要素有机结合的关键要素。

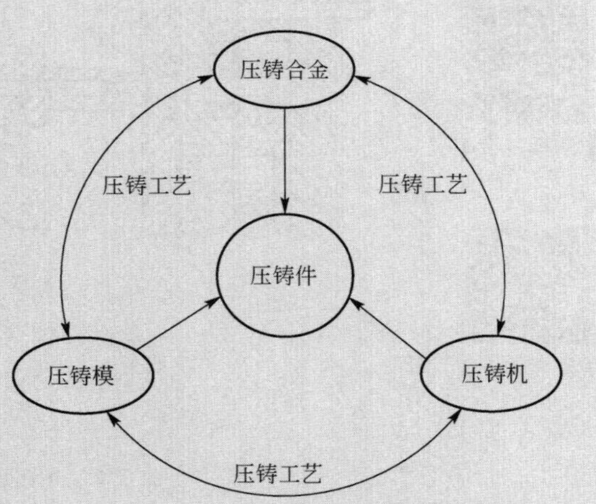

图 1.1 压铸诸要素之间的关系

在压铸生产过程中，选择合适的工艺参数是获得优质铸件、发挥压铸机最大生产率的先决条件，是正确设计压铸模的依据。压铸生产中最重要的过程就是液态金属充型的过程，是许多因素共同作用的过程。影响金属液充填成形的因素很多，其中主要有压射压力、压射速度、充填时间和压铸模温度等。这些因素是互相影响和互相制约的，调整一个因素会引起相应的工艺因素变化。只有对工艺参数进行选择、控制和调整，使各工艺参数协调在较佳状态，满足压铸生产的需要，才能生产出合格的压铸件。因此，正确选择各工艺参数是十分重要的。

1.1 压铸过程的基本原理

压铸过程基于两种方式：一是热室压铸，二是冷室压铸，其主要区别在于合金熔化坩埚的位置。热室压铸时压室通常浸入坩埚的金属液中；而冷室压铸是指压室与合金熔化坩埚分开，又因压室和模具放置的位置和方向不同分为卧式、立式和全立式三种形式。

1.1.1 热室压铸过程的基本原理

压室浸在熔化坩埚的液态金属中，压射部件不直接与机座连接，而是装在坩埚上面，如图 1.2 所示。压射冲头 4 上升时，坩埚 2 中的金属液 1 通过进液口 3 进入压室 5 内，合模后，在压射冲头的作用下，金属液由压室经鹅颈管 6、喷嘴 7 和浇注系统进入模具型腔，冷却凝固成压铸件；接着压射冲头上升，喷嘴 7 中金属液回流，动模移动与定模分离而开模，通过推出机构推出压铸件而脱模，取出压铸件，即完成一个压铸循环（一般机身上模具 8 与喷嘴 7 稍向上倾斜设置，这是为在冲头上升回程卸压时使喷嘴 7 多余的金属液在重力的作用下可以回流至压室坩埚内）。

1.1.2 冷室压铸过程的基本原理

冷室压铸的压室与保温炉(合金熔化坩埚)是分开的。压铸时先用定量勺从保温炉中将金属液取出并浇入压室，然后使压射冲头动作进行压铸。根据压射冲头加压方向的不同，又分为卧式、立式和全立式。

【参考动画】

【参考动画】

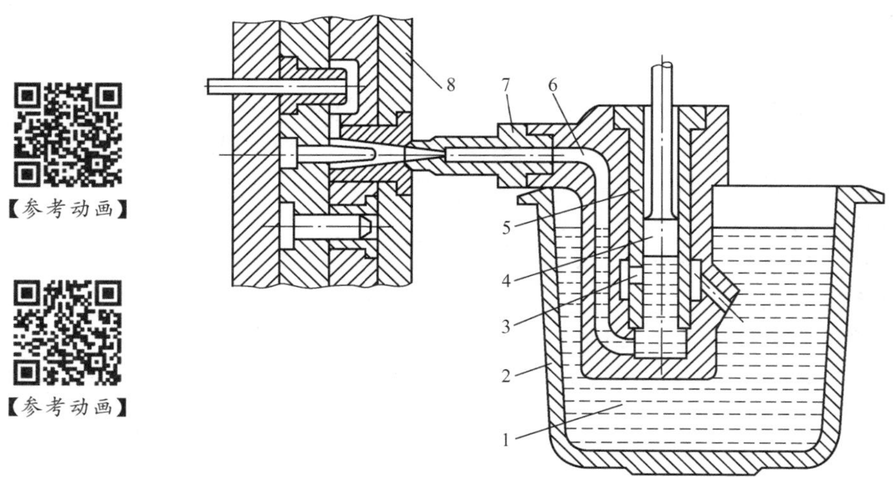

图 1.2 热室压铸的工作原理

1—金属液；2—坩埚；3—进液口；4—压射冲头；5—压室；6—鹅颈管；7—喷嘴；8—压铸模

1. 卧式冷室压铸

压室和压射机构处于水平位置，压室中心线平行于模具运动方向，压铸过程如图 1.3 所示。合模后，金属液 8 经浇注口 7 浇入压室 1，压射冲头 6 向前推动，金属液经浇道 9 压入模具型腔，凝固冷却成压铸件；接着压射冲头回程（或随动模开启稍微顶出铸件后再回程），动模 5 移动与定模 3 分开而开模，在推出机构的作用下推出压铸件，取出压铸件，即完成一个压铸循环。

【参考动画】

【参考动画】

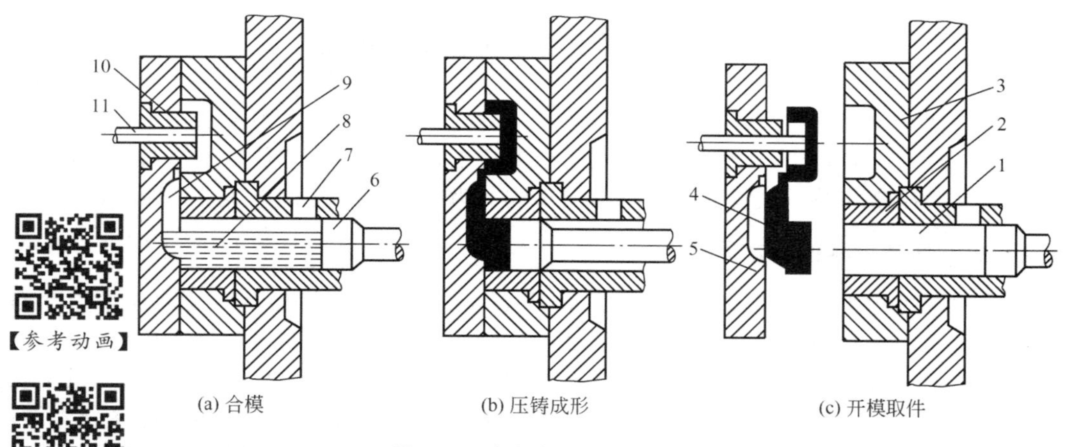

图 1.3 卧式冷室压铸过程示意图

1—压室；2—浇口套；3—定模；4—浇道凝料及余料；5—动模；6—压射冲头；7—金属液浇注口；8—金属液；9—浇道；10—型芯；11—推杆

2. 立式冷室压铸

压室和压射机构处于垂直位置，压室中心线与模具运动方向垂直，压铸过程如图 1.4 所示。合模后，浇入压室 3 中的金属液 2 被已封住喷嘴 8 进料孔的反料冲头 5 托住，当压射冲头1向下运动压到金属液液面时，反料冲头开始下降，打开喷嘴进料孔，金属液经浇道进入模具型腔，凝固后，压射冲头退回，反料冲头上升切除余料4并将其顶出压室，取走余料后反料冲头降到原位，然后开模取出压铸件，即完成一个压铸循环。

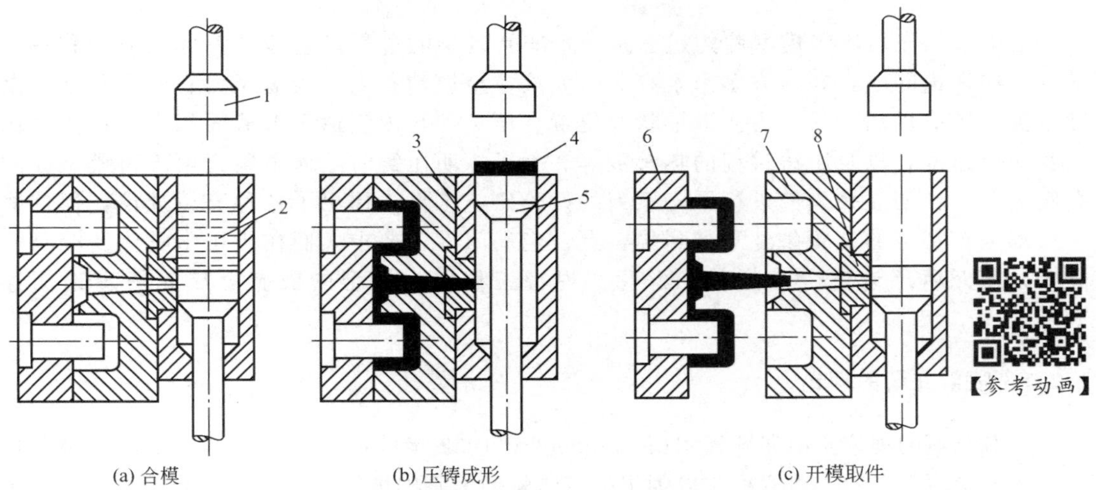

(a) 合模　　(b) 压铸成形　　(c) 开模取件

图1.4　立式冷室压铸过程示意图

1—压射冲头；2—金属液；3—压室；4—余料；5—反料冲头；6—动模；7—定模；8—喷嘴

3. 全立式冷室压铸

压射机构和锁模机构处于垂直位置，模具水平安装在压铸机动、定模模板上，压室中心线平行于模具运动方向，如图1.5所示，图1.5(a)所示为冲头下压式，图1.5(b)所示为冲头上压式。金属液浇入压室后合模，压射冲头的作用使金属液进入模具型腔，凝固冷却成压铸件，动模移动与定模分开而开模，在推出机构作用下推出压铸件，即完成一个压铸循环。

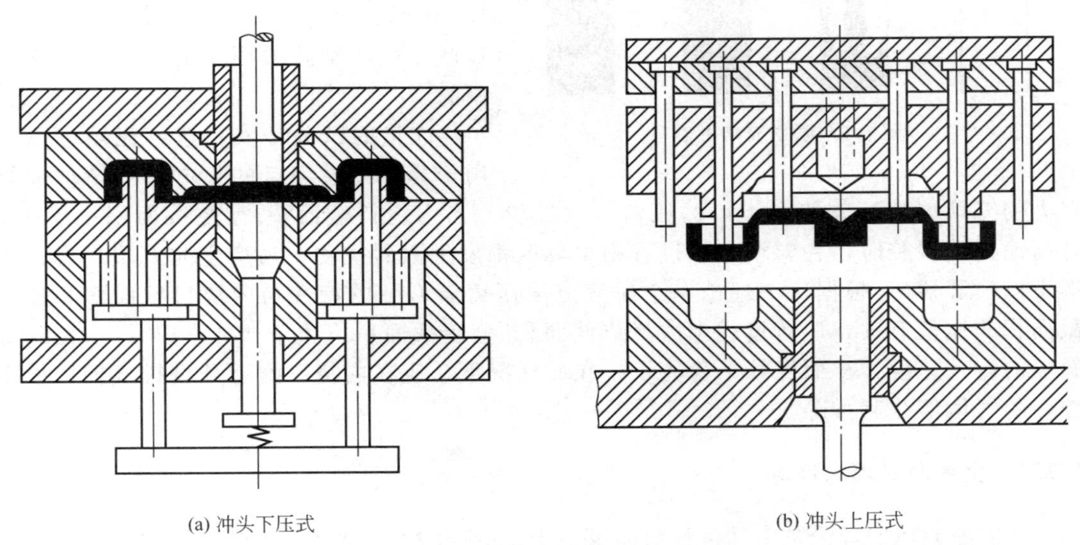

(a) 冲头下压式　　(b) 冲头上压式

图1.5　全立式冷室压铸示意图

1.2 液态金属充填理论概述

液体金属充填压铸模型腔的过程是一个非常复杂的过程，它涉及流体动力学和热力学的一些理论问题，并与许多因素有关，如液体金属的黏度、表面张力、密度及结晶温度范围；压铸件的形状、内浇道形状及位置、压铸件与内浇道两者截面积之比；压射比压及充填速度，以及压铸过程的热参数等。为了探明压铸时液体金属充填压铸模型腔的真实情况，长期以来人们进行了一系列的试验研究工作，提出了各种充填理论，但这些论点都是在特定的试验条件下得到的，有一定局限性，要求人们在应用中具体情况具体分析，使充填理论进一步完善和深化。现将三种较为典型的液态金属充填理论简述如下。

1.2.1 喷射充填的理论

喷射充填的理论是由弗罗梅尔(Frommer)于1932年根据锌合金压铸的实际经验并通过大量试验而提出的。弗罗梅尔以理想的液体流动为基础进行分析，认为液态金属的充填过程是遵循流体力学定律，并且有摩擦和涡流现象。通过实验认为，熔融金属从内浇口进入型腔时，以内浇口截面的形状射向远离浇口的对面型壁，撞击后，部分金属聚积并产生涡流，另一部分金属则向所有方向喷溅，并沿型壁返回流动，金属积聚所产生的反压力使喷溅的金属紊乱地与后来的主流汇合，由于型壁的摩擦，沿型壁流动的金属逐渐被积聚的金属赶上而合在一起，其后便向浇口方向流回。型腔中的气体是在内浇口附近最后排出的。充填形态如图1.6所示。至于金属流的速度则是由内浇口截面积与型腔截面积之比的大小来控制的。

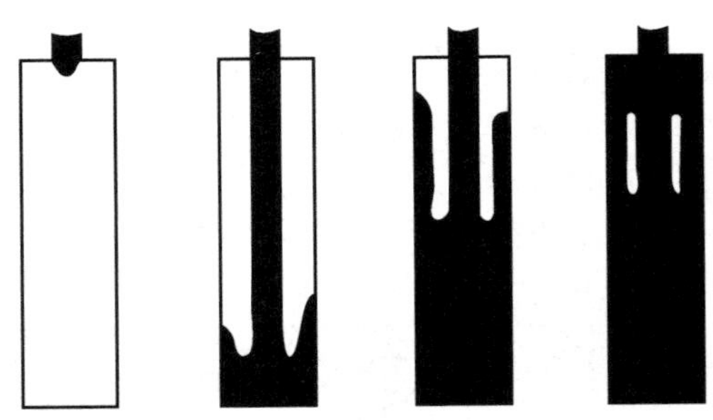

图1.6 喷射充填形态

大量的试验证实，这一充填理论适用于具有缝隙浇口的长方形压铸件或具有大的充填速度及薄的内浇口的压铸件（经验：当内浇口截面积/型腔截面积小于1/3且高速充填型腔时，在整个充填过程中聚集区都发生激烈扰动，易产生此充填形态，极端下像喷雾器）。根据这一理论，金属液充填压铸模型腔的特性与内浇口截面积和型腔截面积的比值有关，压铸过程中内浇口截面积/型腔截面积应大于1/4～1/3，以控制金属液的进入速度，从而保持平稳充填。在此情况下，应在内浇口附近开设排气槽，使型腔内的气体能顺利排除。

1.2.2 全壁厚充填的理论

全壁厚充填的理论是由勃兰特(Brandt)于1937年用铝合金压入试验性的压铸模中得出的。试验模具具有不同厚度（0.5～2mm）的内浇口和不同厚度的矩形截面型腔，内浇口截面积与型腔截面积之比为0.1～0.6。勃兰特认为，熔融金属通过内浇口进入型腔时，自浇口处开始，由后向前充满型腔厚度地流动，流动时不产生涡流，型腔中的气体可以充分排除；并且认为，无论内浇口截面积与型腔截面积之比的大小如何，充填形态仍然是“全壁厚”的。充填形态如图1.7所示（经验：当内浇口厚度/压铸件厚度大于1/2且以低于0.3m/s的速度充填时，易产生此充填形态）。

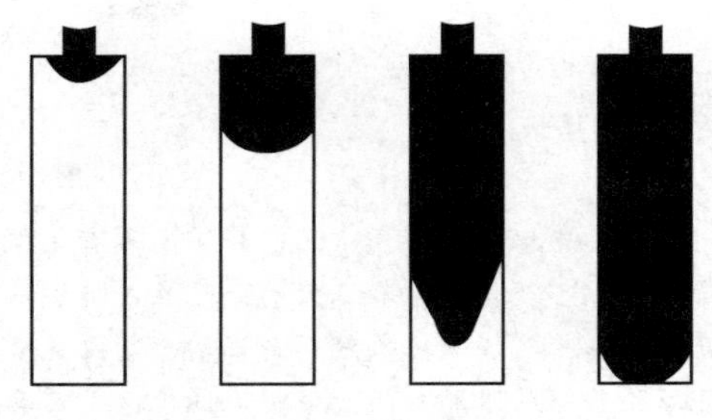

图1.7 全壁厚充填形态

1.2.3 三阶段充填的理论

三阶段充填的理论由巴顿(Barton)于1944年提出。巴顿认为，压铸过程是一个包含着热力学、力学和流体动力学因素的复合问题。并通过试验提出这样的看法，即充填过程大致分为三个阶段，并且充填过程的三个阶段对压铸件质量所起的作用也不相同。充填形态如图1.8所示。

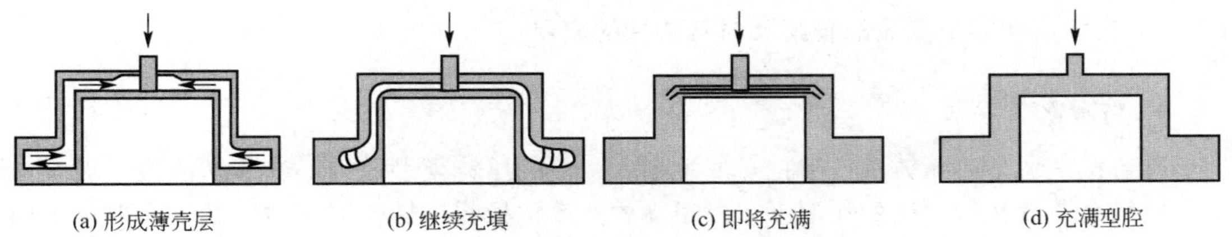

图1.8 三阶段充填形态

第一阶段，受内浇口面积限制的金属流射入型腔后，首先冲击对面型壁，沿型腔表面向各方向扩展，在型腔具有正确的热平衡时，金属流过的型壁上生成表层，这个表层即为压铸件的外壳(薄壳层)。这一阶段影响压铸件的表面质量。

第二阶段，随后进入的液态金属继续沉积在薄壳层内的空间里进行充填，直至填满。这一阶段影响压铸件的硬度。

第三阶段，在型腔完全充满的同时，压力通过处于尚未凝固的中心部分作用在压铸件上，型腔内的金属得到压实。这一阶段影响压铸件的强度。

1.2.4 评述

三阶段充填理论与喷射充填理论的实验结果基本一致，全壁厚充填理论只在特定的条件下出现，上述三种理论不是孤立的，它随压铸件的形状、尺寸和工艺参数而改变。有时在同一压铸件上，由于各部位结构尺寸的差异也会出现不同的充填形态。

此外，在同一时期内，还有其他的观点和看法。有的用动力学观点分析这一问题；有的用高速摄影记录其充满过程，也有的从熔融金属与型腔的传热过程研究这一问题。后来又有通过压力与温度变化的内在联系和在金属流内的相应变化等问题进行研究的。这些研究在一定程度上对充实充填理论方面起到应有的作用。

特别提示

压铸的充填过程是复杂的，目前尚未有完整的充填理论。早期的充填理论的一些观点都是在特定的试验条件下获得的，有很大的局限性，直接用来分析一些实际问题虽有一定的意义，但还存在不足之处，这在生产实践中已经得到证实。所以充填理论还有待于进一步完善和深化。生产中，不应受到这些理论框框的限制，而应根据实际情况做出具体的分析。

1.3 液态金属的流动状态及流动特性

【参考动画】【参考动画】

压铸过程中金属液在高压高速下充填模具型腔的时间极短，一般仅几分之一秒。最初阶段是完全的喷射，此后在短时间内，一方面向型腔各部位充填，另一方面在非常复杂的变化着，直至充满型腔。正确认识金属液的流动状态及其变化，掌握金属充填形态的规律，并充分利用金属液的这种特性，是合理设计浇注系统，进而压铸出良好压铸件的一个决定性因素。

1.3.1 充填时液态金属流的种类及对其特性的应用

1. 喷射及喷射流

压铸机在通常的压铸条件下把金属液压入一般的压铸模型腔内，在最初阶段，通过内浇口后的金属液在运动能的作用下，以很高的速度像枪弹一样向前直射，其方向取决于内浇口的方向，这种状态的金属流称为“喷射”，如图 1.9 (a)所示。

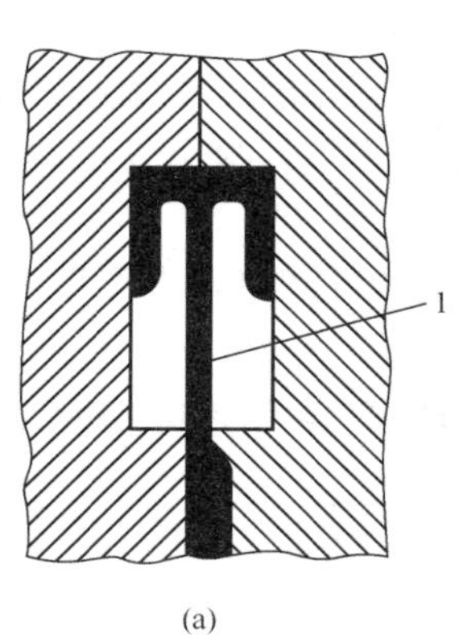

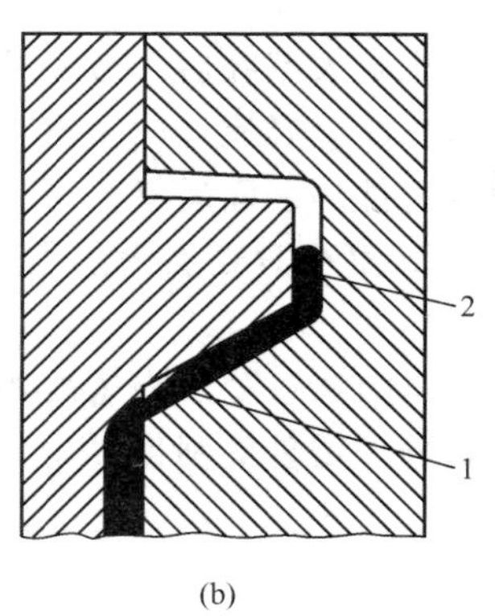

图 1.9 喷射及喷射流

1—喷射；2—喷射流

高速喷射的金属液会与型腔壁和型芯或别的金属流相冲撞，此时，金属液内的一部分运动能量即转变为热能和压力，并且在改变金属液流速和前进方向的同时，沿着型腔壁流动。由于剩余的运动能使金属液沿直线前进的特性仍较强，因此这个阶段的金属流与一般的压力流的性质(从压力高的一面流向低的一面)有所不同，称为“喷射流”，如图 1.9(b)所示。

喷射及喷射流具有一个很明显的特性，即在很大的运动能量的作用下能够直线前进。利用这种特性可以先充填那些阻力较大的部位及没有排气槽的部位，而这些部位靠压力流是难以充填的。

2. 压力流及其应用

仅有喷射和喷射流，还不足以使金属液充填整个型腔，在多数情况下，喷射和喷射流所保持的运动能量在金属液尚未充填满时，就由于在型腔内发生冲撞、摩擦和气体阻力等而耗损殆尽。因此，应使充填到金属流的“后流”部分(金属液最后到达的部分)的金属液，在后续的金属液推动下前进，这个阶段的金属流称为“压力流”。图1.10所示为从喷射、喷射流到压力流的状态，这样的压力流发生在偏离喷射及喷射流的通路部分(如压铸件上的凸台)和远离内浇口的部位。

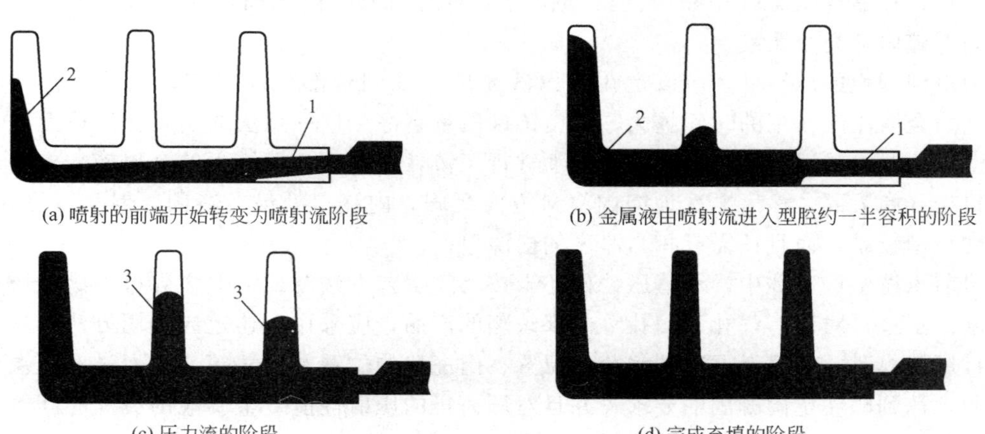

图1.10 由喷射、喷射流转变为压力流

1—喷射；2—喷射流；3—压力流

压力流在阻力小的通道上前进的特性是很强的。在压力所充填的部位，若压力流分成几股支流，则金属流的阻力分散；若出现阻力大的岛状部位，金属液只能在其周围流动，而不能充填到阻力大的部位。造成金属流阻力的主要因素是压铸件的厚薄不均、金属流的弯折运动、型腔表面粗糙度高、型腔内有气体压力等。

压力流没有喷射流那么大的运动能量，但是它却具有接受后续金属液中供给的压力能，从而使金属液沿着型腔内壁前进的特性。利用这种特性，可以很便利地把型腔内的气体有效地排出去，在压力流充填的部位，汇集着由喷射和喷射流所充填部分的气体，因此在这部位必须开设排气槽。

3. 再喷射现象

在压力流或喷射流的通道突然变大的部分(薄壁到厚壁的变化部位)，金属液又一次地离开型腔壁形成喷射状态，这种喷射状态称为“再喷射”，如图1.11所示。

发生再喷射的部位很容易产生气孔和缩孔，故型腔内以不发生再喷射为最理想。因此在设计压铸件和压铸模时应尽可能避免再喷射现象的发生，但实际上往往难以避免，为此应采用首先向发生再喷射的部位充填金属液的内浇口方案，同时采取提高补缩金属流效果的办法把内浇口设在靠近压铸件厚壁的部位为宜。

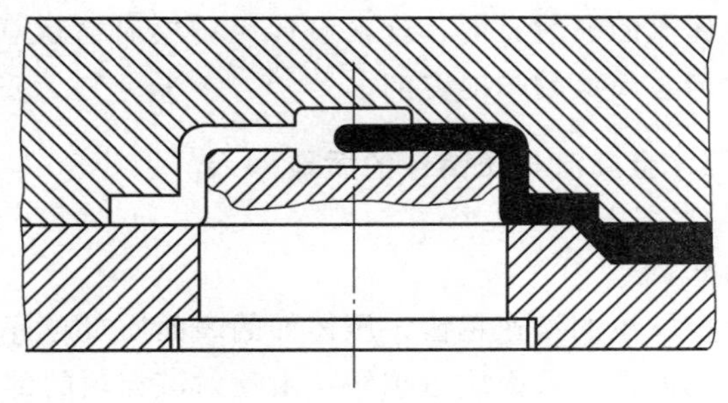

图1.11 再喷射状态

4. 补缩金属流

金属液的温度一降低便会产生收缩，当金属液温度降低时，其表面和内部的温度并不同时下降。金属液的表面层极快冷却，随后内部温度也跟着下降。由此可知，金属液先从表面开始凝固，内部稍微滞后凝固而收缩。在此过程中，如果不向其内部补充金属液则会产生缩孔，补缩金属流就是在内浇口部位的金属液尚未凝固之前，立即增高压室内的压力，向型腔内补充金属液。

为得到理想的压铸件，应该是在金属液充填完毕到全部凝固之前，立即进行加压补缩。补缩金属流起作用的时间越久，则压铸件质量越好。这一想法的实现在理论上是可行的，即设法使模具温度在有梯度的情况下进行压铸，也即让充填终了的金属液，先从远离内浇口处开始凝固，然后顺次地向内浇口方向凝固，内浇口处最后凝固。但实际操作时，模温的控制较难，而且还需有相当厚度的内浇口。

目前压铸生产实践中，尽管压铸件还未按上述工艺方法制成，但多数可以满足质量上的要求。不过，对于有气孔和缩孔等内部缺陷的产品，应采用上述定向凝固方法。这就要求设计压铸模时，注意考虑冷却水孔的位置、内浇口的位置及尺寸等，并通过对模温的有效控制，达到顺序定向凝固的要求；并且对压铸机的压射性能、金属液的凝固时间等充分地进行分析，使加压补缩能够及时有效地发挥作用。

特别提示

(1) 要观察压铸过程中的金属液的流动特性，并不是一件容易的事情，以上所述金属液的充填状态由实验得知。

(2) 压铸金属流的种类及各阶段之间并没有明确的界限，例如，喷射流在其初期与喷射具有同样大的运动能量，因此直进特性强；随着金属流前进而运动能量逐步耗损，作为喷射流的性质也随之减弱，最终阶段变为压力流。

1.3.2 影响压铸金属流的因素

压铸过程中金属液的充填形态与压铸件结构、压射条件、模具温度、金属液的温度和黏度、浇注系统的形状尺寸等都有着密切的关系，这些因素的改变，也会导致金属液充填形态的改变。

对压铸过程中的金属流影响最大的因素，就是内浇口的形状，因为内浇口的形状决定着金属流的喷射方向，这在设计压铸模时需认真考虑。图 1.12 所示为几种基本内浇口的形状与金属流的喷射方向。

1.3.3 金属流与压铸件的质量

1. 表面质量

金属流的流速越快，压铸件的表面质量越好，越光滑；流速相同时，通过的金属液越多，压铸件的表面质量越好。由喷射流充填的部位要比压力流充填部位的表面质量好；在薄壁部位设置内浇口易获得光亮的表面(但此时内部缺陷增多)。

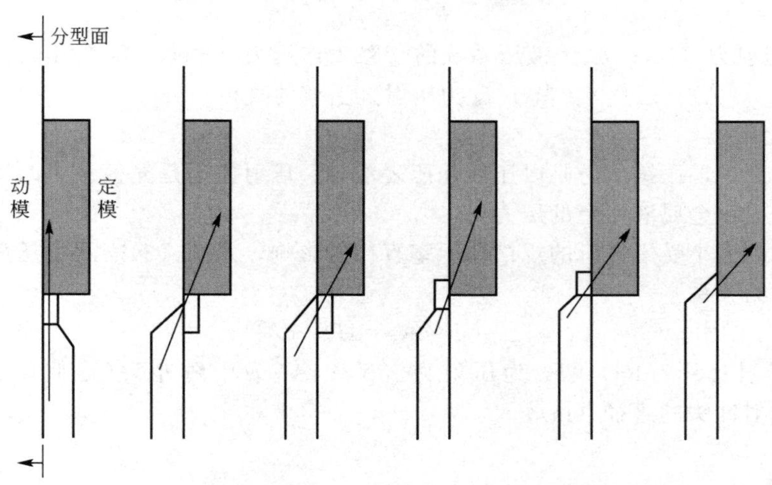

图 1.12 基本内浇口形状与金属流的喷射方向

2. 内部质量

在金属液充填终了到增压压力完全上升止，而金属液尚未开始凝固的条件下，金属液流速越缓慢，则内部缺陷越少；如果在相同的时间内金属液充填完毕，则压力流成形的压铸件比喷射流成形的压铸件的内部缺陷少；但是采用压力流的压铸件的形状，总是会把气体封闭在里边，从而产生局部面积较大的内部缺陷，此时应在容易把气体封闭的部位用喷射流的充填形式来减少内部的缺陷。

3. 强度及气密性

引起压铸件强度降低的原因主要有气孔、缩孔、冷隔等，须综合考虑压铸模的设计、压铸机的性能、压铸条件；保持合适的金属液温度和模温、并在金属液开始凝固前即行充填加压以消除冷隔等缺陷；有效地排出气体以获得气孔少、强度及气密性质量高的压铸件。

1.4 压铸工艺参数及其选择

1.4.1 压力参数及其选择

1. 压铸压力

压铸压力在压铸工艺中是主要的参数之一，其表示形式有：压射力和压射比压。

1）压射力

压射力来源于高压泵，是压铸机压射机构中推动压射活塞的力，其大小随压铸机的规格不同而异。压铸时，压射液压缸的活塞推动压射冲头作用在压室中的熔融金属液面上，推动金属液填充到模具的型腔中。压射力就是指压射冲头作用于金属液面上的力，这个力在压铸过程中不是恒定不变的，在一个压铸周期中，压射力的大小随不同的压铸阶段变化而改变。

压射力的计算公式：

$$F_y = p_g A_D \tag{1-1}$$

式中，F_y 为压射力（N）；p_g 为液压系统的管路工作压力（Pa）；A_D 为压铸机压射缸活塞的截面积（m^2），$A_D = \pi D^2/4$，其中 D 为压射缸活塞的直径（m）。

2）压射比压

在实际生产中，压铸压力是以压射比压表示的。压射比压是充模结束时压射冲头作用于压室内单位面积金属液面上的压力。

压射比压的大小受压铸机的规格和压室直径的影响，式(1-2)表示了压射比压与压射力和压室直径的关系：

$$p_b = F_y/A_d = 4F_y/\pi d^2 \tag{1-2}$$

式中，p_b 为压射比压（Pa）；F_y 为压射力（N）；A_d 为压射冲头(近似压室)的截面积（m^2）；d 为压射冲头的直径（m）。

实用技巧

从式(1-2)可以看出，压射比压与压射力成正比，与压射冲头的截面积成反比，通过调整压射力和压室的内径可以控制压射比压的大小。

2. 压铸过程压射比压的变化

压铸过程中，液体金属在压室与压铸模中的运动可分解为四个阶段，金属液受到的压力也随着不同阶段变化而改变，如图1.13所示。

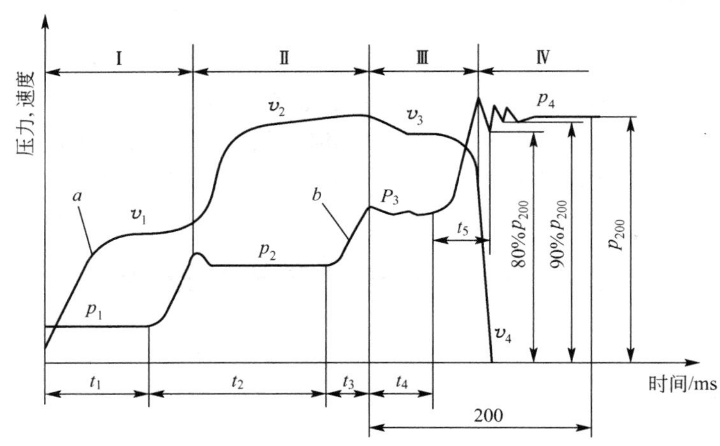

图1.13　压铸周期压射比压的变化曲线

p_1—慢压射压力；p_2—快压射压力；p_3—系统压力；p_{200}—增压压力稳态值①；
t_1—慢压射时间；t_2—快压射时间；t_3—系统升压时间；t_4—增压延时时间；t_5—增压时间；
a—压射冲头速度与压射时间的关系曲线；b—压射压力与压射时间的关系曲线

阶段Ⅰ：慢速封孔阶段

压射冲头以慢速前进，封住浇口。低的压射速度是为了防止金属液在通过压室浇注口

① 增压压力稳态值——压射活塞停止运动后，设定经过200ms时的压射压力。

时溅出和有利于压室中气体的排出，减少液体金属卷入气体。液态金属被推动，其所受压力 p_1 也较低，此时 p_1 用于克服压室与液压缸对运动活塞的摩擦阻力。

阶段Ⅱ：充填阶段

在压射冲头作用下，液体金属将完全充满压室至浇道处的空间，并由于内浇道处的阻力而出现小的峰压，液体金属在压力 p_2 的作用下，以极高的速度在很短的时间内充填型腔。

阶段Ⅲ：增压阶段

充填结束时，液体金属停止流动，由动能转变为冲击压力。压力急剧上升，并由于增压器开始工作，使压力上升至最高值。这段时间极短，一般为 0.02～0.04s，称为增压建压时间。

阶段Ⅳ：持压阶段

这一阶段的主要任务是使压铸件在最终静压力 p_4 下凝固，而达到使压铸件致密的目的。所需最终静压力 p_4 大小与合金的种类、状态(黏度、密度)和对压铸件的质量要求有关，一般为 50～500MPa。如果在最终压力达到 p_4 时浇注系统中的金属仍处于液态或半固态，则压力 p_4 将传给凝固中的压铸件，缩小压铸件中的缩孔、气泡，改善压铸件表面质量(特别是在半固态压铸时)。

综上所述，压铸过程中作用在熔融合金上的压力以两种不同的形式和作用出现：一种是熔融合金在流动过程中的流体动压力，它的作用主要是完成充填和成形过程；另一种是在充填结束后，以流体静压力形式出现的最终压力(其值明显大于动压力)，它的作用是对凝固过程中的合金进行“压实”。最终压力的有效性，除与合金的性质及压铸件结构的特点有关外，还取决于内浇道的形状、大小及位置。实际上，由于压铸机压射机构的工作特性各不相同，以及随着压铸件结构形状的不同，熔融合金充填状态和工艺操作条件等的不同，压铸过程压力的变化曲线也会出现不同的形式。但这四个阶段是明确的，其中 p_4 越大，则越容易获得轮廓清晰、表面光洁及组织致密的压铸件。

3. 压射比压的选择

压射比压的大小对压铸件的力学性能、表面质量和压铸模的使用寿命都有很大的影响。在制订压铸工艺时，压射比压的选择应根据压铸件的形状、尺寸、复杂程度、壁厚、合金的特性、温度及排溢系统等确定。

1) 选择合适的压射比压可以改善压铸件的力学性能

一般情况下，随着压射比压的增大，压铸件的强度也增加，这是由于在较高的比压下凝固，可以提高内部组织的致密度，使压铸件内的微小孔隙或气泡被压缩，使孔隙率减小的缘故。如用冷室压铸机压铸铝合金，由于铝和铁有很强的亲和力，很容易粘附在压室内壁上，如果压射压力很小会使压射冲头“卡死”，影响顺利充模。

但随着压射比压的增大，压铸件的塑性指标将会下降。比压的增加有一定限度，过高时不仅使伸长率减小，而且强度也会下降，使压铸件的力学性能恶化。

2) 提高压射比压可以提高金属液的充模能力，获得轮廓清晰的压铸件

这是由于只有在较高的比压下才能获得足够的充填速度，防止压铸件产生冷隔或充型不足的缺陷。在一般情况下，压铸薄壁铸件时，内浇口的厚度较薄，流动阻力较大，故要有较大的压射比压；对于厚壁铸件可以选用较小的压射比压。

3）过高的压射比压会降低压铸模的使用寿命

过高的压射比压会使压铸模受熔融合金流的强烈冲刷及增加合金粘模的可能性，加速模具的磨损，降低压铸模的使用寿命。高比压还会增加胀模力，如果锁模力不足会造成胀模和飞边，严重时会造成金属液喷溅。

因此，应根据压铸件的结构特点、合金的种类，选择合适的比压。一般在保证压铸件成形和使用要求的前提下选用较低的比压。根据我国现有的压铸生产条件，常用的压射比压推荐值可以参考表1－1选用。在压铸过程中，压铸机的结构性能、浇注系统的形状和大小等因素对比压都有一定的影响。所以，实际比压应等于推荐比压乘以压力损失系数 k（表1－2）。

表1－1　常用压铸合金压射比压推荐值　　（单位：MPa）

	锌合金	铝合金	镁合金	铜合金
一般件	13～20	30～50	30～50	40～50
承载件	20～30	50～80	50～80	50～80
耐气密件	25～40	80～100	80～100	60～100
电镀件	20～30	—	—	—

表1－2　压力损失系数 k

项　目	k 值		
直浇道导入口截面积 A_1 与内浇口截面积 A_2 之比（A_1/A_2）	＞1	＝1	＜1
立式冷室压铸机	0.66～0.70	0.72～0.74	0.76～0.78
卧式冷室压铸机	0.88		

1.4.2　速度参数及其选择

在压铸中，压铸速度有压射速度和充填速度两个不同概念。压射速度是指压铸机压射缸内的液压推动压射冲头前进的速度；充填速度是指液体金属在压射冲头的压力作用下，通过内浇道进入型腔的线速度。影响充填速度的因素有压射速度、压射比压和内浇口截面积等。

1. 压射速度对充填速度的影响

压射速度是指压射冲头在特定条件下运动的线速度。这一速度由压铸机的特性所决定。压铸机所给定的压射速度一般在0.1～7m/s范围内变动。

熔融金属在压射冲头的推动下，经过浇注系统内浇口时的速度可以认为不变或变化很小。把流动过程看成在一封闭的管道中进行，根据等流量连续性方程有以下关系：

$$A_1 v_1 = A_2 v_2 \tag{1-3}$$

$$v_2 = \frac{A_1 v_1}{A_2} = \frac{\pi d^2 v_1}{4A_2} \tag{1-4}$$

式中，v_1 为压射速度（m/s）；v_2 为充填速度（m/s）；A_1 为压射冲头（近似压室）的截面积（m^2）；A_2 为内浇口的截面积（m^2）；d 为压射冲头（近似压室）的直径（m）。

由式(1－4)可知，金属液的充填速度 v_2 与压室直径的平方、压射冲头的压射速度 v_1

成正比，而与内浇口的截面积成反比。即表示压室直径越大，充填速度也越大；压射速度越大，充填速度相应也越大；内浇口的截面积越大，充填速度则越小。

当压铸机确定以后，压室的大小受机器的尺寸和压铸件大小的限制，一般只能在几个尺寸系列中选定，不易调整，因此，充填速度主要是通过调整压射速度和内浇口的截面积来实现。但由于内浇口的尺寸只能修大而不能修小，故通过改变内浇口的截面积来调整充填速度也不是很方便。相对而言，通过调整压铸机上的压力阀(或速度控制阀)可以有效实现压射速度的调节。当然，在生产实践中，需要根据具体条件去确定调整因素。

2. 充填速度与压射比压的关系

压力和速度是相辅相成而又相互制约的两个基本参数。根据水力学原理，压射比压与充填速度间的关系可用式(1－5) 表示：

$$v_2=\sqrt{2\frac{p_b}{\rho}}=\sqrt{2gp_b/\gamma} \tag{1-5}$$

式中，v_2 为充填速度（m/s）；p_b 为压射比压（Pa）；ρ 为液体金属的密度（kg/m^3）；g 为重力加速度（m/s^2）；γ 为液体金属的假密度（N/m^3），$\gamma=\rho g$。

由于熔融的液体金属是黏性液体，在流经浇注系统时会因黏性、表面张力及内摩擦而引起动能损失，故式(1－5)可改写为：

$$v_2=\mu\sqrt{2gp_b/\gamma} \tag{1-6}$$

式中，μ 为阻力系数，一般取 $\mu=0.358$。

由式(1－5)可知，充填速度与压射比压的平方根成正比，而与金属假密度的平方根成反比，因而压射比压大，充填速度高；金属假密度大，充填速度就低。要产生高的充填速度，就需要更高的压射比压来实现；而金属假密度越小，所能获得的充填速度也越高。

3. 充填速度的选用

与压射比压一样，充填速度也是压铸工艺主要参数之一，充填速度的高低直接影响压铸件的内部和外观质量，正确选用充填速度对设计压铸模和获得合格压铸件十分重要。充填速度过小会使压铸件的轮廓不清晰，甚至不能成形；充填速度选择过大则会引起压铸件粘型并使压铸件内部组织中的气孔率增加，使力学性能下降，同时高速的金属液还会冲蚀型腔而影响压铸模的寿命。

充填速度的选择，一般应遵循的原则为：对于厚壁或内部质量要求较高的压铸件，应选择较低的充填速度和高的增压比压；对于薄壁或表面质量要求高的压铸件及复杂的压铸件，应选择较高的比压和高的充填速度。此外，合金的浇注温度较低、合金和模具材料的导热性能好、内浇道厚度较大时，也要选择较高的充填速度。根据我国实际设备和工艺条件，常用充填速度可参照表 1－3 选取。

表 1－3　常用的充填速度　　（单位：m/s）

合金	简单壁厚铸件	一般铸件	复杂壁厚铸件
锌合金、铜合金	10～15	15	15～20
镁合金	20～25	25～35	35～40
铝合金	10～15	10～25	25～30

为适应各种压铸件对压铸工艺不同的要求，压铸压力和压铸速度都应做到无级调整。一般情况是压铸压力高时，压铸件质量较好。为使压力更好地完成“充填”“成形”和“压实”任务，在制订压铸工艺时必须充分考虑各个因素之间的影响。

压射速度

压室内的压射冲头推动金属液移动时的速度称压射速度。在压铸过程中，压射速度受压力的直接影响，又与压力共同对压铸件的内在质量、表面要求和轮廓清晰程度起着重要的作用。

压射速度分为慢压射速度和快压射速度。

1. 慢压射速度

压射冲头起始动作直至将压室内的金属液送入内浇口之前的速度。在这一阶段中要求将压室中的金属充满，在既不过多降低合金液的温度，又有利于排除压室中的气体的原则下，应尽量选用低的压射速度，一般慢压射速度小于0.3m/s。

2. 快压射速度

由压铸机的特性所决定，国产压铸机所给定的最高压射速度一般为4～5m/s(GB/T 21269—2007规定为≥6～7m/s)，而国外压铸机的速度，则可达到10m/s。

3. 快压射速度的作用和影响

提高压射速度，动能转化为热能，提高了合金液的流动性，有利于消除流痕、冷隔等缺陷，提高了机械性能和表面质量，但速度过快机械性能反而下降。

4. 压射速度对填充特性的影响

压射速度的提高，使合金液在填充型腔时的温度上升，有利于改善填充条件。复杂的薄壁铸件，需要快的压射速度，但压射速度过高时，填充条件反而恶化，在厚壁铸件中尤为明显。

5. 快压射速度选择时考虑的因素

(1) 压铸合金的特性(熔化潜热、合金的比热和导热性、凝固温度范围)。

(2) 模具温度(模具温度高时压射速度可适当降低，根据模具的热传导状况，模具设计结构和制作质量及延长模具的寿命，可适当限制压射速度)。

(3) 压铸件质量要求(压铸件表面质量要求高的薄壁复杂件，可采用较高的压射速度)。

1.4.3 温度参数及其选择

1. 合金浇注温度

合金浇注温度是指金属液从压室进入型腔的平均温度。由于对压室的液体金属温度测量不方便，通常用保温炉内的温度表示，一般高于合金液相线20～30℃。

浇注温度过高，合金收缩大，使压铸件容易产生裂纹，压铸件晶粒粗大，还能造成脆性；浇注温度过低，易产生冷隔、表面流纹和浇不足等缺陷。因此，浇注温度应与压力、模具温度及充填速度同时考虑。经验证明：在压力较高的情况下，应尽可能降低浇注温度，最好使液体金属呈黏稠“粥状”时压铸，这样可以减少型腔表面温度的波动和液体金属流对型腔的冲蚀，延长压铸模使用寿命；减少产生涡流和卷入空气；减少金属在凝固过程中的体积收缩，以使壁厚处的缩孔和缩松减少。因而，该经验提高了压铸件的精度和内部质量。但对含硅量高的铝合金，则不宜使液体金属呈“粥状”时压铸，否则硅将大量析出，以游离状态存在于压铸件内部，使加工性能变坏。各种压铸合金的浇注温度，因其壁厚和结构的复杂程度而不同，其值可参考表1-4选用。

表1-4　各种压铸合金浇注温度　（单位：℃）

合金		压铸件壁厚≤3mm		压铸件壁厚>3mm	
		简单结构	复杂结构	简单结构	复杂结构
锌合金	含Al的	420～440	430～450	410～430	420～440
	含Cu的	520～540	530～550	510～530	520～540
铝合金	含Si的	610～630	640～680	590～630	610～630
	含Cu的	620～650	640～700	600～640	620～650
	含Mg的	640～660	660～700	620～660	640～670
镁合金		640～680	660～700	620～660	640～680
铜合金	普通黄铜	870～920	900～950	850～900	870～920
	硅黄铜	900～940	930～970	880～920	900～940

2. 压铸模的温度

压铸模在使用前要预热到一定的温度，在生产过程中要始终保持在一定的温度范围内。压铸模预热的作用有以下三个方面：

(1) 避免高温液体金属对冷压铸模的“热冲击”而导致过早热疲劳失效，以延长压铸模的使用寿命。

(2) 避免液体金属在模具中因激冷而很快失去流动性，使压铸件不能顺利充型，造成浇不足、冷隔、“冰冻”等缺陷，或即使成形也因激冷增大线收缩，引起压铸件产生裂纹或表面粗糙度增加等缺陷。

(3) 压铸模中间隙部分的热膨胀间隙应在生产前通过预热加以调整，不然合金液会穿入间隙而影响生产的正常进行。

压铸模预热方法很多，一般多用煤气喷烧、喷灯、电热器或感应加热。

在连续生产中，压铸模温度往往会不断升高，尤其是压铸高熔点合金时，温度升高很快。温度过高除产生液体金属粘型外，还可能出现压铸件因来不及完全凝固、推出温度过高而导致变形、模具运动部件卡死等问题。同时过高的压铸模温度会使压铸件冷却缓慢，造成晶粒粗大而影响其力学性能。因此在压铸模温度过高时，应采取冷却措施。通常用压缩空气、水或其他液体进行冷却。

压铸模工作温度一般可按式(1-7)计算或根据表1-5查得。

$$t_m = \frac{1}{3}t_j \pm \Delta t \qquad (1-7)$$

式中，t_m 为压铸模工作温度（℃）；t_j 为液体金属的浇注温度（℃）；Δt 为温度控制公差（一般取 25℃）。

表 1－5　不同压铸合金的压铸模工作温度　　（单位：℃）

合金		压铸件壁厚≤3mm		压铸件壁厚＞3mm	
		简单结构	复杂结构	简单结构	复杂结构
锌合金	预热温度	130～180	150～200	110～140	120～150
	连续工作保持温度	180～200	190～220	140～170	150～200
铝合金	预热温度	150～180	200～230	120～150	150～180
	连续工作保持温度	180～240	250～280	150～180	180～200
铝镁合金	预热温度	170～190	220～240	150～170	150～180
	连续工作保持温度	200～220	260～280	180～200	180～200
镁合金	预热温度	150～180	200～230	120～150	170～190
	连续工作保持温度	180～240	250～280	150～180	200～240
铜合金	预热温度	200～230	230～250	170～200	200～230
	连续工作保持温度	300～325	325～350	250～300	300～350

1.4.4　时间参数及其选择

1. 充填时间

金属液自开始进入型腔到全部充满所需的时间称为充填时间。最佳的充填时间取决于压铸件的体积、壁厚的大小及压铸件形状的复杂程度、内浇口处的面积和充填速度等。在压铸过程中，充填时间对压铸件质量的影响如下：

(1) 充填时间长，充填速度慢，有利于排气，但压铸件表面粗糙度值较高。

(2) 充填时间短，充填速度快，可获得表面粗糙度值较低的压铸件，但压铸件的致密度较差，压铸件内部的气孔量较多。

对大而简单的压铸件，充填时间要相对长些；对复杂和薄壁压铸件充填时间要短些。当压铸件体积确定后，充填时间与充填速度和内浇口截面积之乘积成反比。压铸件的平均壁厚与充填时间的推荐值见表 1－6。

表 1－6　压铸件的平均壁厚与充填时间的推荐值

压铸件平均壁厚 b/mm	充填时间 t/s	压铸件平均壁厚 b/mm	充填时间 t/s
1	0.010～0.014	5	0.048～0.072
1.5	0.014～0.020	6	0.056～0.064
2	0.018～0.026	7	0.066～0.100
2.5	0.022～0.032	8	0.076～0.116
3	0.028～0.040	9	0.088～0.138
3.5	0.034～0.050	10	0.100～0.160
4	0.040～0.060		

2. 持压时间

从液态金属充满型腔到内浇道完全凝固时，压射冲头施加压力的持续时间称为持压时间。持压的作用是使压力传递给未凝固的金属，保证压铸件在压力下结晶。以获得致密的组织。

持压时间长短取决于压铸件的材料和壁厚。对于熔点高、结晶温度范围大的厚壁压铸件，持压时间应长些，若持压时间不足，易造成疏松，如压铸件内浇道处的金属尚未完全凝固，由于压射冲头的退回，金属被抽出，压铸件内形成孔洞；对熔点低、结晶温度范围小的薄壁压铸件，持压时间可以短些。在立式压铸机上，持压时间过长，还易给切除余料带来困难。生产中常用的持压时间见表1-7。

表1-7 生产中常用的持压时间 （单位：s）

合金	压铸件壁厚<2.5mm	压铸件壁厚2.5～6mm
锌合金	1～2	3～7
铝合金	1～2	3～8
镁合金	1～2	3～8
铜合金	2～3	5～10

3. 留模时间

留模时间是指持压时间终了到开模推出压铸件的时间。留模时间应根据压铸件的合金性质、压铸件壁厚和结构特性参考表1-8选择。以推出压铸件不变形、不开裂的最短时间为宜。

表1-8 各种压铸合金常用留模时间 （单位：s）

合金	铸件壁厚<3mm	铸件壁厚3～4mm	铸件壁厚≥5mm
锌合金	5～10	7～12	20～25
铝合金	7～12	10～15	25～30
镁合金	7～12	10～15	15～25
铜合金	8～15	15～20	25～30

若停留时间过短，由于压铸件强度尚低，可能在压铸件推出和自压铸模落下时引起变形，对强度差的合金还可能因为内部气孔的膨胀而产生表面气泡。但停留时间太长，则压铸件温度过低，收缩大，对抽芯和推出压铸件的阻力也大；对热脆性合金还能引起压铸件开裂，同时也会降低压铸机的效率。

对于在热室压铸机上生产，并且是薄壁件(如<3mm)时，则停留时间还应再短些。

要点提示

综上所述，压铸工艺参数中压力、速度、温度及时间的选择应遵循以下原则：结构复杂的厚壁压铸件压射力要大；结构复杂的薄壁压铸件压射速度要快，浇注温度和模具温度要高；形状一般的厚壁压铸件持压时间和留模时间要长。

1.5 压铸用涂料

压铸过程中对模具型腔、型芯表面、滑块、推出元件、压铸机的冲头和压室等所喷涂的润滑材料和稀释剂的混合物，通称为压铸涂料。对压铸涂料的谨慎选用与合理的喷涂操作是保证压铸件质量、提高压铸模寿命的一个重要因素。

1.5.1 压铸涂料的作用

1. 改善模具的工作条件

压铸涂料为压铸合金和模具之间提供有效的隔离保护层，避免金属液直接冲刷型腔和型芯表面，改善模具的工作条件。

2. 提高金属的成形性

有助于降低模具热导率，保持金属液的流动性，提高金属的成形性。

3. 延长模具寿命，提高压铸件的表面质量

高温时保持良好的润滑性能，减少压铸件与模具成形部分尤其是型芯之间的摩擦，便于推出，延长模具寿命，提高压铸件的表面质量。

4. 预防粘模

对于铝、锌合金而言可以预防粘模。

1.5.2 对涂料的要求

(1) 在高温状态下具有良好的润滑性。
(2) 挥发点低，在100～150℃，稀释剂能很快挥发。
(3) 涂敷性要好。
(4) 对压铸模和压铸件无腐蚀作用。
(5) 性能稳定，在空气中稀释剂不应挥发过快而变稠，存放期长。
(6) 高温时不分解出有害气体，且不会在压铸模型腔表面产生积垢。
(7) 配制工艺简单，来源丰富，价格便宜。

1.5.3 常用压铸涂料及配制

压铸用涂料种类繁多，其中比较理想的配方和适用范围见表1-9，供选用时参考。

表1-9 压铸用涂料的种类(名称)、配制方法及适用范围

序号	涂料名称	配比/(%)	配制方法	适用范围
1	胶体石墨		成品	铝合金，防粘模效果好； 压射冲头、压室和易咬合部位
2	天然蜂蜡		块状或保持在温度不高于85℃的熔融状态	用于锌合金的成形； 表面要求光洁的部位

（续）

序号	涂料名称	配比/(%)	配制方法	适用范围
3	氟化钠水	3～5 97～95	将水加热至70～80℃，再加氟化钠、搅拌均匀	用于合金冲刷易产生粘模的部位
4	石墨 机油	5～10 95～90	将石墨研磨过筛(200＃)加入40℃左右的机油中搅拌均匀	用于铝合金部件； 压射冲头、压室部分效果良好
5	锭子油	30＃/50＃	成品	用于锌合金做润滑用
6	聚乙烯 煤油	3～5 97～95	将小块聚乙烯泡在煤油中，加热至80℃左右熔化而成	用于铝合金、镁合金成形部件
7	氧化锌 水玻璃 水	5 1.2 93.8	将水和水玻璃一起搅拌，然后倒入氧化锌搅匀	用于大中型铝合金、锌合金铸件
8	硅橡胶 汽油 铝粉	3～5 余量 1～3	硅橡胶溶于汽油中，使用时加入1%～3%铝粉	用于铝合金、表面要求光洁的场合
9	黄血盐		成品	用于铜合金清洗剂
10	二硫化钼 蜂蜡	30 70	将蜡加温熔化，加入二硫化钼、搅拌后做成笔状	用于铜合金成形部分

1.5.4 涂料的使用

(1) 大多数压铸模应每压一次都上一次涂料，上涂料的时间要尽可能短。

(2) 一般对糊状或膏状涂料可用棉丝或硬毛刷涂刷。

(3) 有压缩气源的地方可用喷枪喷涂(适合油脂类涂料)。

(4) 特别注意用量，要避免厚薄不均或者太厚。

(5) 喷涂时，涂料浓度要加以控制，涂刷时，在刷后应用压缩空气吹匀。

(6) 喷涂或涂刷后，应待涂料中的稀释剂挥发后再合模浇注。

(7) 喷涂涂料后，应特别注意压铸模排气道的清理，避免因被涂料堵塞而起不到排气作用。

(8) 对于转折、凹角部位应避免涂料沉积，以免造成压铸件的轮廓不清晰。

1.6 特殊压铸工艺简介

压铸件的主要缺陷之一是气孔和疏松，消除压铸件的气孔和疏松，对发展和扩大压力铸造的应用领域是至关重要的。气孔和疏松不仅降低了压铸件的力学性能(特别是伸长率)和气密性，而且也不能对其进行焊接和热处理。因此，需经热处理强化的合金，不能采用压铸工艺。目前国内外解决压铸件的气孔和疏松问题的途径主要有两个：一是改进现有设备，特别是对三级压射机构的压铸机，控制压射速度、压力，控制压铸模型腔内的气体；二是发展特殊压铸工艺，迄今为止主要有真空压铸、充氧压铸、精速密压铸、半固态压铸等。

1.6.1 真空压铸

真空压铸是用真空泵抽出压铸模型腔内的空气，建立真空后注入金属液的压铸方法。其真空度为52～82kPa(380～600mmHg)。这样的真空度可以用机械泵来获得。对于薄壁与复杂的压铸件真空度应高些。

真空压铸这一工艺由来已久，型腔抽气在技术上也已圆满解决，因此，真空压铸在20世纪50年代时曾被广泛应用。但目前，真空压铸只用于生产要求耐压、机械强度高或要求热处理的高质量零件，如传动箱体、气缸体等重要而结构复杂的铸件。

1. 真空压铸的特点

(1) 消除或减少了压铸件内部的气孔，压铸件强度高，表面质量好，可进行热处理，可在较高温度下工作。例如，采用真空压铸的锌合金压铸件，其强度较一般压铸法提高19%，压铸件的细晶层厚度增加了0.5mm。

(2) 消除了气孔造成的表面缺陷，改善了压铸件的表面质量。

(3) 从压铸模型腔抽出空气，显著地降低了压铸时型腔的反压力，可用较低的比压(较常用的比压低10%～15%)及压铸性能较差的合金，并可在提高强度的条件下采用较低的比压压铸出较薄的压铸件，使压铸件壁厚减小25%～50%。例如，一般压铸锌合金时压铸件平均壁厚为1.5mm，最小壁厚为0.8mm，而真空压铸锌合金时，压铸件平均壁厚为0.8mm，最小壁厚为0.5mm。

(4) 采用真空压铸法可提高生产率10%～20%。在现代压铸机上可以在几分之一秒内抽成需要的真空度，并且随型腔中反压力的减小增大了压铸件的结晶速度，缩短了压铸件在模具中停留的时间。

(5) 可减小浇注系统和排气系统的尺寸。

(6) 密封结构较复杂，制造及安装较困难，成本较高。

(7) 气孔虽有所减少，但对于壁厚不均匀、特别是有较厚凸台的铸件，缩松会变得更加严重。

2. 真空压铸装置及抽真空方法

真空压铸需要在很短时间内达到所要求的真空度，因此必须先设计好预真空系统。如图1.14所示，根据型腔的容积确定真空罐的容积和选用足够大的真空泵。

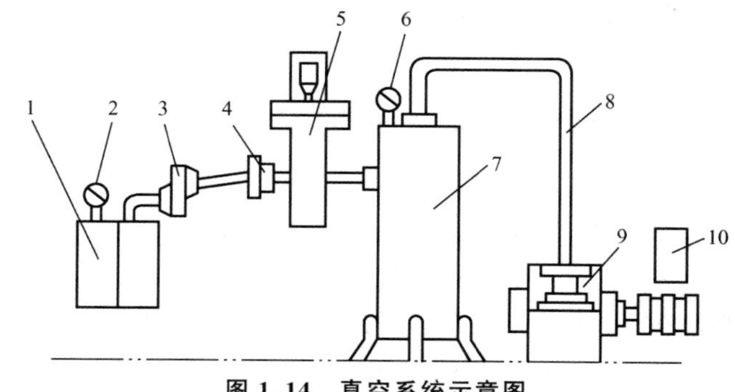

图1.14 真空系统示意图

1—压铸模；2—真空表；3—过滤器；4—接头；5—真空阀；6—真空表；7—真空罐；8—管道；9—真空泵；10—电动机

真空压铸密封方法很多，下面简要介绍两种方法：

1）利用真空罩封闭整个压铸模

合模时将整个压铸模密封，液体金属浇注到压室后，将压室密封(利用压射冲头)，接着打开真空阀，将真空罩内空气抽出，再进行压铸。真空罩有通用和专用两种。通用真空罩适用于不同厚度的压铸模、专用真空罩则只对某种压铸模适用。这种方法每次抽出空气量大，而且操作不方便，现已很少使用。

2）借助分型面抽真空密封

将压铸模排气槽通入断面较大的总排气槽，再与真空系统接通。压铸时，当压铸冲头封住浇口时，开始抽真空。当压铸模充满金属后，总排气槽关闭，防止液体金属进入真空系统。这一方法需要抽出的空气量少，而且压铸模的制作和修改很方便。

3．真空压铸模设计

真空压铸模设计应注意以下两点：一是由于型腔内气体很少，压铸件激冷速度加快，为了有利于补缩，内浇道厚度比普通压铸加大10％～25％；二是因压铸件冷凝较快，结晶细密，故合金收缩率低于普通压铸。

1.6.2 充氧压铸

充氧压铸仅适用于铝合金压铸[①]。所谓充氧压铸，就是指将干燥的氧气充入压室和压铸模型腔，以取代其中的空气和其他气体，使压铸过程中残留在型腔中的氧与铝液反应形成 Al_2O_3 质点，从而消除不充氧时压铸件内部形成的气孔。这种 Al_2O_3 质点颗粒细小，约在 1μm 以下，其质量占压铸件总质量的0.1％～0.2％，不影响力学性能，并可使压铸件进行热处理。

充氧压铸是消除铝合金压铸件气孔，提高压铸件质量的一个有效途径。

1．充氧压铸的特点

(1) 消除或减少了压铸件内部的气孔，提高了压铸件质量。充氧后的铝合金压铸件较一般压铸件强度提高10％，伸长率增加0.5～1倍。

(2) 可对充氧压铸件进行热处理，提高了力学性能。铸件进行热处理后强度可再提高30％以上，屈服强度增加100％，冲击韧度也显著提高。

(3) 充氧压铸件可在200～320℃环境中工作。

(4) 充氧压铸对铝合金成分烧损甚微。

(5) 充氧压铸与真空压铸相比，结构简单、操作方便、投资少。

2．充氧压铸装置及工艺参数

充氧压铸装置如图1.15所示。充氧方法很多，一般有压室加氧和模具上加氧两种形式，其基本要求是使模具型腔和压室中的空气最快、最彻底的由氧气代替。采用充氧压铸工艺时，最好应用立式压铸机，因为在卧式压铸机上充氧后，在压室中铝液与氧气接触面积大，所以铝液容易氧化。

---

① 国外在分析铝合金普通压铸件气孔中的气体成分时发现，其中的气体主要是由空气中的氮和涂料中碳氢化合物中的氢组成，而空气中的氮气应为80％，其余20％为氧气。这说明气泡中部分氧气与铝液发生了反应生成了氧化物分散在金属中。由此，1969年美国人爱列克斯提出了充氧压铸的新工艺。

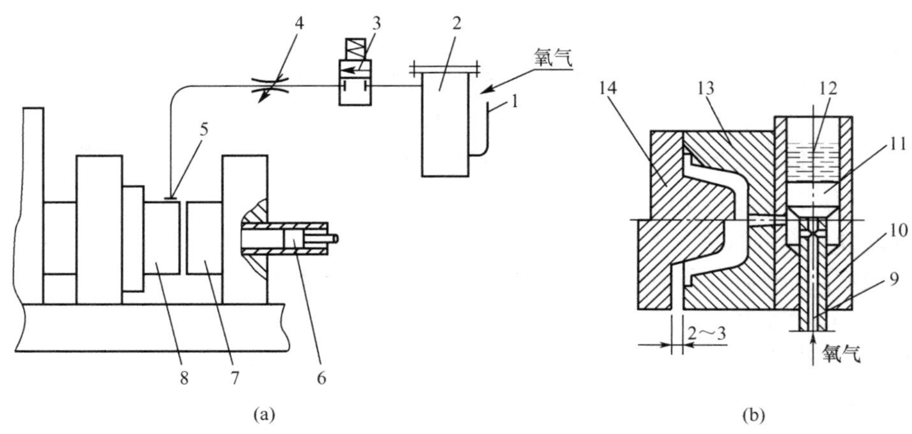

图 1.15 充氧压铸装置示意图

1—通气软管；2—干燥器；3—电磁阀；4—节流阀；
5—管接头；6—压射冲头；7—定模；8—动模；
9—充氧孔；10—压室；11—反料冲头；12—金属液；13—定模；14—动模

充氧压铸时，压铸工艺参数的控制很重要，应严格控制以下几个因素：

1）充氧时间

充氧开始时间视压铸件大小及复杂程度而定，一般在动、定模分型面相距 2～3mm 开始充氧，略停 1～2s 后再合模。合模后继续充氧一段时间。

2）充氧压力

充氧压力一般为 0.4～0.7MPa，以确保充氧的流量。充氧结束应立即压铸。

3）压射速度与压射比压

充氧压铸的压射速度、压射比压与普通压铸相同。模具预热温度略高，一般为 250℃，以便使涂料中的气体尽快挥发排除，

4）应合理设计压铸模的浇注系统和排气系统，否则会发生氧气孔。

3. 应用

充氧压铸主要用于铝合金产品上，产品包括需要高强度或需要耐热的零件。国外用充氧压铸法生产的铝合金零件有汽车轮毂、制动器缸体、连杆、齿轮-齿条转向机构外壳、进气集合管、液压变速器壳体、提升门铰链等。近年来，随着汽车轻量化的要求，镁合金开始受到人们的关注，镁合金在汽车上的应用逐年增加，国外已有公司用充氧压铸法生产镁合金汽车和摩托车轮毂，目前这方面的研究工作仍在进行之中。

充氧压铸用的涂料，国外采用 NaF 溶液(型腔用)和甘油银色石墨(压室和压射冲头用)，国内采用水剂石墨。

1.6.3 精速密压铸

精速密压铸是精确、快速及密实的压铸方法的简称。它采用两个套在一起的内外压射冲头，又称套筒双冲头压铸法，在压射开始时，内外冲头同时压射，当填充结束压铸件外壳凝固型腔达到一定压力后，限时开关启动，内压射冲头继续前进，推动压室内的金属液补充压

实压铸件。其作用原理如图 1.16 所示。其中如图 1.16(d)所示的结构为在压铸模上另设补充压射冲头，对压铸件补充压实，以获得致密的组织，也可将补充压射冲头设在压铸件的厚壁处。

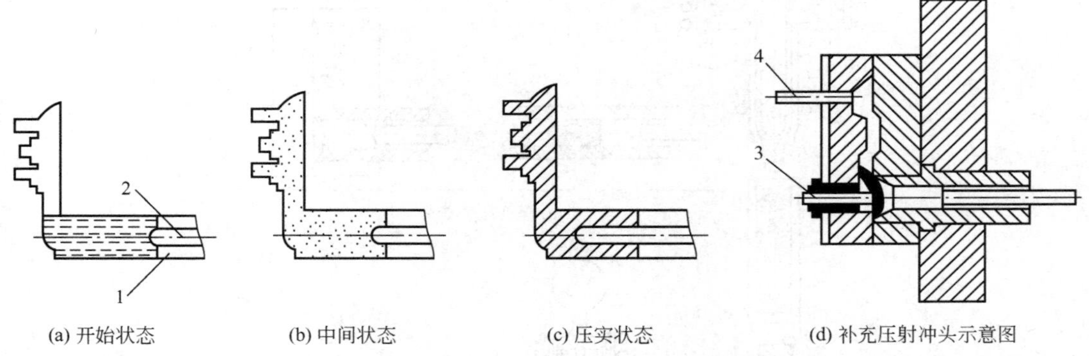

图 1.16　精速密压铸原理示意图

1—外压射冲头；2—内压射冲头；3—补充压射冲头；4—推杆

1. 精速密压铸的特点

(1) 内浇口厚度大于普通压铸，一般为 3～5mm，以便内压射冲头前进时更好地传递压力，提高压铸件致密度。

(2) 厚壁铸件各部分强度分布均匀，较普通压铸强度提高 20%，压铸件密度提高 3%～5%，尺寸精确，废品率低，可进行焊接和热处理。

(3) 由于内浇口较厚，必须用专用机床切除。

(4) 不适于小型压铸机，一般仅在合模力为 4000～6300kN 的压铸机上应用，并需对压射机构进行改造。

2. 精速密压铸的工艺控制

压射速度低，金属液射入内浇道的速度为 4～6m/s，为普通压铸压射速度的 20%。速度和压力低可减轻压射过程中的涡流和喷溅现象，减少卷入的气体及气孔。

内压射冲头补充加压时，一般比压为 3.5～100MPa，内压射冲头的行程为 50～150mm。

控制压铸件顺序凝固。由于金属液填充速度和压力均低，故金属液可平衡地填充型腔，由远及近向内浇道方向顺序凝固，使内压射冲头更好地起到压实作用。

1.6.4　半固态压铸

1. 半固态压铸装置原理

半固态合金压铸成形的方法主要有流变压铸法和触变压铸法。图 1.17 为半固态压铸装置原理示意图。

1) 流变压铸法

将金属液从液相到固相的过程中进行强烈搅动，在一定固相率下直接将所得到的半固态金属浆料压铸成形，称为流变压铸。这种工艺方法的基本设备有半固态浆料制备器和压铸机。由于直接获得的半固态金属浆料的保存和输送很不方便，故其发展缓慢，实际投入应用的很少。近年来，研究人员在研究新的半固态金属铸造工艺技术时，将塑料的注射成

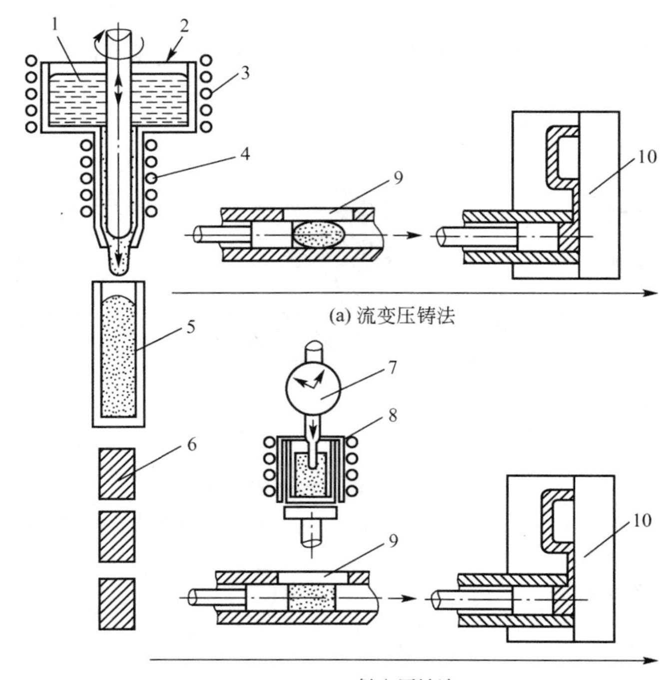

(a) 流变压铸法

(b) 触变压铸法

【参考动画】

图 1.17　半固态压铸装置原理示意图

1—压铸合金；2—连续供给合金液；3—感应加热器；4—冷却器；5—流变铸锭；6—坯料；7—软度指示计；8—坯料重新加热装置；9—压室；10—压铸模

型原理，应用于半固态镁合金铸造工艺中，形成了流变注射成形新工艺(射铸)，它们集半固态金属浆料的制备、输送、成形等过程于一体，较好地解决了半固态金属浆料的保存输送、成形控制困难等问题，使得半固态金属铸造技术的大量工业应用出现了光明的前景。流变成形比触变成形节省能源，流程短，设备简单，是未来重要的发展方向。

2）触变压铸法

将制取的半固态金属浆料凝固成铸锭，再按需要将此金属铸锭切割成一定大小，并使其重新加热(坯料的二次加热)至金属的半固态区，这时的金属铸锭一般称为半固态合金坯料。利用半固态合金坯料进行压铸成形，称为触变压铸。由于半固态坯料的加热、输送很方便，并易于实现自动化操作，因此触变压铸法是当今半固态铸造的主要工艺方法。普通压铸工艺中有一个缺点，是液态金属射出时空气易卷进制品中形成气泡，故普通的压铸件是不能进行热处理的。在半固态压铸时，通过控制半固态金属的黏度和固相率，可以改变溶体充型时的流动状态，抑制气泡的产生，使制品的内在质量大大提高，并可以经过热处理达到高品质化，从而有可能应用到重要零件上，并可以制造出锻造难以成形的复杂形状制品。

2. 半固态压铸特点

与全液态金属压铸相比，半固态压铸有如下优点：

(1) 由于降低了浇注温度，而且半固态金属在搅拌时已有50%的熔化潜热散失掉，成形模具工作温度低于普通压铸，所以大大减少了对压室、压铸模型腔和压铸机组成部件的热冲击，因而可以提高压铸模的使用寿命。

(2) 由于半固态金属黏度比全液态金属大，内浇道处流速低．因而充填时少喷溅，无湍流，卷入的空气少，对于需要进行热处理的厚壁铸件也能压铸。另外，由于半固态收缩小，所以压铸件不易出现疏松、缩孔，故提高了压铸件质量。

(3) 半固态金属浆料像软固体一样输送到压室，但压射到内浇道处或薄壁处，由于流动速率提高，使黏度降低，充模性能提高。半固态压铸对薄壁件能良好充模，并可改善压铸件表面质量。

(4) 可精确地计量压射金属的质量，取消了通常需要的保温炉，从而节约金属及能量，同时还可以改善工作环境。由于凝固速度加快，生产率也得到提高。

1.6.5 黑色金属压铸

由于黑色金属比有色金属熔点高，冷却速度快，凝固范围窄，流动性差，使黑色金属压铸时压室和压铸模的工作条件十分恶劣，压铸模寿命低，一般材料很难适应要求。此外，在液态下长期保温黑色金属易于氧化，从而又带来了工艺上的困难。为此，寻求新的压铸模材料，改进压铸工艺就成了发展黑色金属压铸的关键。近年来，由于模具材料的发展使黑色金属压铸进展较快，目前灰铸铁、可锻铸铁、球墨铸铁、碳钢、不锈钢和各种合金钢等黑色金属均可压铸成形。

高熔点的耐热合金(主要是钼基合金、钨基合金)是目前黑色金属压铸中常用的压铸模材料，它们都具有良好的抗热疲劳性能。虽然钼基合金和钨基合金价格昂贵，但寿命长，所以综合经济指标还是合理的。

1. 黑色金属压铸的工艺规范

(1) 压铸模预热温度一般为200～250℃，连续生产保持温度为250～300℃。国外使用钼合金压铸模的温度为371～436℃，若能达到480～578℃，则效果更好。

(2) 低的浇注温度可减轻压铸模受热程度，从而减少模具的热疲劳，并减少合金的凝固收缩。通常选择浇注温度：对铸铁为1200～1250℃；中碳钢为1440～1460℃；合金钢为1550～1560℃。

(3) 压射冲头速度一般为0.12～0.24m/s，压铸件出模温度为760℃。

(4) 压铸涂料可采用一号胶体石墨水剂，其成分为21%的石墨粉加上水。涂料的灰分应在2%以下。涂料要求加热后喷涂，以防止模具过快降温。

2. 黑色金属压铸模的设计特点

黑色金属的压铸模设计与有色金属的压铸模设计基本相似，其不同特点如下所述：

(1) 为保证金属液能平稳充填并在压力下结晶，内浇道尺寸与压铸有色金属比应加宽、加厚。内浇道厚度一般为3～5mm，宽度约占零件浇道所在同一平面的70%，甚至100%，横浇道尽量短。

(2) 排气槽尽可能地宽而浅，在必须开设溢流槽时，应使溢流槽与型腔的连接通道深些，甚至与压铸件壁厚一致。

(3) 因耐热合金膨胀系数小，各种间隙可为0.0076mm。装配时，最好在间隙中涂些二硫化钼涂料。由于镶块与型板的收缩系数不一样，应注意镶块的准确定位。

(4) 为了避免在高温金属液的冲刷下使推杆顶端变尖而造成压铸件产生毛刺或表面不平整，在设计时，应尽可能不把推杆位置设在压铸件部位。

半固态压铸

在普通铸造过程中，初晶以枝晶方式长大，当固相率达到20%左右时枝晶就形成连续网络骨架，失去宏观流动性。如果在金属凝固过程中施以强烈搅拌，普通铸造成形时易于形成的树枝晶网络骨架将被打碎而成为分散的颗粒悬浮在剩余液相中，这种经搅动制备的合金一般称为非枝晶半固态合金。这种半固态合金在固相率达到50%～60%时仍具有很好的流动性，可以采用常规的成形工艺如压力铸造、挤压铸造、连续铸造、真空铸造等实现金属的成形，这就是20世纪70年代初由美国麻省理工学院M. C. Flemings教授等开发出的一种新型的金属加工工艺——半固态金属成形工艺。

1. 半固态合金的制备

要实现半固态压铸，首先要制备具有非枝晶组织的半固态合金浆料，目前半固态合金浆料的制备方法主要有机械搅拌法、电磁搅拌法、应变诱发熔化激活法、喷射铸造法、半固态等温热处理法、近液相线铸造法和化学晶粒细化法等。21世纪初，日本的Toshio Haga开发出几种简单的流变制浆工艺，分别称为MDTRC(Melt Drag Twin Roll Caster)法、倾斜冷却板法和低过热度铸造法，目前主要应用于半固态铝合金浆料的制备。

2. 半固态压铸的应用

美国是研究半固态压铸技术最早的国家，其研究和应用水平在世界处于领先地位。除美国外，欧洲和日本是半固态压铸技术研究和应用的主要地区。预计在相当长的一段时期内，半固态压铸的主要市场是汽车工业，铝合金和镁合金是汽车制造业半固态压铸的主要材料。

美国的Alumax公司是世界首家专业用半固态成形技术生产汽车及其他零件的厂家，该公司在1994年就建立了可年产2400万个汽车零件的半固态成形工厂。1996年在阿肯色州又筹建了第二个半固态成形专业厂，可生产从10g～10kg、直径达500mm的零件。1995年该公司生产出500多万汽车零件，已为美国汽车公司提供了25万个汽车空调箱体和200万件火箭支架底座。此外，该公司还为国内外用户提供制动系统、发电机燃料输送系统及悬架系统中的零部件达几百万个，且产量以每年几百万速度递增。美国还有几家公司，如HMM (Hot Metal Molding)、Lindherg Corporation、CML international、Formcast等，都已经采用半固态成形技术生产铝合金和镁合金零件，其产品主要瞄准汽车工业市场。此外，还有多家公司已经能够生产半固态触变压铸成形设备，并通过对压铸过程实时控制研究，使整个压铸过程处于动态监控之下，改善压铸件性能，降低压铸件废品，且可使普通压铸机用于半固态金属压铸成形。

意大利的MM公司(Magneti Marelli)为汽车公司生产的汽车喷油系统中的射油道，质量要求高，并且要求耐腐蚀，其形状加工难度也大。采用半固态金属压铸成形后，不但质量可以保证，生产费用还比原来降低50%，现在日产已达几千件。德国的EFU等公司也正在积极研究此项技术。日本在1988年就设立了金属半固态加工开发研究公司，川崎制铁、住友金属、神户制铁、三菱重工等17家公司出资为开展半固态金属成形的基础研究，于1994年完成此项计划，并开始进一步转入半固态金属成形件的产品的开发，已有公司利用该技术生产铝合金轮毂。汽车轮毂以前多为钢制，为减轻汽车质量现在越来越多地使用铝合金，其成形工艺主要是低压铸造，但低压铸造存在废品率高、生产率低的缺点。采用半固态压铸成形后，可以克服上述弊端，并提高制品强度，减轻质量。

半固态金属成形工艺具有传统加工成形技术所没有的各种特点和优点，近十年来半固态成形技术在国外发展迅猛，已逐步成为各先进工业国家竞相发展的一个新领域，被专家学者称为21世纪新一代新兴的金属成形技术。

我国从20世纪80年代后期开始，先后有不少高校和科研机构也开展了这方面的研究，并且自行设计了不同类型的实验设备，在半固态加工技术的理论研究中，取得了可喜进步。但仍处于研究和试验阶段，与国外相比有较大差距，最大差距在于缺少专用制造设备和产品开发力度不足。图1.18所示为半固态压铸成形零件。

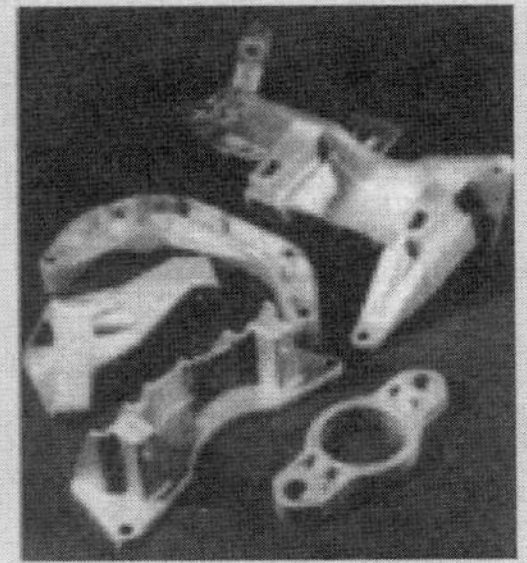

【参考视频】

图1.18 半固态压铸成形零件

本章小结

压铸过程基于两种方式：一种是热室压铸，另一种是冷室压铸；液体金属充填压铸模型腔的过程是一个非常复杂的过程，正确认识金属液的流动状态及其变化，掌握金属充填形态的规律，并充分利用金属液的这种特性，是合理设计浇注系统，进而压铸出良好压铸件的一个决定性因素。压铸工艺是将压铸机、压铸模和压铸合金三大要素有机地组合而加以综合运用的过程。压铸工艺中主要参数涉及压力、速度、温度和时间，这些参数是互相影响和互相制约的，压铸时金属液填充型腔的过程，是使压力、速度、温度及时间等工艺因素得到动态平衡的过程，调整一个参数会引起相应的工艺参数的变化，因此，正确选择各工艺参数是十分重要的。压铸涂料的谨慎选用与合理的喷涂操作是保证压铸件质量、提高压铸模寿命的一个重要因素。

本章的内容主要包括：压铸过程的基本原理、液态金属充填理论概述、液态金属的流动状态及其流动特性、充填时液态金属的种类及对其特性的应用、影响压铸金属流的因素、金属流与压铸件的质量、压力参数及其选择、速度参数及其选择、温度参数及其选择、时间参数及其选择、压铸用涂料。同时对其他特殊压铸工艺做了简要介绍。

关键术语

压力铸造(die casting)、压铸模(die - casting dies)、压室(pressure chamber)、压射(shot/injection)、压射冲头(injecting ram/plunger)、充填速度(filling velocity)、压射速度(injection speed)、压射比压(injection pressure)、充填时间(filling time)、合金浇注温度(pouring temperature)、压铸涂料(coating for diecasting/release agent)、充氧压铸(pore -free die casting)、精速密压铸(Acurad die casting)、真空压铸(evacuated die casting/vacuum die casting)、半固态压铸(rheocasting/semisolid casting/thixocasting)

一、判断题

(　　)1. 巴顿认为：充填过程的第一阶段是影响压铸件的表面质量；第二阶段是影响压铸件的强度；第三阶段是影响压铸件的硬度。

(　　)2. 压铸成形技术参数中的两个温度指标是合金温度和模具温度。

(　　)3. 压铸模在生产时合金温度越高越好，这样合金不容易在压室内凝固。

(　　)4. 压铸模是压铸生产三大要素之一。

(　　)5. 当压铸件体积确定后，充填时间与充填速度和内浇口截面积之乘积成反比。

(　　)6. 对于厚壁或内部质量要求较高的压铸件，应选择较高的充填速度。

(　　)7. 一般在保证压铸件成形和使用要求的前提下选用较低的比压。

(　　)8. 留模时间是从持压终了至开模推出压铸件的这段时间，它设置得越短越好。

二、选择题

1. 铝合金压铸模在生产过程中，模具温度一般保持在____左右。

A. 120℃　　B. 220℃　　C. 350℃　　D. 500℃

2. 充填压铸模具型腔时金属液流动的状态有____。

A. 喷射及喷射流　　B. 压力流　　C. 再喷射　　D. 补缩金属流

3. 最有发展前途的压铸新工艺是____。

A. 真空压铸　　B. 充氧压铸　　C. 半固态压铸　　D. 精速密压铸

三、思考题

1. 何谓压射比压？可以通过哪些途径来改变压射比压？选择压射比压应考虑哪些因素？

2. 何谓压射速度和充填速度？充填速度的高低对压铸件质量有何影响？

3. 压铸温度规范包括哪几个主要参数？它们对压铸件质量及压铸模寿命会产生哪些影响？

第2章 压铸合金

知识要点	目标要求	学习方法
压铸合金的基本要求	熟悉	通过二维码资源和多媒体课件中的图片演示，获得对压铸合金的初步认识，在理解的基础上加深记忆
压铸合金的种类及常用压铸合金的特点	重点掌握	这是本章的重点内容，通过各压铸合金的介绍和资料对比，结合老师讲解，掌握每种压铸合金的用途和特点
压铸合金的选用	掌握	在理解各压铸合金特点的基础上掌握合理选用合金的方法

导入案例

压铸合金在压铸件总成本中占有相当大的比例，这不仅因合金本身的成本，而且因合金种类及性能影响到压铸模寿命、决定采用的压铸机类型及所适应的表面修饰方法等。在压铸生产中，常用的压铸合金为铝合金、锌合金、镁合金和铜合金，最早用于压铸的铅、锡合金现在仅用于个别场合。近年来，黑色金属压铸特别是不锈钢的压铸已有一定的进展，但仍处于初始阶段，在国内用于生产者尚少。

试判断如图2.1所示的压铸件一般适合采用哪类合金压铸。

(a) 汽车零件

(b) 电动工具壳体

(c) 管件

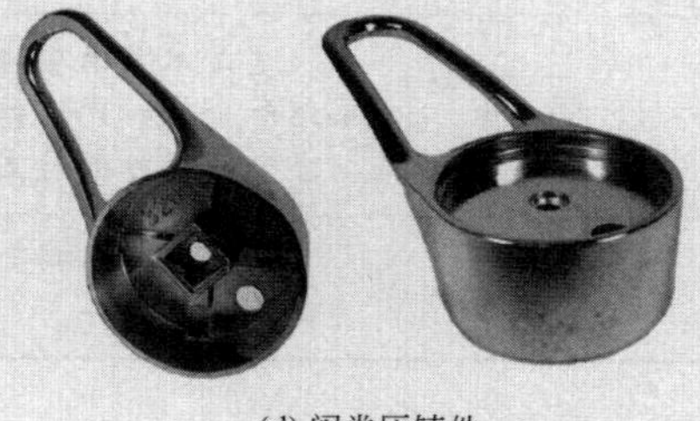

(d) 阀类压铸件

(e) 照相机外壳

图2.1 压铸件实物图片

2.1 对压铸合金的要求

压铸合金，即压铸件的材料。要获得质量优良的压铸件，除了要有设计合理的零件结构和形状、完善的压铸模、准确的压铸工艺方案和工艺性能优良的压铸机外，还需要有性能优良的压铸合金材料。

合金材料的性能包括使用性能和工艺性能两方面，见表2-1。使用性能是压铸件的使用条件对压铸合金提出的一般要求，包括物理、化学、力学性能等。工艺性能则是从压铸工艺方面对合金材料提出的要求。

表 2-1 压铸合金的使用性能和工艺性能

<table>
<tr><th>性能类别</th><th>项目</th><th>内 容</th></tr>
<tr><td rowspan="3">使用性能</td><td>力学性能</td><td>抗拉强度、高温强度、伸长率、硬度</td></tr>
<tr><td>物理性能</td><td>密度、液相线温度、固相线温度、线膨胀率、体膨胀率、比热容、热导率</td></tr>
<tr><td>化学性能</td><td>耐热性、耐蚀性</td></tr>
<tr><td rowspan="2">工艺性能</td><td>铸造工艺性</td><td>流动性、抗热裂性、模具粘附性</td></tr>
<tr><td colspan="2">切削加工性、焊接性能、电镀性能、热处理性能</td></tr>
</table>

根据压铸的工艺特点，用于压铸的合金应具有以下性能：

(1) 具有足够的高温强度和塑性，且热脆性小，以满足零件的力学性能要求。

(2) 在过热温度不高时具有较好的流动性，便于充填复杂型腔，以获得表面质量良好的压铸件。

(3) 结晶温度范围小，防止压铸件产生过多缩孔和疏松。

(4) 线收缩率和裂纹倾向尽可能小，以免影响压铸件的尺寸精度和产生裂纹。

(5) 与型腔壁之间产生的物理-化学作用倾向小，以减少粘模和相互合金化。

(6) 具备良好的可加工性能和耐蚀性，以满足机械加工要求和使用环境要求。

全国铸造标准化技术委员会(SAT/TC 54)归口制定了常用压铸合金材料的标准规范，包括 GB/T 13818—2009《压铸锌合金》、GB/T 15115—2009《压铸铝合金》、GB/T 25748—2010《压铸镁合金》、GB/T 15116—1994《压铸铜合金》等，分别规定了各压铸合金的牌号和代号、技术要求、检验方法和检验规则、包装、运输和贮存等要求。

2.2 压铸合金分类及主要性质

在压铸生产中，压铸合金主要以锌合金、铝合金、镁合金、铜合金等有色合金为主，黑色合金有少量应用。

2.2.1 压铸锌合金

1. 压铸锌合金的特点

锌合金具有结晶温度范围小、熔点低、充填成形容易、不易产生疏松、不易产生粘模、可延长压铸模寿命的特点。锌合金力学性能较好，可压铸各种复杂、薄壁铸件，其铸件可以进行各种表面处理，而且具有良好的电镀性，并具有良好的常温使用性能。

锌合金在压铸成为铸件后，会发生尺寸的收缩，而合金成分对尺寸变化的影响较大，不含铜的锌合金铸件其尺寸较为稳定，一般锌-铝合金铸件的尺寸变化不大。锌合金工作范围较窄，温度低于 0℃时，其冲击韧性急剧降低，而温度超过 100℃时，力学性能显著下降。锌合金易老化，老化现象表现为体积涨大、强度降低、塑性降低。这主要是由于铅、锡、镉等杂质在锌中溶解度过小。因此，选材和熔炼时应严格控制杂质含量。

2. 合金牌号及代号表示方法

1）牌号的表示方法

压铸锌合金牌号由锌及主要合金元素的化学符号组成，主要合金元素后面跟有表示其名义百分含量的数字(名义百分含量为该元素的平均百分含量的修约化整值)。

在合金牌号前面以字母“Y”“Z”(“压”“铸”两字汉语拼音的第一字母)表示用于压力铸造。

2）代号的表示方法

合金代号由字母“Y”“X”(“压”“锌”两字汉语拼音的第一字母)表示压铸锌合金。合金代号后面由三位阿拉伯数字及一位字母组成，其中前两位数字表示合金中化学元素铝的名义百分含量，第三位数字表示合金中化学元素铜的名义百分含量，当含量小于1%时，一般不注出含量，末位字母用以区别成分略有不同的合金。

示例如下：

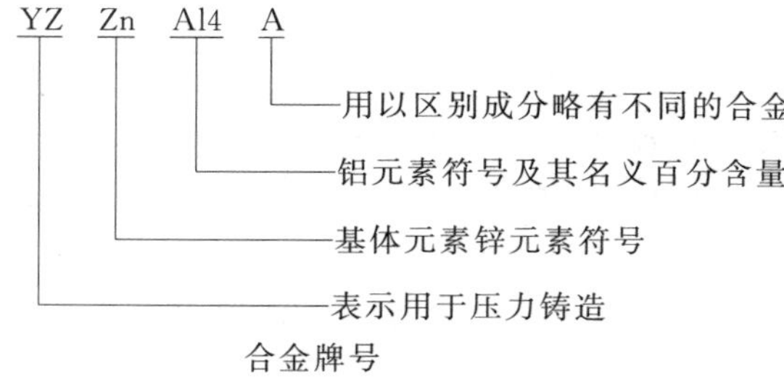

合金牌号

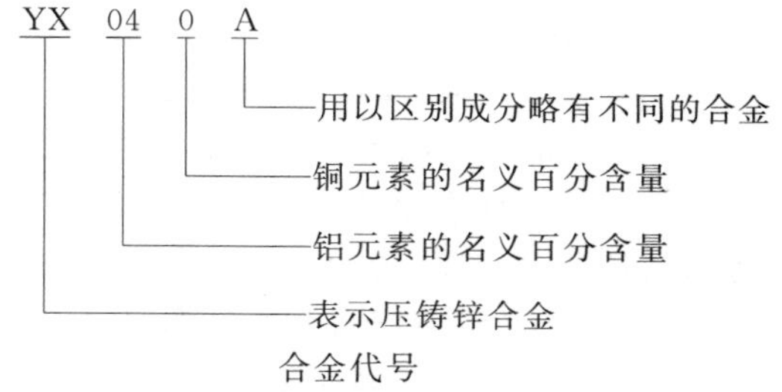

合金代号

【参考图文】

3. 技术要求

压铸锌合金化学成分见表2－2。压铸锌合金中主要元素的作用见表2－3。表2－4为锌合金牌号对照表。

表2－2 压铸锌合金化学成分(GB/T 13818—2009) ［单位：质量分数/(%)］

序号	合金牌号	合金代号	主要成分				杂质含量(≤)			
			铝 Al	铜 Cu	镁 Mg	锌 Zn	铁 Fe	铅 Pb	锡 Sn	镉 Cd
1	YZZnAl4A	YX040A	3.9～4.3	≤0.1	0.030～0.060	余量	0.035	0.004	0.0015	0.003
2	YZZnAl4B	YX040B	3.9～4.3	≤0.1	0.010～0.020	余量	0.075	0.003	0.0010	0.002
3	YZZnAl4Cu1	YX041	3.9～4.3	0.7～1.1	0.030～0.060	余量	0.035	0.004	0.0015	0.003
4	YZZnAl4Cu3	YX043	3.9～4.3	2.7～3.3	0.025～0.050	余量	0.035	0.004	0.0015	0.003
5	YZZnAl8Cu1	YX081	8.2～8.8	0.9～1.3	0.020～0.030	余量	0.035	0.005	0.0050	0.002
6	YZZnAl11Cu1	YX111	10.8～11.5	0.5～1.2	0.020～0.030	余量	0.050	0.005	0.0050	0.002
7	YZZnAl27Cu2	YX272	25.5～28.0	2.0～2.5	0.012～0.020	余量	0.070	0.005	0.0050	0.002

注：YZZnAl4B的Ni含量为0.005～0.020。

表 2－3 压铸锌合金中主要元素的作用

元素	含量变化	对铸造性能的影响	对力学性能的影响	对抗蚀性能的影响	对其他性能的影响
Al	＞4.5％	—	冲击韧度下降，其他性能变化不大	—	—
	＞5％	—	力学性能下降，合金变脆	易发生晶间腐蚀	—
	＜3.5％	流动性降低，热裂和收缩量增加	—	—	—
Cu	提高到1.25％	—	强度和硬度都有所提高	可减少晶间腐蚀	—
	＞4％	—	冲击韧度下降	由于铝的存在，产生晶间腐蚀	—
Fe	存在	—	力学性能下降	抗蚀性能下降	生成 Fe－Al 化合物、恶化切削性能
Pb/Sn/Cd	万分之几	—	强度下降	产生晶间腐蚀	体积和尺寸发生变化

表 2－4 锌合金牌号对照表

中国，合金代号	YX040A	YX040B	YX041	YX043	YX081	YX111	YX272
北美商业标准（NADCA）	No. 3	No. 7	No. 5	No. 2	ZA－8	ZA－12	ZA－27
美国材料试验学会（ASTM）	AG－40A	AG－40B	AG－41A				

4. 压铸锌合金的应用

用锌合金压铸的产品，具有优良的表面质量，目前已广泛用于制造玩具、餐具、锁具、五金装饰件、电气与电子铸件、浴室配件、汽车零配件、拉链、金属扣、表壳、风扇、生活用品、家用电器、照相器材、音响、机电产品及零件。表 2－5 所列为常用压铸锌合金的特点和用途。图 2.2 所示为锌合金压铸件的实物图片。

表 2－5 常用压铸锌合金的特点和用途

合金牌号	合金代号	特　点	用　途
YZZnAl4	YX040	熔点低，模具寿命长；铸造工艺性好，可压铸特别复杂的薄壁件；不易粘模，具有良好的常温性能；焊接和电镀性能良好；密度大；抗蚀性差；锌对有害杂质的作用极为敏感，必须采用纯度高的原材料进行熔制，并对合金严格管理	尺寸稳定的合金，用于高精度零件
YZZnAl4Cu1	YX041		中强度合金，用于镀铬及不镀铬的各种零件
YZZnAl4Cu3	YX043		高强度合金，用于镀铬的各种小型薄壁零件

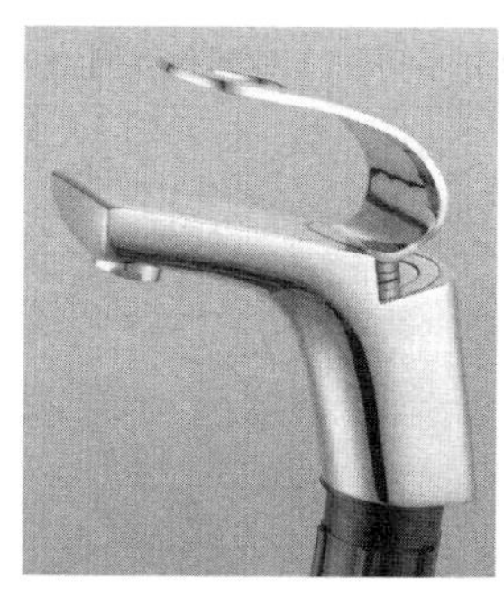

【参考视频】

图 2.2　锌合金压铸件的实物图片

2.2.2　压铸铝合金

1. 压铸铝合金的特点

铝合金密度小、强度大，其抗拉强度与密度之比为 9～15，在高温或低温下工作时，同样保持良好的力学性能。铝合金具有良好的耐蚀性和抗氧性，大部分铝合金在淡水、海水、浓硝酸、硝盐酸、汽油及各种有机物中均有良好的耐蚀性。铝合金的导热性、导电性、切削性能较好。

铝合金压铸时易粘模，压铸铝合金铁的含量一般控制在 0.8%～0.9%可减轻粘模现象。铝合金线收缩较小，故具有良好的充填性能，但体收缩较大，易在最后凝固处生成大的缩孔现象。

2. 合金牌号及代号表示方法

1）牌号的表示方法

压铸铝合金牌号由铝及主要合金元素的化学符号组成，主要合金元素后面跟有表示其名义质量分数的数字(名义质量分数为该元素的平均质量分数的修约化整值)。

在合金牌号前面以字母“Y”“Z”（“压”“铸”两字汉语拼音的第一字母)表示用于压力铸造。

2）代号的表示方法

合金代号由字母“Y”“L”（“压”“铝”两字汉语拼音的第一字母)表示压铸铝合金。

"YL"后第一个数字1、2、3、4分别表示Al－Si、Al－Cu、Al－Mg、Al－Sn系列合金，代表合金的代号，"YL"后第二、三两个数字为顺序号。

示例如下：

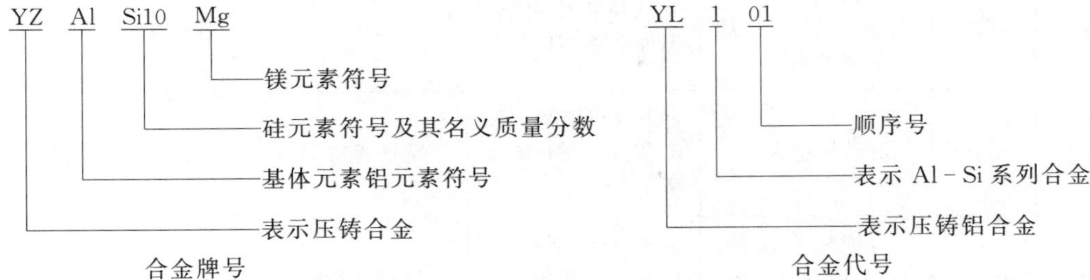

3. 技术要求

【参考图文】

压铸铝合金的化学成分应符合表2－6的规定。

压铸铝合金中主要元素的作用见表2－7所示。国内外主要压铸铝合金代号对照表见表2－8。压铸铝合金的性能及其他特性见表2－9。

表2－6 压铸铝合金的化学成分(GB/T 15115—2009)

序号	合金牌号	合金代号	化学成分(质量分数)/(%)										
			硅Si	铜Cu	锰Mn	镁Mg	铁Fe	镍Ni	钛Ti	锌Zn	铅Pb	锡Sn	铝Al
1	YZAlSi10Mg	YL101	9.0～10.0	≤0.6	≤0.35	0.45～0.65	≤1.0	≤0.50	—	≤0.40	≤0.10	≤0.15	余量
2	YZAlSi12	YL102	10.0～13.0	≤1.0	≤0.35	≤0.10	≤1.0	≤0.50	—	≤0.40	≤0.10	≤0.15	余量
3	YZAlSi10	YL104	8.0～10.5	≤0.3	0.2～0.5	0.30～0.50	0.5～0.8	≤0.10	—	≤0.30	≤0.05	≤0.01	余量
4	YZAlSi9Cu4	YL112	7.5～9.5	3.0～4.0	≤0.50	≤0.10	≤1.0	≤0.50	—	≤2.90	≤0.10	≤0.15	余量
5	YZAlSi11Cu3	YL113	9.5～11.5	2.0～3.0	≤0.50	≤0.10	≤1.0	≤0.30	—	≤2.90	≤0.10	—	余量
6	YZAlSi17Cu5Mg	YL117	16.0～18.0	4.0～5.0	≤0.50	0.50～0.70	≤1.0	≤0.10	≤0.20	≤1.40	≤0.10	—	余量
7	YZAlMg5Si1	YL302	≤0.35	≤0.25	≤0.35	7.60～8.60	≤1.1	≤0.15	—	≤0.15	≤0.10	≤0.15	余量

注：除有范围的元素及铁为必检元素外，其余元素在有要求时抽检。

表2－7 压铸铝合金中主要元素的作用

元素	含量变化	对铸造性能的影响	对力学性能的影响	对抗蚀性能的影响	对其他性能的影响
Si	增加	流动性提高，产生缩孔、热裂倾向性小	抗拉强度提高，但伸长率下降	对铝锌系合金，抗蚀性提高	切削性变坏，高硅铝合金对铸铁坩埚熔蚀较大

（续）

元素	含量变化	对铸造性能的影响	对力学性能的影响	对抗蚀性能的影响	对其他性能的影响
Mg	增加	对铝镁系合金，流动性提高，热裂倾向增大	抗拉强度提高，但伸长率下降	—	对铝硅系合金可改善切削性，但粘型性增加
Cu	增加	流动性提高	抗拉强度、硬度提高，但伸长率下降	抗蚀性降低	改善切削性能
Zn	增加	对铝锌系合金、铸造性能提高，但热裂倾向增大	对铝锌系合金抗拉强度提高，但伸长率下降	抗腐蚀性降低	—
Mg	≤0.5%	—	提高强度	提高抗腐蚀性能	对铝硅系合金可以抵消铁的有害作用
Fe	增加	流动性降低，热裂倾向大	力学性能明显下降	抗腐蚀性能下降	对铝硅系合金可减轻粘型性，在高硅合金中切削性变坏

表 2-8 国内外主要压铸铝合金代号对照表

合金系列	中国 GB/T 15115—2009	美国 ASTM B 179—06	日本 JIS H 2118·2006	欧洲 EN 1676·1997
Al-Si	YL102	A413.1	AD1.1	EN AB-47100
Al-Si-Mg	YL101	A360.1	AD3.1	EN AB-43400
	YL104	360.2	—	—
Al-Si-Cu	YL112	A380.1	AD10.1	EN AB-46200
	YL113	383.1	AD12.1	EN AB-46100
Al-Mg	YL117	B390.1	AD14.1	—
	YL302	518.1	—	—

表 2-9 压铸铝合金的性能及其他特性表

合金牌号	YZAlSi10Mg	YZAlSi12	YZAlSi10	YZAlSi9Cu4	YZAlSi11Cu3	YZAlSi17Cu5Mg	YZAlMg5Si1
合金代号	YL101	YL102	YL104	YL112	YL113	YL117	YL302
抗热裂性	1	1	1	2	1	4	5
致密性	2	1	2	2	2	4	5
充型能力	3	1	3	2	1	1	5
不粘型性	2	1	1	1	2	2	5

（续）

合金牌号	YZAlSi10Mg	YZAlSi12	YZAlSi10	YZAlSi9Cu4	YZAlSi11Cu3	YZAlSi17Cu5Mg	YZAlMg5Si1
耐蚀性	2	2	1	4	3	3	1
加工性	3	4	3	3	2	5	1
抛光性	3	5	3	3	3	5	1
电镀性	2	3	2	1	1	3	5
阳极处理	3	5	3	3	3	5	1
氧化保护层	3	3	3	4	4	5	1
高温强度	1	3	1	3	2	3	4

注：1表示最佳，5表示最差。

4. 压铸铝合金应用举例

表2-10为压铸铝合金的特点及应用举例。

表2-10 压铸铝合金的特点及应用举例

合金系	牌号	代号	合金特点	应用举例
Al-Si	YZAlSi12	YL102	共晶铝硅合金。 具有较好的抗热裂性能和很好的气密性，以及很好的流动性，不能热处理强化，抗拉强度低	用于承受低负荷、形状复杂的薄壁铸件，如各种仪表壳体、汽车机匣、牙科设备、活塞等
Al-Si-Mg	YZAlSi10Mg	YL101	亚共晶铝硅合金。 具有较好的抗腐蚀性能，较高的冲击韧性和屈服强度，但铸造性能稍差	用于汽车车轮罩、摩托车曲轴箱、自行车车轮、船外机螺旋桨等
	YZAlSi10	YL104		
Al-Si-Cu	YZAlSi9Cu4	YL112	具有好的铸造性能和力学性能，很好的流动性、气密性和抗热裂性，较好的切削加工性、抛光性	常用作齿轮箱、空冷气缸头、发报机机座、割草机罩子、气动制动、汽车发动机零件，摩托车缓冲器、发动机零件及箱体，农机具用箱体、缸盖和缸体，3C产品壳体，电动工具、缝纫机零件、渔具、煤气用具、电梯零件等。YL112的典型用途为带轮、活塞和气缸头等
	YZAlSi11Cu3	YL113	过共晶铝硅合金。 具有特别好的流动性、中等的气密性和好的抗热裂性，特别是具有高的耐磨性和低的热膨胀系数	主要用于发动机机体、制动块、带轮、泵和其他要求耐磨的零件
	YZAlSi17Cu5Mg	YL117		

（续）

合金系	牌号	代号	合金特点	应用举例
Al-Mg	YZAlMg5Si1	YL302	耐蚀性能强，冲击韧性高，伸长率差，铸造性能差	用于汽车变速器的油泵壳体，摩托车的衬垫和车架的联结器，农机具的连杆、船外机螺旋桨、钓鱼竿及其卷线筒等零件

图 2.3 所示为铝合金压铸件的实物图片。

图 2.3　铝合金压铸件的实物图片

2.2.3　压铸镁合金

1. 压铸镁合金的特点

镁合金是最轻的金属结构材料，纯镁密度为 1.74g/cm³，镁合金密度为 1.75～1.90g/cm³，只相当于铸铁的 25%，铝合金的 64%左右，故它有很高的比强度，其抗拉强度与密度之比为 14～16，在铸造材料中仅次于铸钛合金和高强度结构钢。

镁合金具有良好的刚度和减振性，在承受冲击载荷时能吸收较大的冲击能量，所以镁合金可制造强烈颠簸和吸收振动作用的零件。铸镁在低温下(达－196℃)仍有良好的力学性能，故可制造在低温下工作的零件。

镁合金在压铸时，与铁的亲和力小，粘模现象少，模具寿命较铝合金长。压铸件不需退火和消除应力就具有尺寸稳定性能。在负载的情况下，又具有好的蠕变强度，特别适合制造汽车发动机零件和小型发动机零件。镁合金具有良好的抗冲击和抗压缩能力，能产生良好的冲击强度与压缩强度。

镁合金压铸件具有良好的切削性能，以镁合金的切削功率为1，则铝为1.3，黄铜为2.3，铸铁为3.5，碳钢为6.3，镍合金为10。加工时可不必添加冷却剂与润滑剂。镁合金还具有高热导率、无毒性、无磁性、不易破碎等优点。

镁的标准电极电位较低，并且它表面形成的氧化膜是不致密的，因而抗蚀性较低，因此，镁铸件常需进行表面氧化处理和涂漆保护。镁易燃，镁液遇水即起剧烈作用而导致爆炸，而且镁的粉尘也会自燃。因此，在镁合金生产的各个环节中均应有专门的安全保护措施。

2. 合金牌号及代号表示方法

1）牌号的表示方法

压铸镁合金牌号由镁及主要合金元素的化学符号组成，主要合金元素后面跟有表示其名义质量分数的数字(名义质量分数为该元素的平均质量分数的修约化整值)。

在合金牌号前面以字母“Y”“Z”(“压”“铸”两字汉语拼音的第一字母)表示用于压力铸造。

2）代号的表示方法

合金代号由字母“Y”“M”(“压”“镁”两字汉语拼音的第一字母)表示压铸镁合金。“YM”后第一个数字1、2、3分别表示MgAlSi、MgAlMn、MgAlZn系列合金，代表合金的代号，“YM”后第二、三两个数字为顺序号。

示例如下：

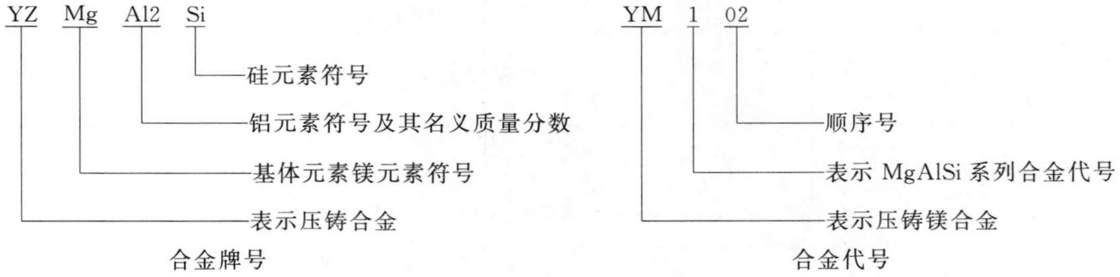

3. 技术要求

压铸镁合金的化学成分应符合表2-11的规定。国内外主要压铸镁合金代号对照见表2-12。

【参考图文】

表2-11 压铸镁合金的化学成分(GB/T 25748—2010)

序号	合金牌号	合金代号	化学成分(质量分数)/(%)									
			铝 Al	锌 Zn	锰 Mn	硅 Si	铜 Cu	镍 Ni	铁 Fe	铼 Re	其他杂质	镁 Mg
1	YZMgAl2Si	YM102	1.9～2.5	≤0.20	0.20～0.60	0.70～1.20	≤0.008	≤0.001	≤0.004	—	≤0.01	余量
2	YZMgAl2Si(B)	YM103	1.9～2.5	≤0.25	0.05～0.15	0.70～1.20	≤0.008	≤0.001	≤0.004	0.06～0.25	≤0.01	余量

（续）

序号	合金牌号	合金代号	化学成分(质量分数)/(%)									
			铝 Al	锌 Zn	锰 Mn	硅 Si	铜 Cu	镍 Ni	铁 Fe	铼 Re	其他杂质	镁 Mg
3	YZMgAl4Si(A)	YM104	3.7～4.8	≤0.10	0.22～0.48	0.60～1.40	≤0.040	≤0.010	—	—	—	余量
4	YZMgAl4Si(B)	YM105	3.7～4.8	≤0.10	0.35～0.50	0.60～1.40	≤0.015	≤0.001	≤0.004	—	≤0.01	余量
5	YZMgAl4Si(S)	YM106	3.7～5.0	≤0.20	0.18～0.70	0.5～1.5	≤0.01	≤0.002	≤0.004	—	≤0.02	余量
6	YZMgAl2Mn	YM202	1.6～2.5	≤0.20	0.33～0.70	≤0.08	≤0.008	≤0.001	≤0.004	—	≤0.01	余量
7	YZMgAl5Mn	YM203	4.5～5.3	≤0.20	0.28～0.50	≤0.08	≤0.008	≤0.001	≤0.004	—	≤0.01	余量
8	YZMgAl6Mn(A)	YM204	5.6～6.4	≤0.20	0.15～0.50	≤0.20	≤0.250	≤0.010	—	—	—	余量
9	YZMgAl6Mn	YM205	5.6～6.4	≤0.20	0.25～0.50	≤0.08	≤0.008	≤0.001	≤0.004	—	≤0.01	余量
10	YZMgAl8Zn1	YM302	7.0～8.1	0.40～1.00	0.13～0.35	≤0.30	≤0.10	≤0.010	—	—	≤0.30	余量
11	YZMgAl9Zn1(A)	YM303	8.5～9.5	0.45～0.90	0.15～0.40	≤0.20	≤0.080	≤0.010	—	—	—	余量
12	YZMgAl9Zn1(B)	YM304	8.5～9.5	0.45～0.90	0.15～0.40	≤0.20	≤0.250	≤0.010	—	—	—	余量
13	YZMgAl9Zn1(D)	YM305	8.5～9.5	0.45～0.90	0.17～0.40	≤0.08	≤0.025	≤0.001	≤0.004	—	≤0.01	余量

注：除有范围的元素和铁为必检元素外，其余元素有要求时抽检。

表 2-12　国内外主要压铸镁合金代号对照表

合金系列	GB/T 25748	ISO 16220：2006	ASTM B93M-07	JIS H 5303：2006	EN 1753—1997
MgAlSi	YM102	MgAl2Si	AS21A	MDC6	MB21310
	YM103	MgAl2Si(B)	AS21B	—	—
	YM104	MgAl4Si(A)	AS41A	—	—
	YM105	MgAl4Si	AS41B	MDC3B	MB21320
	YM106	MgAl4Si(S)	—	—	—

（续）

合金系列	GB/T 25748	ISO 16220：2006	ASTM B93M－07	JIS H 5303：2006	EN 1753—1997
MgAlMn	YM202	MgAl2Mn	—	MDC5	MB21210
	YM203	MgAl5Mn	AM50A	MDC4	MB21220
	YM204	MgAl6Mn(A)	AM60A	—	—
	YM205	MgAl6Mn	AM60B	MDC2B	MB21230
MgAlZn	YM302	MgAl8Zn1	—	—	MB21110
	YM303	MgAl9Zn1(A)	AZ91A	—	MB21120
	YM304	MgAl9Zn1(B)	AZ91B	MDC1B	MB21121
	YM305	MgAl9Zn1(D)	AZ91D	MDC1D	—

4．应用范围

镁作为一种迅速崛起的工程金属材料，每年以15％的速率保持快速增长。得益于中国汽车工业和3C等行业的转型升级，镁合金行业市场发展看好。其中，汽车行业的轻量化、环保化需求，尤其是新能源汽车的发展，以及镁合金研发技术和回收利用技术的不断进步，促使镁合金压铸件的广泛应用，其中80％是汽车工业的应用。与此同时，镁合金在医药化工和航空航天工业领域的应用也在不断拓展。图2.4所示为镁合金压铸件的实物图片。

【参考视频】

(a) 汽车轮毂　(b) 手机外壳　(c) 摄像机壳体　(d) 奔驰座椅框架

图2.4　镁合金压铸件的实物图片

部分国外压铸镁合金标准

目前，国际上都采用高纯度镁合金，常用标准如欧洲标准(EN)、美国材料与试验协会标准(ASTM)、美国国家标准(ANSI)、德国标准(DIN)、英国标准(BS)、日本标准(JIS)，表示方法示例如下：

(1) 欧洲标准(EN)。

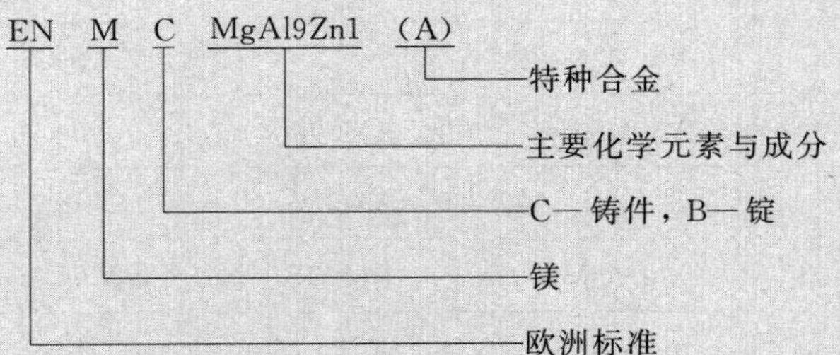

(2) 美国材料与试验协会标准(ASTM)，表示方法上采用字母、数字混合编号，字母表示主要元素、数字表示含量取质量的百分比。主要元素符号为铝—A、锌—Z、镁—M、硅—S、稀土元素—E。当今压铸镁合金中AZ91D合金应用最多。

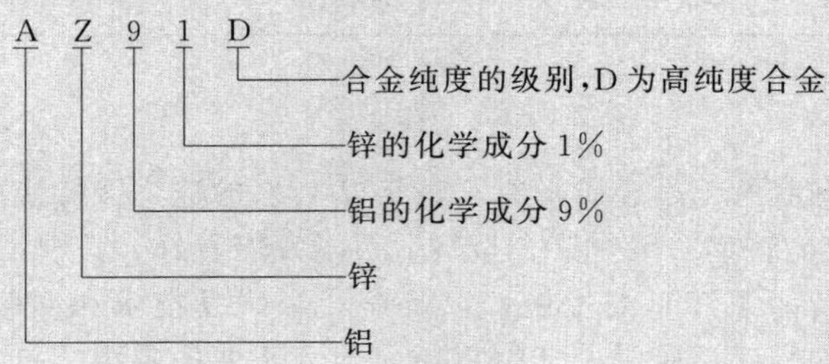

2.2.4 压铸铜合金

1. 压铸铜合金的特点

铜合金的力学性能高，其绝对值均超过锌、铝和镁合金。铜合金的导电性能好，并具有抗磁性能，常用来制造不允许受磁场干扰的仪器上的零件。铜合金具有小的摩擦因数，线膨胀系数也较小，而耐磨性、疲劳极限和导热性都很高。铜合金密度大、熔点高。铜合金在大气中及海水中都有良好的抗蚀性能。

压铸铜合金多采用质量分数为35%～40%的锌(Zn)黄铜，它们的结晶间隙小，流动性、成形性良好，其中添加少量的其他元素如Pb、Si、Al，又将改善压铸件的切削加工性能、耐磨性及力学性能。

2. 压铸铜合金标准

在国家标准中，压铸铜合金牌号由铜及主要合金元素的化学符号组成，主要合金元素后面跟有表示其名义百分含量的数字(名义百分含量为该元素平均百分含量的修约化整值)。在合金牌号前面冠以“YZ”(“Y”及“Z”分别为“压”“铸”两字汉语拼音的第一个字母)表示为压铸合金。

压铸铜合金的代号是按合金名义成分的百分含量命名，并在合金代号前面标注字母“YT”表示(“压”“铜”为汉语拼音的第一个字母)，后加文字说明合金分类。如YT40－1铅黄铜、YT30－30铝黄铜、YT16－4硅黄铜。

压铸铜合金的化学成分(GB/T 15116—1994)见表2－13。压铸铜合金主要元素的作用见表2－14。

表 2-13　压铸铜合金的化学成分(GB/T 15116—1994)

序号	合金牌号	合金代号	化学成分/(%)															
			主要成分							杂质含量(不大于)								
			Cu	Pb	Al	Si	Mn	Fe	Zn	Fe	Si	Ni	Sn	Mn	Al	Pb	Sb	总和
1	YZCuZn40Pb	YT40-1 铅黄铜	58.0～63.0	0.5～1.5	0.2～0.5	—	—	—	余量	0.8	0.05	—	—	0.5	—	—	1.0	1.5
2	YZCuZn16Si4	YT16-4 硅黄铜	79.0～81.0	—	—	2.5～4.5	—	—	余量	0.6	—	—	0.3	0.5	0.1	0.5	0.1	2.0
3	YZCuZn30Al3	YT30-3 铝黄铜	66.0～68.0	—	2.0～3.0	—	—	—	余量	0.8	—	—	1.0	0.5	—	1.0	—	3.0
4	YZCuZn35A12Mn2Fe	YT 35-2-2-1 铝锰铁黄铜	57.0～65.0	—	0.5～2.5	—	0.1～3.0	0.5～2.0	余量	—	0.1	3.0	1.0	—	—	0.5	Sb+Pb+As 0.4	2.0

注：杂质总和中不含 Ni。

表 2-14　压铸铜合金主要元素的作用

元素	含量变化	对铸造性能的影响	对力学性能的影响	对耐蚀性能的影响	对其他性能的影响
Si	—	提高流动性	改善力学性能	—	防止压铸模表面附着氧化物
Pb	—	发生偏析	形成高脆相 降低力学性能	—	改善切削性
Sn	超过1%	—	提高硬度	改善抗蚀性	降低切削性
Fe	—	—	提高硬度	降低抗蚀性	—
Mn	—	—	提高抗拉强度和硬度，降低伸长率	—	—

3. 压铸铜合金的应用范围

在电力行业中，用来制作变压器、开关插接元件和连接器等；在电机制造中，用来制作定子、转子和轴头等；在五金行业中，一般用来制作耐高温、耐蚀、耐磨的构件，如管道配件、汽车拨叉、标牌、门锁、家具配件、消防喷头、五金装饰件等。

图 2.5 所示为铜合金压铸件的实物图片。

【参考视频】

图 2.5　铜合金压铸件的实物图片

2.2.5　铅合金和锡合金

铅(Pb)合金和锡(Sn)合金是压铸生产中最早使用的合金，用来制造印刷用铅字。这类合金的特点是密度大、熔点低，铸造和加工性能好，但力学性能不好，适用于力学性能要求不高的各种复杂的小零件，目前很少使用。

这类合金的年产量很低。目前，在专门的高速压铸机(热压室)上仍在继续进行印刷铅字的小规模生产；因合金的密度大，抗腐蚀性好，用来制造汽车平衡重块或蓄电池电极；用加有锑(Sb)和铜的锡基合金能制造出精度很高的压铸件，是制造煤气表和水表中数码齿轮的理想材料，也可以用来制造复杂的电气仪表小零件。

2.3 压铸合金的选用

合理地选择合金，是零件设计工作中重要的环节之一。选择合金时，不仅要考虑所要求的使用性能如力学、物理和化学等方面的性能，而且对合金的工艺性能也要给予足够的重视，在满足使用性能的前提下，尽可能多考虑工艺性能优良的合金。在选用压铸合金种类和牌号时，应注意比较和分析各种压铸合金的性能。表 2－15 所列为各种压铸合金性能相对比较。

表 2－15 各种压铸合金性能相对比较

项目		锌合金	铝合金	镁合金	铜合金	铸钢
物理化学性能	熔化温度	5	3	3	2	1
	密度	3	4	5	2	2
	导电性	3	5	3	1	—
	导热性	3	1	2	4	—
	抗蚀性	3	4	2	4	—
力学性能	抗拉强度	3	2	2	4	5
	屈服强度	2	3	3	4	5
	伸长率	3	2	2	5	5
	冲击韧度	3	2	2	5	5
铸造性能	流动性	5	1	4	3	—
	裂纹倾向	5	4	3	4	3
	粘模倾向	5	3	5	4	—
	最小壁厚	5	4	4	3	—

注：表内数字表示：1—不好；2—较差；3—尚可；4—较好；5—好。

在选用压铸合金时，还必须要针对压铸件的用途来考虑合金本身的综合性能能否满足要求，一般应从如下几个方面考虑：

(1) 受力状态。主要考虑压铸件在使用时所处的工作条件，如受拉、压、振动、冲击等载荷情况。

(2) 工作环境。主要考虑压铸件在使用时对温度、密闭性有何要求，对所接触的介质如潮湿大气、海水、酸、碱、盐等有否耐侵蚀能力。

(3) 生产条件。应考虑压铸件生产中的设备、工艺设置和材料是否匹配。

(4) 经济性。进行成本核算，尽量减低成本。

在实际使用中，合金的选择是很难给出特定的原则的，在许多情况下，是由生产的手段、设备的条件、实际的经验、合金的来源等方面来决定的。当只能从使用性能上加以选择时，考虑的原则如下：

(1) 对于锌合金，几种牌号在使用上和工艺上的差别不大。

(2) 铝合金的牌号很多，如 YL102 铝合金的气密性较好，切削性较差，铸件表面花纹比较严重；YL104的切削性能则有所改善。通常这两种牌号可通用，YL102为主要牌号。YL302具有较好的耐蚀性和耐热性，适用于潮湿环境下。

(3) 对于镁合金，由于镁的热容量较小，凝固较快，且不与型壁发生粘焊，因此压铸过程比铝合金快，又鉴于比强度高，适宜压铸大型薄壁零件。

(4) 对于铜合金，由于铅黄铜铸件在流动的海水和热水中易发生脱锌腐蚀现象(因锌先溶解而在铸件表面残留一层多孔的海绵状纯铜)，因此在潮湿大气或 SO_2 的大气环境中都不适宜采用。而硅黄铜则因线收缩小，有较好的抗热裂性能，同时也有较好的气密性和耐蚀性，并且充填成形性也很好，可以压铸薄壁零件。

本 章 小 结

压铸合金，即压铸件的材料。要获得质量优良的压铸件，除了要有设计合理的零件结构和形状、完善的压铸模、准确的压铸工艺方案和工艺性能优良的压铸机外，还需要有性能优良的压铸合金材料。在压铸生产中，常用的压铸合金为铝合金、锌合金、镁合金和铜合金，本章分别介绍了它们各自的种类、主要性质和用途，并简单介绍了合理选用压铸合金的一般方法。

关 键 术 语

压铸铝合金(die casting aluminum alloys)、压铸镁合金(die casting magnesium alloys)、压铸锌合金(die casting zine alloys)、压铸铜合金(die casting copper alloys)

1. 压铸合金应具备哪些性能？
2. 常用压铸合金有哪些？试比较它们的特点。
3. 硅、铜、镁、锌、铁对压铸铝合金性能有何影响？

实 训 项 目

列举一些生产实践及现实生活中的压铸件实例，观察它们各自的形态、特征，判断所使用的合金材料，分析比较它们各自的使用环境和使用性能。

第3章 压铸机

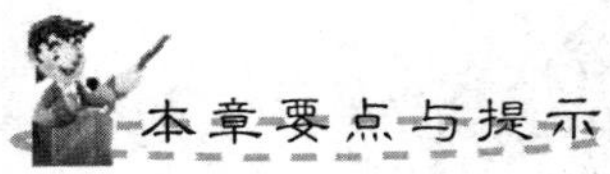

知识要点	目标要求	学习方法
压铸机的分类、压铸过程及特点	熟悉	通过二维码资源和多媒体课件中的图片演示，获得对压铸机初步认识，了解压铸机的分类和特点，在理解的基础上加深记忆
压铸机的选用	重点掌握	通过了解各种压铸机的特点，结合老师讲解，掌握压铸机的选用方法
压室容量的估算、开模行程的核算	掌握	在领会各项核算的用途的基础上熟悉计算公式，掌握核算的方法

图 3.1 和图 3.2 所示为压铸机的示例图片。压铸机是压铸生产最基本的设备，是压铸生产中提供能源和选择最佳压铸工艺参数的条件，是获得优质压铸件的技术保证。设计压铸模时，首先应选择合适的压铸机，为了保证压铸生产的正常进行和获得优质铸件，必须使所选压铸机的技术规格及其性能符合压铸件的客观要求。相反，如果压铸机是已定的，那么所设计的压铸模必须满足压铸机的规格和性能的要求。

【参考视频】

图 3.1　冷室压铸机

【参考视频】

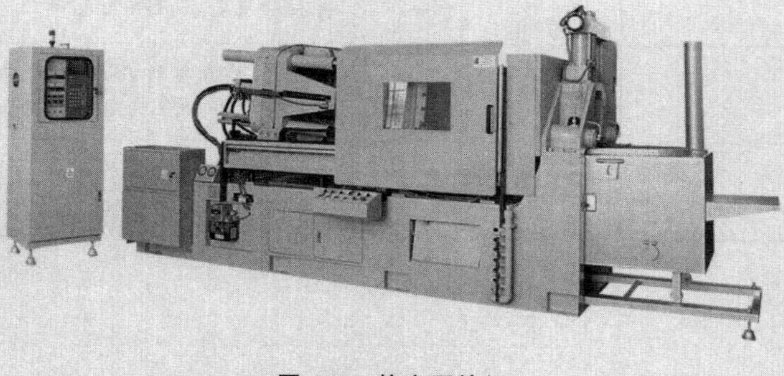

图 3.2　热室压铸机

3.1　压铸机的种类和应用特点

3.1.1　压铸机的分类

压铸机一般分为热室压铸机和冷室压铸机两大类。冷室压铸机又因压室和模具放置的位置和方向不同分为卧式、立式和全立式三种形式，以卧式压铸机应用最多。压铸机按锁模力的大小又可分为大型、中型、小型压铸机三类。常用的压铸机分类见表 3-1。

表 3-1　压铸机的分类

分类特征	基本结构形式
压室温度状态	热室压铸机　　冷室压铸机
压室的结构和布置方式	卧式压铸机　　立式压铸机　　全立式压铸机
锁模力	小型压铸机(热室<630kN，冷室<2500kN) 中型压铸机(热室 630～4000kN，冷室 2500～6300kN) 大型压铸机(热室>4000kN，冷室>6300kN)

3.1.2　压铸机的结构及特点

1. 热室压铸机

热室压铸机的压室浸在保温坩埚的液态金属中，压射部件不直接与机座连接，而是装在坩埚上面。热室压铸机的结构如图 3.3 所示。其特点如下：

【动画视频】

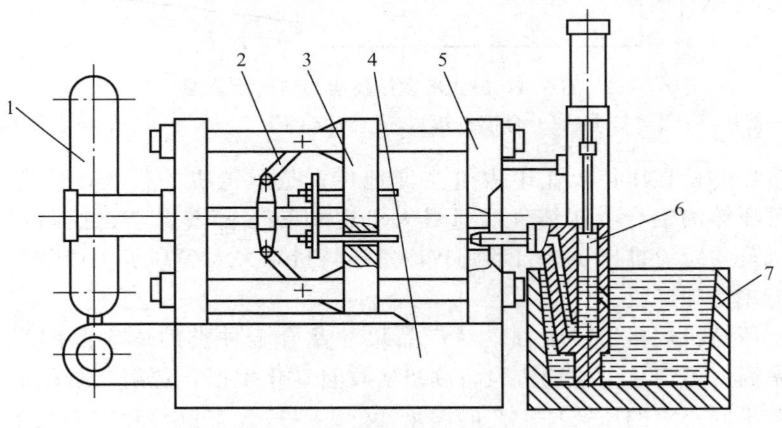

图 3.3　热室压铸机的结构示意图

1—蓄压器；2—合模机构；3—移动模板；4—基座；
5—固定模板；6—压射机构；7—坩埚

(1) 生产工序简单，操作方便，效率高，易实现自动化生产。

(2) 金属液由压室直接进入型腔，金属消耗少，温度波动范围小，压铸工艺稳定。

(3) 压铸金属液在密闭通道中进入型腔，杂质不易带入，压铸件质量好。

(4) 压铸比压较低，压室和冲头、喷嘴等长期浸在金属液中，易受浸蚀，影响使用寿命，并易增加合金中的含铁量。

(5) 对于易燃烧的低熔点合金压铸，如镁合金，可将坩埚密封，并通入惰性气体保护合金液，防止其氧化或燃烧。

热室压铸机目前大多用于压铸锌合金等低熔点合金铸件，但也有用于压铸小型铝、镁合金压铸件。

2. 冷室压铸机

冷室压铸机是将压室与熔炉分开，压铸时先用定量勺从熔炉中取出金属液浇入压室，然后使压射冲头动作进行压铸。根据压射冲头加压方向的不同，冷室压铸机又分为卧式和立式两种。

1）卧式压铸机

卧式冷室压铸机的压室和压射机构处于水平位置，压室中心线平行于模具运动方向。卧式冷室压铸机的结构如图 3.4 所示。

【动画视频】

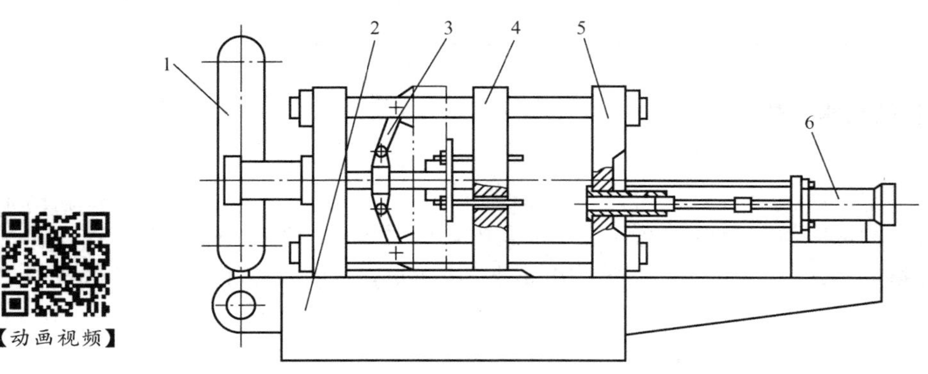

图 3.4　卧式冷室压铸机的结构示意图

1—蓄压器；2—基座；3—合模机构；4—移动模板；5—固定模板；6—压射机构

卧式冷室压铸机在压铸工业中占着主导地位，是压铸机的代表，适合于大中型压铸机。目前，可压铸的铝合金压铸件质量最大已达 60kg。随着自动化控制技术的发展，国内外各压铸机公司纷纷推出了全自动卧式冷室压铸机，大大提高了生产效率，也使卧式冷室压铸机的应用更加广泛。

卧式冷室压铸机规格型号全面，对产品尺寸及合金种类的适应范围广，生产操作简便，生产效率高，可与自动化周边设备联机实现自动化生产，压射行程的分段控制、调节容易实现，对不同要求的压铸件工艺的满足性好。一般设有偏心和中心两个浇注位置，且可在偏心与中心间任意调节，比较灵活，便于实现自动化。但其缺点是压射过程金属液热量损失大，金属液与空气接触，容易卷入氧化夹杂物及空气，对高致密度或要求热处理的产品须采取特殊的工艺。

目前卧式冷室压铸机主要用于铝、镁、铜等有色合金的生产，黑色金属的压铸应用极少。冷室压铸机合模力从几十吨到几千吨都有，目前最大的冷室压铸机为德国奥斯卡富来公司(Oskar Frech)生产的 5200t 压铸机。

2）立式压铸机

立式冷室压铸机的压室和压射机构处于垂直位置，压室中心与模具运动方向垂直。立式冷室压铸机的结构如图 3.5 所示。

立式压铸机由于压射前反料冲头封住了喷嘴孔，使其在金属液压射过程中卷入气体少，有利于防止杂质进入型腔；更适合压铸具有中心浇道设置的零件；其压射机构直立，占地面积小，但因为增加了反料机构，所以结构复杂，操作和维修不便，而且影响生产率。

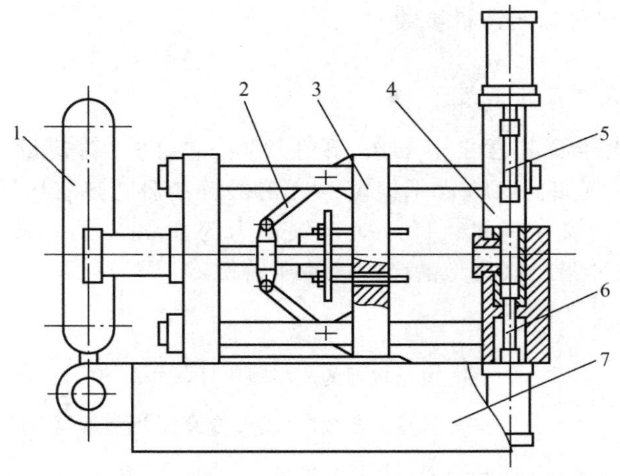

图 3.5　立式冷室压铸机的结构示意图

1—蓄压器；2—合模机构；3—移动模板；4—固定模板；
5—压射机构；6—切料返料机构；7—基座

目前立式压铸机主要用于电机转子等特殊产品的压铸生产。随着卧式冷室压铸机压射性能的不断提高，为提高生产效率，目前微电机转子已越来越多地采用卧式冷室压铸机生产。

3）全立式压铸机

全立式冷室压铸机的压射机构和锁模机构处于垂直位置，模具水平安装在压铸机动、定模模板上，压室中心线平行于模具运动方向。金属液浇注的方式有两种：一种是在模具未合模前，将金属液浇入垂直压室中；另一种方法是将保温炉放在压室的下侧、其间有一根升液管连接。通过加压于保温炉液面或通过型腔内抽真空将金属液压入或吸入压室，然后压射冲头上升，先封住升液管与压室连接口，再将压室内的金属液压入型腔进行压铸，冷却凝固后开模推出铸件。图 3.6 为压射冲头上压式的压铸机结构示意图。

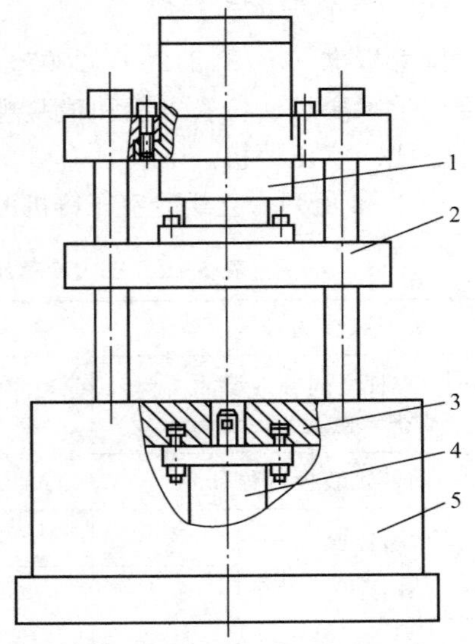

图 3.6　全立式冷室压铸机的结构示意图

1—合模机构；2—移动模板(上工作台)；
3—固定模板(下工作台)；4—压射机构；
5—基座

全立式冷室压铸机中的金属液充型比较平稳，带入型腔的空气较少，生产的铸件气孔显著地较普通压铸件少；金属液进入型腔时转折少，流程短，减少压力的损耗，故不需要很高的压射压力；金属液的热量集中在靠近浇道的压室内，热量损失少；冲头上下运行十分平稳，且模具水平放置，稳固可靠，安放嵌件方便，适应于各种有色金属压铸，广泛用于电机转子、定子的压铸。但其结构复杂，操作维修不便，取出压铸件困难，生产率低。

3.1.3 国产压铸机代号和压铸机参数

1. 国产压铸机代号及其意义

国产压铸机的代号及其意义一般按 JB/T 3000—2006《铸造设备型号编制方法》确定，如图 3.7 所示。例如：J213 表示锁模力为 250kN 的卧式热室压铸机；J1110 表示锁模力为 1000kN 的卧式冷室压铸机；J155 表示锁模力为 500kN 的立式冷室压铸机；J1125B 表示锁模力为 2500kN 第二次改型的卧式冷室压铸机。

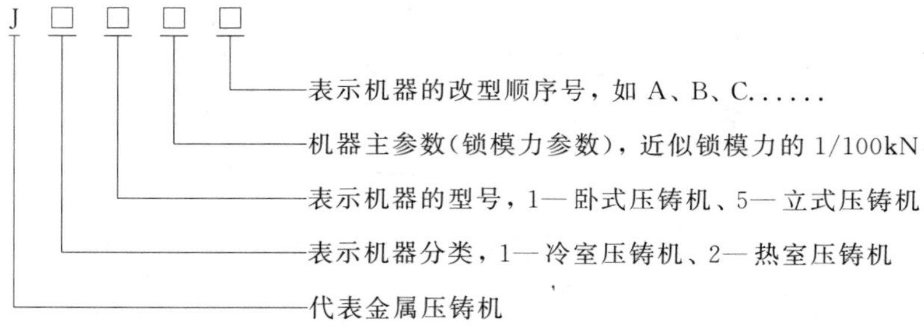

图 3.7 国产压铸机的代号及意义

试分别说明代号为 J2110、J1513、J1125A 的国产压铸机的意义。

2. 压铸机的参数规格

国家标准(GB/T 21269—2007)《冷室压铸机》规定了冷室压铸机的型式参数、几何精度、技术要求、检验方法和检验规则及标志、包装、贮存、运输，适用于卧式冷室压铸机和立式冷室压铸机。

表 3-2 所列为立式冷室压铸机的基本参数，表 3-3 所列为卧式冷室压铸机的基本参数。

表 3-2 立式冷室压铸机基本参数(摘自 GB/T 21269—2007)

锁模力/kN		≥630	≥1000	≥1600	≥2500	≥4000	≥6300
拉杠之间的内尺寸 (水平×垂直)/mm×mm		≥280× 280	≥350× 350	≥420× 420	≥520× 520	≥620× 620	≥750× 750
动模安装板行程/mm		≥250	≥300	≥350	≥400	≥450	≥600
压铸模厚度/mm	最小	150	150	200	250	300	350
	最大	350	450	550	650	750	850
压射位置(0 为中心)/mm		0 —	0 —	0 —	0 80	0 100	0 150
压射力/kN		≥160	≥200	≥300	≥400	≥700	≥900
压射室直径/mm		50～60	60～70	70～90	90～110	110～130	130～150

（续）

最大金属浇注量(铝)/kg	0.6	1.0	2.0	3.6	7.5	11.5
液压顶出器顶出力/kN	—	≥80	≥100	≥140	≥180	≥250
液压顶出器顶出行程/mm	—	≥60	≥80	≥100	≥120	≥150
一次空循环时间/s	≤6	≤7.5	≤9	≤10	≤13	≤16

表 3-3　卧式冷室压铸机基本参数(摘自 GB/T 21269—2007)

锁模力/kN(≥)			630	1000	1600	2500	4000	5000	6300	8000	10000
拉杠之间的内尺寸 (水平×垂直)/mm×mm(≥)			280× 280	350× 350	420× 420	520× 520	620× 620	720× 720	750× 750	910× 910	1030× 1030
动模安装板行程/mm(≥)			250	300	350	400	450	550	600	760	880
压铸模厚度/mm		最小	150	150	200	250	300	350	350	420	450
		最大	350	450	550	650	750	850	850	950	1150
压射位置(0 为中心)/mm			0 −60 —	0 −120 —	0 −70 −140	0 −80 −160	0 −100 −200	0 −100 −200	0 −125 −250	0 −140 −280	0 −160 −320
压射力/kN(≥)			90	140	200	280	400	460	600	750	850
压射室直径/mm			30～ 45	40～ 50	40～ 60	50～ 75	60～ 80	70～ 90	70～ 100	80～ 110	90～ 130
最大金属浇注量(铝)/kg			0.7	1.0	1.8	3.2	4.5	7.1	9	15	22
压射室法兰	直径/mm	公称值	85	90	110	120	130	165	165	200	240
		极限偏差	f7(GB/T 1801—1999)								
	凸出定模安装板高度/mm	公称值	10	10	10	15	15	15	15	20	20
		极限偏差	0 −0.05								
压射冲头推出距离/mm(≥)			80	100	120	140	180	200	220	250	280
液压顶出器顶出力/kN(≥)			—	80	100	140	180	240	250	360	450
液压顶出器顶出行程/mm(≥)			—	60	80	100	120	120	150	180	200
一次空循环时间/s(≤)			5	6	7	8	10	16	12	14	16

锁模力/kN(≥)		12500	16000	20000	25000	30000	35000	40000	45000
拉杠之间的内尺寸 (水平×垂直)/mm×mm(≥)		1100× 1100	1180× 1180	1350× 1350	1500× 1500	1650× 1650	1750× 1750	1800× 1800	2000× 2000
动模安装板行程/mm(≥)		1000	1200	1400	1500	1500	1600	1700	1800
压铸模厚度/mm	最小	450	500	650	750	800	850	900	900
	最大	1180	1400	1600	1800	2000	2000	2100	2150

（续）

压射位置(0为中心)/mm			0 −160 −320	0 −175 −350	0 −175 −350	0 −200 −400	0 −250 −450	0 −300 −600	0 −300 −600	0 −300 −600
压射力/kN(≥)			1050	1250	1500	1700	2110	2430	2650	2890
压射室直径/mm			100～140	110～150	130～170	140～180	150～190	130～200	130～200	130～200
最大金属浇注量(铝)/kg			26	32	41	50	62	76	82	88
压射室法兰	直径/mm	公称值	240	260	260	280	280	300	300	300
		极限偏差	f7(GB/T 1801—1999)							
	凸出定模安装板高度/mm	公称值	25	25	30	30	30	30	30	30
		极限偏差	0 −0.05							
压射冲头推出距离/mm(≥)			320	360	400	450	530	600	680	760
液压顶出器顶出力/kN(≥)			500	550	630	750	900	900	900	1000
液压顶出器顶出行程/mm(≥)			200	250	250	315	300	300	350	400
一次空循环时间/s(≤)			19	22	26	30	35			

热室压铸机的基本参数见表3-4。

表3-4　热室压铸机基本参数(摘自JB/T 8083—2000)

锁模力/kN		≥630	≥1000	≥1600	≥2500	≥4000	≥6300
拉杠之间的内尺寸(水平×垂直)/mm×mm		≥280×280	≥350×350	≥420×420	≥520×520	≥620×620	≥750×750
动型座板行程/mm		≥250	≥300	≥350	≥400	≥450	≥600
压铸型厚度/mm	最小	150	150	200	250	300	350
	最大	350	450	550	650	750	850
压射位置(0为中心)/mm		0 —	0 50	0 60	0 80	0 100	0 150
压射力/kN		≥50	≥70	≥90	≥120	≥150	≥200
压射室直径/mm		60	70	80	90	100	110
最大金属浇注量(锌)/kg		1.2	2.5	3.5	5	7.5	12.5
液压顶出器顶出力/kN		—	≥80	≥100	≥140	≥180	≥250
液压顶出器顶出行程/mm		—	≥60	≥80	≥100	≥120	≥150
一次空循环时间/s		≤4	≤5	≤6	≤7	≤8	≤10

GB/T 25717—2010《镁合金热室压铸机》规定了镁合金热室压铸机的基本参数、技术要求、精度要求、试验方法、检验规则和标志、包装、运输、贮存。

3.2 压铸机的基本结构

压铸机的基本结构主要包括合模机构，压射机构，推出机构，动力、传动系统和控制系统等。

1. 合模机构

开合模及锁模机构统称合模机构，它是带动压铸模的动模部分使模具分开或合拢的机构。由于压射充填时的压力作用，合拢后的动模仍有被胀开的趋势，故这一机构还要起锁紧模具的作用。推动动模移动合拢并锁紧模具的力称为锁模力。合模机构必须准确可靠地动作，以保证安全生产，并确保压铸件尺寸公差要求。压铸机合模机构主要有如下两种形式：

1）液压合模机构

液压合模机构的动力是由合模缸中的压力油产生的，压力油的压力推动合模活塞带动动模安装板及动模进行合模，并起锁紧作用。

液压合模机构如图 3.8 所示。该机构由合模缸 5、内缸 4、外缸 1 和动模固定板 2 组成。合模缸、内缸、外缸组成开模腔 C_1、内合模腔 C_2 和外合模腔 C_3。

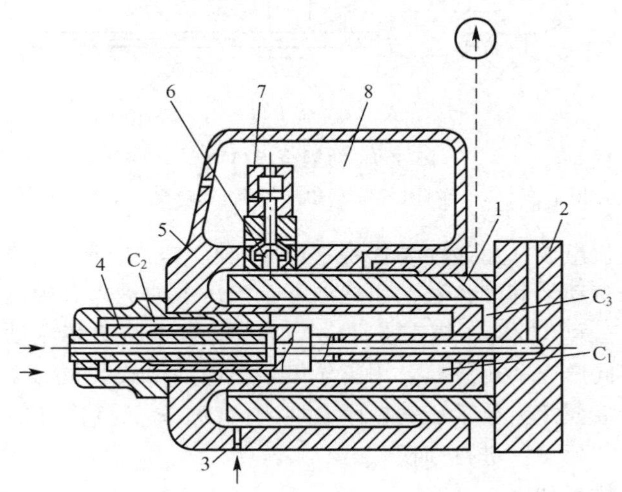

图 3.8 液压合模机构

1—外缸；2—动模固定板；3—增压器口；4—内缸；
5—合模缸；6—充填阀塞；7—充填阀；8—充填油箱；
C_1—开模腔；C_2—内合模腔；C_3—外合模腔

当向内合模腔 C_2 通入高压油时，内缸 4 向右运动，带动外缸 1 与动模固定板 2 向右移动，产生合模动作。随着外缸 1 的移动，外合模腔 C_3 内产生负压，充填阀塞 6 被吸开，充填油箱 8 中的常压油进入外缸 1 内。动模合拢后，增压装置通过增压器口 3 对外合模缸中的常压油突然增压，使得压射金属液时合模力增大，压铸模锁紧而不致胀开。

液压合模机构的优点：结构简单，操作方便；在安装不同厚度的压铸模时，不用调整合模液压缸座的位置，从而省去了移动合模液压缸座用的机械调整装置；在生产过程中，在液压不变的情况下锁模力可以保持不变。但是，这种合模机构具有通常液压系统所具有的一些缺点：首先是合模的刚性和可靠性不够，压射时胀型力稍大于锁模力时压力油就会被压缩，动模会立即发生退让，使金属液从分型面喷出，既降低了压铸件的尺寸精度，又极不安全；其次是对大型压铸机而言，合模液压缸直径和液压泵较大，生产率低；最后是开合模速度较慢，并且液压密封元件容易磨损。这种机构一般用在小型压铸机上。

2）机械合模机构

机械合模机构可分为曲肘合模机构、各种形式的偏心机构、斜楔式机构等。目前国产压铸机大都采用曲肘合模机构，如图 3.9 所示(图中上侧为锁模状态，下侧为开模状态)。

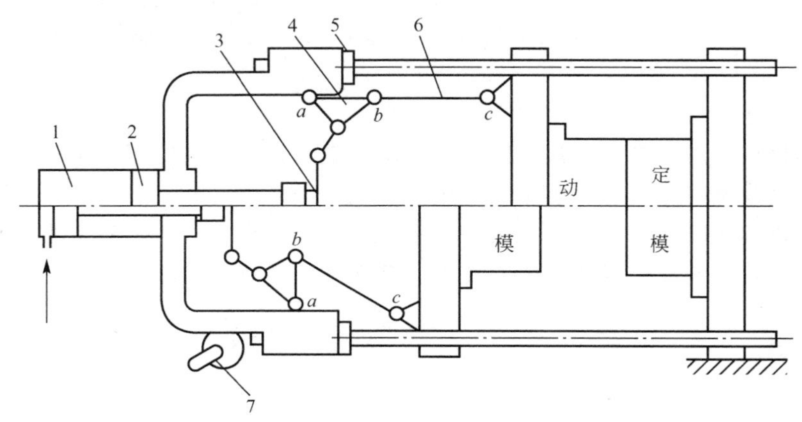

图 3.9　曲肘合模机构

1—合模缸；2—合模活塞；3—连杆；4—三角形铰链；5—螺母；6—力臂；7—齿轮齿条

此机构由三块座板组成并用四根导柱将它们串联起来，中间是动模座板，由合模缸的活塞通过曲肘机构来带动。其动作过程原理如下：当压力油进入合模缸 1 时，推动合模活塞 2 带动连杆 3，使三角形铰链 4 绕支点摆动，通过力臂 6 将力传给动模安装板，产生合模动作。为了适应不同厚度的压铸模，用齿轮齿条 7 使动模安装板与动模作水平移动，进行调整，然后用螺母 5 固定。要求压铸模闭合时，a、b、c 三点恰好能成一直线，也称为“死点”，即利用这个“死点”进行锁模。

曲肘合模机构的优点如下：

(1) 可将合模缸的推力放大，因此与液压合模机构相比，其合模缸直径可大大减小，同时压力油的耗量也显著减少。

(2) 机构运动性能良好，在曲肘离死点越近时，动模移动速度越低，两半模可缓慢闭合。同样在刚开模时，动模移动速度也较低，便于型芯的抽芯和开模。

(3) 合模机构开合速度快，合模时刚度大而且可靠，控制系统简单，使用维修方便。

但是这种合模机构存在如下缺点：不同厚度的模具要调整行程比较困难；曲肘机构在使用过程中，由于受热膨胀的影响，合模框架的预应力是变化的。这样，容易引起压铸机拉杆过载；肘杆精度要求高，使用时其铰链内会出现高的表面压力，有时因油膜破坏而产生强烈的摩擦。

综上所述，曲肘合模机构是较好的，特别适用于中型和大型压铸机，现代压铸机已为弥补调整行程困难的缺点而增加了驱动装置，通过齿轮自动调节拉杆螺母，从而达到自动调整行程的目的。

2. 压射机构

压铸机的压射机构是将金属液推送进模具型腔，充填成形为压铸件的机构。不同型号的压铸机有不同的压射机构，但主要组成部分都包括压室、压射冲头、压射杆、压射缸及增压器等。它的结构特性决定了压铸过程中的压射速度、压射比压、压射时间等主要参数，直接影响金属液充填形态及在型腔中的运动特性，因而也影响了压铸件的质量。具有优良性能的压射机构的压铸机是获得优质压铸件的可靠保证。

压射系统发展的总趋势在于获得快的压射速度、压铸终止阶段的高压力和低的压力峰。现代压铸机的压射机构的主要特点是三级压射，也就是低速排除压室中的气体和高速充填型腔的两级速度，以及不间断地给金属液施以稳定高压的一级增压。

卧式冷室压铸机多采用三级压射的形式。图 3.10 所示为 J1113 型压铸机的压射机构，是三级压射机构的一种形式。

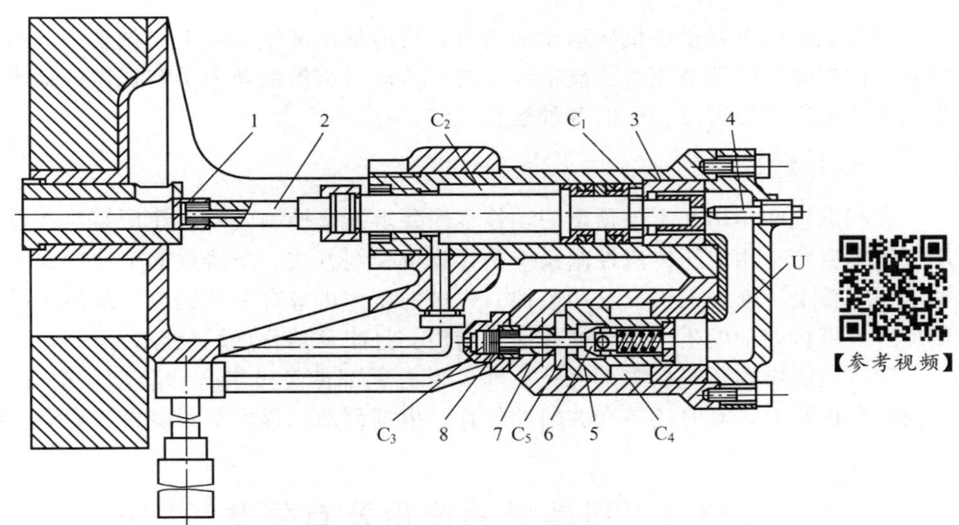

图 3.10 J1113 型压铸机的三级压射机构

1—压射冲头；2—压射活塞；3—通油器；4—调节螺杆；5—增压活塞；
6—单向阀；7—进油孔；8—回程活塞；
C_1—压射腔；C_2—回程腔；C_3—尾腔；C_4—背压腔；C_5—后腔；U—U 形腔

其三级压射过程如下：

1）第一级压射，慢速

开始压射时，压力油从进油孔 7 进入后腔 C_5，推开单向阀 6，经过 U 形腔，通过通油器 3 的中间小孔，推开压射活塞 2，即为第一级压射。这一级压射活塞的行程为压射冲头刚好越过压室浇道口，其速度可通过调节螺杆 4 作补充调节。

2）第二级压射，快速

当压射冲头越过浇道口的同时，压射活塞尾端圆柱部分便脱出通油器，而使压力油得以从通油器蜂窝状孔进入压射腔 C_1，压力油迅速增多，压射速度猛然增快，即为第二次压射。

3）第三级压射，增压

当填充即将终了时，金属液正在凝固，压射冲头前进的阻力增大，这个阻力反过来作用到压射腔 C_1 和 U 形腔内，使腔内的油压增高足以闭合单向阀，从而使来自进油孔 7 的压力油无法进入压射腔 C_1 和 U 形腔形成的封闭腔，而只在后腔 C_5 作用在增压活塞 5 上，增压活塞便处于平衡状态，从而对封闭腔内的油压进行增压，压射活塞也就获得增压的效果。增压的大小是通过调节背压腔 C_4 的压力来得到的。压射活塞的回程是在压力油进入回程腔 C_2 的同时，另一路压力油进入尾腔 C_3 推动回程活塞 8，顶开单向阀 6，U 形腔和压射腔 C_1 便接通回路，压射活塞产生回程动作。

3. 推出机构

推出机构是将成形的压铸件和浇道凝料从模具中脱离。目前普遍采用液压推动油缸活塞杆来带动推杆运动。其推出力、速度、时间和行程均可以调节。

4. 动力、传动系统

动力系统用于提供各机构运动的动力。目前常用液压系统来提供动力，由压力控制阀和方向控制阀等来调节压力、流量和方向。传动系统借助动力系统提供的动力，通过液压或机械传动完成压铸过程中的各种运行动作。

5. 控制系统

控制系统的作用在于按预定的动作程序要求发出控制信号，使压铸机按设定的运行程序工作。目前常用的压铸机控制系统是计算机控制方式，压铸机的工作状况和工艺参数都显示在屏幕上，便于人机交互和监控。先进的压铸机带有参数检测、故障报警、压铸过程监控、计算机辅助的生产信息的存储、调用、打印及其管理系统等。

压铸机的结构还包括零部件及机座，所有零部件经过组合和装配，构成压铸机整体，并固定在机座上。有时还需有关辅助装置，根据自动化程度配备浇料、喷涂、取件等。

3.3　压铸机的选用及有关参数校核

在实际生产中，并不是每台压铸机都能满足压铸各种产品的需要，而要根据具体情况进行选用。选用压铸机时应考虑下述两个方面的问题。

首先，应考虑压铸件的不同品种和批量。在组织多品种小批量的生产，一般选用液压系统简单、适应性强和能快速进行调整的压铸机。如果组织的是少品种大量生产，则应选用配备各种机械化和自动化控制机构的高效率压铸机。对于单一品种大量生产的铸件，可选用专用压铸机。

其次，应考虑压铸件的不同结构和工艺参数。压铸件的外形尺寸、质量、壁厚及工艺参数的不同，对压铸机的选用有重大影响。

根据锁模力选用压铸机是一种传统的并被广泛采用的方法，压铸机的型号就是以锁模力的大小来定义的。压铸机初选后，还必须对压室容量和开模距离等参数进行校核。

3.3.1 锁模力的校核

锁模力是选用压铸机时首先要确定的参数。在压铸过程中，金属液以极高的速度充填压铸模型腔，在充满压铸模型腔的瞬间及增压阶段，金属液受到很大的压力，此力作用到压铸模型腔的各个方向，力图使压铸模沿分型面胀开，故称之为胀型力。锁紧压铸模使之不被胀型力胀开的力称为锁模力。为了防止压铸模被胀开，锁模力要大于胀型力在合模方向上的合力，即

$$F_{锁} \geqslant K(F_{主}+F_{分}) \tag{3-1}$$

式中，$F_{锁}$ 为压铸机的锁模力（kN）；$F_{主}$ 为主胀型力（kN）；$F_{分}$ 为分胀型力（kN）；K 为安全系数，一般 $K=1.25$。它与压铸件的复杂程度、压铸工艺等因素有关。对于薄壁复杂铸件，由于采用了较高的压射速度、压射比压和压铸温度，使模具分型面受到较大冲击，因此 K 应取较大的值；反之，取较小的值。

1. 主胀型力

主胀型力可由式(3-2)求得

$$F_{主}=\frac{Ap}{10} \tag{3-2}$$

式中，$F_{主}$ 为主胀型力（kN）；A 为压铸件在分型面上的总投影面积（cm^2），一般增加30%作为浇注、溢流排气系统的面积；p 为压射比压（MPa）。

压射比压是确保压铸件致密性的重要参数之一，应根据压铸件的壁厚、复杂程度来选取。常用压铸合金的压射比压选用值见表1-1。

压铸机所容许的压射比压 p 也可按式(3-3)计算。

$$p=\frac{F_{射}}{0.785d^2} \tag{3-3}$$

式中，$F_{射}$ 为压射力（kN）；d 为压室直径（mm）。

在大多数压铸机中，压射力的大小可以调节，因此在选定某一压室直径后，通过调节压射力来得到所要求的压射比压。

2. 分胀型力

压铸时金属液充满型腔后所产生的反压力，作用于侧向活动型芯的成形端面上，会促使型芯后退，故常与活动型芯相连接的滑块端面采用楔紧块，此时在楔紧块上产生法向力。一般情况下，如侧向活动型芯成形面积不大或压铸机锁模力足够，可不加计算；若需要计算时，可按不同的抽芯机构进行核算。

斜销抽芯、斜滑块抽芯时分胀型力按式(3-4)计算。

$$F_{分}=\sum\left[\frac{A_{芯}p}{10}\tan\alpha\right] \tag{3-4}$$

式中，$F_{分}$ 为由法向分力引起的胀型力（kN），为各型芯所产生的法向分力之和；$A_{芯}$ 为侧向活动型芯成形端面的投影面积（cm^2）；p 为压射比压（MPa）；α 为楔紧块的楔紧角(°)。

为了简化选用压铸机时的计算，在已知模具分型面上压铸件的总投影面积 A 和所选用的压射比压 p 后，可从有关手册中直接查到所选用的压铸机型号和压室直径。

3.3.2 压室容量的估算

压铸机初步选定之后，压射压力和压室的尺寸也相应得到确定，压室可容纳金属液的质量也为定值，但是否能够容纳每次浇注的金属液的质量，需进行相关核算。

$$G_{室} > G_{浇} \tag{3-5}$$

式中，$G_{室}$ 为压室容纳金属液质量（kg）；$G_{浇}$ 为每次浇注的质量（kg），即压铸件质量、浇注系统质量及排溢系统质量、余料质量之和。

$$G_{室} = \frac{\pi}{4} d^2 L \rho k \frac{1}{1000} \tag{3-6}$$

式中，d 为压室直径（cm）；L 为压室长度（cm），包括浇口套长度；ρ 为液态合金的密度（g/cm³），锌合金为 6.3～6.7g/cm³，铝合金为 2.5～2.7g/cm³，镁合金为 1.7～1.8g/cm³；铜合金为 8.0～8.5g/cm³；k 为压室充满度，一般取 60%～80%。

3.3.3 开模行程的核算

压铸模合模后应能严密地锁紧分型面，因此，要求合模后的模具总厚度大于压铸机的最小合模距离。开模后应能顺利地取出铸件，最大开模距离减去模具总厚度的数值，即为取出压铸件(包括浇注系统)的空间。上述关系可用图 3.11 加以说明。

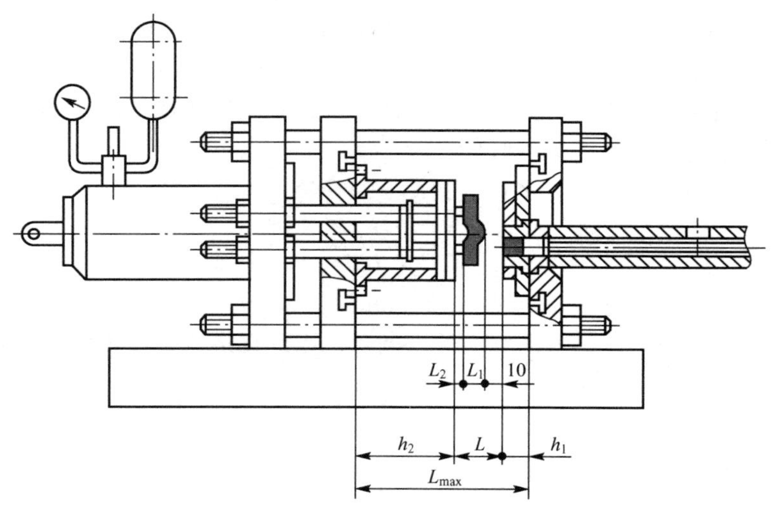

图 3.11 压铸机开模距离与压铸模厚度的关系

$$H_{合} = h_1 + h_2 \tag{3-7}$$

$$H_{合} \geqslant L_{min} + 20\text{mm} \tag{3-8}$$

$$L_{max} \geqslant H_{合} + L_1 + L_2 + 10\text{mm} \tag{3-9}$$

$$L \geqslant L_1 + L_2 + 10\text{mm} \tag{3-10}$$

式中，h_1 为定模厚度（mm）；h_2 为动模厚度（mm）；$H_{合}$ 为压铸模合模后的总厚度（mm）；L_{min} 为最小合模距离（mm）；L_{max} 为最大开模距离（mm）；L_1 为压铸件(包括浇注系统)厚度（mm）；L_2 为压铸件推出距离（mm）；L 为最小开模行程（mm）。

3.3.4 其他参数的核算

设计压铸模时，除了应查阅压铸机的基本参数外，还应估算所需的开模力和推（顶）出力，并要求其小于所选压铸机的最大开模力和推（顶）出力；核算压铸机的推（顶）出行程是否足以使压铸件推出模具；还应考虑压铸机的基本结构与压铸模设计有关的内容，包括：

（1）压铸机的模具安装尺寸，包括压室的偏心距离、推杆和推杆孔的直径及相互间的尺寸、紧固压铸模的螺钉直径及相互间的尺寸等。

（2）立式冷室压铸机喷嘴的规格尺寸。

（3）安装液压抽芯器的支架和连接型芯用的结合器的规格尺寸等。

实用技巧

压铸机的选用是压铸生产准备前期的重要工作，是一项技术性很强的综合性工作，前期通常采用预测的方式，准确程度与实践经验有很大关系。压铸机的选用，通常遵从以下原则：

要了解压铸机的类型与特点，根据企业所生产的产品要求选择压铸机，既要保证满足产品性能的要求，又要留有一定的富余度，兼顾产品发展方向的新需求，并保证满意的合格率、生产效率与安全稳定性，采用尽可能宽泛的工艺条件生产；如果有多台压铸机，需要考虑压铸机型号(主要是锁模力)有一定梯度，具备兼容性，既要满足产品生产需要，又要尽可能减少压铸机型号与台数，如果有不同品牌的压铸机，还要考虑不同品牌压铸机模具安装尺寸的兼容性，以方便组织生产；根据企业的实际情况，在可能的情况下，尽量配置自动化的周边设备，以保证压铸生产的稳定性与生产效率，在保证满足压铸性能的前提下，综合考虑压铸机的性价比、可靠性、可操作性、可维修性、安全性等因素。

本章小结

压铸机是压铸生产的基本设备，压铸过程中的各种特性都是通过压铸机实现的。根据压铸工艺的需要，它提供了选择压铸参数的有利条件。设计压铸模与选用压铸机有密切联系，因此必须熟悉压铸机的特性、技术规格，通过设计计算，选用合适的压铸机，以保证压铸生产的正常进行并获得优质的压铸件。本章主要介绍了压铸机的分类、压铸过程及特点，压铸机的基本结构及各结构的作用；并介绍了合理选用压铸机的方法及有关参数的校核。

关键术语

热室压铸机(hot chamber die casting machine)、卧式冷室压铸机(horizontal cold - chamber die casting machine)、立式冷室压铸机(vertical cold - chamber die casting machine)、锁模力(clamping force/die locking force)、最大金属浇注量(most metal shot weight)、压室容量(chamber capacity)、压射室直径(diameter of pressure chamber)、压射位置(shot position)、压铸模厚度(die height)、顶出力(ejector force)、顶出行程(ejector stroke)、开模行程(mould opening stroke)

1. 说明各类压铸机的工作过程，并比较热室压铸机、冷室压铸机的优缺点。
2. 压铸机的主要组成机构有哪些？其作用是什么？
3. 选用压铸机时需要计算或校核哪些参数？

实 训 项 目

查询目前国内外主要的压铸机制造厂商及其主要产品系列，并了解相关基本参数。

第4章 压铸件设计

知识要点	目标要求	学习方法
压铸件结构工艺性	掌握	通过课程讲解及多媒体课件演示，结合老师在教学过程中的实例分析，观察现实生活中实际常见压铸件，熟悉和掌握压铸件的结构工艺性及设计要求，能准确进行压铸件结构工艺分析
压铸件结构设计	掌握	在熟练掌握压铸件结构工艺性要求的基础上，进行实训练习以强化独立思考和具体分析能力。能具备一定独立进行压铸件工艺性设计的能力
压铸件的清理及后续处理工序	了解	主要了解相关的工艺要求和规范。需要在实践中熟悉并掌握

导入案例

压铸件是压铸生产的最终产品。压铸件的设计是压铸生产技术中首先遇到的工作，压铸件主要根据使用要求进行设计，压铸件的结构工艺性是否合理，对压铸模的结构、压铸件的质量、生产成本有着直接的影响。如果压铸件的结构不合理，不仅导致模具结构复杂，而且成形质量也无法保证。

压铸件的工艺性是指压铸件对成形加工的适应性。压铸件的形状、结构和尺寸等都直接决定着压铸模的具体结构和复杂程度。对模具的设计我们应尽可能做到简单、合理和可行，因此相对于压铸件而言，就要求在不影响压铸件结构功能、美观及使用性能的前提下，结合压铸模具结构的需要，力求做到结构合理、造型美观、便于制造。作为模具设计人员，在了解并掌握压铸件使用性能和特性基础上，合理地设计压铸件的结构及对其进行正确的工艺性分析，是设计出先进合理的压铸模具的前提。

图 4.1 所示为一铝合金散热器盖压铸件，材料选用：合金代号 YL113，合金牌号为 YZAlSi11Cu3。现需要采用压铸工艺进行大批量生产，分析该压铸件工艺性并合理设计该压铸件结构。对图示压铸件，重点需要解决以下几方面问题：压铸件形状与结构的合理性、尺寸精度要求、各部位的壁厚设计和选择、转角过渡圆角、孔径孔深、压铸件的脱模斜度、凸台与加强筋的设置、机械加工余量、压铸件的清理及后续处理工序等。

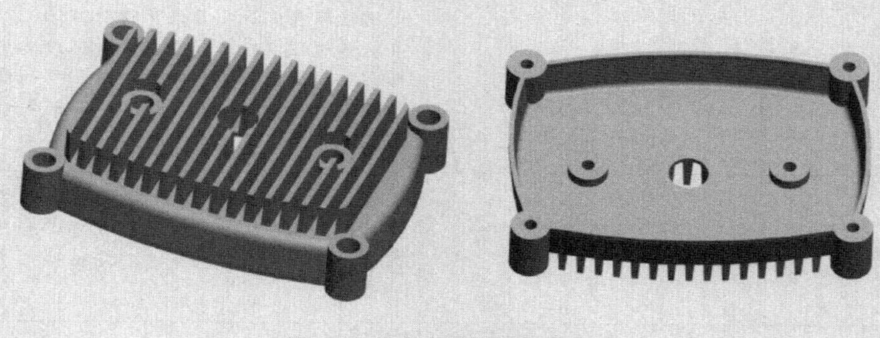

图 4.1 铝合金散热器盖压铸件

4.1 压铸件结构设计

压铸件的质量除了受到各种工艺因素的影响外，其零件结构设计的工艺性也是一个十分重要的因素，其结构合理性和工艺适应性决定了后续工作能否顺利进行。压铸生产技术上所遇到的种种问题，如分型面的选择、浇道的设计、推出机构的布置、收缩规律的掌握、精度的保证、缺陷的种类及程度都是与压铸件本身的压铸工艺性的优劣相关的。

4.1.1 压铸工艺对压铸件结构的要求

设计压铸件时除了结构、形状等方面有一定要求外，还应使压铸件适应压铸工艺性。压铸件的结构设计直接影响着压铸模的结构设计和制造的难易程度、生产率和模具的使用寿命等多个方面，故在设计压铸件时必须强调设计人员与压铸工艺人员的合作，使压铸件在压铸过程中可能出现的许多不利因素得到预先考虑并加以排除。如果设计人员也熟悉压铸工艺，那么所设计的压铸件的结构通常是比较合理的。压铸工艺对压铸件结构设计的要求见表4-1。

表4-1 压铸工艺对压铸件结构设计的要求

要　求	说　明
要能方便地将压铸件从模具内取出	一切不利于压铸件出模的障碍，应尽量设法在设计压铸件时就预先加以消除
要尽量消除侧凹、深腔	内部侧凹和深腔是脱模的最大障碍。在无法避免时，也应便于抽芯，保证压铸件能顺利地从压铸模中取出
要尽量减少抽芯部位	每增加一处抽芯，都使模具复杂程度提高，增添了模具出现故障的因素
要消除模具型芯出现交叉的部位	型芯交叉时，不但使模具结构复杂，而且容易出现故障
壁厚要均匀	当壁厚不均匀时，压铸件会因凝固速率不同而产生收缩变形，并且会在厚大部位产生内部缩孔和气孔等缺陷
要消除尖角	减少铸造应力

1. 压铸件应简化模具结构、延长模具寿命

1）设计压铸件尽可能使分型面简单

图4.2(a)所示压铸件在模具分型面处有圆角，则压铸件上会出现动、定模的交接印痕(飞边)，图4.2(b)所示为改进后的结构。图4.3(a)所示压铸件由于圆柱形凸台而使分型复杂(点画线部分)，而且压铸件上会在动、定模交接处产生飞边，图4.3(b)所示结构将凸台延伸至分型面就可使分型面简单。

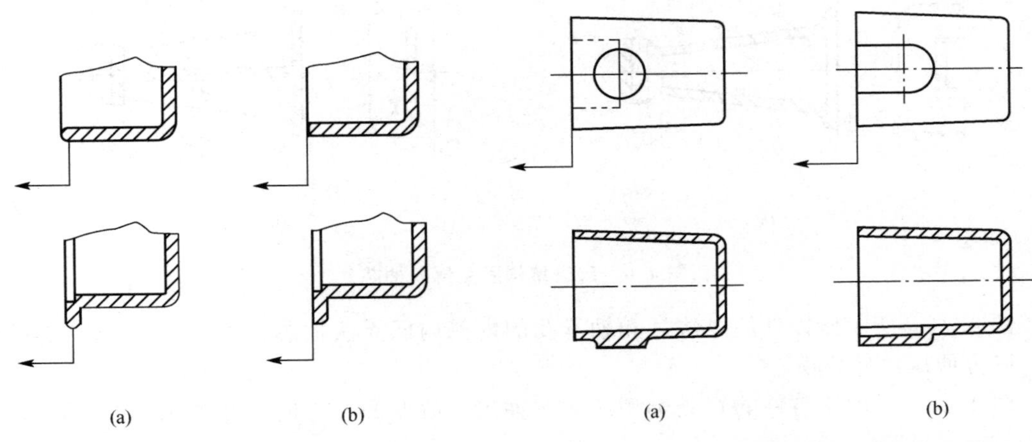

图4.2 避免产生分型痕迹(飞边)　　图4.3 改善压铸件结构使分型面简单

2）避免模具局部过薄，保证模具具有足够的强度和刚度

图 4.4(a)所示压铸件上的孔离凸缘边距离 a 过小，易使模具在此处断裂，图 4.4(b)所示为改进结构，使 $a \geqslant 3$mm，能保证模具足够的强度，延长了模具的使用寿命。

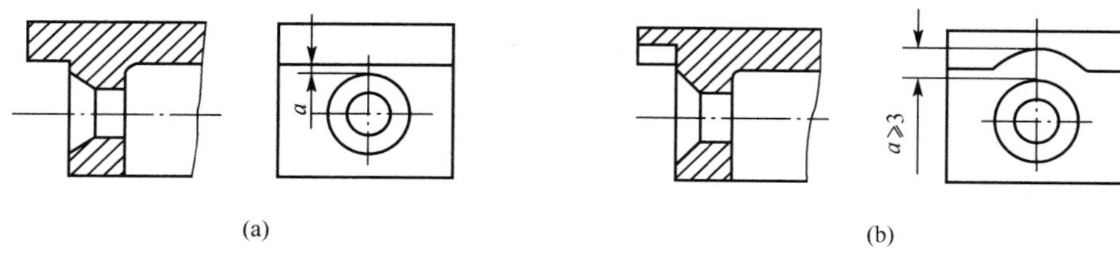

图 4.4　改进压铸件结构增加模具的强度

2. 有利于脱模与抽芯

图 4.5(a)所示压铸件侧壁圆孔需要设置侧向抽芯机构，改进结构如图 4.5(b)所示，可省去侧向抽芯，同时仍能满足压铸件的使用要求。

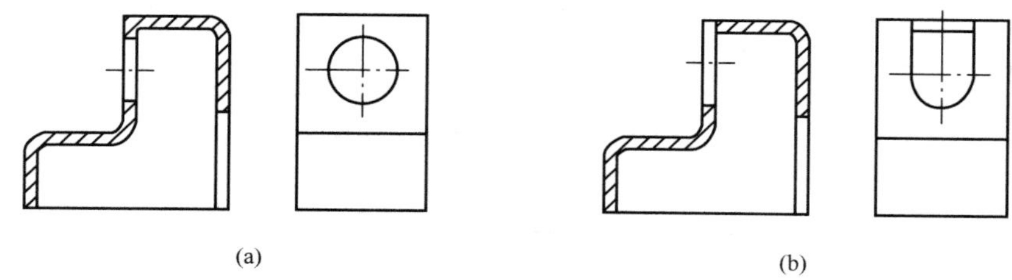

图 4.5　改进侧孔形状避免侧向抽芯

图 4.6(a)所示压铸件的中心方孔既深且长，需要较长距离的侧向抽芯，同时侧型芯为悬臂状伸入型腔，易变形，导致压铸件侧壁厚度难以控制，将方孔改为图 4.6(b)所示结构，则不需要侧向抽芯。

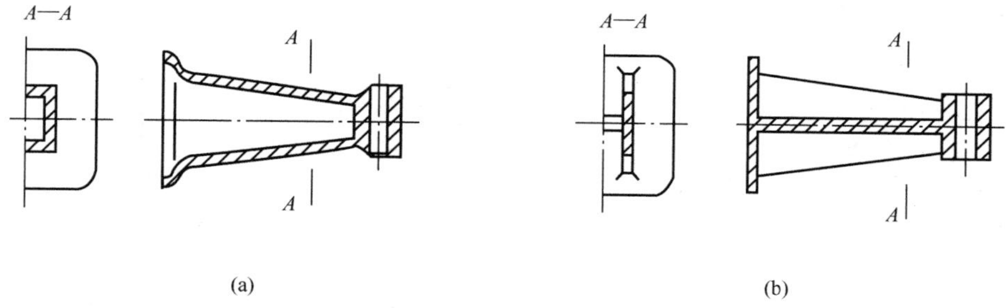

图 4.6　改进结构避免侧向抽芯

图 4.7(a)所示压铸件的内法兰和轴承孔的内侧内凹无法抽芯，改为图 4.7(b)所示结构，则方便压铸件脱模。

图 4.8(a)所示压铸件的 C 处侧型芯无法抽出，改变凹孔方向，如图 4.8(b)所示，则抽芯方便。

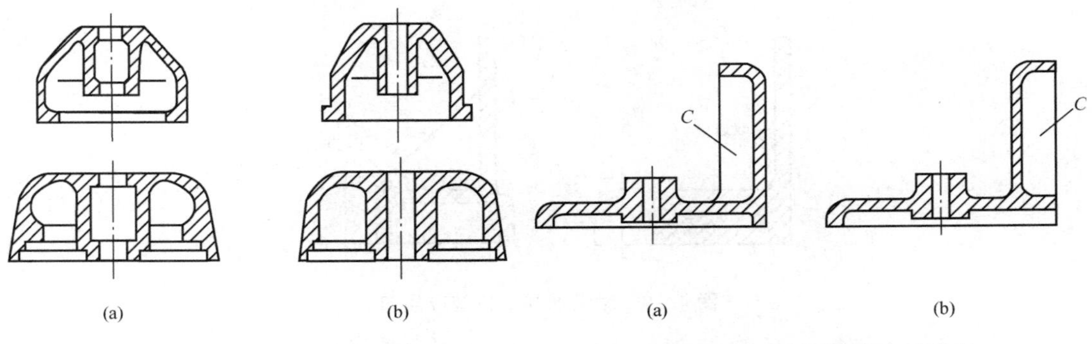

图 4.7　改进侧凹便于脱模　　　　图 4.8　改进侧凹方向便于抽芯

3. 防止压铸件变形

压铸件形状结构设计不当，收缩时会产生变形或出现裂纹。解决的方法除设加强肋外也可采用改进铸件结构的方法。图 4.9(a)所示板状零件收缩时容易产生翘曲变形，按图 4.9(b)所示改为有凹腔，可避免或减少翘曲变形。

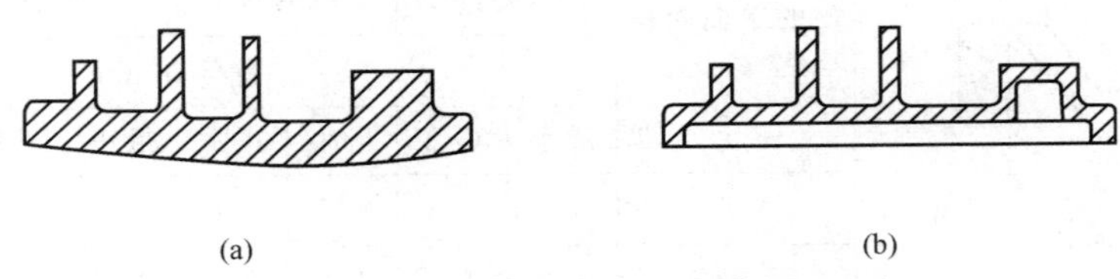

图 4.9　改进板状零件结构防止翘曲变形

特别提示

对压铸件的结构只能是改进、改善，而不是改变，尤其应注意不能改变它的使用性能要求，否则压铸件就失去了它原有的设计初衷。

4.1.2　压铸件的结构工艺要素

压铸件的基本结构工艺要素包括壁厚、肋、铸孔、铸造圆角、脱模斜度、螺纹、齿轮、槽隙、铆钉头、凸纹、网纹、文字、标志、图案、嵌铸等。

1. 壁厚和肋的设计

压铸件的合理壁厚取决于铸件的具体结构、合金性能和压铸工艺等许多因素。实践证明，通常情况下，压铸件的力学性能随着壁厚的增加而降低。薄壁铸件比厚壁铸件具有更高的抗拉强度和致密性，薄壁压铸件的耐磨性也好。压铸件随壁厚的增加，其内部气孔和疏松等缺陷也随之增加，故在保证压铸件有足够强度和刚度的前提下，合理的壁厚应设计成薄壁和均匀壁厚，否则会导致压铸件内部组织不均匀，也给压铸工艺的实施增加了困难。在通常工艺条件下，压铸件的壁厚不宜超过 4.5mm，最大壁厚与最小壁厚之比不要大于 3∶1。对压铸件的厚壁处，为避免疏松等缺陷，应减薄壁厚而增设加强肋，如图 4.10 所示。

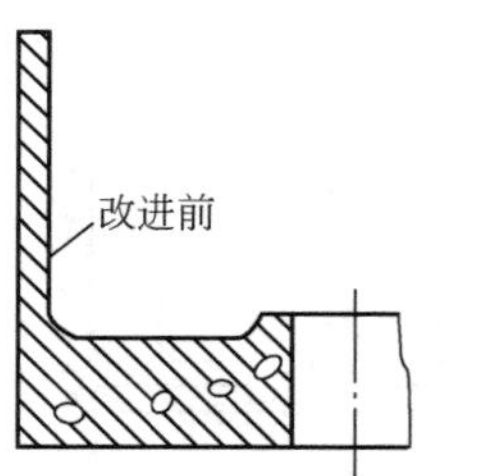

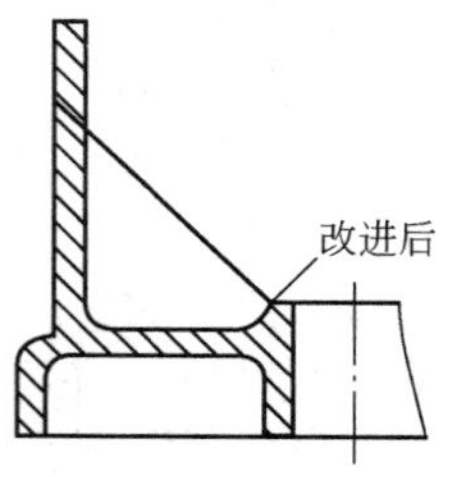

图 4.10　增设加强肋使壁厚均匀

当压铸件壁过薄时，充填条件很差，会产生浇不足和冷隔现象；而压铸件壁过厚，又易产生气孔和缩孔。压铸件的壁厚通常根据压铸件单面面积而定。表 4－2 是推荐的与压铸件面积相应的最小壁厚和正常壁厚。

表 4－2　压铸件的最小壁厚和正常壁厚

壁的单面面积 $(a\times b)/cm^2$	锌合金压铸件		铝合金压铸件		镁合金压铸件		铜合金压铸件	
	壁厚 h/mm							
	最小	正常	最小	正常	最小	正常	最小	正常
≤25	0.5	1.5	0.8	2.0	0.8	2.0	0.8	1.5
25～100	1.0	1.8	1.2	2.5	1.2	2.5	1.5	2.0
100～500	1.5	2.2	1.8	3.0	1.8	3.0	2.0	2.5
＞500	2.0	2.5	2.5	4.0	2.5	4.0	2.5	3.0

肋的作用除了增加压铸件的刚性和强度外，还能使金属流动畅通，消除由于金属过分集中而引起的缩孔、气孔与裂纹等缺陷。肋的厚度一般不应当超过与其相连的壁的厚度，可取无肋处壁厚的 2/3～3/4。当压铸件壁厚小于 2mm 时，容易在肋处憋气，故不宜设肋。如必须设肋，可使肋与壁相连处加厚。设计加强肋时应注意以下问题：

(1) 应布置在压铸件受力较大之处，以改善压铸件的强度，从而减少压铸件的壁厚。

(2) 作对称性布置，使壁厚均匀，以减少压铸件金属局部集中，造成缩孔、气孔等。

(3) 加强肋的方向应与金属流充填流动的方向一致，否则会搅乱金属流，产生内部缺陷。

(4) 尽量避免在肋上设置任何零部件。

图 4.11 所示为带有加强肋的压铸件实例图片。

2. 铸造圆角

在压铸件壁面与壁面连接处，不论是直角、锐角或钝角，都应设计成圆角，只有在预计选定为分型面的部位上时才不采用圆角连接。

铸造圆角有助于金属液的流动，减少涡流，气体容易排出，有利于成形；可避免尖角处产生应力集中而开裂。

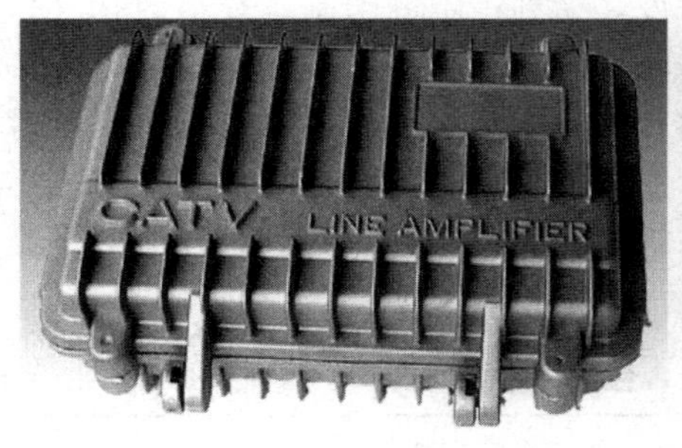

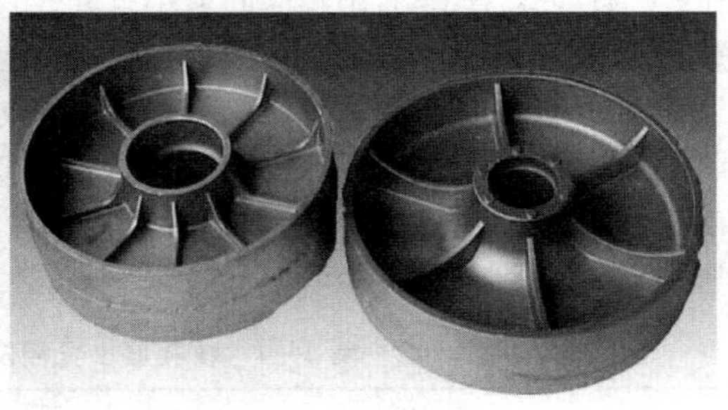

图 4.11 带有加强肋的压铸件

外部尖角虽不影响压铸件强度，但是成品铸件磨光和抛光时，往往要切去尖角处的表层，这样会暴露表层下面的铸造缺陷，且该处的有机涂料层必然变薄，不能有效地保护尖锐的棱边；对需要进行电镀和涂覆的压铸件更为重要，圆角是获得均匀镀层和防止尖角处镀层沉积不可缺少的条件。

对于模具来讲，铸造圆角能延长模具的使用时间。没有铸造圆角会产生应力集中，模具容易崩角，这一现象对熔点高的合金(如铜合金)尤其显著。圆角半径的大小一般可按表 4-3 选定。

表 4-3 铸造圆角半径的确定

h 与 h_1 的关系	图　示	圆角半径	说　明
$h=h_1$		$r_{min}=kh$ $r_{max}=h$ $R=r+h$	对锌合金压铸件，$k=1/4$； 对铝、镁、铜合金压铸件，$k=1/2$
$h\neq h_1$		$r\geqslant\frac{h+h_1}{3}$ $R=r+\frac{h+h_1}{2}$	

实用技巧

实践中，若因使用要求(如装配端面)按上述原则选定的铸造圆角偏大，则可取稍小些，但应不小于连接的最薄壁厚的一半。对于更小的圆角，虽然能够压铸出，但只有在特殊用途的部位上才选用很小的圆角，这时 $r=0.3\sim0.5$mm。

3. 铸孔和槽

能较好地压铸出较深较小的圆孔、长方形孔和槽，这是压铸工艺的一个特点。对一些精度要求不很高的孔和槽，可以不再进行机械加工就能直接使用，从而节省了金属和机械加工工时。压铸件的孔一般是指构成局部部位的孔(如穿越壁厚而存在的孔)而言，其中又以装配连接用的圆形孔较多。

压铸件上可以压铸出孔和槽的最小尺寸及深度，受到一定的限制，较小的孔(槽)只能压铸较浅的深度。并且与形成孔和槽的型芯在型腔中的分布位置有关。这是因为压铸后合金收缩时，对型芯产生很大的包紧力，以及压铸件向基本形状的几何中心方向收缩时所产生的收缩力，会导致细长型芯在抽出时，容易弯曲或折断。因此，压铸孔和槽的最小尺寸及深度受到一定的限制外，在深度方向应带有一定的铸造斜度以便于抽芯。在一般情况下，压铸孔和槽的有关尺寸可参见表4-4和表4-5。

表4-4 铸孔最小孔径及孔径与孔深的关系

合金	最小孔径 d/mm		深度为孔径 d 的倍数			
	经济上合理的	技术上可能的	不通孔		通孔	
			$d>5$	$d<5$	$d>5$	$d<5$
锌合金	1.5	0.8	$6d$	$4d$	$12d$	$8d$
铝合金	2.5	2.0	$4d$	$3d$	$8d$	$6d$
镁合金	2.0	1.5	$5d$	$4d$	$10d$	$8d$
铜合金	4.0	2.5	$3d$	$2d$	$5d$	$3d$

注：凡是小于表内数值的小孔，一般不宜直接进行压铸，可用机械加工方法加工。

表4-5 压铸长方形孔和槽的深度

合金种类	铅锡合金	锌合金	铝合金	镁合金	铜合金
宽度 s/mm	0.8	0.8	1.2	1.0	1.5
深度 t/mm	10	12	10	12	10
厚度 b/mm	10	12	10	12	8
最小铸造斜度	0°15′～0°45′	0°15′～0°45′	0°15′～0°45′	0°15′～0°45′	1°15′～2°30′

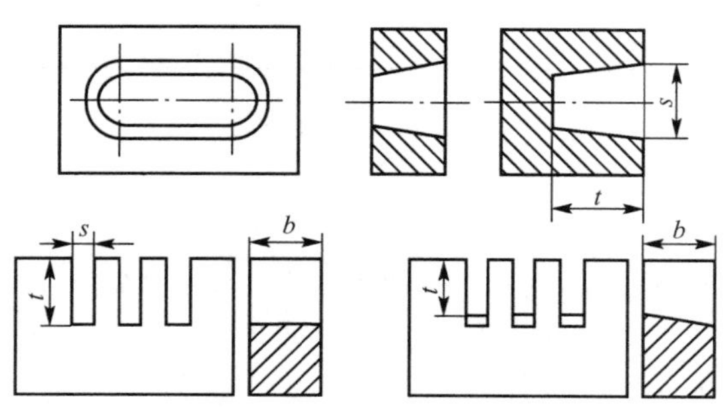

4. 脱模斜度

为便于压铸件脱出模具的型腔和型芯，防止表面划伤，延长模具寿命，压铸件应有合理的脱模斜度(也称铸造斜度)。

脱模斜度大小取决于压铸件的壁厚和合金种类。压铸件的壁厚越厚，合金对型芯的包紧力越大，脱模斜度就越大。合金的收缩率越大，熔点越高，脱模斜度也越大。脱模斜度还与压铸件的几何形状（如高度或深度）、型腔或型芯表面状态（如表面粗糙度）等有关。此外，压铸件内表面或孔比外表面的脱模斜度要大。在允许的范围内，宜采用较大的脱模斜度，以减小所需要的推出力或抽芯力。确定脱模斜度时可参考表4－6。

表4－6 脱模斜度

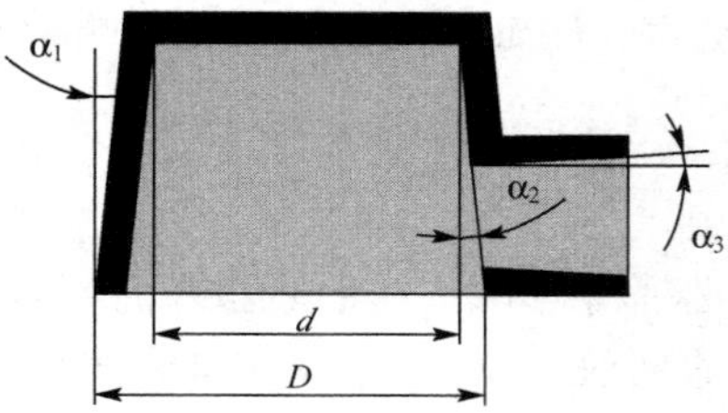

合金材料	配合面的最小斜度		非配合面的最小斜度	
	外表面	内表面	外表面	内表面
锌合金	0°10′	0°15′	0°15′	0°45′
铝、镁合金	0°15′	0°30′	0°30′	1°
铜合金	0°30′	0°45′	1°	1°30′

最好在零件设计时，就考虑到斜度。当零件的结构上未设计斜度时，则应由压铸工艺来考虑脱模斜度。

5. 压铸嵌件(嵌铸)

嵌铸(也称镶铸)是把金属或非金属的零件(嵌件)先嵌放在压铸模内，再与压铸件铸合在一起。这样既可充分利用各种材料的性能(如强度、硬度、耐蚀性、耐磨性、导磁性、导电性等)以满足不同条件下使用的要求，又可弥补因压铸件结构工艺性差而带来的缺点，以解决具有特殊技术要求零件的压铸问题。

铸入的嵌件的形状很多，一般为螺杆(螺栓)、螺母、轴、套、管状制件、片状制件等。其材料多为铜、钢、纯铁和非金属材料，也有用性能高于铸件本体金属的，或者用具有特种性质的(如耐磨、导电、导磁、绝缘等)材料。

1）嵌铸的主要作用

(1) 消除压铸件的局部热节，减小壁厚，防止产生缩孔。

(2) 改善和提高压铸件局部性能，如强度、硬度、耐蚀性、耐磨性、焊接性、导电性、导磁性和绝缘性等，以扩大压铸件的应用范围。

(3) 对于具有侧凹、深孔、曲折孔道等结构的复杂铸件，因无法抽芯而导致压铸困难，使用嵌铸则可以顺利压出。

(4) 可将许多小铸件合铸在一起，代替装配工序或将复杂件转化为简单件。

2）嵌铸的设计要求

(1) 嵌件与压铸件本体的金属之间不产生严重的电化学腐蚀，必要时嵌件外表可镀层。

(2) 嵌件的形状和在铸件上所处的位置应使压铸生产时放置方便，嵌件定位牢靠，要保证嵌件在受到金属液冲击时不脱落、不偏移。不应离浇口太远，以免熔接不牢，如必须远离者，应适当提高浇注温度。

(3) 有嵌件的压铸件应避免热处理，以免因两种合金的相变而产生不同的体积变化后，嵌件在压铸件内松动。

(4) 嵌件铸入后，应被基体金属包紧，而且嵌件应无尖角，周围有足够的金属包层厚度(一般不应小于 1.5mm)，以提高压铸件与嵌件的包紧力，并防止金属层产生裂纹。

(5) 嵌件在压铸件内必须稳固牢靠(防止转动和脱出)，故其铸入部分应制出直纹、斜纹、滚花、凹槽、凸起或其他结构，以增强嵌件与压铸合金的结合。

(6) 嵌件应进行清理，去污秽，并预热，预热温度与模具温度相近。

(7) 同一压铸件上嵌件数不宜太多，以免压铸时因安放嵌件而降低生产率和影响正常工作循环。

6. 凸纹、网纹、文字、标志和图案

在压铸件上可以压铸出各种凸纹、网纹、文字、标志和图案。通常压铸的网纹、文字、标志和图案都是凸体的，因为模具上加工凹形的网纹、文字、标志和图案比较方便。文字凸出高度大于 0.3mm 可获得清晰效果。压铸件上的凸纹、网纹、文字、标志和图案均应避免尖角，笔画和图形也应尽量简单，以便于模具加工和延长模具使用寿命。

压铸凸纹或直纹，其纹路一般应平行于脱模方向，并具有一定的脱模斜度。网纹主要用于减少或消除面积较大的平板状压铸件表面流痕或花斑等缺陷，其造型以有利于模具制造和铸件脱模为原则。

7. 螺纹、齿轮

在一定的条件下，锌、铝、镁合金的压铸件可以直接压铸出螺纹。压铸螺纹的表层具有耐磨和耐压的优点，故其尺寸精度、形状的完整性及表面光洁方面虽然比机械加工的稍差，但对一般用途的螺纹来说并无多大影响，因而还是被常常采用。对于熔点高的合金(如铜合金)，则因其对模具的螺纹型腔和型芯的热损坏十分剧烈，螺牙峰谷热裂、崩损过早，故一般不压铸出螺纹。

对于内螺纹的压铸，由于压铸件的收缩，在旋出螺纹型芯时，螺纹牙型上表面摩擦面过多，旋出十分困难，为了减少摩擦面，螺纹型芯只宜较短些，并且在轴向方向上还要带有一定的斜度，从而使螺纹的工作长度减少。此外，在压铸生产上，还因压铸内螺纹时，旋出螺纹型芯是在高温条件下进行的，操作极为不便。鉴于这些问题的存在，压铸内螺纹只在十分必要的情况下才加以采用。

对于外螺纹的压铸，由于压铸件或模具结构的需要，常采用两种方式。一种是由可分开的两瓣螺纹型腔构成，它是最常见的，也是较经济合理的压铸方式。这种外螺纹常出现轴向错扣或圆度不够现象，精度稍微降低。但这些现象可以通过机加工修整。故该方式需考虑留有 0.2～0.3mm 的加工余量。另一种是采用螺纹型环来压铸。这种螺纹不会产生错扣和圆度不够的问题，但压铸生产时，操作工序增加，工作条件(高温)很差，效率也很低。

压铸齿轮的最小模数 m 一般为：锌合金 $m=0.3$mm，铝、镁合金 $m=0.5$mm，铜合金 $m=1.5$mm，其脱模斜度可参考表 4-6 按内表面选取。对精度要求高的齿轮，齿面应留有 0.2～0.3mm 的加工余量。

图 4.12 所示为压铸螺纹和压铸齿轮的实例图片。

(a) 螺纹压铸件　　(b) 压铸齿轮

图 4.12　压铸螺纹和压铸齿轮的实例图片

4.1.3　压铸件精度、表面要求及加工余量

1. 压铸件的尺寸精度

尺寸精度是压铸件结构工艺性的关键特征之一，它影响压铸模设计和压铸工艺。压铸件能达到的尺寸精度是比较高的，其稳定性也很好，基本上依压铸模制造精度而定。造成压铸件尺寸偏差的原因很多，其中有合金本身化学成分的偏差、工作环境温度的高低、合金金属收缩率的波动、开模和抽芯及推出机构运动状态的稳定程度、模具使用过程中的磨损量引起的误差、压铸工艺参数的偏差、压铸机精度和刚度引起的误差、模具的修理的次数及使用期限等，而这些原因又互相交织在一起，彼此互相影响。例如，合金收缩率，就因压铸件的形状、压铸工艺参数、合金种类、压铸件的壁厚的不同而异，因此，要在研究上述这些条件与收缩率的关系的基础上，才能确定符合实际情况的收缩率。

1）长度尺寸

压铸件线性尺寸公差等级的选用见表 4-7 和表 4-8。公差带应对称分布，即公差的一半取正值，另一半取负值。采用非对称设置，应在图样上注明，一般不加工的尺寸，孔取正值，轴取负值；待加工的尺寸，孔取负值，轴取正值。

表 4-7　压铸件基本尺寸公差等级(摘自 GB/T 6414—1999)

合金	公差等级 CT	合金	公差等级 CT
锌合金	4～6	铜合金	6～8
铝、镁合金	5～7	—	—

表 4-8　压铸件基本尺寸公差(摘自 GB/T 6414—1999)

毛坯铸件基本尺寸/mm		铸件尺寸公差等级 CT								
大于	至	1	2	3	4	5	6	7	8	9
—	10	0.09	0.13	0.18	0.26	0.36	0.52	0.74	1	1.5
10	16	0.1	0.14	0.2	0.28	0.38	0.54	0.78	1.1	1.6
16	25	0.11	0.15	0.22	0.30	0.42	0.58	0.82	1.2	1.7
25	40	0.12	0.17	0.24	0.32	0.46	0.64	0.9	1.3	1.8
40	63	0.13	0.18	0.26	0.36	0.50	0.70	1	1.4	2
63	100	0.14	0.20	0.28	0.40	0.56	0.78	1.1	1.6	2.2
100	160	0.15	0.22	0.30	0.44	0.62	0.88	1.2	1.8	2.5
160	250	—	0.24	0.34	0.50	0.72	1	1.4	2	2.8
250	400	—	—	0.40	0.56	0.78	1.1	1.6	2.2	3.2
400	630	—	—	—	0.64	0.9	1.2	1.8	2.6	3.6
630	1000	—	—	—	0.72	1	1.4	2	2.8	4

注：除非另有规定，壁厚公差应比其他尺寸的一般公差粗一级。例如，如果图样上标注的一般公差为 CT6，则壁厚公差为 CT7。

特别提示

压铸件的尺寸公差不包括铸造斜度。其不加工表面：包容面以小端为基准，被包容面以大端为基准；待加工表面：包容面以大端为基准，被包容面以小端为基准。有特殊规定和要求时，须在图样上注明。

压铸件受分型面或压铸模活动部分影响的尺寸，应按表 4-9 及表 4-10 的规定在基本尺寸公差上再加一个附加量(数据来源：GB/T 25747—2010、GB/T 15114—2009)。附加量是增量还是减量，取决于压铸件线性尺寸本身受上述两种因素影响的变化情况。

表 4-9　线性尺寸受分型面影响时的附加量(增或减)

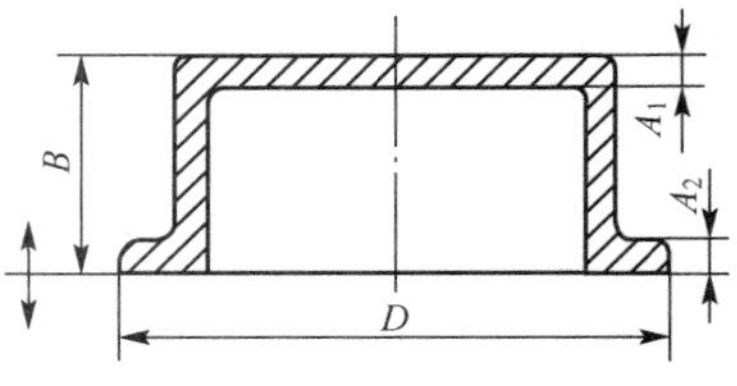

压铸件在分型面上的投影面积/cm^2	A 处和 B 处的附加量/mm
≤150	0.10
150～300	0.15
300～600	0.20
600～1200	0.30

注：压铸件在分型面上的投影面积，包括浇注系统和排溢系统在分型面上的投影面积。

表 4－10　线性尺寸受压铸模活动部分影响时的附加量(增或减)

模具活动部分的投影面积/cm^2	A 处和 B 处的附加量/mm
≤50	0.10
50～100	0.20
100～300	0.30
300～600	0.40

注：投影面积指因模具活动部分形成的并与移动方向垂直的面上的投影面积。

2）壁厚、肋厚、法兰或凸缘厚度等尺寸

壁厚、肋厚、法兰或凸缘厚度等尺寸公差按表 4－11 选取。

表 4－11　厚度尺寸公差　　（单位：mm）

压铸件的厚度尺寸	≤1	1～3	3～6	6～10
不受分型面和活动部分影响	±0.15	±0.20	±0.30	±0.40
受分型面和活动部分影响	±0.25	±0.30	±0.40	±0.50

3）圆角半径尺寸

圆角半径尺寸公差按表 4－12 选取。

表 4－12　圆角半径尺寸公差

圆角半径/mm	≤3	3～6	6～10	10～18	18～30	30～50	50～80
公差/mm	±0.3	±0.4	±0.5	±0.7	±0.9	±1.2	±1.5

4）角度和锥度尺寸

自由角度和自由锥度尺寸公差如图 4.13 所示，角度公差按角度短边长度决定，锥度公差按锥体母线长度决定。自由角度和自由锥度尺寸公差参照表 4－13 选取。

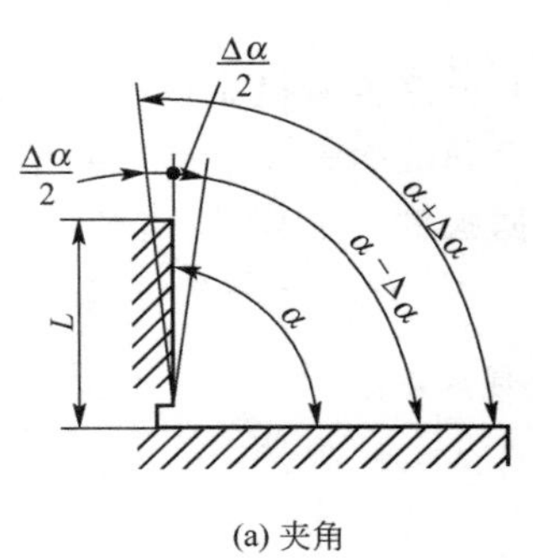

(a) 夹角　　(b) 锥体

图 4.13　角度公差示意图

表 4-13　自由角度和自由锥度公差

公称尺寸/mm	精度等级				公称尺寸/mm	精度等级			
	1	2	3	4		1	2	3	4
1～3	1°30′	2°30′	4°	6°	80～120	20′	30′	50′	1°15′
3～6	1°15′	2°	3°	5°	120～180	15′	25′	40′	1°
6～10	1°	1°30′	2°30′	4°	180～260	12′	20′	30′	50′
10～18	50′	1°15′	2°	3°	260～360	10′	15′	25′	40′
18～30	40′	1°	1°30′	2°30′	360～500	8′	12′	20′	30′
30～50	30′	50′	1°15′	2°	>500	6′	10′	15′	25′
50～80	25′	40′	1°	1°30′					

注：1. 一般按 3 级精度选取；在特殊情况下，可选用 2 级精度。

2. 受分型面及模具活动部分影响的压铸件变形大，其角度、加强肋的角度应选用 4 级精度。

5）孔中心距尺寸

孔中心距尺寸公差按表 4-14 选取。若受模具分型面和活动部分影响，在基本尺寸公差上也应加附加公差。

表 4-14　孔中心距尺寸公差　（单位：mm）

压铸件材料	基本尺寸									
	≤18	18～30	30～50	50～80	80～120	120～160	160～210	210～260	260～310	310～360
锌、铝合金	0.10	0.12	0.15	0.23	0.30	0.35	0.40	0.48	0.56	0.65
镁、铜合金	0.16	0.20	0.25	0.35	0.48	0.60	0.78	0.92	1.08	1.25

2. *表面形状和位置公差*

通常认为，压铸件的表面形状和位置主要是由压铸模的成形表面所决定的，而成形表面的形状和位置可以达到较高的精度，因此对压铸件的一般表面的形状和位置不另作规定，其公差值包括在有关尺寸的公差值范围内。对于直接用于装配的表面，类似于机械加工零件，在图样中注明表面形状和位置公差。

对于压铸件来说，变形是一个不可忽视的问题，其公差值应控制在一定的范围内，整形前和整形后的平面度和直线度公差，平行度、垂直度和端面跳动公差，同轴度和对称度公差分别按表 4-15、表 4-16 和表 4-17 选取(数据来源：GB/T 25747—2010、GB/T 15114—2009)。

表 4-15　压铸件平面度和直线度公差　（单位：mm）

被测量部位尺寸	≤25	25～63	63～100	100～160	160～250	250～400	400～630	630
铸态	0.20	0.30	0.40	0.55	0.80	1.10	1.50	2.00
整形后	0.10	0.15	0.20	0.25	0.30	0.40	0.50	0.70

表 4－16 压铸件平行度、垂直度和端面跳动公差

被测量部位在测量方向上的尺寸/mm	被测部位和基准部位在同一半模具内			被测部位和基准部位不在同一半模具内		
	两个部位都不动的	两个部位中有一个动的	两个部位都动的	两个部位都不动的	两个部位中有一个动的	两个部位都动的
	公差值/mm					
≤25	0.10	0.15	0.20	0.15	0.20	0.30
25～63	0.15	0.20	0.30	0.20	0.30	0.40
63～100	0.20	0.30	0.40	0.30	0.40	0.60
100～160	0.30	0.40	0.60	0.40	0.60	0.80
160～250	0.40	0.60	0.80	0.60	0.80	1.00
250～400	0.60	0.80	1.00	0.80	1.00	1.20
400～630	0.80	1.00	1.20	1.00	1.20	1.40
＞630	1.00	—	—	1.20	—	—

注：不包括压铸件与嵌件有关部位的位置公差。

表 4－17 压铸件同轴度和对称度公差

被测量部位在测量方向上的尺寸/mm	被测部位和基准部位在同一半模具内			被测部位和基准部位不在同一半模具内		
	两个部位都不动的	两个部位中有一个动的	两个部位都动的	两个部位都不动的	两个部位中有一个动的	两个部位都动的
	公差值/mm					
≤30	0.15	0.30	0.35	0.30	0.35	0.50
30～50	0.25	0.40	0.50	0.40	0.50	0.70
50～120	0.35	0.55	0.70	0.55	0.70	0.85
120～250	0.55	0.80	1.00	0.80	1.00	1.20
250～500	0.80	1.20	1.40	1.20	1.40	1.60
500～800	1.20	—	—	1.60	—	—

注：不包括压铸件与嵌件有关部位的位置公差。

3. *表面要求*

压铸件的表面要求分为铸造痕迹和表面粗糙度两种。

压铸件的表面存在压铸过程所造成的痕迹，即金属液充填过程中所产生的各种流动痕迹、模具热裂的痕迹及铸件脱模时擦伤的痕迹等。对于有这些痕迹的区域，是不能用机械加工的表面粗糙度来衡量的。故有要求时，可以对铸造的痕迹的范围(区域大小)和深度加以限制。在压铸生产中，当对铸造痕迹作出限制规范以后，通常便称为表面缺陷。压铸过程造成的痕迹并不是完全布满整个压铸件的全部表面上的，因而存在一个由型腔壁面所决定的原始平面(表面)，同时，在充填条件良好的区域上，其表面甚至可以不产生铸造痕迹，于是，对

原始平面(表面)或没有铸造痕迹的区域(也是表面)可以用表面粗糙度来衡量。在填充条件良好的情况下，压铸件表面粗糙度精度等级一般比模具成形表面的粗糙度约低两级左右。若是新模具，压铸件上可衡量的表面粗糙度应达到表4-18所列的参数公称值 Ra。随着模具使用次数的增加，通常压铸件的表面粗糙度的参数公称值 Ra 会逐渐变大。

表4-18　压铸件的表面粗糙度(摘自GB/T 6060.1—1997)

Ra/μm	铜合金	铝合金	镁合金	锌合金
0.2			☆	☆
0.4		☆	☆	☆
0.8		☆	★	★
1.6	☆	★	★	★
3.2	☆	★	★	★
6.3	★	★	★	★
12.5	★	★	★	★
25	★	★	★	★
50	★			

注：☆为采取特殊措施方能达到的压铸合金的表面粗糙度；★表示可以达到的压铸合金的表面粗糙度。

因压铸件的表面粗糙度是由压铸工艺的特点所决定的，故生产中，对压铸件的表面粗糙度一般是不需测定的，只有为了鉴定模具的型腔表面粗糙度时，才作适当的测定。

4. 机械加工余量

压铸件具有精确的尺寸和良好的铸造表层，一般可以不必再作机械加工。同时，由于压铸有内部气孔存在，也应尽量避免再作机械加工。但是，压铸出的零件毕竟还不是在任何场合下都可以直接装配使用的，所以，常常在一些情况下，还需要对一些表面和部位进行机械加工，这些情况如下：

(1) 去除脱模斜度，以满足该表面和该部位的装配要求。

(2) 需达到更高精度的尺寸。

(3) 铸件未压铸出的一些形状。

(4) 去除浇口或因工艺需要而增加的多余部分。

(5) 模具的成形零件因磨损或掉块，造成铸件的表面或形状不符合要求(在复杂的或大的压铸件生产时，遇到这种情况，模具修复有困难而采取对压铸件进行机械加工来消除)。

其中，主要是前面三点原因。

当压铸件的尺寸精度与几何公差达不到设计要求而需机械加工时，应优先考虑采用精整加工，如校正、拉光、压光、整形等，以便保留其强度较高的致密层(压铸件的表层由于激冷作用而形成的)。其次才考虑采用切削加工，并选用较小的加工余量。加工余量的选用参见表4-19。铰孔的余量参考表4-20。

表4-19　机械加工余量(摘自GB/T 6414—1999)

基本尺寸/mm	≤40	40～63	63～100	100～160	160～250	250～400	400～630
加工余量/mm	0.2～0.3	0.3	0.4～0.5	0.5～0.8	0.7～1	0.9～1.3	1.1～1.5

表4-20　铰孔的余量

	孔径 D/mm	≤6	6～10	10～18	18～30	30～50	50～80
	余量 δ/mm	0.05	0.10	0.15	0.20	0.25	0.30

实用技巧

(1) 机械加工余量取压铸件最大外轮廓尺寸与基本尺寸两余量的平均值。例如，压铸件最大外轮廓尺寸为200mm，待加工表面基本尺寸为100mm，则加工余量取(0.5mm+0.7mm)/2=0.6mm。

(2) 当加工余量受脱模斜度影响时，一般内表面尺寸以大端为基准，而外表面尺寸以小端为基准。

除非另有规定，要求的机械加工余量适用于整个毛坯压铸件，即对所有需机械加工的表面只规定一个值，且该值应根据最终机械加工后成品压铸件的最大轮廓尺寸，并根据相应的尺寸范围选取。

4.2　压铸件设计要求

4.2.1　设计要求

1. 压铸件标准

压铸件的设计与制造标准，提供了保证产品质量的依据，使产品制造企业和用户之间有了共同的验收标准。在进行压铸件设计与制造时可参照以下国家标准：

(1) 锌合金压铸件GB/T 13821—2009；

(2) 铝合金压铸件GB/T 15114—2009；

(3) 镁合金压铸件GB/T 25747—2010；

(4) 铜合金压铸件GB/T 15117—1994。

【参考图文】

【参考图文】

【参考图文】

【参考图文】

压铸件的设计必须符合两个基本要求：

一是必须确定压铸件具有合适的功能；二是压铸件能够经济地铸出来。

2. 数字化设计

应用数字化技术，如计算机辅助设计(CAD)、计算机辅助制造(CAM)、计算机辅助工艺(CAPP)、快速成形技术(RPT)等，可实现产品设计手段与设计过程的数字化，帮助完成从概念、外观总体、结构、性能到零部件的设计、制造，加快新产品开发周期，从而能快速响应市场需求。图 4.14 给出了数字化设计过程。

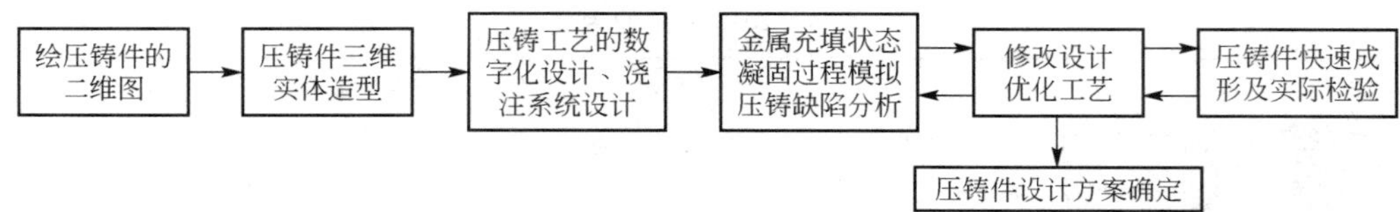

图 4.14　数字化设计过程

3. 绿色设计

绿色化是实现可持续发展的有效途径，是综合考虑环境影响和资源利用率的现代制造模式。它的目标是使产品从设计、制造、使用、报废回收处理的整个生命周期中对环境污染最小，资源利用率最高，实现企业经济效益与社会效益优化。

压铸件的绿色设计特点如下：

(1) 在满足使用功能的条件下采用节省材料、节省能源的设计。

(2) 在合金材料选择上，对资源利用有利。

(3) 压铸件制造过程中采用清洁生产技术。

(4) 压铸件使用过程中的安全性、可靠性好，寿命长。

(5) 压铸件报废后可回收再生利用。

4. 压铸件设计要求

(1) 使用功能：决定压铸件的几何形状、结构形式、轮廓尺寸。

(2) 外观要求：决定压铸件的造型、尺寸比例、表面粗糙度、尺寸精度、表面处理、色彩选择等。

(3) 性能及技术要求：选择相适应的合金材料及牌号，材料决定压铸件的物理和力学性能。设计时要考虑这种材料的压铸特性。

现代设计不能仅满足于产品的功能实现，还要求功能与美学的和谐。产品设计要考虑功能美和形式美，要适合人的精神需求，使人感受到一种自然的美感，综合考虑产品使用过程中的宜人性、安全性、可靠性、舒适性。

美学设计的内容：造型、尺寸比例、表面质感、色彩、包装等。

美学设计理论依据：人体工程学、工程心理学、环境学等。

4.2.2　压铸件分析

1. 用途

首先了解压铸件的使用条件及用途。

(1) 结构用途：如汽车、摩托车零件、电机转子、齿轮、框架、外壳、支座、阀体、锁具等，作为结构零件，对机械强度、尺寸精度、铸件内部质量等要求高。

(2) 装饰用途：如日用品、玩具、装饰品、五金件、金属扣、浴室配件等。有的一个压铸件是一个产品，对铸件外表面质量要求很高，要求表面光洁、造型美观。

当产品的用途、功能确定后，可以选择某一牌号的合金及制订相应的压铸工艺来达到其对质量的要求。

2. 经济价值

要了解压铸件的经济价值，高档产品与低档产品的区别。高档产品对压铸机性能、压铸模制造要求更高些，才能保证设计出来的产品达到最大的使用效果和经济效益的一致性。

3. 装配关系

了解压铸件装配关系，需要与什么零部件配合，如何配合，紧固与连接的形式，选择符合产品要求的公差配合。

4. 制造过程的特点

(1) 压铸过程：压铸方法、合金特性、模具制造。

(2) 后加工过程：打磨、抛光、机械加工、喷涂、电镀等。压铸件须根据不同的使用环境，采取不同的表面处理方式，在设计时要考虑后续工序的要求。

5. 综合分析

通过对压铸件的特点和制作工艺进行综合分析，指导模具设计、制造及压铸生产。

(1) 冶金标准：合金牌号、化学成分及力学性能。

(2) 压铸件设计标准：结构、形状、尺寸、精度、公差等。

(3) 成本预算：材料成本、压铸成本、模具成本、后加工处理成本、管理成本等。

综合以上分析，使设计的产品符合压铸规范，最终得到最佳的质量与产量要求，并节省制造成本。

压铸产品发展趋势

1. 铝合金产品

铝合金压铸产品发展趋势是精密化、轻量化、节能、环保、安全可靠、更优良的性能。

用铝合金取代钢铁作汽车结构件，大大减少汽车质量，减少油耗，也减少废气排放对环境的污染，并使汽车具有更好的性能、安全和舒适感。应用压铸新技术，可满足汽车压铸件的要求：高性能、高延性、高强韧、能热处理、能焊接。

2. 锌合金产品

锌合金具有优良的铸造性能、力学性能、韧性，在传统的产品机械件、五金件、锁具、玩具等行业应用很广。锌合金还具有优良的电和热传导性能，良好的振动阻尼特性，良好的电磁屏蔽性能，因此在电子、电信、家电产品上的应用不断增长，尤其是需要解决电磁屏蔽问题的电子产品。

一种新型台式搅拌机的所有外部部件，都是用锌合金压铸成形的，包括底座、支撑架和电动机的壳体。在这个设计中，选用锌合金压铸件除了考虑其具有优良的力学性能外，还能够降低伴随搅拌过程产生的振动。

锌压铸合金适合用在便携式机械工具设备上，以降低振动对操作者的有害影响，如一种建筑用打钉机。在其新的设计中，选用两半锌合金压铸件来代替原来的多部件的组合。利用了锌合金的振动阻尼效果，以减少操作中当钉射出后产生的反弹振动对手的冲击。这个设计还节省了在原始设计中所需的机加工和组装工作量，使工艺简化。

3. 镁合金产品

镁合金是最轻的结构材料，密度为 1.75～1.90g/cm^3，有利于实现产品的轻量化。镁具有资源优势，是地球上储量最丰富的轻金属元素之一，因其优良的性能，被誉为“21 世纪的绿色工程材料”。

1) 镁合金的优点

(1) 最轻的金属结构材料，可以满足产品的轻、薄、一体化的需求。

(2) 具有良好的能量吸收及振动吸收特性，带来了产品使用过程中的舒适性。

(3) 良好的电子屏蔽性，可提高电子产品的防辐射性、安全性。

(4) 刚性好，耐冲击。

(5) 延展性好，易成形，带来产品设计的灵活性和产品档次的提升。

(6) 易于机械加工。

(7) 100%可再生。

2) 镁合金的应用领域

(1) 在汽车上的应用：汽车内部结构件(仪表板骨架、座椅框架、转向柱支架)；车身结构件(散热器支架、车身前支架、车门等)；驱动系统件(变速器、储油盘、发动机汽缸盖、分动器壳体等)。

(2) 在电脑、电信、3C 产品及其他电子产品上的应用。

(3) 在手动工具、自行车、运动器材等方面的应用。

4.3 压铸件的清理及后续处理工序

压铸件脱模后带有浇注系统凝料、排气槽(溢流槽)等的金属物，有的会出现变形或带有某些缺陷。因此，要去除浇口、飞边，矫正变形和修补缺损。与其他铸造方法相比，压铸件所需的清理工作量虽小，但几乎所有压铸件都是要进行一定的清理，有些还要进行整形或后处理。

4.3.1 压铸件的清理、校正

1. 压铸件的清理

压铸件的清理包括取出浇口(浇注系统)凝料、排气槽(溢流槽)等的金属物、飞边等，有时还需要修整经上述工序后留下的痕迹。压铸件的清理工作十分繁重。由于压铸机的生产效率很高，因此，在大量生产时实现压铸件清理工作机械化和自动化是非常重要的。

目前，在生产批量不大时，切除浇口及飞边仍采用手工操作。在大量生产时，可根据压铸件的结构和形状设计专用夹具，在冲床或多工位转盘机上切除浇口及飞边。

修整清理后的残留金属或痕迹，可用橡胶砂轮或砂带打磨。简单小铸件还可以用清理滚筒进行表面清理。

2. 压铸件的校正

形状复杂的大型薄壁件可能由于推出时受力不均衡、留模时间不恰当、搬运过程中被碰撞或由于压铸件本身结构而导致压铸件留有残余应力而引起变形。这时需用手工或机械对变形压铸件进行校正，这个校正工序称为整形。

校正分热校正和冷校正两种。热校正是压铸件被推出模具后立即进行，也可将冷的压铸件加热到退火温度进行；可以手工校正，也可用专用工具在压力机上校正。冷校正是在室温下进行，方法与热校正相同，效果较差，但操作方便。不论热校正还是冷校正，校正后一般都必须进行退火或时效处理，以消除内应力，稳定压铸件的形状和尺寸。

4.3.2 压铸件的浸渗处理

压铸件内部缺陷如气孔、针孔等，可压入密封剂(浸渗剂)，使其具有耐压性(气密性、防水性)，这种方法叫浸渗处理。

常用的浸渗处理方法是真空加压法。其处理工艺是：将压铸件洗净、烘干，装入浸渗罐，用真空泵抽真空，使罐内真空度高于80kPa，然后吸入预热到50～70℃的浸渗剂液体，待完全覆盖压铸件后，关闭阀门并加0.5～1.0MPa气压，保持10～15min后除去浸渗液，取出压铸件洗净，经8～24h干燥即成。

浸渗剂可分为无机浸渗剂与有机浸渗剂两大类。

无机浸渗剂以硅酸盐型为主，主要成分为硅酸钠(俗称水玻璃)，添加适量无机金属盐、稳定剂、固化促进剂、金属氧化物及增韧剂等。此浸渗剂的最大特点是能耐500℃的高温，是任何有机浸渗剂不可比拟的，并且材料来源广泛，成本低。其缺点是黏度高、浸润性差、浸渗效率不高，有时需多次浸渗才能成功。

有机类浸渗剂以各种合成树脂为代表，国内外普遍使用的有厌氧树脂浸渗剂和聚酯浸渗剂等。其优点是黏度小、浸润性强、效率高、处理效果好；缺点是耐温能力较差(约200℃)，且价格贵(约为无机浸渗剂的20倍)。

4.3.3 压铸件的后处理、表面处理

1. 压铸件的后处理

压铸件一般不进行淬火处理，一方面是由于压铸件表面硬度高，组织致密；另一方面则由于压铸件内部存在气孔，当遇到高温(淬火温度)时，金属强度降低，而被高压压缩在压铸件内部的气体受热膨胀，将压铸件表面顶起形成鼓泡。通常为了消除内应力，稳定压铸件形状和尺寸，需要进行退火或时效处理。退火或时效处理温度不会使压铸件鼓泡。此外，有的压铸件还要求在负温度条件下工作，为此，就要对压铸件进行略低于(或等于)工作温度的负温度时效处理，以稳定铸件形状和尺寸。因此，压铸件的后处理主要是指时效、退火和负温时效处理，目的是消除内应力，稳定压铸件的尺寸，提高其力学性能，适应在负温度条件下工作等。其处理规范见表4-21。

表 4-21 压铸件时效、退火和负温时效处理规范

合金	处理方法	加热温度/℃	保温时间/h	干燥		冷却方法
				温度/℃	保温时间/h	
锌合金	时效	95±5	2.5～3.0	—	—	空冷
铝合金	时效	175±5	2.5～3.0	—	—	空冷
	退火	290±10	2.0～3.0	—	—	空冷
镁合金	时效	150～190	3.0～5.0	—	—	炉冷
	退火	175～250		—	—	炉冷
铜合金	退火	250～300	1.5～2.5	—	—	空冷
各种合金	负温度时效	-60～-50	2(<2kg) 3(>3kg)	50～60	2～3	空冷

2. 压铸件的表面处理

为了提高压铸件的耐蚀性和美观，有时进行表面处理。

锌合金压铸件的表面处理主要是指铬酸盐钝化处理、镀锌、镀铬；经磷酸盐或铬酸盐液处理后涂漆；喷涂环氧树脂粉涂层；喷涂金属模拟出铜、银、黄铜和金的外观，也可采用阳极处理。

铝合金压铸件表面的氧化膜有耐蚀作用，一般不用表面处理。为了得到装饰性的耐蚀涂层，也可涂漆、上珐琅、喷清漆和镀纯铝。若用电化学阳极处理法形成表面氧化膜，可进一步提高铝压铸件的耐蚀性。

镁合金压铸件很少在铸态下使用，至少需对压铸件进行处理形成防蚀性保护膜后方可使用。压铸件经铬酸盐浸涂后可防止在储存、转运过程中与湿气反应，并可起底漆作用，然后涂上有机物涂层。镁合金经阳极处理后表面层具有良好的耐蚀性及耐磨性，并易于涂上装饰性油漆。镁合金也可以进行电镀。

本章小结

本章主要介绍了压铸件的结构工艺性分析及其设计、压铸件的尺寸精度要求、压铸件的清理及后续处理工序等内容，其重点包括压铸件各结构要素的设计要求，压铸件尺寸精度、表面粗糙度及机械加工余量的确定，压铸件的综合分析等。

压铸件结构设计是压铸工作的第一步。压铸工艺对压铸件的结构提出了相应的要求，压铸件设计的合理性和工艺适应性将会影响后续工作的顺利进行。压铸件的结构要素包括壁厚、肋、铸孔、铸造圆角、脱模斜度、螺纹、齿轮、槽隙、凸纹、网纹、文字、标志、图案、嵌铸等。尺寸精度是压铸件结构工艺性的关键特征之一，它影响压铸模设计和压铸工艺。压铸件能达到的尺寸精度是比较高的，其稳定性也很好，基本上依压铸模制造精度而定。造成压铸件尺寸偏差的原因很多，且彼此互相影响。当

压铸件的尺寸精度与几何公差达不到设计要求而需机械加工时，应优先考虑精整加工，以便保留其强度较高的致密层。机械加工余量应选用较小值。

压铸件的结构设计者需对压铸机、压铸工艺、压铸模有基本的认识和了解，才能做到设计的合理性、工艺性、可制造性和经济性。

关键术语

压铸件(die castings)、结构工艺性(processability of structure)、脱模斜度(draft)、壁厚(wall thickness)、圆角(rounded corner)、加强肋(stiffening ribs)、嵌件(insert)、尺寸公差(dimensional tolerance of casting)、机械加工余量(machining allowance of casting)、表面粗糙度(cast surface roughness)

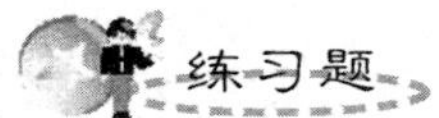

一、判断题

(　　)1. 为便于压铸成形，压铸件的壁厚应尽可能加大。

(　　)2. 一般来说，压铸件的表面粗糙度 Ra 值与模具型腔表面无关。

(　　)3. 压铸模的脱模斜度的作用是便于压铸件顺利出模。

(　　)4. 压铸件的尺寸精度一般按机械加工精度来选取，在满足使用要求的前提下，尽可能选用较高的精度等级。

(　　)5. 确定公差带时，待加工的尺寸，孔取正值，轴取负值。

(　　)6. 压铸件的表面粗糙度取决于压铸模成形零件型腔表面的粗糙度。

(　　)7. 压铸件表面有表面层，由于快速冷却而晶粒细小、组织致密。

(　　)8. 同一压铸件内最大壁厚与最小壁厚之比不要大于3∶1。

(　　)9. 压铸件上所有与模具运动方向平行的孔壁和外壁均需具有脱模斜度。

(　　)10. 要提高薄壁压铸件的强度和刚度，应该设置加强肋。

二、填空题

1. 在保证压铸件有足够强度和刚度的前提下，合理的壁厚应设计成______和______。

2. 当压铸件的尺寸精度与几何公差达不到设计要求而需机械加工时，应优先考虑________。

3. 在填充条件良好的情况下，压铸件表面粗糙度精度等级一般比__________________约低两级。

4. 消除压铸件内应力的方法是________和______。

5. 加强肋的方向应与________的方向一致，否则会搅乱金属流，产生内部缺陷。

三、思考题

1. 压铸工艺对压铸件结构的要求主要有哪些?

2. 嵌铸的主要作用及设计要求有哪些?

实 训 项 目

本章【导入案例】中的压铸件二维视图及有关尺寸如图 4.15 所示，试简要分析它的结构工艺性。

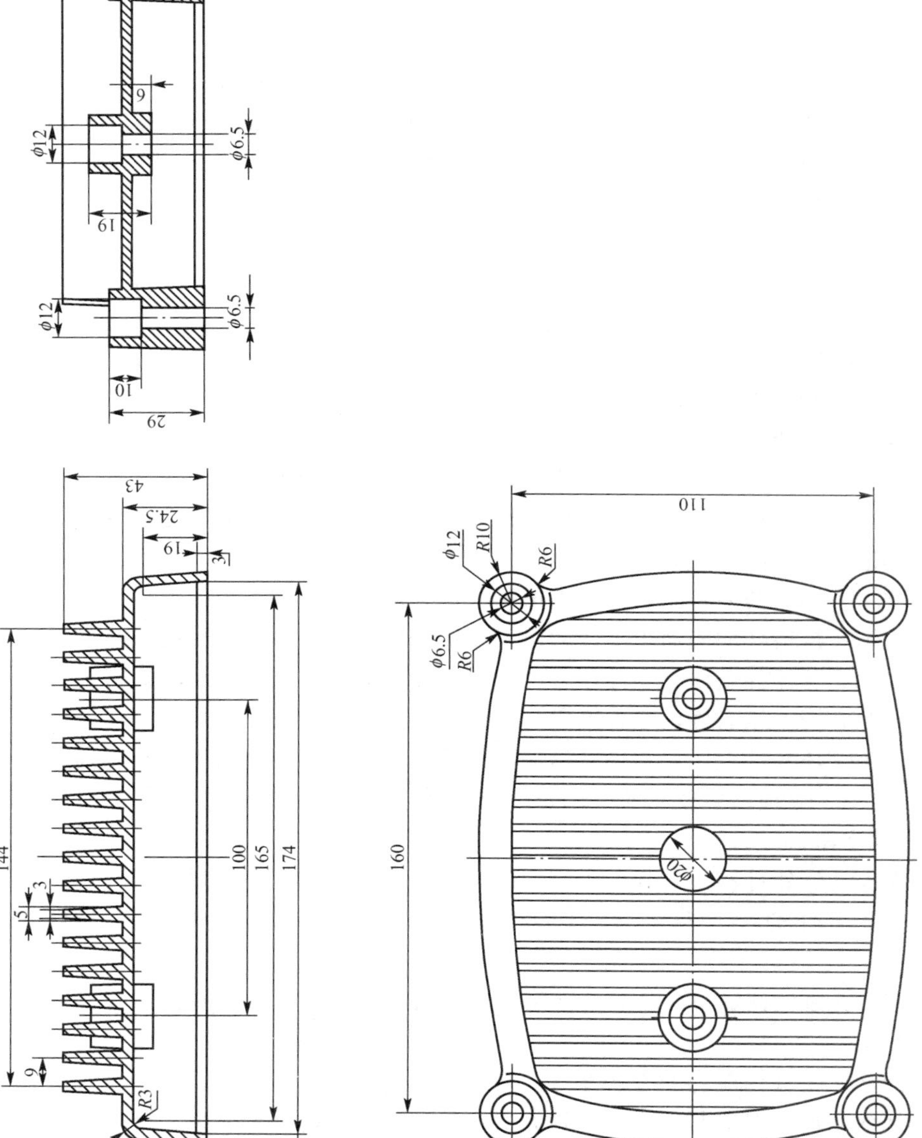

图 4.15　压铸件(铝合金散热器盖)

第5章 压铸模的结构组成

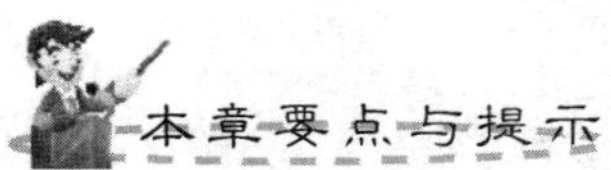

知识要点	目标要求	学习方法
压铸模的基本结构	熟悉	搜索一些压铸模具实物或图片，增加感性认识 结合老师的课堂讲授、介绍，选择一典型的压铸模装配图，从压铸模成形零件、浇注系统、溢流排气系统、模架及结构零件、抽芯机构到加热与冷却系统逐步分析，一步一步地读懂整幅压铸模具图
分型面	掌握	消化老师所讲解的重点，对教材所列相关实例进行举一反三

导入案例

压铸模是保证压铸件质量的重要的工艺装备，它通过与压铸设备和压铸工艺参数的相互协调，共同完成压铸件的压铸成形过程。压铸模直接影响压铸件的形状、尺寸、精度、表面质量等。压铸生产过程能否顺利进行，压铸件质量有无保证，在很大程度上取决于压铸模的结构合理性和技术先进性及模具的制造质量。图 5.1 所示为一压铸件及压铸模的示例图片。

【参考视频】

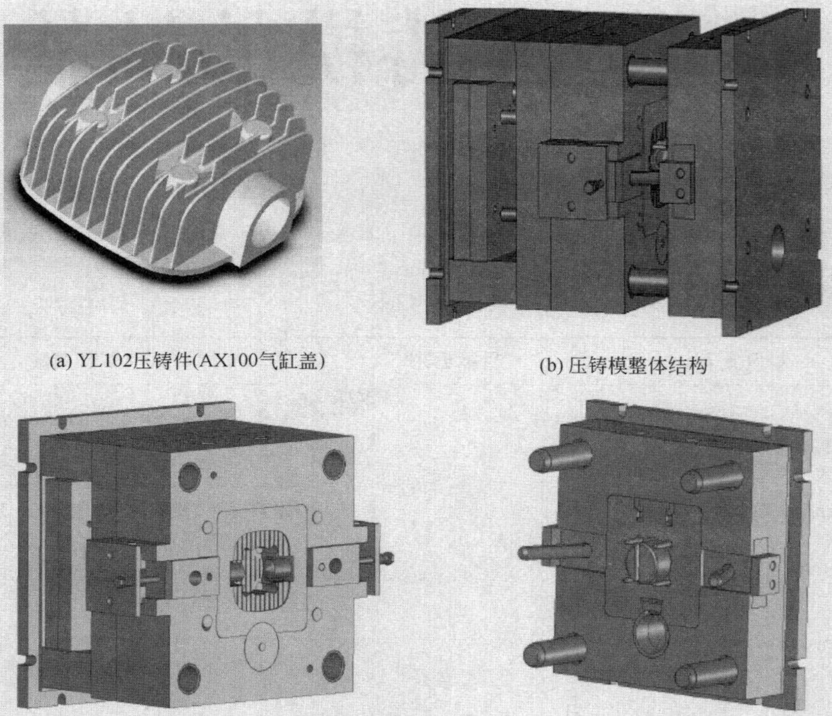

(a) YL102压铸件(AX100气缸盖)

(b) 压铸模整体结构

【参考动画】

(c) 动模部分

(d) 定模部分

图 5.1　压铸件与压铸模示例图片

5.1　压铸模的基本结构

压铸模的结构由压铸件的结构形状及尺寸精度、压铸机类型等诸多因素决定。但不论是简单的还是复杂的压铸模，其基本结构都是由动模和定模两大部分组成的，如图 5.2 所示。动模部分安装在压铸机的移动模板(动模固定板)上，在压铸成形过程中它随压铸机上的合模系统运动；定模部分安装在压铸机的固定模板(定模固定板)上。压铸时动模部分与定模部分闭合构成浇注系统和型腔，以便于压铸成形，开模时动模和定模分离，一般情况下压铸件留在动模上以便于取出。

(a) 合模状态

(b) 定模部分

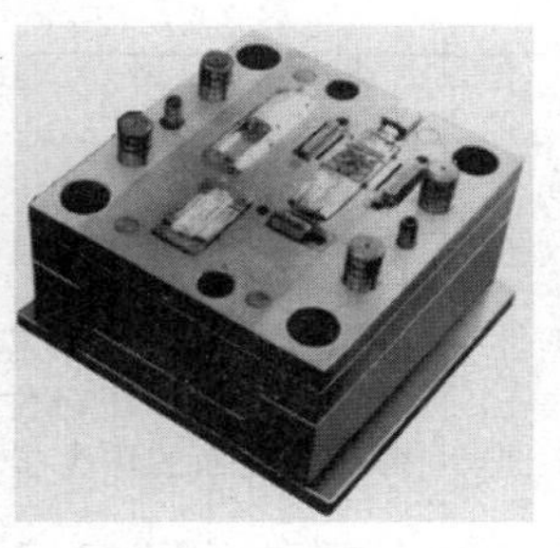

(c) 动模部分

【参考视频】

图 5.2 压铸模结构示例图

5.1.1 压铸模的基本组成部分

图 5.3 所示的压铸模结构具有一定的代表性，下面以该典型结构为例，根据模具上各个零件所起的作用，分析压铸模的基本结构组成，具体参见表 5-1。

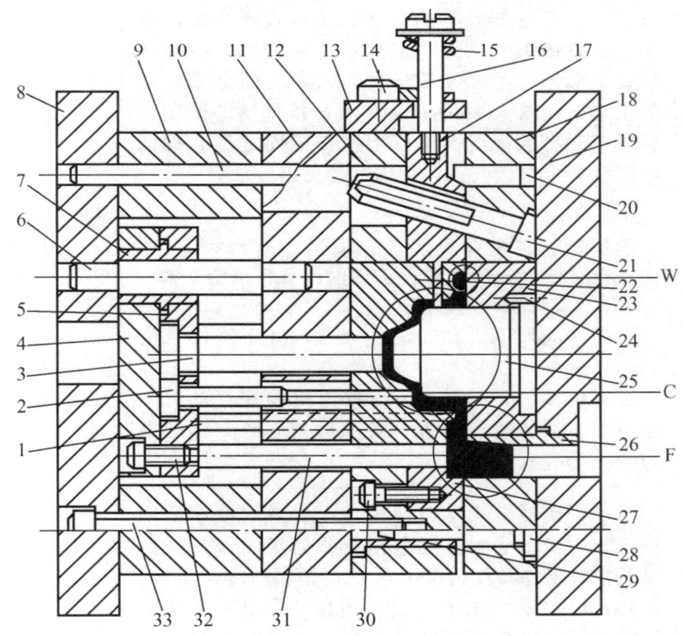

图 5.3 压铸模的基本结构

1—复位杆；2、3、31—推杆；4—推板；5—推杆固定板；6—推板导柱；7—推板导套；8—动模座板；9—垫块；10、24—圆柱销；11—支承板；12—动模套板；13—限位块；14、30、32、33—内六角螺钉；15—弹簧；16—螺杆；17—型芯滑块；18—定模套板；19—定模座板；20—楔紧块；21—斜销；22—动模镶块；23—定模镶块；25—型芯；26—浇口套；27—浇道镶块；28—导柱；29—导套

表 5-1 压铸模的基本结构组成(以图 5.3 为例)

序号	功能结构	说　明	主要零件构成
1	成形零件	成形零件是指决定压铸件内外轮廓、几何形状和尺寸精度的零件，设在图 5.3 所示的 C 区域。主要包括镶块和型芯，镶块是组成模具型腔的主体零件；形成压铸件外表面的称为型腔，形成压铸件内表面的称为型芯。详细内容参见第 7 章	定模镶块 23、动模镶块 22、型芯 25、型芯滑块 17 等
2	浇注系统	连接压室与模具型腔，引导金属液进入型腔的通道，直接影响金属液进入模具型腔的速度、压力、排气和溢流等情况。由直浇道、横浇道、内浇口组成，如图 5.3 中的 F 区域。浇口套 26 形成直浇道，横浇道、内浇口开设在动(定)模镶块上。详细内容参见第 6 章	浇口套 26、浇道镶块 27 等
3	溢流、排气系统	溢流、排气系统也称排溢系统，是指根据金属液在型腔中的填充情况而设计的溢料槽和排气槽，其作用是排出型腔中的气体、涂料残渣及冷污金属液。溢料槽的设置与浇注系统相配合，一般开设在成形零件上，位于最先流入型腔的金属液流的末端，如图 5.3 中的 W 区域；排气槽的凹槽一般置于分型面上，也可以用推杆或固定型芯端部的配合间隙等排气。详细内容参见第 6 章	
4	导向零件	确保动、定模在安装和合模运动时精确定位，防止动、定模错位的零件。详细内容参见第 7 章	导柱 28、导套 29
5	推出机构	压铸件成形后，动、定模分开，将压铸件及浇注系统凝料从压铸模中脱出的机构。包括推出零件和复位零件，同时，为使推出机构在移动时平稳可靠，往往还须设置自身的导向零件。详细内容参见第 8 章	推杆 2、3、31，复位杆 1，推板 4，推杆固定板 5，推板导柱 6，推板导套 7 等
6	加热与冷却系统	为了平衡模具温度，使模具在合适的温度范围内工作，防止型腔温度急剧变化而影响压铸件质量及模具寿命，压铸模上常设有加热与冷却系统。加热系统主要用于压铸模具的预热，目前最常采用的是管状电热元件从模体内部加热或加热介质循环加热的方式；冷却系统一般是在模具的型腔周围或型芯内部开设冷却水通道，使水在其中循环，带走热量，维持模具所需温度。详细内容参见第 7 章	
7	支承与固定零件	包括各类套板、座板、支承板、垫块等起装配、定位、安装作用的零件。详细内容参见第 7 章	动模座板 8，圆柱销 10、24，垫块 9，支承板 11，动模套板 12，内六角螺钉 14、30、32、33，定模套板 18，定模座板 19 等

（续）

序号	功能结构	说　明	主要零件构成
8	侧向抽芯机构	当压铸件的侧面有与开合模方向运动不一致的凸台或孔穴时，需要用侧向型芯来成形。在压铸件脱模之前，必须先将侧向型芯从压铸件中抽出，这个使侧向型芯移动的机构就称为侧向抽芯机构。侧向抽芯机构的形式很多，图 5.3 所示的模具为斜销抽芯机构，由斜销驱动侧向型芯移动完成侧抽芯。合模时完成侧向活动型芯的复位动作。详细内容参见第 9 章	限位块 13、弹簧 15、螺杆 16、型芯滑块 17、楔紧块 20、斜销 21 等

5.1.2　压铸模的典型结构简介

生产实践中，由于涉及压铸合金的种类、压铸件的结构形状及尺寸精度、生产批量、压铸机类型和压铸工艺条件等诸多因素，压铸模的结构形式多种多样。通过归纳、分析，各种压铸模结构之间虽然差别明显，但在基本结构和工作原理方面都有一些共同之处，对这些普遍的规律及共同点加以提炼总结，将有助于我们更好地认识并掌握压铸模的基本设计规律及设计方法。

1. 用于热室压铸机的压铸模结构

用于热室压铸机的压铸模基本结构如图 5.4 所示。这种模具直浇道的浇口套 15 的内

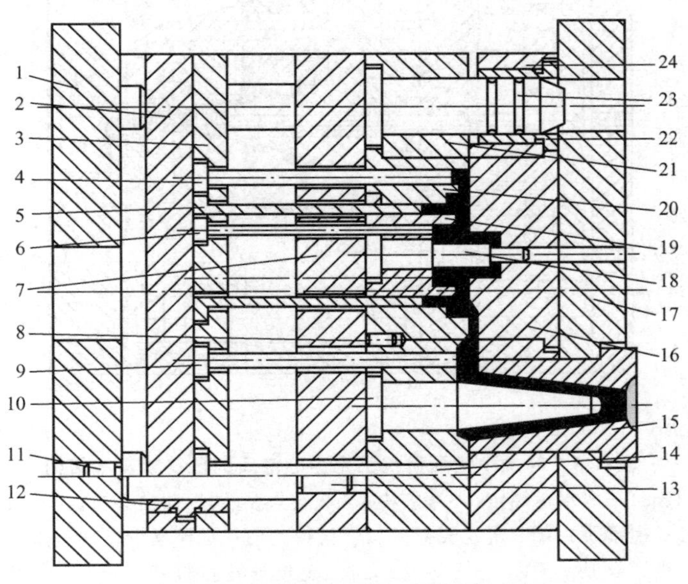

图 5.4　热室压铸机的压铸模基本结构

1—动模座板；2—推板；3—推杆固定板；4、6、9—推杆；5—扁形推杆；7—支承板；8—止转销；10—分流锥；11—限位钉；12—推板导套；13—推板导柱；14—复位杆；15—浇口套；16—定模镶块；17—定模座板；18—型芯；19、20—动模镶块；21—动模套板；22—导套；23—导柱；24—定模套板

部形状为锥形，右端球坑部分须与压铸机的喷嘴球面相吻合，设计时要注意其相关尺寸。在动模镶块上设置分流锥 10，其作用是便于直浇道凝料从定模中脱出。考虑到直浇道对分流锥的包紧力较大，需在分流锥旁设置推杆 9，有助于在推出压铸件的同时将直浇道凝料同步推出。浇口套可以位于模具的中心，也可以在一定的范围内偏离中心，但压铸机允许浇口套中心偏离模具中心的最大距离是一定的，设计时要注意根据压铸机的相关约束进行选择。

2. 用于卧式冷室压铸机的压铸模结构

1）中心浇口

卧式冷室压铸机采用中心浇口的压铸模基本结构如图 5.5 所示。此模具的中心浇口须设置在压室的上方，以防止金属液自行流入型腔。为了能将压室中的余料取出，将浇口套 14 设计成内螺旋槽的结构（参见图 6.15），开模时，压射冲头推进，余料被浇口套内螺旋槽强制旋转脱出，在直浇口处齐根扭断落下，由于定模导柱拉杆 17 的限位，动模部分继续后移，开模取出压铸件。

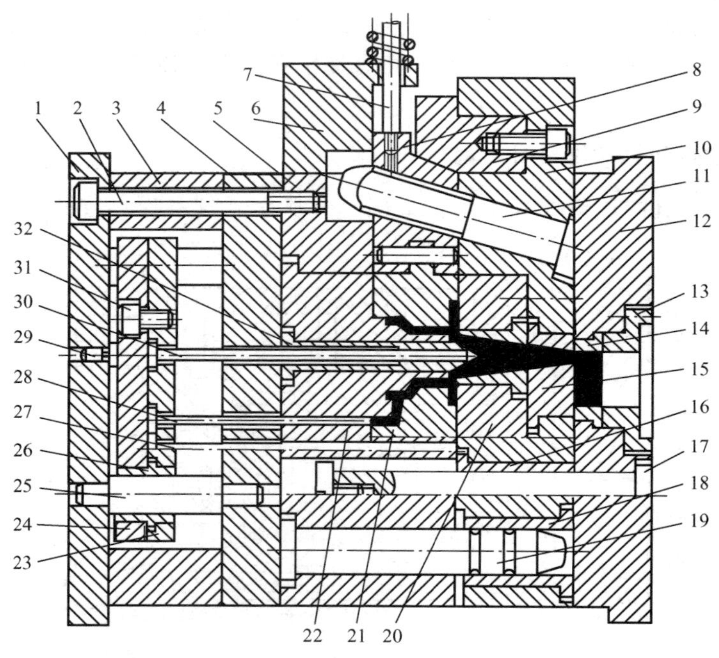

图 5.5 卧式冷室压铸机采用中心浇口的压铸模基本结构

1—动模座板；2、31—内六角螺钉；3—垫块；4—支承板；5—动模套板；6—限位块；7—拉杆；8、21—滑块；9—楔紧块；10—定模套板；11—斜销；12—定模座板；13—浇口套；14—螺旋槽浇口套；15—浇道镶块；16、18—导套；17—定模导柱拉杆；19—导柱；20—定模镶块；22—动模镶块；23—推杆固定板；24—推板；25—推板导柱；26—推板导套；27—复位杆；28—推杆；29—限位钉；30—中心推杆；32—分流锥

2）偏心浇口

卧式冷室压铸机采用偏心浇口的压铸模基本结构如图 5.6 所示。对于卧式冷室压铸

机，这是最常用的模具结构形式，直浇道位于型腔的下方，可保证压射之前金属液不会流入型腔。

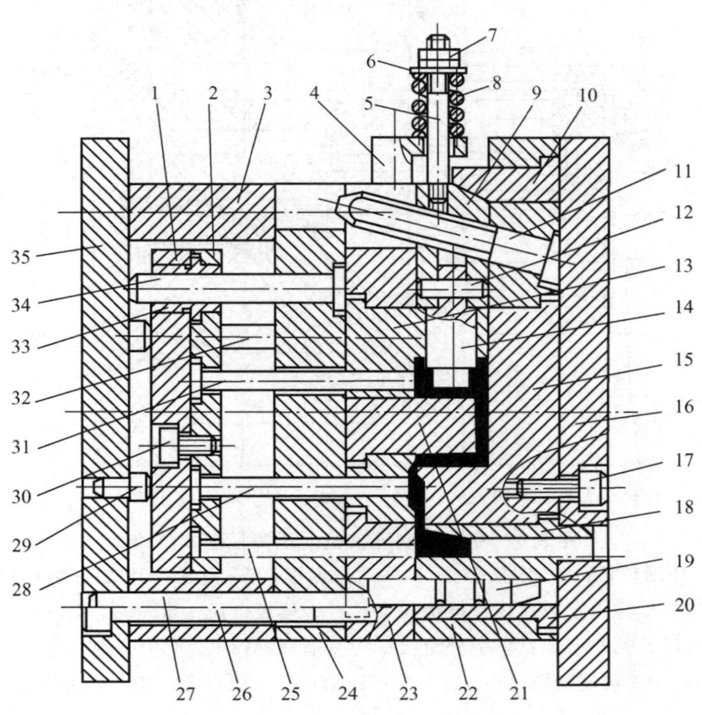

图 5.6 卧式冷室压铸机采用偏心浇口的压铸模基本结构

1—推板；2—推杆固定板；3—垫块；4—限位块；5—拉杆；6—垫片；7—螺母；8—弹簧；9—滑块；10—楔紧块；11—斜销；12、27—圆柱销；13—动模镶块；14—活动型芯；15—定模镶块；16—定模座板；17、26、30—内六角螺钉；18—浇口套；19—导柱；20—导套；21—型芯；22—定模套板；23—动模套板；24—支承板；25、28、31—推杆；29—限位钉；32—复位杆；33—推板导套；34—推板导柱；35—动模座板

3. 用于立式冷室压铸机的压铸模结构

立式冷室压铸机的压铸模基本结构如图 5.7 所示。这种模具直浇道的浇口套 27 的内部形状为锥形，根据需要可更换不同直径的浇口套。通常立式冷室压铸机的浇口套设在模具的中心位置，一般不能变动，因此它适用于中心浇口的模具。

4. 用于全立式冷室压铸机的压铸模结构

用于全立式冷室压铸机的压铸模基本结构如图 5.8 所示。合模后，压射冲头 23 上压，金属液经分流锥 5 填充型腔。开模时，动、定模分开，压铸件和浇注系统凝料留于动模，压铸件由推杆 8 推出。

从以上所介绍的各种类型的压铸模可以看出，其基本结构与各功能单元基本相同，只是随着压铸机压铸形式的不同，它们的浇注系统的形式随之也略有不同。再者就是模具的安装方位，除了图 5.8 所示的全立式冷室压铸机用压铸模是垂直安装的，其他均为卧式安装。

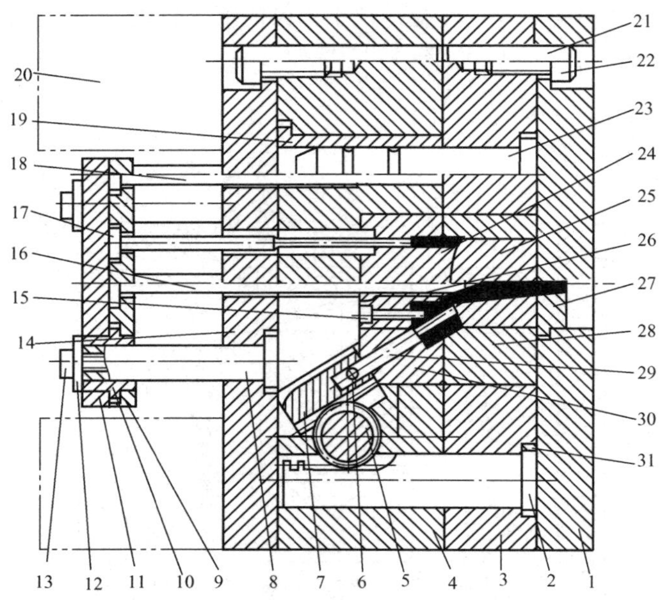

图 5.7　立式冷室压铸机的压铸模基本结构

1—定模座板；2—传动齿条；3—定模套板；4—动模套板；5—齿轮；6、21—圆柱销；7—齿条滑块；8—推板导柱；9—推杆固定板；10—推板导套；11—推板；12—限位圈；13、22—内六角螺钉；14—支承板；15、26—型芯；16—分流锥；17—推杆；18—复位杆；19—导套；20—模座；23—导柱；24、30—动模镶块；25、28—定模镶块；27—浇口套；29—活动型芯；31—止转键

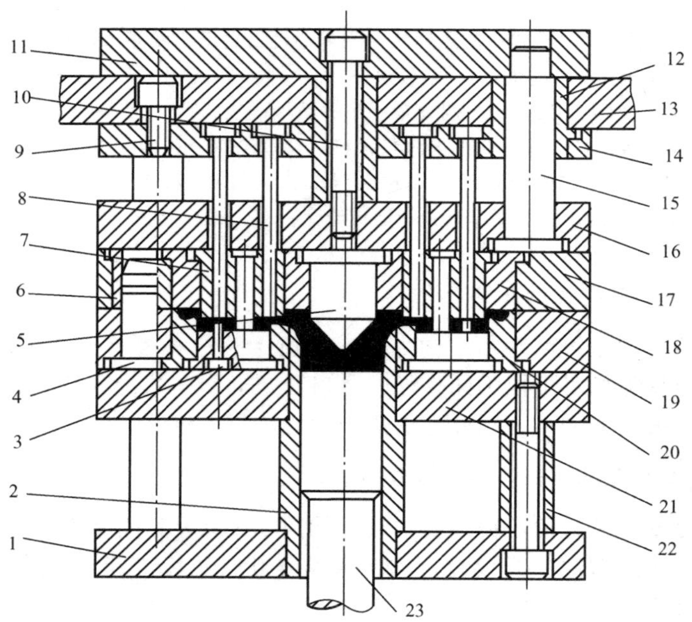

图 5.8　全立式冷室压铸机的压铸模基本结构

1—座板；2—压室；3—型芯；4—导柱；5—分流锥；6—导套；7、18—动模镶块；8—推杆；9、10—内六角螺钉；11—动模座板；12—推板导套；13—推板；14—推杆固定板；15—推板导柱；16—支承板；17—动模套板；19—定模套板；20—定模镶块；21—定模座板；22—支撑块；23—压射冲头

看懂图5.3～图5.8是学习和掌握压铸模具设计的基础。俗语云："依葫芦画瓢。"熟悉图5.3～图5.8这几只"葫芦"并能选择其一依样画出，对完成本章及以后章节内容的学习将至关重要，必须加以消化。建议尝试默画，时间控制在两节课之内。

5.2 分型面设计

基于加工和组装成形零件、安放嵌件和其他活动型芯的需要，并且能够将成形的压铸件从模体内取出，必须将模具分割成可以分离的两部分或几部分。在合模时，这些分离的部分将成形零件封闭为成形模腔；压铸成形后，使它们分离，便于取出压铸件和浇注余料及清除杂物。这些可以分离部分的相互接触的表面就称为分型面。一般为动模与定模的结合表面，也叫合模面。

分型面虽然不是压铸模一个完整的组成部分，但它与压铸件成形部位的位置和分布、形状和尺寸精度、浇注系统的设置、压铸成形的工艺条件、压铸件的质量及压铸模的结构形式、制造工艺和制模成本等均有密切关系。因此，分型面的设计和选择是压铸模设计中的一项重要工作。

5.2.1 分型面的类型

【参考动画】

分型面可以垂直于合模方向，也可以与合模方向平行或倾斜；分型面的形式与压铸件几何形状、脱模方法、模具类型、排气条件以及浇口形式等有关。常见分型面的位置及形状如图5.9所示。

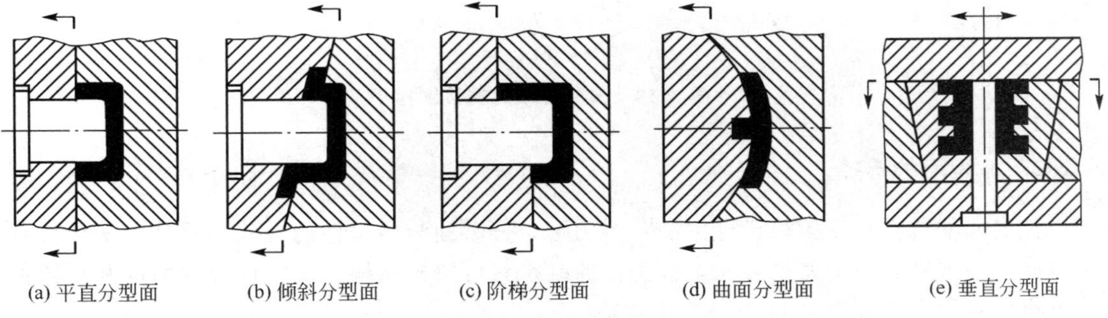

图5.9 分型面的类型

一副模具根据需要可能有一个或两个以上的分型面。压铸模通常只有一个分型面，称为单分型面；但对于有些压铸件，由于结构的特殊性，以及为了使模具更好地适应压铸生产的工艺要求，往往需要再增设一个或两个辅助分型面，称为多分型面，在多个分型面的模具中，将脱模时取出压铸件的那个分型面称为主分型面，其他的分型面称为辅助分型面。

在模具总装图上分型面的标示一般采用如下方法：当模具分开时，若分型面两边的模板都作移动，用“⟻⟼”表示；若其中一方不动，另一方作移动，用“⌈→”或“⊢→”表示，箭头指向移动的方向；多个分型面，应按打开的先后次序，标示出“*A*”“*B*”“*C*”或“Ⅰ”“Ⅱ”“Ⅲ”等。如图 5.10 所示为多分型面的模具结构。

图 5.10(a)所示模具结构中，压铸件端部在型腔和型芯的夹持下，很难脱出，必须在顺序分型脱模机构(见第 8 章)的作用下，首先从Ⅰ—Ⅰ分型，待定模型芯脱出后，再从主分型面Ⅱ—Ⅱ处分型，使压铸件顺利脱离型腔。

图 5.10(b)所示模具结构中，为取出直浇道凝料而设置分型面Ⅰ—Ⅰ。在顺序分型脱模机构的作用下，首先从Ⅰ—Ⅰ分型，拉断并推出直浇道余料后，才从Ⅱ—Ⅱ处分型。

图 5.10(c)所示模具结构中，压铸件必须通过多次分型，按顺序分别脱出型芯和型腔，才能使压铸件完全脱离模体。开模时，首先从Ⅰ—Ⅰ分型，脱出定模型芯，并拉断和脱出浇注系统凝料，再从Ⅱ—Ⅱ处分型，使压铸件的小端脱出型腔。以上动作完成之后，才从主分型面Ⅲ—Ⅲ处分型，使压铸件脱离动模型芯，推杆将留在型腔中的压铸件脱出模体。

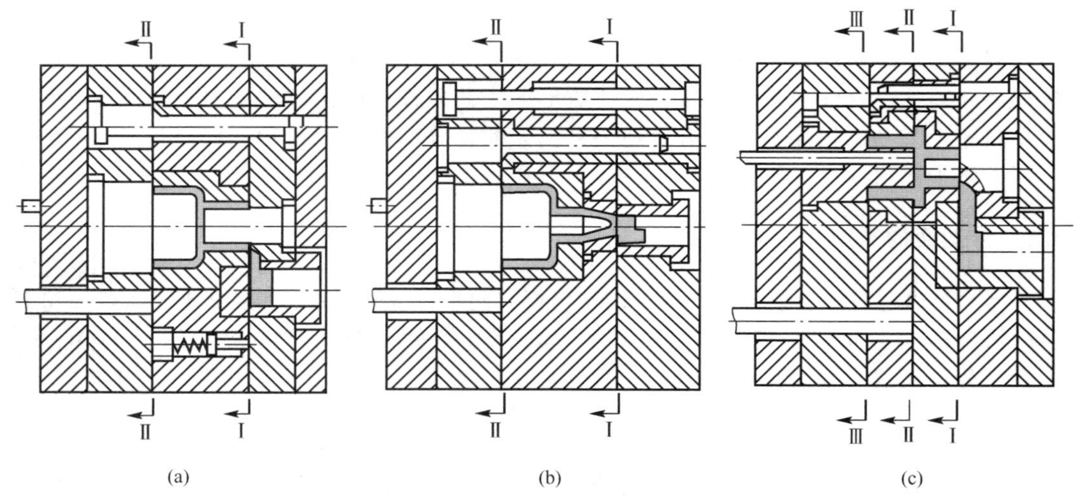

图 5.10 多分型面的模具结构

5.2.2 分型面的选择

分型面的选择是压铸模设计中的一个关键，分型面与压铸件的形状和尺寸、压铸件在压铸模中的位置和方向密切相关，分型面的确定对压铸模结构、压铸件尺寸精度和压铸件质量将产生很大的影响。

压铸模的分型面同时还是制造模具时的基准面。对同一个压铸件而言，选择的分型面不同，压铸模的结构会不同，只有结构比较简单的压铸模才能算得上经济合理。分型面选择的不同，金属液的充模流动方向会不一样，压铸成形的质量也会有差别。表 5-2 以实例说明分型面的不同选择对压铸模和压铸件所产生的不同影响。

分型面的选择对压铸模结构和压铸件质量的影响是多方面的，必须根据具体情况合理选择。分型面选择的基本原则如下：

表 5-2 分型面的选择对压铸模结构和压铸件质量的影响

<table>
<tr><td colspan="2">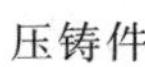
压铸件</td><td colspan="2">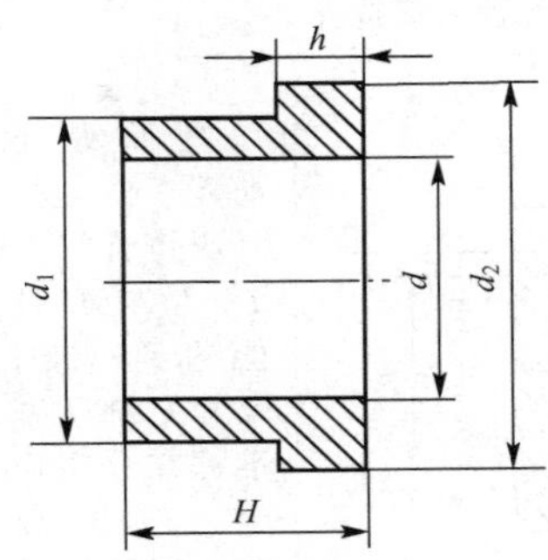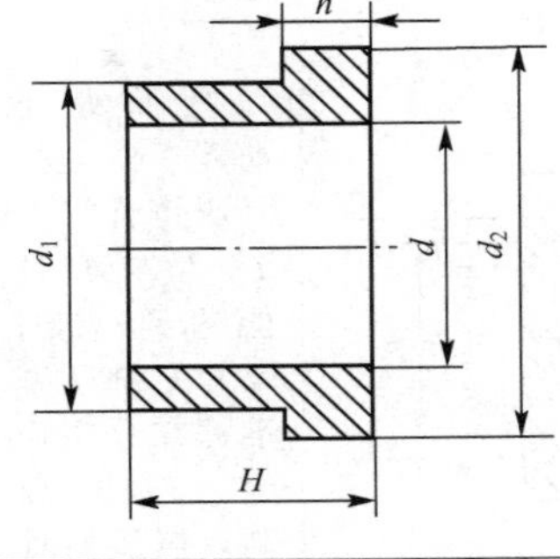</td></tr>
<tr><td colspan="2">第一种分型选择</td><td colspan="2">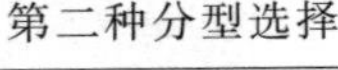
第二种分型选择</td></tr>
<tr><td>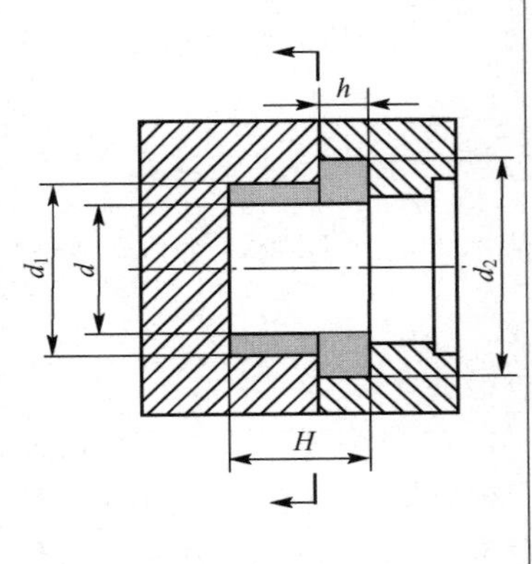</td><td>型腔处于动模与定模之间
压铸件尺寸 d 与 d_2 能达到同轴，但它们与 d_1 不易保证同轴；如果同轴度要求高，这种分型不合适。另外尺寸 H 的精度偏低
开模后压铸件留在定模，脱模复杂不便</td><td>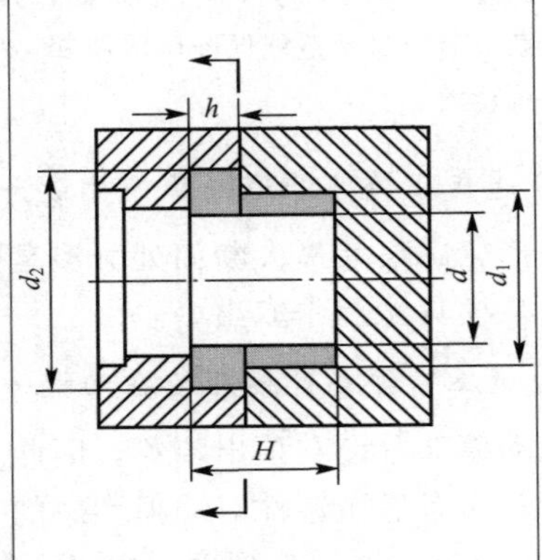</td><td>型腔处于动模与定模之间
压铸件尺寸 d 与 d_2 能达到同轴，但它们与 d_1 不易保证同轴；如果同轴度要求高，这种分型不合适。另外压铸件的尺寸 H 精度偏低
开模后压铸件留在动模，脱模方便</td></tr>
<tr><td colspan="2">第三种分型选择</td><td colspan="2">第四种分型选择</td></tr>
<tr><td>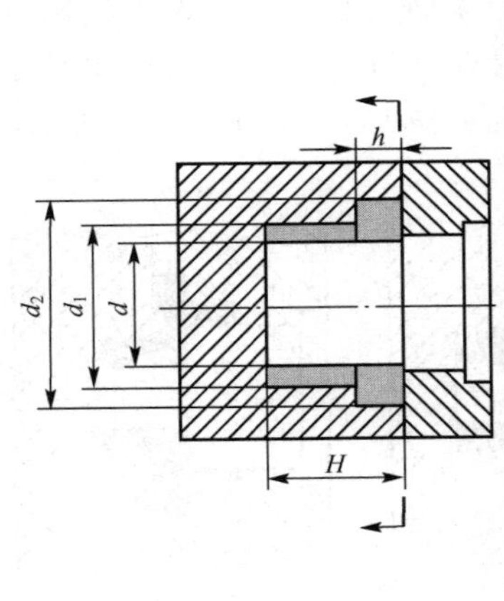</td><td>型腔处于动模内
压铸件尺寸 d_1 与 d_2 能达到同轴，但尺寸 d 在定模型芯上形成，与 d_1、d_2 不易保证同轴；如果同轴度要求高，就不能采用这种方法。尺寸 h 和 H 精度较高
开模后压铸件因包紧型芯而留在定模部分，脱模复杂不便</td><td>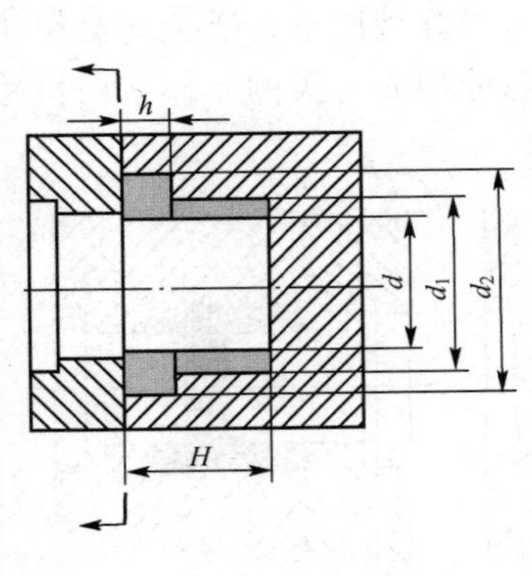</td><td>型腔处于定模
压铸件尺寸 d_1 与 d_2 能达到同轴，但尺寸 d 在动模型芯上形成，与 d_1、d_2 不易保证同轴；如果同轴度要求高，就不能采用这种方法。尺寸 h 和 H 精度较高
开模后压铸件因包紧型芯而留在动模部分，脱模方便</td></tr>
</table>

（续）

第五种分型选择		第六种分型选择	
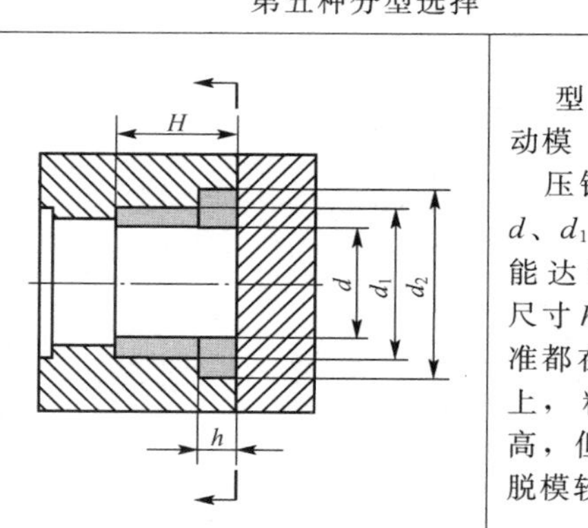	型腔处于动模 压铸件尺寸 d、d_1 与 d_2 都能达到同轴；尺寸 h 和 H 基准都在分型面上，精度较高，但压铸件脱模较为复杂		型腔处于定模 压铸件尺寸 d、d_1 与 d_2 都能达到同轴；尺寸 h 和 H 精度较高 开模后压铸件因包紧型芯而留在定模部分，脱模较第五种分型选择更为复杂不方便

注：若压铸件的 d、d_1 与 d_2 的同轴度要求高，则优先考虑第五种分型选择方案。但其压铸件脱模机构较为复杂。若模具制造能保证压铸件 d、d_1 与 d_2 的同轴度要求，则采用第四种分型选择方案同样也是可行的。

1. 分型面应选在压铸件外形轮廓尺寸最大的断面处

在压铸件外形轮廓尺寸最大断面处分型是选择分型面最基本的一个原则，否则，分型后压铸件就无法从模具型腔中取出。

2. 尽可能地使压铸件在开模后留在动模一侧

由于压铸机动模部分设有顶出装置，因此，必须保证压铸件在开模时随着动模移动而脱出定模。设计时应考虑压铸件对动模型芯的包紧力大于对定模型芯的包紧力。如图 5.11 所示，若采用图 5.11(a)所示分型面，由于压铸件凝固冷却后包住定模型芯的力大于包住动模型芯的力，分型时压铸件会留于定模而无法脱出，若改用图 5.11(b)所示的分型面，就能满足脱出定模型腔的要求。

3. 分型面选择应保证压铸件的尺寸精度和表面质量

分型面应尽量避免与压铸件的基准面相重合，这样即使分型面上有飞边，也不会影响基准面的精度。由于分型面不可避免地会使压铸件表面留下合模痕迹，严重的会产生较厚的溢边，因此，与分型面有关的合模方向尺寸，其尺寸精度也不易保证，如图 5.12 所示，

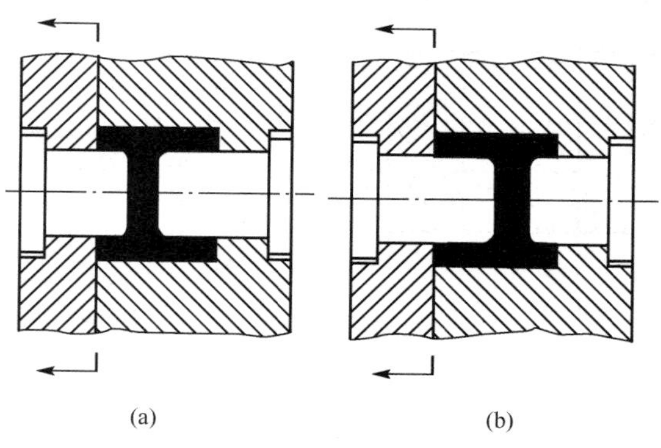

图 5.11　分型面对压铸件脱模的影响

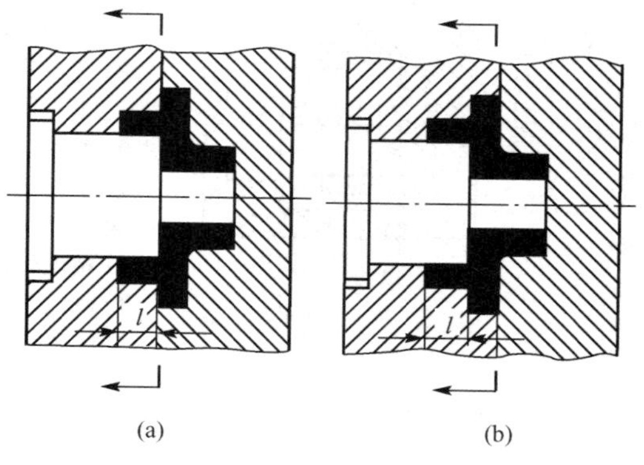

图 5.12　分型面对压铸件尺寸精度的影响

l 的尺寸精度要求较高，若采用图 5.12(a)所示的分型面，l 的尺寸精度难以达到，而采用图 5.12(b)所示的形式，该尺寸精度就较容易保证。

通常不要在光滑表面或带圆弧的转角处分型，如图 5.13 所示，若采用图 5.13(a)形式会影响压铸件外观，而采用图 5.13(b)形式比较合理。另外，同轴度要求高的压铸件，选择分型面时最好把有同轴度要求的部分放在模具的同一侧，如图 5.14 所示的压铸件，两外圆柱面与中间小的孔要求有较高的同轴度，若采用图 5.14(a)的形式，型腔要在动、定模两块模板上分别加工，内孔分别用两个型芯单支点固定，精度不易保证，而采用图 5.14(b)所示的形式，型腔同在定模内加工出，内孔用一个型芯双支点固定，精度容易保证。

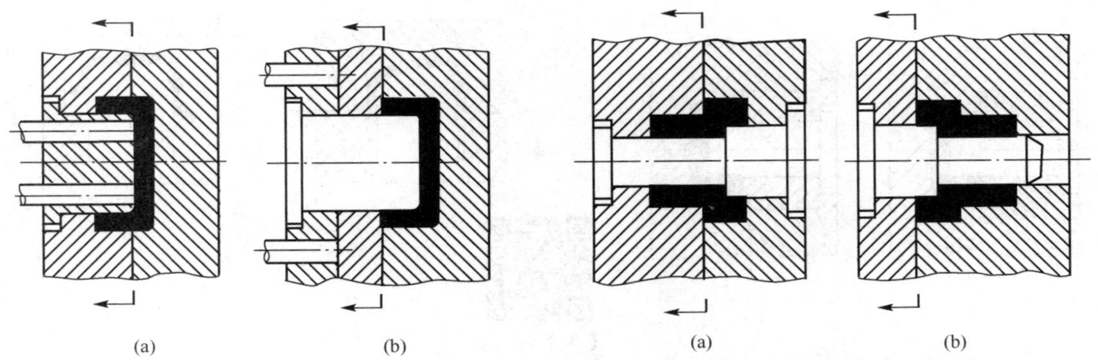

图 5.13　分型面对压铸件外观质量的影响　　**图 5.14　分型面对压铸件形位精度的影响**

4. 分型面选择应有利于金属液的充填成形

在确定分型面时，应与浇注系统的设计同时考虑。为了使型腔有良好的溢流和排气条件，分型面应尽可能设置在金属流动方向的末端，如图 5.15 所示，若采用图 5.15(a)所示的形式，金属液从中心浇口流入，首先封住分型面，型腔深处的气体就不易排出，而采用图 5.15(b) 所示的形式，分型面处最后充填，形成了良好的排气条件。

分型面应使压铸模型腔具有良好的溢流排气条件，使先进入型腔的前流冷金属液和型腔内的气体进入排溢系统排出。图 5.16(a)所示的分型面形式比图 5.16(b)所示的分型面形式更有利于溢流槽和排气槽的设置。

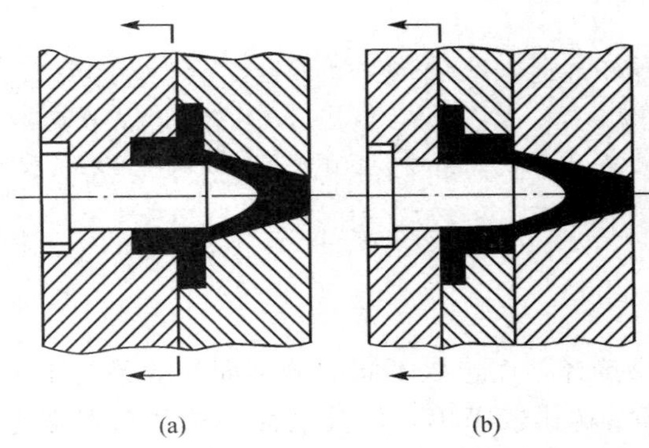

图 5.15　分型面对溢流排气的影响(一)

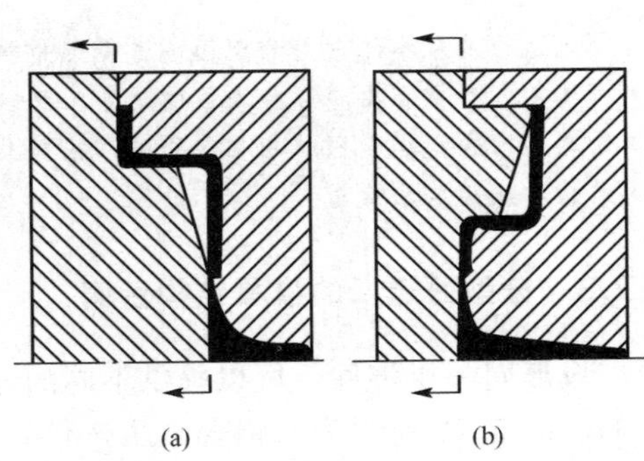

图 5.16　分型面对溢流排气的影响(二)

5. 分型面选择应简化模具结构，便于模具的加工

分型面选择应考虑模具的加工工艺的可行性、可靠性及方便性，尤其对于是否需要曲面分型，更应慎重考虑。如图 5.17 所示的压铸件，底部端面是球面，若采用图 5.17(a)所示的曲面分型，动、定模板的加工十分困难，而采用图 5.17(b)所示的平直分型面形式，只需在动模镶块上制出球面，动、定模板的加工非常简单方便。再如图 5.18 所示的压铸件，按图 5.18(a)设置分型面，型芯和型腔加工均很困难；若按图 5.18(b)所示采用倾斜分型面，型芯和型腔则加工较容易。

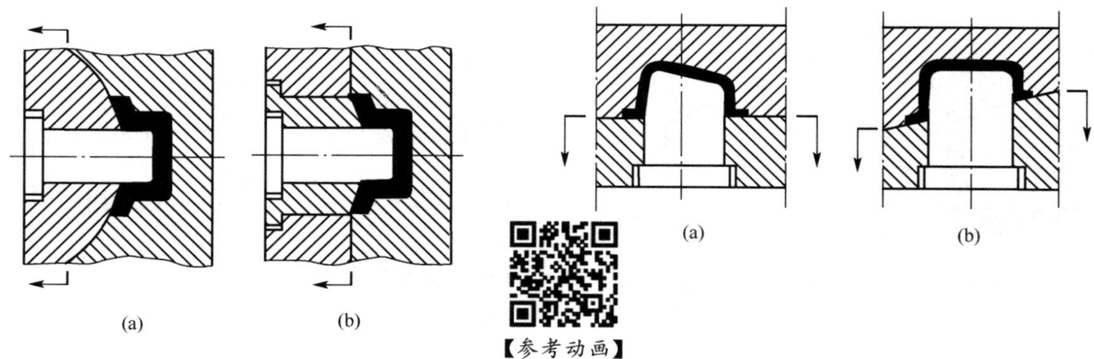

图 5.17　分型面对模具加工的影响(一)

图 5.18　分型面对模具加工的影响(二)

除了以上介绍的几条原则以外，选择分型面时应尽量减小压铸件在分型面上的投影面积，以避免此面积与压铸机最大许用压铸面积接近时可能产生的溢料现象。在有侧向分型与抽芯的情况下，应尽量将抽芯距离短的、投影面积小的型芯作侧向型芯，以便有效地采用简单的斜销侧向抽芯机构，减少金属液对侧向型芯的压力。分型面的选择应考虑金属液的流程不宜太长。另外，还应考虑压铸合金的性能，压铸合金的性能影响压铸工艺性，同一几何尺寸的压铸件，因为压铸合金的不同，而分型面的位置也不同。等等。

实用技巧

上述这些基本原则对分型面的选择都是非常重要的，但在实际工作中，要全部满足这些原则是不太可能的，经常会出现顾此失彼的现象。此时，应综合分析权衡，分清主次因素，在保证满足最重要的原则的前提下尽量照顾到其他原则，根据具体情况确定出比较合理的分型面位置，以获得有利的模具结构和压铸成形质量。

5.2.3　分型面选择的模具结构示例

成形同一压铸件，可以提供不同的分型面供选择，而选取不同的分型面时效果是不一样的。图 5.19 所示为一铝合金压铸件，虽然其结构比较简单，但分型面的选择就可以考虑几种不同的方案，从而演化出多种模具结构形式，表 5-3 对这些结构形式进行了简单的分析比较，供实践参考。

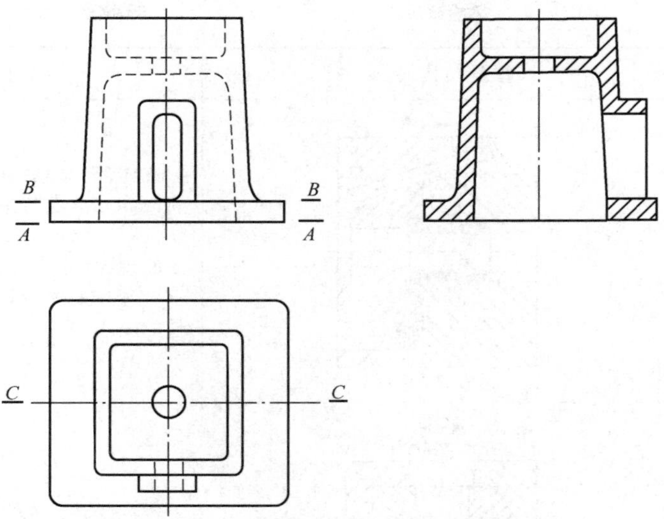

图 5.19 铝合金压铸件

表 5-3 分型面选择示例

分型面选择方案	模具结构简图	分析说明
A—A 面分型(一)	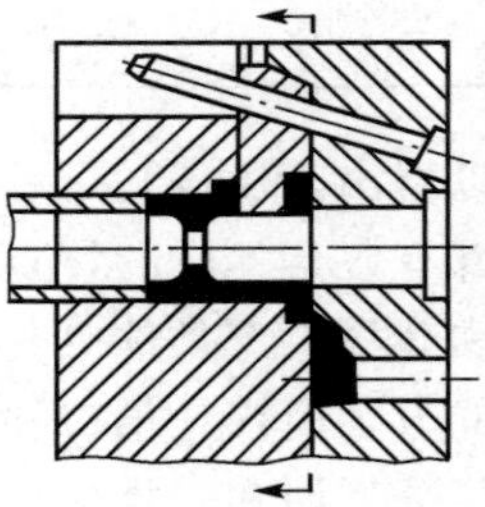	型腔全部在动模内，压铸件对定模型芯的包紧力大，分型时需靠动模上的侧型芯拉住使压铸件留在动模上，另外还应使斜销侧抽芯动作滞后于分型动作，否则难以保证压铸件留在动模上。采用推管脱模，在推出压铸件后，推管包围住动模型芯，不便于喷刷涂料
A—A 面分型(二)	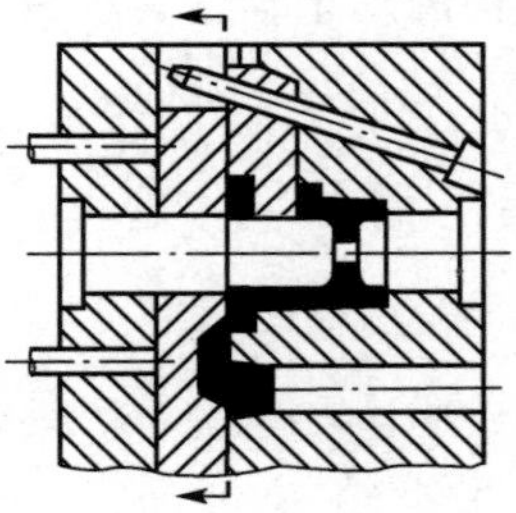	型腔全部在定模内，压铸件对动模型芯的包紧力大，能保证压铸件留在动模上，压铸件用推件板脱模，动作可靠。由于这种结构定模部分较厚，内浇口开设在分型面上，压射冲头伸入定模部分深度有限，有可能会使直浇道余料太厚
B—B 面分型(一)	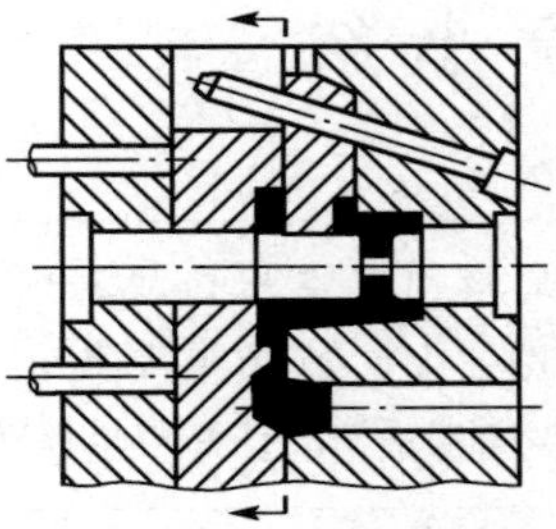	压铸件的方凸缘部分设计在动模部分的推件板上，这样分型时，所开设的内浇口在金属液充填型腔时会首先封闭分型面，对排气不利，方凸缘与主体部分对称性较差。由于推件板上有型腔，实现模具的自动化脱模就有困难

（续）

分型面选择方案	模具结构简图	分析说明
B—*B* 面分型(二)	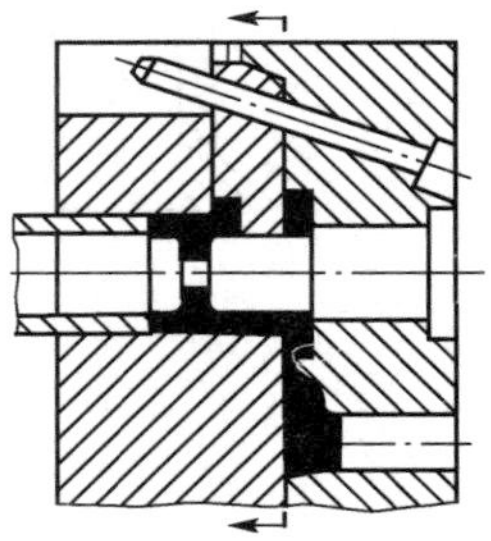	主体部分型腔在动模，方凸缘在定模内，方凸缘与主体部分的对称性较差，存在充填时金属液首先封闭分型面的现象。成型后压铸件的留模方式不合理。采用推管脱模，影响压铸涂料的喷刷
C—*C* 面分型	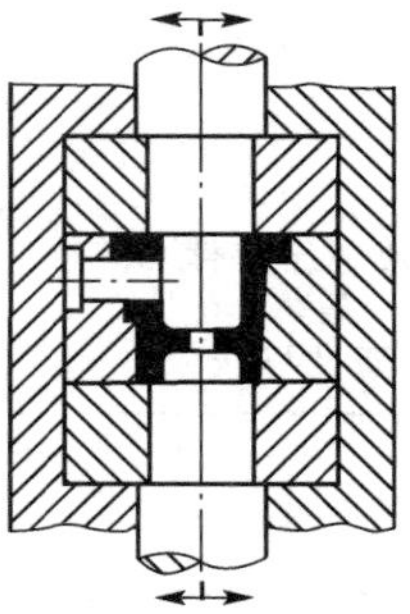	侧面小孔由动模型芯成形，压铸件内部的孔由左右侧向型芯组成，内浇口设在压铸件中部，排气效果较好，但是增加了模具结构的复杂性，压铸件的外表面有分型接合缝的痕迹

通过对以上分型面的选择示例的分析可以看出，压铸同一种压铸件的压铸模，它的分型面有不同的设计方案，而每一种设计方案都有各自不同的特点，有时很难直观地指出哪一个方案最好，只有根据压铸件的技术要求和现场生产条件等具体情况综合考虑而定。相对而言，该铝合金压铸件分型面选择比较好的方案应该是第二种。

同时，通过上面的分析还应意识到，选择分型面和安排成形位置，必须对以后的浇注系统、排溢系统、侧抽芯机构，及压铸模结构的复杂程度、模具制造的难易程度及成本等因素进行综合考虑。

试对图 5.1 中 YL102 压铸件(AX100 气缸盖)的分型面进行评析并选择一种合适的方案。

本 章 小 结

压铸模由定模和动模两大部分组成。定模固定在压铸机的定模安装板上，浇注系统与压室相通。动模固定在压铸机的动模安装板上，随动模安装板移动而与定模合模、开模。合模时，动模与定模闭合形成型腔，金属液通过浇注系统在高压作用下高速充填型腔；开模时，动模与定模分开，推出机构将压铸件从型腔中推出。压铸模的结构形式多种多样，根据模具上各个零件所起的作用不同，压铸模的基本结构主要包括成形零件、浇注系统、溢流与排气系统、导向零件、推出机构、侧向抽芯机构、加热与冷却系统、支承与固定零件等。

压铸模具上用以取出压铸件和浇注系统凝料的可分离的接触表面称为分型面。分型面将模具适当地分成两个或几个可以分离的主要部分，分开时能够取出压铸件及浇注系统凝料，当成形时又必须接触封闭。分型面是决定模具结构形式的重要因素，它与模具的整体结构、浇注系统的设计及模具的制造工艺等密切相关，并且直接影响着金属液的流动充填特性及压铸件的脱模，因此，分型面设计是压铸模设计中的一项重要内容，在确定分型面时应综合考虑各方面因素，根据具体情况合理选择。

关键术语

定模(fixed die)、动模(moving die)、分型面(parting line)

一、判断题

(　　)1. 分型面应与压铸件的基准面相重合。

(　　)2. 尺寸精度要求高的部位和同轴度要求高的外形或内孔，应尽可能设置在同一半模(动模或定模)内。

(　　)3. 活动型芯侧抽芯机构应尽可能设置在动模内，一般应避免在定模上设置抽芯机构。

(　　)4. 选择分型面时应尽可能地使压铸件在开模后留在动模部分。

(　　)5. 为简化模具结构，压铸模设计中应优先选用曲面分型。

二、填空题

1. 压铸模一般由________和________两大部分组成。合模时，这两大部分沿________闭合形成型腔，金属液通过________在高压作用下高速充填型腔。

2. 分型面可以与合模方向平行或倾斜，也可以与合模方向________，常见分型面的位置及形状包括________、________、________、________和________。

实训项目

对如图5.20所示的几种分型面方案分别进行评析与选择。

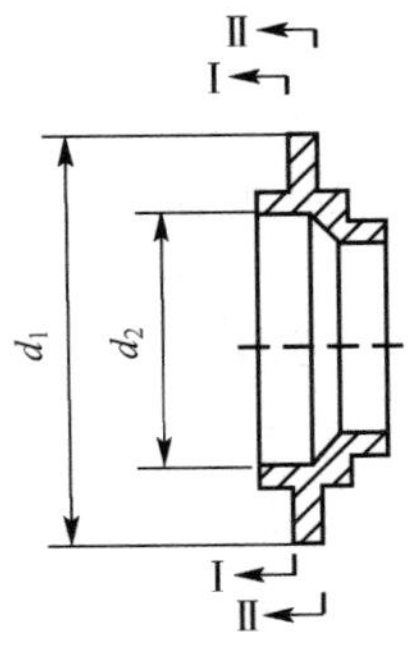

(a) 法兰压环类零件
(d_1和d_2有同轴度要求)

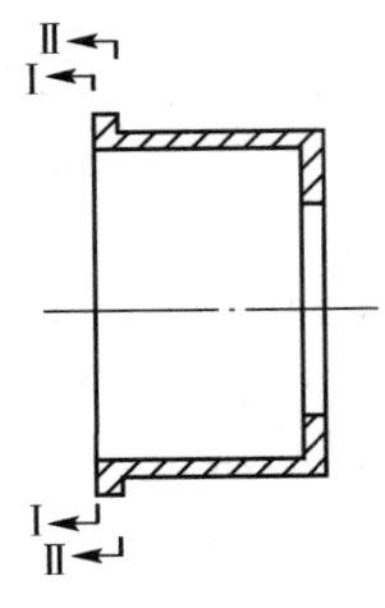

(b) 罩壳类零件
(Ⅱ—Ⅱ面要求机械加工)

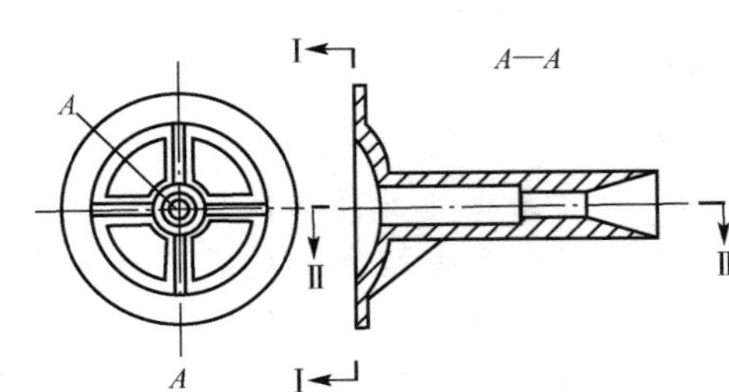

(c) 带喇叭口长管形零件

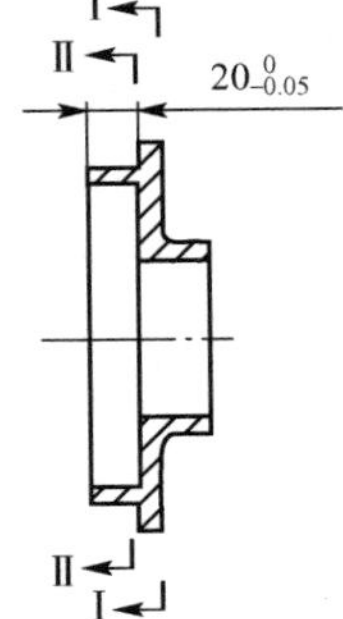

(d) 尺寸$20_{-0.05}^{0}$mm精度要求高

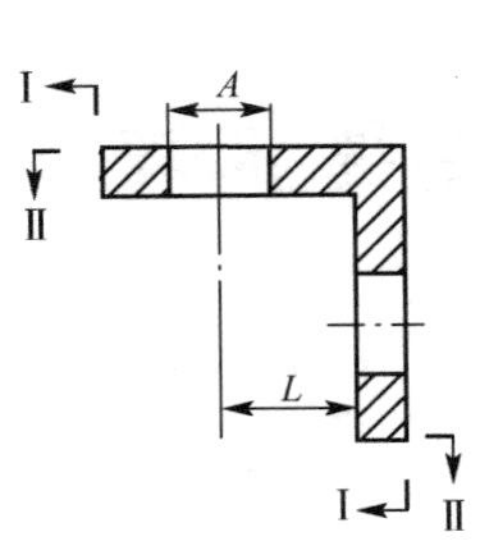

(e) 尺寸L精度要求高

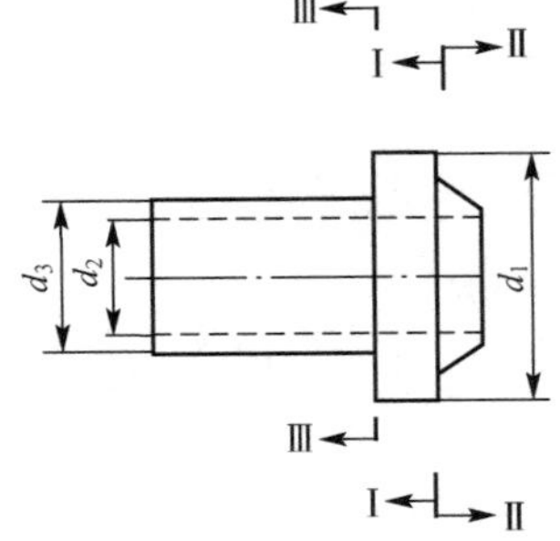

(f) 尺寸d_1和d_2、d_1和d_3有同轴度要求

图 5.20　分型面的评析与选择

第6章 浇注系统及排溢系统设计

知识要点	目标要求	学习方法
浇注系统的结构	熟悉	注意区分不同类型压铸机用浇注系统的结构及组成； 通过比较侧浇道、中心浇道、直接浇道、环形浇道、缝隙浇道和点浇道等不同类型浇注系统的特征，熟悉其各自的适用范围
浇注系统的设计	掌握	把握老师所介绍的重点内容，掌握适用于不同压铸机的三种直浇道的结构及基本技术要求；结合不同结构压铸件浇注系统的设计实例，理解消化浇注系统的设计要点(尤其是内浇口的设计)，初步领会一些相关的设计技巧
溢流、排气系统	掌握	将溢流、排气系统与浇注系统作为一个整体来考虑。通过对实例的分析理解，掌握溢流槽的位置选择要求和排气槽的结构形式

导入案例

根据压铸成形原理，熔融合金进入压室，但不能直接进入模具的型腔，在压室和型腔之间有一段通道，压铸过程中，金属液在高温高压状态下高速经过该通道，最后充满模具的型腔。在图 6.1 所示的压铸模结构中，压铸成形时金属液的充填区域由三个部分组成，其中 C 区域为型腔部分，用来保证压铸件的形状尺寸等要求，F 区域为连接压室(通过浇口套)和型腔并引导金属液充模的通道，W 区域用来存储涂料残渣、混有气体和被涂料残余物污染的前流冷污金属液，也作为型腔中气体排出的通道。

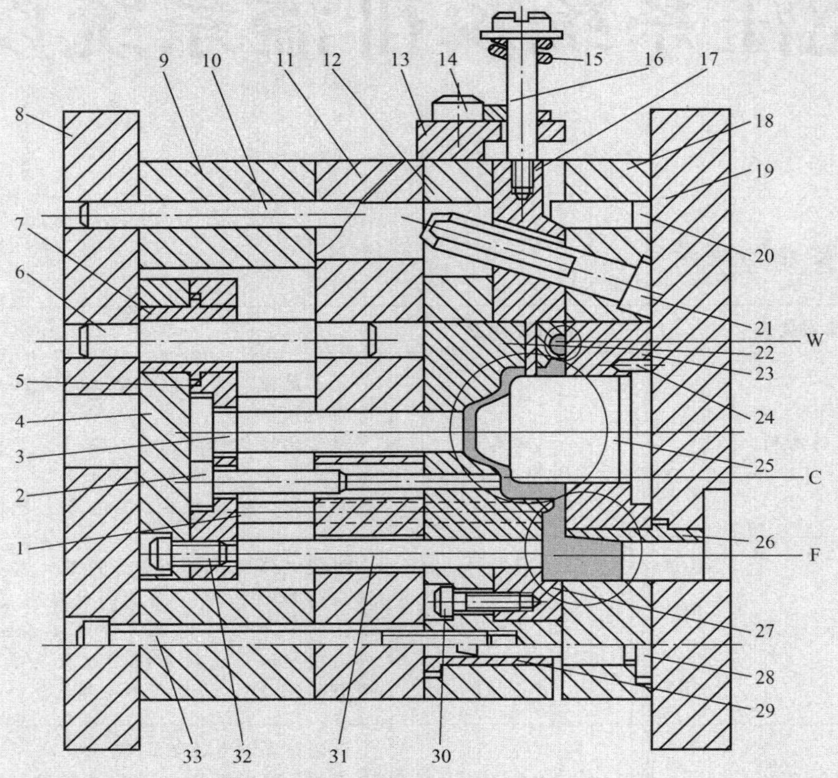

图 6.1　压铸成形时金属液在模具中的充填区域示意图

1—复位杆；2、3、31—推杆；4—推板；5—推杆固定板；6—推板导柱；7—推板导套；8—动模座板；9—垫块；10、24—圆柱销；11—支承板；12—动模套板；13—限位块；14、30、32、33—内六角螺钉；15—弹簧；16—螺杆；17—型芯滑块；18—定模套板；19—定模座板；20—楔紧块；21—斜销；22—动模镶块；23—定模镶块；25—型芯；26—浇口套；27—浇道镶块；28—导柱；29—导套

我们把图 6.1 所示的 F 区域，即熔融合金在压力作用下充填模具型腔的通道称为浇注系统。浇注系统连接压室和型腔并引导金属液充模，它不仅决定了液态合金的流动状态，而且是影响压铸件质量的重要因素。浇注系统可以有效地控制和调节金属液流动的方向、溢流排气条件、压力的传递、充填速度、模具的温度分布、充填时间的长短等各个方面，因此浇注系统的设计是压铸模设计的重要环节。

我们把图6.1所示的W区域称为排溢系统，或称溢流、排气系统。该系统包括用以排溢、容纳氧化物及冷污熔融合金或用以积聚熔融合金以提高模具局部温度的凹槽，以及为使压铸过程中型腔内气体排出模具而设置的气流沟槽。

实践中，通常将溢流、排气系统与浇注系统作为一个整体来考虑。图6.2所示为与压铸件相连的浇注系统和排溢系统凝料的实例图片。

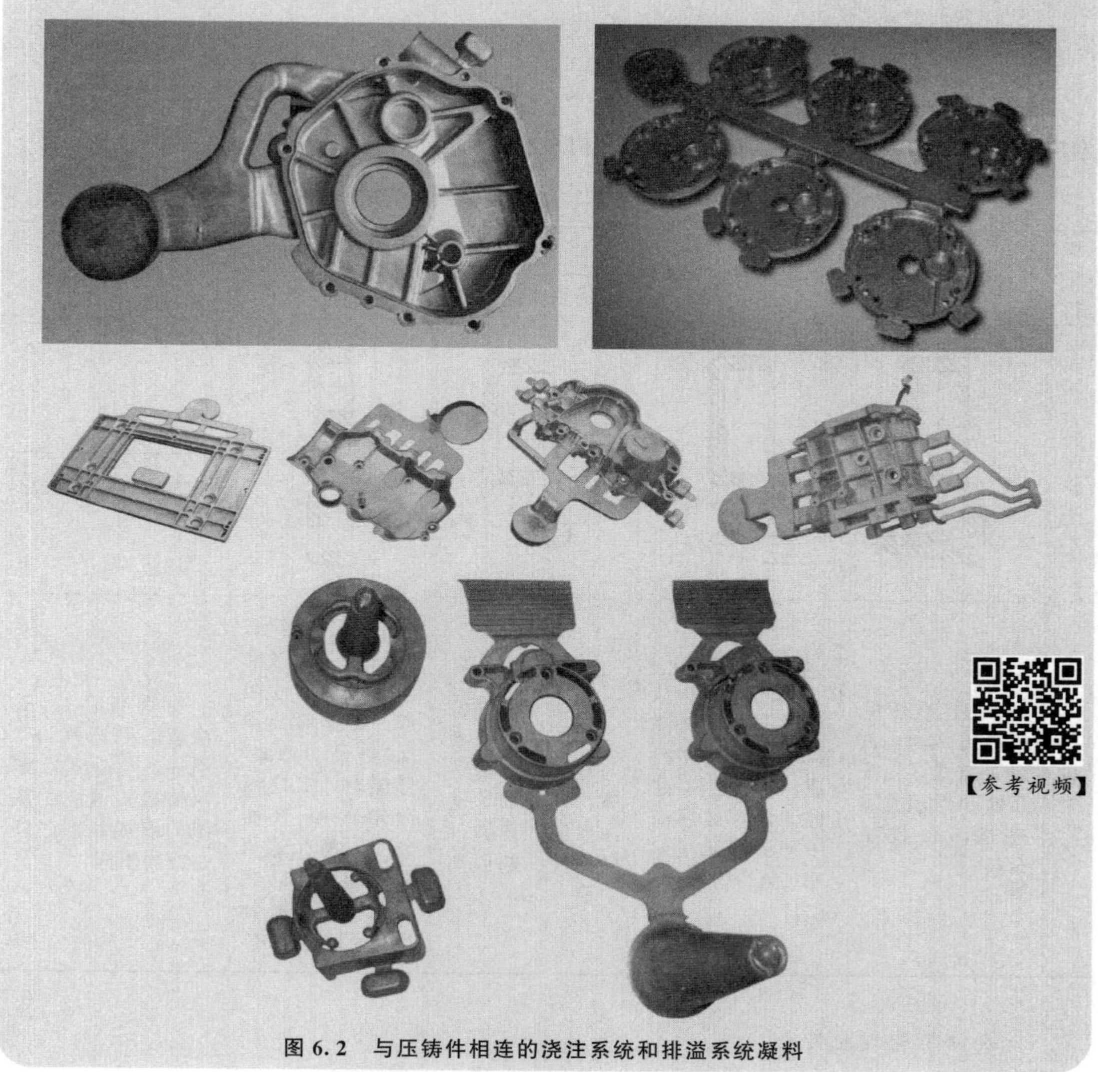

图6.2 与压铸件相连的浇注系统和排溢系统凝料

6.1 浇注系统设计

在压力作用下引导高速金属液充填模具型腔的通道称为浇注系统，它由直浇道、横浇道、内浇口和余料等部分组成。浇注系统在引导金属液填充型腔的过程中，对金属液的流动状态、速度和压力的传递、型腔排气效果及模具的热平衡状态等各方面都起着重要的控制与调节作用，因此，浇注系统是决定压铸件表面质量与内部组织状态的重要因素，同时对压铸生产的效率和模具的寿命也产生直接的影响。浇注系统的设计是压铸模具设计的重要环节，因此必须深入分析压铸件的结构特点、技术要求、合金种类及其特性，同时考虑压铸机的类型和特点，只有这样才能设计出合理的浇注系统。

6.1.1 浇注系统的结构及分类

1. 浇注系统的结构

根据压铸机的类型及引入金属液的方式不同，压铸模浇注系统的结构也不同。表 6－1 列出了不同类型压铸机常用浇注系统的结构组成。

表 6－1 不同类型压铸机用浇注系统的结构组成

压铸机	热室压铸机	立式冷室压铸机	卧式冷室压铸机		全立式冷室压铸机
			采用侧浇口	采用中心浇口	
浇注系统结构示意图	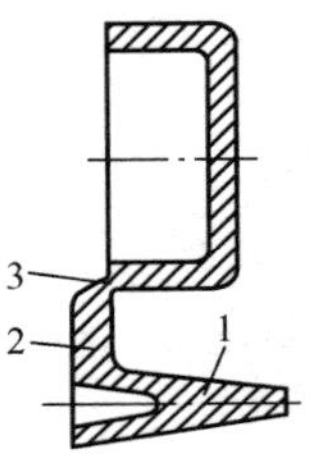	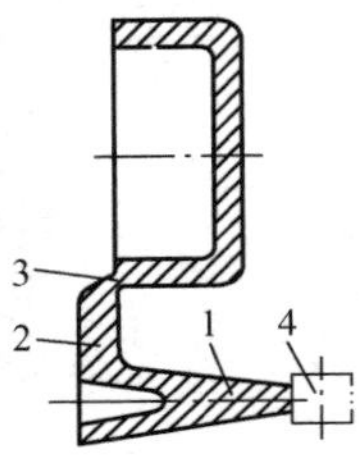	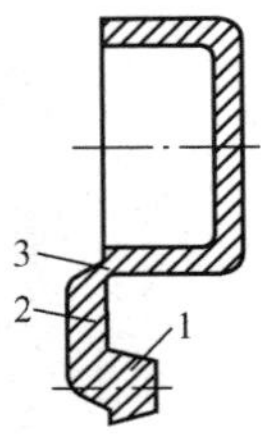	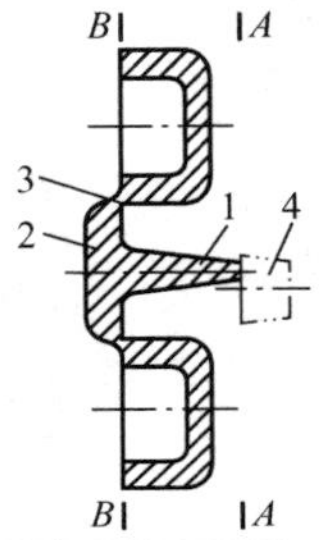	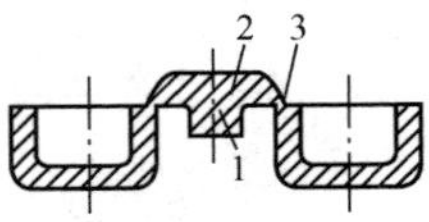
说明	由直浇道 1、横浇道 2 和内浇口 3 组成，由于压室和坩埚直接连通，故没有余料	由直浇道 1、横浇道 2、内浇口 3 和余料 4 组成，在开模之前，余料必须由下冲头先从压室中切断并顶出	由直浇道 1、横浇道 2、内浇口 3 组成，余料与直浇道合为一体，开模时，浇注系统和压铸件随动模一起脱离定模	由直浇道 1、横浇道 2、内浇口 3 及余料 4 组成，定模部分须增加一个分型面，开模时，定模部分先从 A—A 面分型，将余料 4 切断或拉断，然后从 B—B 面分型，压铸件脱出	由直浇道 1、横浇道 2 和内浇口 3 组成，与卧式冷室压铸机普通浇注系统的组成相同，只是方向不同

2. 浇注系统的分类

按照金属液进入型腔的部位和内浇口的形状，浇注系统一般可分为侧浇道、中心浇道、直接浇道、环形浇道、缝隙浇道和点浇道等浇注系统。

1）侧浇道

侧浇道一般开设在分型面上，内浇口设置在压铸件最大轮廓处的内侧或外侧。这种形式的浇道不仅适用于板类压铸件，也适用于盘盖类、型腔不太深的壳体类压铸件；既适用于单型腔模，也适用于多型腔模。这类浇道具有去除方便等特点，因此，适应性强，应用较为普遍。图 6.3 所示为几种不同形式的侧浇道。其中图 6.3(a)所示为应用最广泛的一种形式。

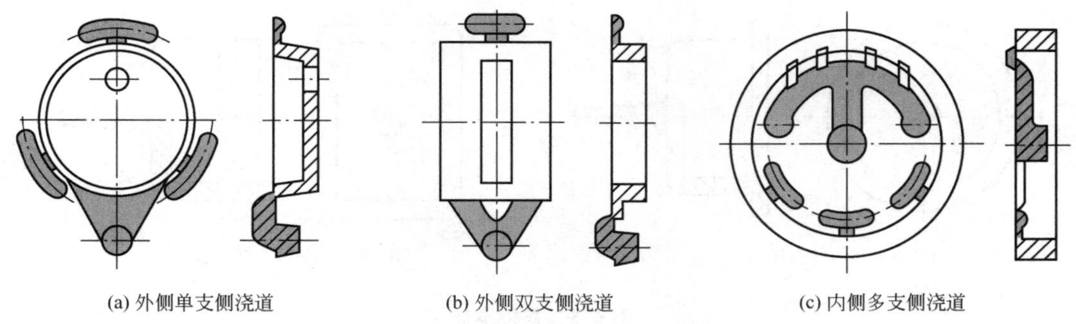

(a) 外侧单支侧浇道　　(b) 外侧双支侧浇道　　(c) 内侧多支侧浇道

图 6.3 侧浇道的几种不同形式

2）中心浇道

当有底筒类或壳类压铸件的中心或接近中心部位带有通孔时，内浇口就开设在孔口处，同时中心设置分流锥，这种类型的浇注系统称为中心浇道，如图 6.4 所示。

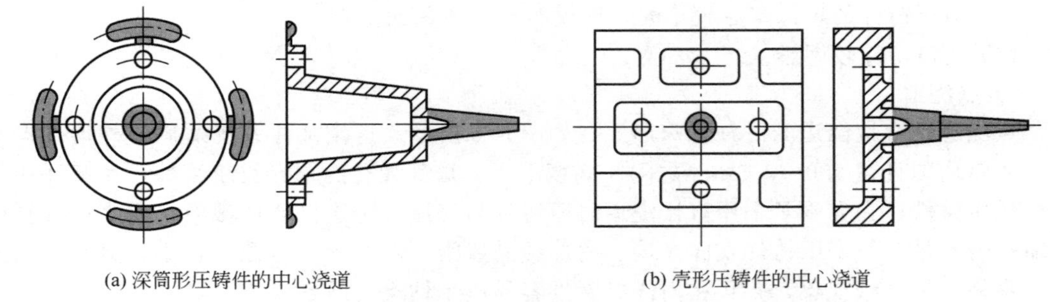

(a) 深筒形压铸件的中心浇道　　(b) 壳形压铸件的中心浇道

图 6.4 中心浇道

这种形式的浇注系统具有以下特点：

(1) 金属液从型腔端面的中心部位导入分型面，排气通畅，因此有利于消除深型腔处气体不易排出的现象。

(2) 从浇口到型腔各部位的流程最短，流动距离基本接近，金属液分配均匀，也有利于模具的热平衡。

(3) 可使压铸件和浇注系统在分型面上的投影面积最小，模具结构紧凑，金属液消耗量小，压铸机受力均匀。

(4) 切除浇口比较困难，在大批量生产中，一般需要采用机械加工的方法将浇口切除。

中心浇道的浇注系统一般适用于单型腔模具，多用于在立式冷室压铸机或热室压铸机上生产。如果在卧式冷室压铸机上生产，设计时应注意直浇道小端进料口应设置在压室的上方，防止压室中注入金属液后而压射冲头尚未工作之前金属液就流入型腔，造成压铸件的冷隔或充不满型腔的缺陷。同时，定模部分要添加一个辅助分型面定距分型，以便取出余料。

3）直接浇道(或称顶浇道)

直接浇道是直接开设在压铸件顶端的一种浇注系统形式，如图 6.5 所示。一般情况下，压铸件顶部没有通孔，不可设置分流锥，直接浇道与压铸件的连接处即为内浇口。

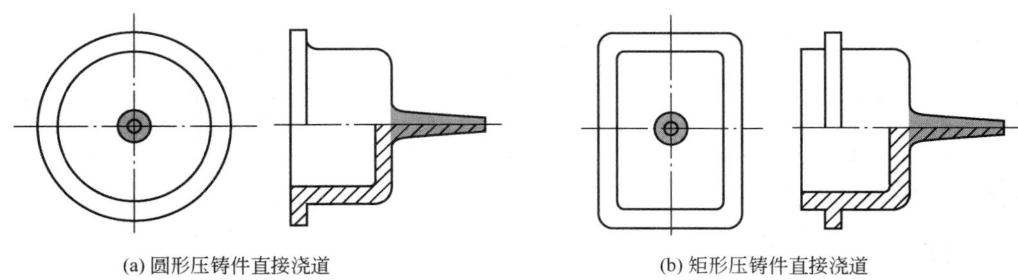
(a) 圆形压铸件直接浇道　　(b) 矩形压铸件直接浇道

图 6.5　直接浇道

直接浇道是中心浇道的一种特殊形式，因此，它具有中心浇道的一系列优点。但也有如下不足：

(1) 由于金属液从内浇口进入型腔后直冲型芯，容易造成粘模，影响模具的寿命。

(2) 压铸件与内浇口连接处形成热量的相对集中(热节)，易产生缩孔。

(3) 当压铸件的顶部壁厚较小时，脱模时易造成顶面变形。

(4) 浇口切除较困难。

4) 点浇道

点浇道是直接浇道的一种特殊形式，如图 6.6 所示。这类浇注系统适用于外形基本对称、壁厚均匀且在 2.0～3.5mm 之间、高度不大、顶部无孔的罩壳类压铸件，尤其适用于圆柱形压铸件，它克服了采用直接浇道时压铸件与浇注系统连接部位截面大及浇口处易产生缩孔的不足，使得压铸件表面光洁，内部结晶致密。但由于浇口截面积小，金属液流速大，容易产生飞溅现象，并且在内浇口附近容易产生粘模。

为了取出浇注系统凝料，在定模部分必须设计顺序分型机构，模具结构复杂。点浇道内浇口的直径一般为 $\phi 3$～$\phi 4$mm，便于在顺序分型开模时自动被拉断。

在实际生产中，这类浇注系统的应用受到一定的限制。

5) 缝隙浇道

缝隙浇道如图 6.7 所示，金属液流入型腔的形式与侧浇道浇注系统相类似，所不同的是，内浇口的深度方向尺寸大大超过宽度方向尺寸，内浇口从型腔的深处引入金属液，形成长条缝隙顺序充填，排气条件较好，且有利于压力的传递，但浇口去除困难。

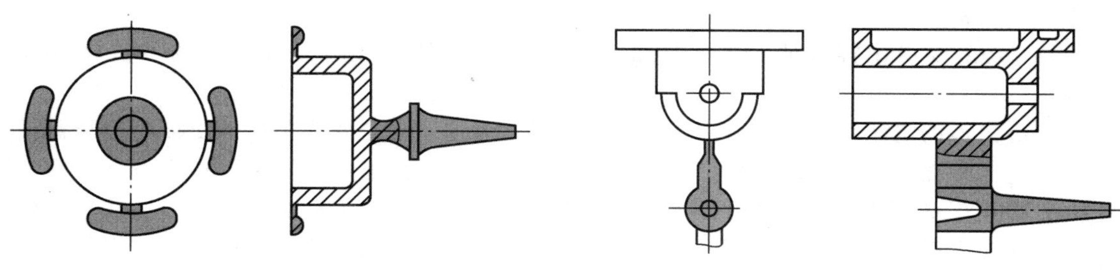
图 6.6　点浇道　　图 6.7　缝隙浇道

这类浇注系统适用于型腔比较深的模具，为了便于加工，常常在型腔部分垂直分型。如有可能，在缝隙式内浇口的型腔对面开设缝隙式的溢流槽，则充填效果更佳。

6）环形浇道

环形浇道主要用于圆筒形或中间带孔的压铸件，如图 6.8 所示。金属液在充满环形浇道后，再沿整个环形断面自压铸件的一端向另一端充填，这样，在整个圆周上取得大致相同的流速，具有十分理想的充填状态，可避免冲击型芯，提高模具寿命，金属液流动通畅，型腔中空气容易排出，压铸件的内部质量及表面质量都较高。但其缺点是金属的消耗量较大，浇口去除困难。

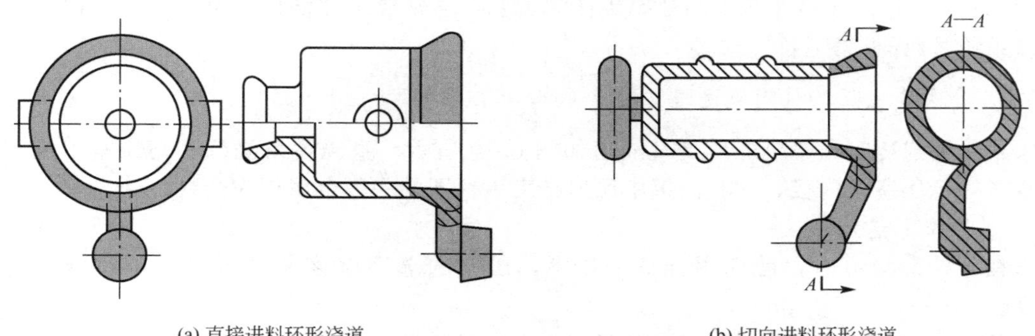

(a) 直接进料环形浇道　　(b) 切向进料环形浇道

图 6.8　环形浇道

采用环形浇道，一般需要在浇道的另一端开设环形的溢流槽，在环形溢流槽处可设置推杆，使压铸件上不留推杆的推出痕迹。

6.1.2　直浇道设计

直浇道是金属液从压室进入型腔前首先经过的通道。直浇道的结构和形式与所选用的压铸机类型有关，分为热室压铸机、卧式冷室压铸机和立式冷室压铸机用直浇道三种。

1．热室压铸机用直浇道

1）直浇道的结构

使用热室压铸机，模具上开设的直浇道如图 6.9 所示，它由浇口套 6 和分流锥 2 组成。分流锥较长，用于调整直浇道的截面积，改变金属液的流向及减少金属的消耗量，浇口套与压铸机喷嘴 5 连接处的形式按具体使用压铸机喷嘴的结构而定。

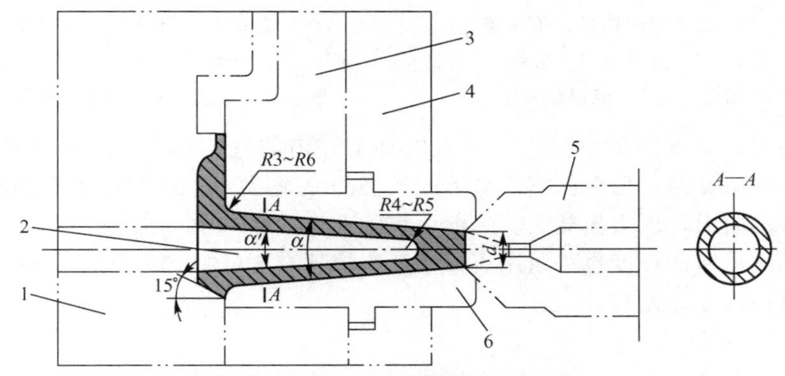

图 6.9　热室压铸机用直浇道

1—动模套板；2—分流锥；3—定模套板；4—定模座板；5—压铸机喷嘴；6—浇口套

2）直浇道的基本技术要求

(1) 根据压铸件的结构和质量选择直浇道尺寸。

(2) 根据内浇口的截面积选择小端直径 d，一般小端截面积为内浇口截面积的 1.1～1.2 倍。

(3) 浇口套与压铸机喷嘴的对接面必须接触良好。

(4) 浇口套、分流锥均采用耐热钢制造，如 3Cr2W8 等，热处理硬度为 44～48HRC。

(5) 为了适应热室压铸机高效率生产的需要，通常要求在浇口套及分流锥的内部设置冷却系统，(详见第 7 章)。

2. 卧式冷室压铸机用直浇道

采用卧式冷室压铸机的模具直浇道如图 6.10 所示。直浇道由浇口套与压室组成，它的直径等于压室的内径，在直浇道中压射结束后留下的一段金属称为余料。

1）压室的选用

在设计直浇道时，需选用合适的压室，压室的选用应该考虑压射比压和压室的充满度。

首先考虑的是压射比压，压室直径与压射比压的平方根成反比，对于铝合金而言，压射比压范围为 25～100MPa，压射比压大的选较小直径的压室；压射比压小的可选较大直径的压室。

所谓压室的充满度，是指金属液注入压室后充满压室的程度，如图 6.11 所示，也就是压射冲头尚未工作时，金属液在压室中的体积占压室总容积的百分率。

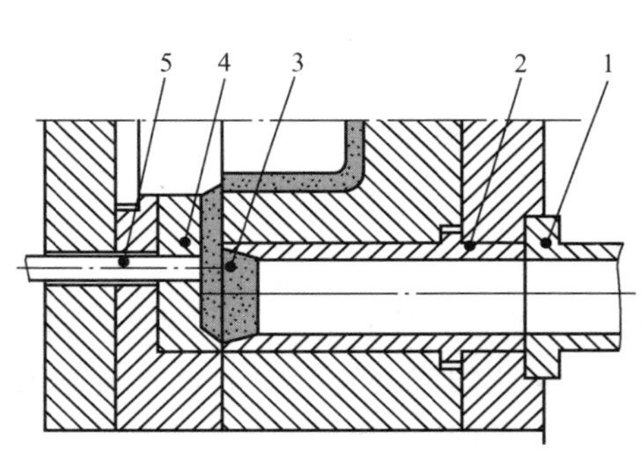

图 6.10　卧式冷室压铸机用直浇道

1—压室；2—浇口套；3—余料；4—浇道镶块；5—浇道推杆

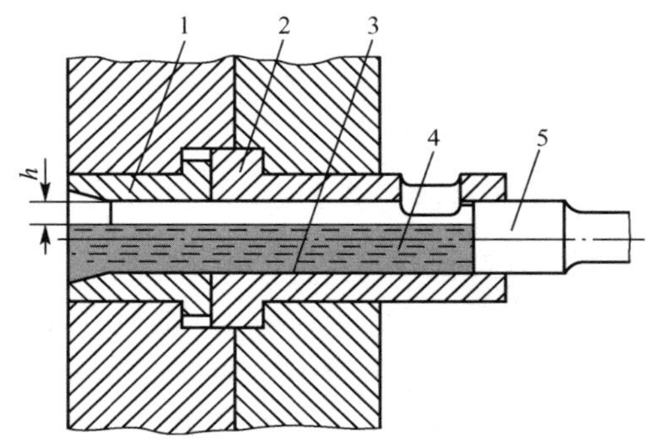

图 6.11　压室的充满情况

1—浇口套；2—压室；3—冷凝层；4—金属液；5—压射冲头

充满度高时，压室内的空气少，带入模具型腔内的气体也少。压室内径不能选得太小，否则虽然充满度高，但在压室内会形成较多的冷凝层，使金属液的温度降低，同时也增大了压射时的阻力，压力损耗大。一般压室的充满度在 60%～80%，常取 70%左右。

金属液充满压室的程度也可以用压室中金属液顶高度(图 6.11 中的 h)来表示，推荐的高度为压室直径的 1/3 左右。

2）浇口套的设计

直浇道在浇口套中形成，浇口套在压铸模的浇注系统中起着承前启后的作用。

(1) 浇口套的结构形式。常用浇口套的结构形式有图 6.12 所示的几种。

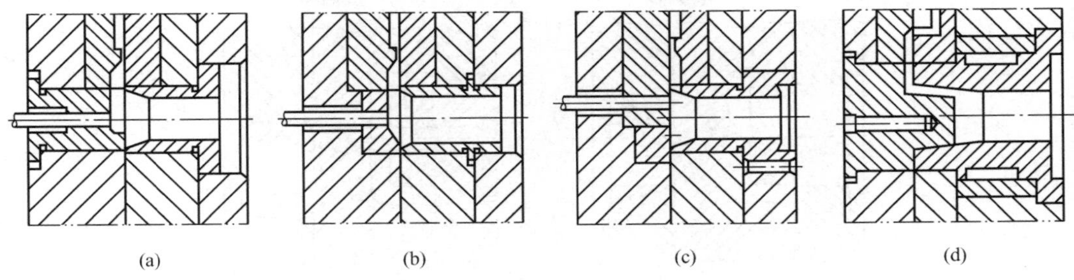

图 6.12 浇口套的结构形式

图 6.12(a)所示的结构由于制造和装卸比较方便，广泛应用于中小型压铸模。图 6.12(b)所示的结构是利用台阶将浇口套固定在两模板之间，装配牢固，但拆装均不方便。以上两种结构都存在不足：直浇道与压铸机压室内孔的同轴度主要靠压铸模定位孔与压铸机压室的定位法兰的配合精度和两模板相对两孔的同轴度来保证。当它们的配合间隙较大或出现装配偏差时，使它们对接的同轴度出现较大误差，压射冲头在压射金属液时就可能会发生错位障碍。

图 6.12(c)所示的结构是将压铸模的安装定位孔直接设置在浇口套上，消除了装配误差，保证了直浇道与压室内孔的同轴度。

图 6.12(d)所示的结构为导入式直浇道。这种结构一方面可以提高金属液在压室的注入量，从而缩短直浇道的长度，减少深腔压铸模的厚度；另一方面环绕浇口套外径开设冷却水路，改善模具热平衡条件，有利于提高压铸生产率。

(2) 浇口套与压室的连接。压室和浇口套可以制成一体，也可以分别制造(端面密封对接)，目前，后者使用得比较多，如图 6.13 所示。压室与浇口套在装配时要求较高的同轴度，否则压射冲头就不能顺利工作。压室内径 D_0 与压射冲头直径 d 的配合为 H7/e8；浇口套内径 D 与压射冲头直径 d 的配合为 F7/e8。图 6.13(a)所示为平面对接形式，为了保证直浇道和压室压射内孔的同轴度，应提高加工精度和装配精度，同时还可以放大直浇道的加工间隙；图 6.13(b)所示为压铸机压室的定位法兰装入浇口套的定位孔内，保证了它们的同轴度要求。

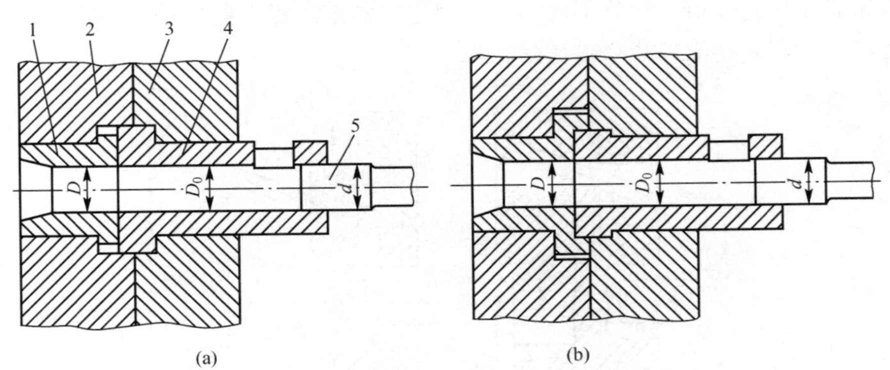

图 6.13 浇口套与压铸机压室的连接方式

1—浇口套；2—定模套板；3—定模座板；4—压室；5—压射冲头

3) 采用中心浇口的直浇道

卧式冷室压铸机也可以采用中心浇口的形式，如图 6.14 所示。一般要求直浇道偏于浇口套的内孔上方，以避免压射冲头还没有工作时金属液就流入型腔。

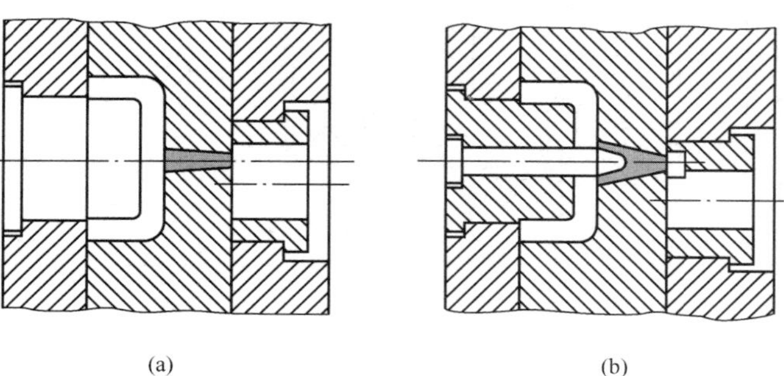

图 6.14　卧式冷室压铸机采用中心浇口的形式

图 6.14(a)所示为一般设计的形式，图 6.14(b)所示为浇口套的上方有一段横浇道，通过横浇道与中心浇口连接。为了去除浇口套中的余料，这类浇口形式的模具在定模部分必须采用顺序分型及去除余料的措施。常用去除余料的方法有以下几种：

(1) 螺旋槽扭断浇口余料。在浇口套的内孔内设有1～2条螺旋槽，开模时利用压射冲头的顶出力，使浇口套余料顺着螺旋槽旋转而被扭断，如图 6.15 所示。图中浇口套应止转。

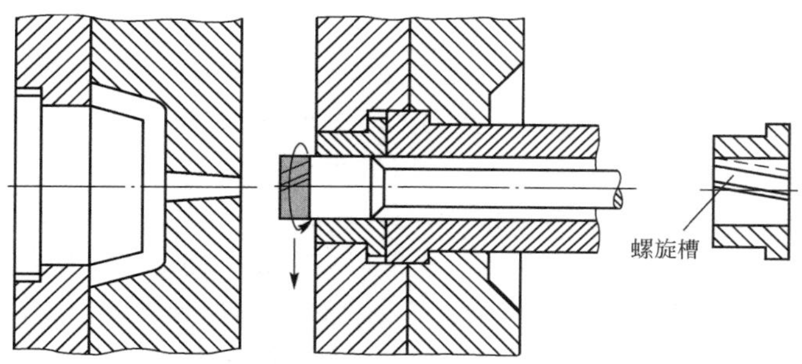

图 6.15　螺旋槽扭断浇口余料

(2) 侧滑块切断。在定模上方设置有斜销滑块切断装置，如图 6.16 所示。开模时，定模的活动部分首先分型，在分型的同时，固定在定模座板上的斜销 2 驱动侧滑块 1 向下运动，滑块上的切刃将浇口套余料切除。

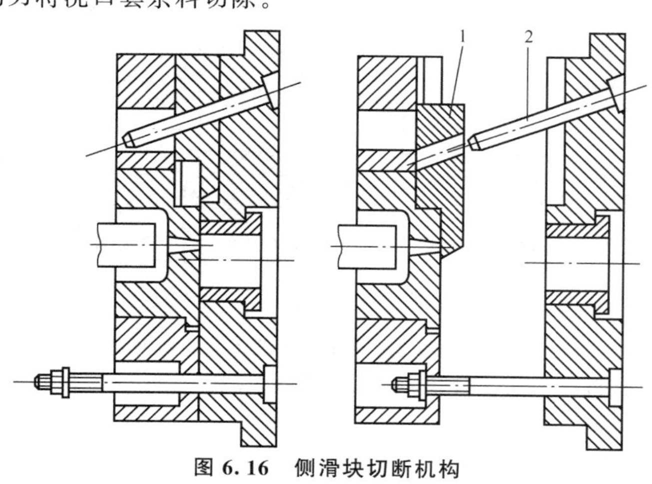

图 6.16　侧滑块切断机构

1—侧滑块；2—斜销

(3) 利用开模力拉断浇口余料。这种方法必须是在中心浇口入流端直浇道的直径较小(小于10mm)，而且压铸件对动模的包紧力较大时才能应用。

4) 直浇道的基本技术要求

(1) 根据所需要的压射比压、金属液的总容量及压室的充满度，选择适宜的压室直径。

(2) 一般情况下，直浇道应开设在横浇道入口处的下方，其下沉距离应大于直浇道直径的2/3以上，以防止在压铸前金属液的预填充。

(3) 浇口套、浇道镶块均采用耐热钢制造，如选用3Cr2W8等，热处理硬度为44～48HRC。

(4) 为了便于余料从浇口套中顺利脱模，直浇道前端应有一段斜度为5°左右的圆锥面。

(5) 直浇道的内孔应在热处理和精磨后，再沿着脱模的方向研磨，其表面粗糙度 Ra 值不大于0.2μm。

3. 立式冷室压铸机用直浇道

在立式冷室压铸机上，直浇道是指从压铸机的喷嘴起，通过模具上的浇口套到横浇道为止的这一部分流道，如图6.17所示。从喷嘴入口至最小环形截面(A—A截面)为整个直浇道。

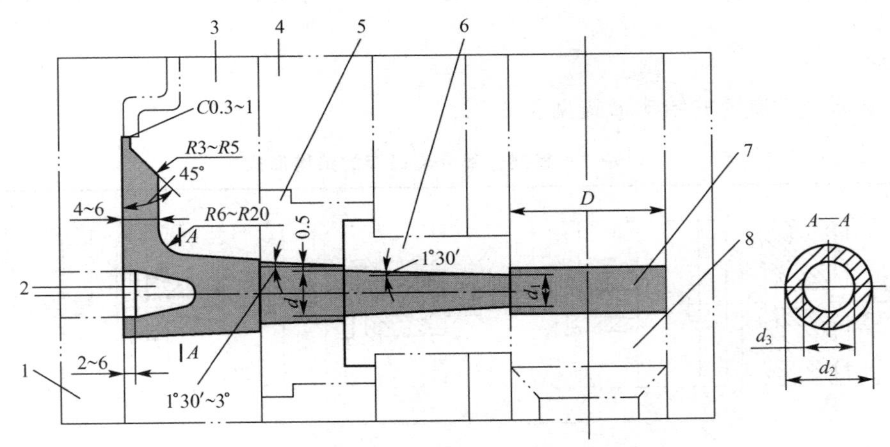

图6.17 立式冷室压铸机用直浇道

1—动模套板；2—分流锥；3—定模套板；4—定模座板；

5—浇口套；6—喷嘴；7—余料；8—反料冲头

1) 直浇道的尺寸

金属液自压室内被压射之后，首先进入直浇道，再通过横浇道、内浇口进入型腔，因此，它的尺寸大小会影响金属液流动速度和充填时间。当金属液充满型腔后，压射冲头的压力是通过直浇道传递给压铸件的，所以，直浇道的尺寸应以不阻碍金属液流动为原则。直径越大，金属液越不易冷却，流动性能越好，并且金属液流动速度越小，压铸件产生缺陷的可能性越小。但尺寸过大，既增加了金属的消耗，又增大了空气储存容积，对排气不利。直径太小，金属液流速很大，会产生严重的喷射现象，导致包气、形成涡流、冷隔和氧化夹杂等缺陷，所以必须选择合适的直浇道尺寸。

(1) 根据内浇口截面积选择喷嘴入口直径 d_1。喷嘴入口小端截面积一般为内浇口截面积的 1.2～1.4 倍。

$$d_1=2\sqrt{\frac{(1.2\sim1.4)A_g}{\pi}} \tag{6-1}$$

式中，d_1 为喷嘴入口小端直径 (mm)；A_g 为内浇口的截面积 (mm^2)；

(2) 直浇道底部分流锥的直径 d_3。分流锥处环形通道的截面积一般为喷嘴入口处截面积的 1.2 倍左右，直浇道底部分流锥的直径 d_3 一般可按式(6-2) 计算：

$$d_3=\sqrt{d_2^2-(1.1\sim1.3)d_1^2} \tag{6-2}$$

$$\frac{d_2-d_3}{2}\geqslant3 \tag{6-3}$$

式中，d_3 为直浇道底部分流锥的直径 (mm)；d_2 为直浇道底部环型截面处的外径 (mm)；d_1 为喷嘴入口小端直径 (mm)。

(3) 其他相关尺寸要求。直浇道各段连接处的直径单边放大 0.5～1.0mm；直浇道与横浇道连接处要求圆滑过渡，圆角半径一般取 $R6\sim R20$mm，以使金属液流动顺畅；喷嘴部分的脱模斜度一般取 1°30′，浇口套的脱模斜度一般可取 1°30′～3°。

2) 喷嘴

喷嘴是压铸机的附件，同一压铸机上配有几种规格的喷嘴，喷嘴的结构与规格见有关手册。

3) 浇口套

直浇道部分浇口套的结构形式见表 6-2。

表 6-2　直浇道部分浇口套的结构形式

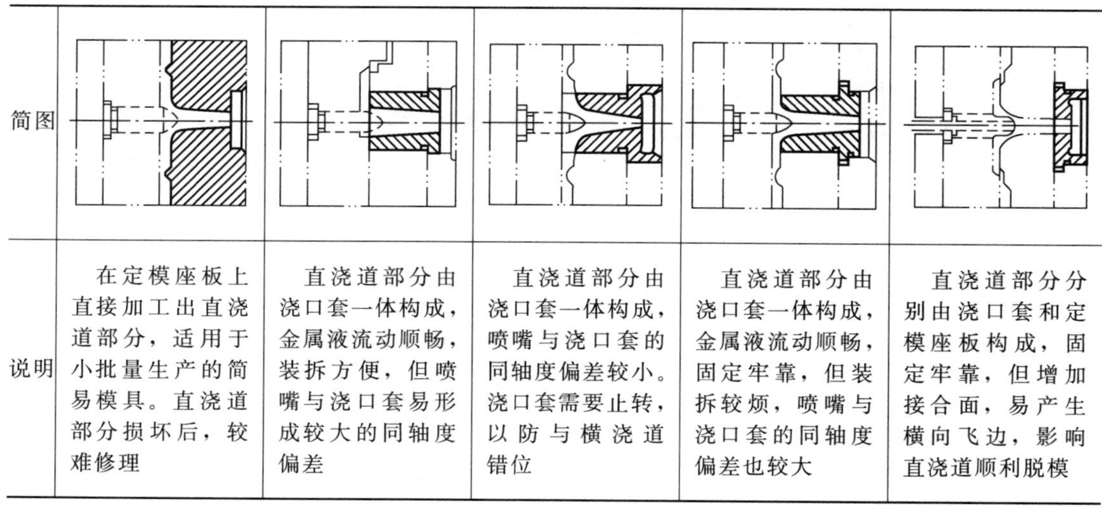

简图					
说明	在定模座板上直接加工出直浇道部分，适用于小批量生产的简易模具。直浇道部分损坏后，较难修理	直浇道部分由浇口套一体构成，金属液流动顺畅，装拆方便，但喷嘴与浇口套易形成较大的同轴度偏差	直浇道部分由浇口套一体构成，喷嘴与浇口套的同轴度偏差较小。浇口套需要止转，以防与横浇道错位	直浇道部分由浇口套一体构成，金属液流动顺畅，固定牢靠，但装拆较烦，喷嘴与浇口套的同轴度偏差也较大	直浇道部分分别由浇口套和定模座板构成，固定牢靠，但增加接合面，易产生横向飞边，影响直浇道顺利脱模

4) 分流锥

分流锥的结构形式如图 6.18 所示。图 6.18(a)所示的圆锥形分流锥导向效果好，结构简单，应用较为广泛；图 6.18(b)所示的分流锥中心设置推杆，有利于推出直浇道，推杆形成的间隙有利于排气，直浇道尺寸较大时采用；图 6.18(c)所示在圆锥面上设置浅凹槽的分流锥，可增大金属液冷凝收缩时的包紧力，有助于将直浇道从定模中带出；图 6.18(d)所示的偏心圆锥形分流锥可使金属液往一个方向流动，适用于单型腔侧向分流的形式。

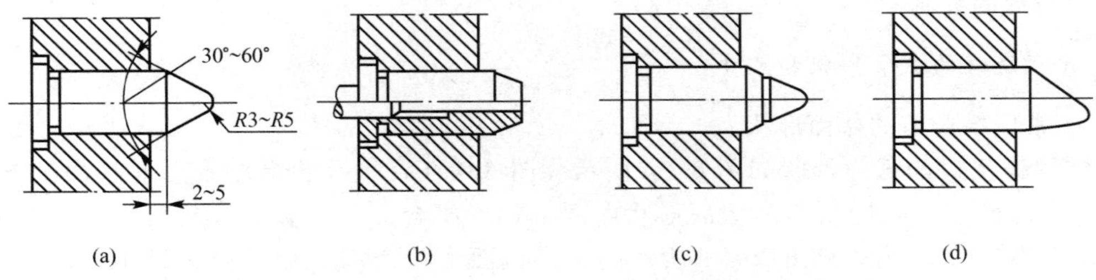

图 6.18　分流锥的结构形式

6.1.3　横浇道设计

横浇道是金属液从压室通过直浇道之后流向内浇口之间的一段通道。其作用是将金属液从直浇道引入内浇口，并借助于横浇道中体积较大的金属液预热型腔，改善模具的热平衡，另外，当压铸件冷却收缩时还起到补缩与传递静压力的作用，因此，横浇道的设计对获得合格的压铸件是重要的一个环节。

1. 横浇道的结构形式

横浇道的结构形式和尺寸既取决于压铸件的形状和尺寸大小，又取决于内浇口的形式、位置、方向和流入口的宽度等因素，还与压铸机的类型和型腔个数有关。图 6.19 所示为卧式冷室压铸机采用的横浇道的结构形式。

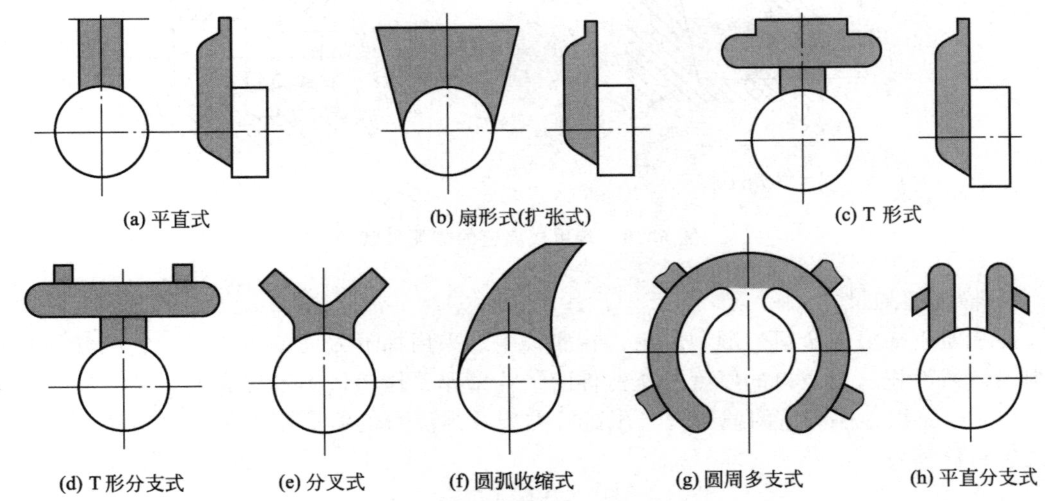

图 6.19　卧式冷室压铸机采用的横浇道的结构形式

卧式冷室压铸机采用的横浇道设置在直浇道上方，以避免在压射冲头尚未工作之前金属液自动流入型腔，造成冷隔、冷接缝、充不满及氧化夹杂等缺陷。图 6.19(a)、图 6.19(b)、图 6.19(c)和图 6.19(f)所示的横浇道适用于单型腔模具，图 6.19(d)、图 6.19(e)、

图 6.19(g)和图 6.19(h)所示的横浇道适用于多型腔模具，设计模具时，可根据压铸件的具体结构、技术要求及生产效率等要求选用其中的某种形式。

其他类型的压铸机或卧式冷室压铸机采用中心浇口时的横浇道，在多型腔时应对称分布于直浇道的各侧。

2. 横浇道的截面形状和尺寸

1）常用横浇道的截面形状

常用横浇道的截面形状如图 6.20 所示。图 6.20(a)所示的梯形截面形状加工方便，应用广泛；图 6.20(b)所示的截面形状由两个梯形拼合而成，金属液热量损失小，适用于流程特别长的浇道；图 6.20(c)所示的圆形截面形状金属液热量损失最小，但加工不方便；图 6.20(d)所示的 U 形截面形状适用于浇道部位狭窄，金属液流程长及多型腔的分支流道；图 6.20(e)所示的截面形状适用于环形浇口连接内浇口的部位。需要指出的是，图 6.20(b)和图 6.20(c)所示的结构对模具的装配精度要求较高，否则易引起形状的错位。

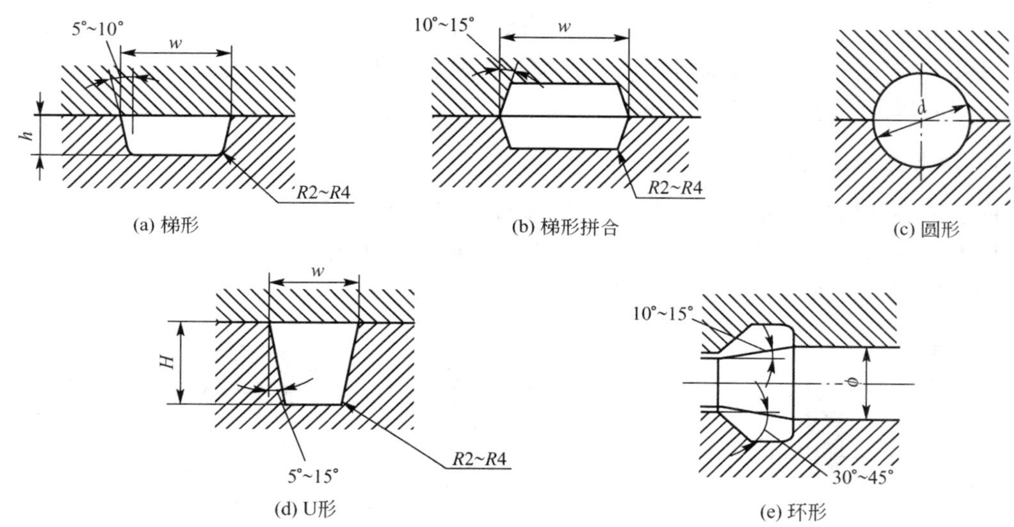

图 6.20 常用横浇道的截面形状

2）横浇道的尺寸

为了便于横浇道余料的顺利脱出，在实践中多采用梯形截面的横浇道，它的几何尺寸与内浇口截面积、内浇口的厚度及压铸件的平均壁厚、压铸机类型等有关。

（1）截面积。横浇道的截面积与压铸机类型及内浇口的截面积有关，可按下面的经验公式进行计算：

$$A_r = nA_g \tag{6-4}$$

式中，A_r 为横浇道的截面积（mm^2）；n 为系数，对冷室压铸机取 3～4，对热室压铸机取 2～3；A_g 为内浇口的截面积（mm^2）。

（2）截面尺寸。横浇道截面尺寸的选择参考表 6－3。

表 6-3 横浇道截面尺寸的选择

截面示意图	计算公式	说明
	$h=(1.5\sim2.0)t$ $w=3A_g/h$(一般) $w=(1.25\sim1.6)A_g/h$(最小) $\alpha=5°\sim10°$ $r=2\sim4$	h——横浇道深度(mm); w——横浇道宽度(mm); t——压铸件平均壁厚(mm); A_g——内浇口的截面积(mm^2); α——脱模斜度; r——圆角半径(mm)

(3)横浇道的长度。横浇道长度 L 的大小对金属液充型也有影响,L 过长会造成较大的压降,增加金属液消耗并使温度降低,影响压铸件成形并容易产生缩孔;若 L 过小则金属液流动不畅,在转折处容易产生涡流和飞溅,压铸件内部容易形成夹杂和气孔等缺陷。

对于侧浇口,如图 6.21(a)所示,横浇道的长度可按下面的经验公式进行计算:

$$L=\frac{d}{2}+(20\sim35) \tag{6-5}$$

式中,L 为横浇道长度(mm);d 为直浇道直径(mm)。

对于一模多腔的分支横浇道,如图 6.21(b)所示,主横浇道长度 S 要按照型腔布置尺寸确定,各分支横浇道的长度一般取 $L=10\sim20$mm。

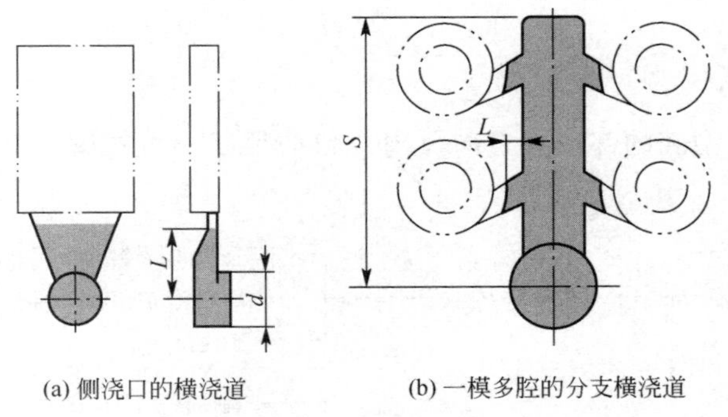

(a) 侧浇口的横浇道　　(b) 一模多腔的分支横浇道

图 6.21 横浇道的长度

3. 横浇道设计的注意事项

(1)横浇道截面积应从直浇道起向内浇口方向逐渐缩小。如果在横浇道中出现截面积扩大的现象,则金属液流过时会产生负压,必然会吸入分型面上的空气,从而增加金属液流动过程中的涡流。

(2)横浇道截面积在任何情况下都不应小于内浇口截面积。多型腔压铸模主横浇道截面积应大于各分支横浇道截面积之和。

(3)横浇道应具有一定的厚度和长度。横浇道过薄,则热量损失大;过厚则冷却速度缓慢,影响生产率,增大金属消耗量。横浇道保持一定长度,主要是对金属液起到稳流和导向的作用。

(4) 金属液通过横浇道时的热量损失应尽可能地小，以保证横浇道内的金属液在压铸件和内浇口之后凝固。

(5) 横浇道应光滑平整，顺着金属液的流动方向研磨，表面粗糙度 Ra 不大于 0.2μm，在拐弯处应圆滑过渡，以减少金属液的流动阻力。

(6) 为便于修模调整，横浇道的截面初始尺寸应选得小些，确保试模时留有修正余量。

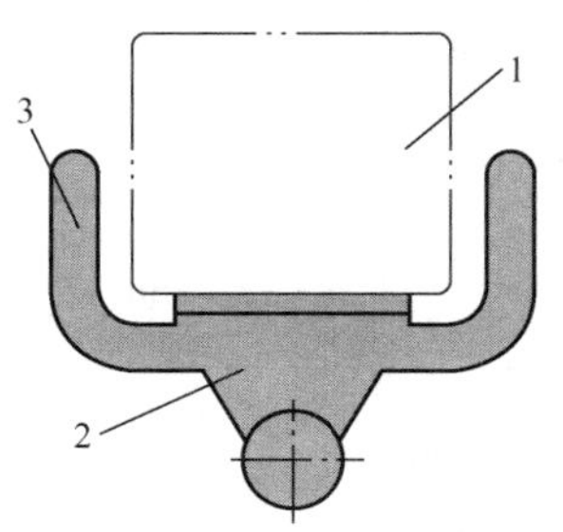

图 6.22 盲浇道的设置

1—压铸件；2—横浇道；3—盲浇道

(7) 对于小而薄的压铸件，根据工艺上的需要可设置盲浇道(图 6.22)，以改善模具热平衡，并可起到容纳冷污金属液、涂料残渣和空气的作用。

(8) 卧式冷室压铸机的横浇道应位于直浇道的上方，以免金属液在压射之前自行流入横浇道，其他类型的压铸机则无此要求。

(9) 对于多型腔成形，一方面要根据压铸件的结构特点尽量采用对称的布置形式；另一方面还需考虑各型腔的流动平衡和模具的热平衡。

6.1.4 内浇口设计

内浇口的作用是根据压铸件的结构、形状、大小，以最佳流动状态把金属液引入型腔而获得优质压铸件。在整个浇注系统的设计中，内浇口的设计最为重要。内浇口的设计主要是确定内浇口的位置、导流方向、形状和尺寸。要善于结合并有效利用金属液充填型腔时的流动状态，使得压铸件的重要部位尽量减少气孔和疏松，压铸件的表面光洁完整无缺陷。

1. 内浇口的形式

根据金属液进入型腔的部位、方向及内浇口的形状，可按图 6.23 所示对内浇口进行归类。

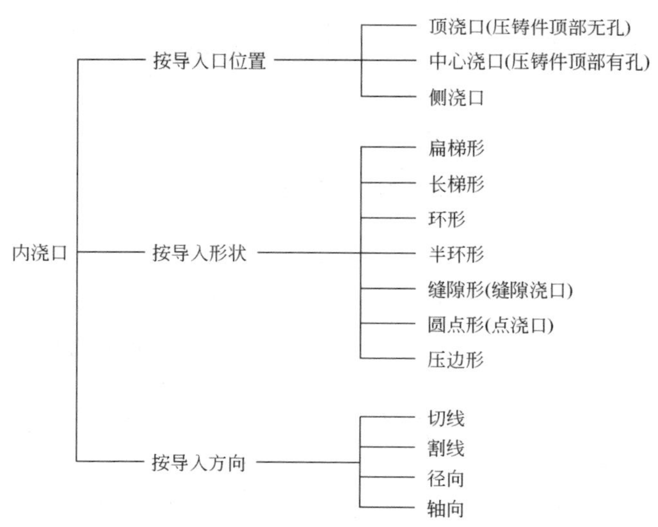

图 6.23 内浇口的形式

2. 内浇口的位置

内浇口位置的选择是设计浇注系统时首先要考虑的问题。在确定内浇口位置时要综合考虑压铸件的结构特征、壁厚大小、收缩变形情况、合金种类、压铸机特性、模具分型面及压铸件使用性能等方面的因素，分析金属液充填时的流动状态、充填速度的变化，预计充填过程中可能出现的死角、裹气和产生冷隔的部位，以便布置合适的溢流和排气系统。

1）基本原则

在选择内浇口的位置时，一般应考虑以下原则：

(1) 有利于压射压力的传递，故内浇口一般设置在压铸件的厚壁处。

(2) 有利于型腔的排气，金属液进入型腔后应先充填深腔难以排气的部位，而不宜立即封闭分型面、溢流槽和排气槽，否则会造成排气不良。

(3) 流入型腔的金属液尽量减少曲折和迂回，避免产生过多的涡流及减少包卷气体；流程尽可能短，以减少金属液的热量损失。

(4) 金属液进入型腔后不宜正面冲击型芯或型壁，尤其应避免冲击细小型芯或螺纹型芯，以减少动能损失，防止冲蚀及产生粘模。

(5) 尽量减少金属液在型腔中的分流。金属液分流后再合流，会相互冲击，产生涡流、裹气和氧化夹渣等缺陷，并造成汇合处的冷接痕，影响该处的强度和表面质量。必要的分流应在汇合处设置溢流槽，将液流前沿的低温金属液引入溢流槽，避免该处产生冷隔或冷接痕，提高该处强度，同时也可以提高合流处的模温，使模具温度分布均匀。

(6) 压铸件上精度、表面粗糙度要求较高且不加工的部位，不宜设置内浇口。

(7) 内浇口的设置应考虑模具温度场的分布，以便使远端充填良好。

(8) 内浇口凝料应便于切除和清理，同时考虑到清除内浇口对压铸件产生的影响。

(9) 不同结构特征的压铸件选择合适的内浇口：

① 薄壁复杂的压铸件，宜采用较薄的内浇口，以保证较高的充填速度；一般结构的压铸件，宜采用较厚的内浇口，使金属液流动平稳，有利于传递压力和排气。

② 对于复杂的压铸件，内浇口应尽量位于压铸件型腔的中心位置上，这样，金属液充填的情形总是比内浇口设置在侧面有利。

③ 带有大肋面的压铸件，设置的内浇口应使金属液沿着肋的方向流动，避免产生流线和肋的不完整。

④ 窄而长的压铸件，内浇口应开设在端部，而不是从中间引入金属液，防止造成旋涡，卷入气体。

⑤ 管状及筒状压铸件，最好在端部设置环形内浇口，以形成良好的充填状态和排气条件。

实用技巧

由于压铸件的形状复杂多样，涉及的因素非常多，设计时难以完全满足应遵循的原则，因此在设计内浇口时，既要从理论上对压铸件的结构特点进行压铸工艺的分析，又要有实践积累经验的应用。

2）应用实例

在实际设计内浇口时，很少能完全满足上述原则，考虑问题时，只能以满足最主要的要求为原则来确定内浇口的位置。对于内浇口位置的选择，下面举一些简单的例子加以说明。

（1）盘盖类压铸件的内浇口。表 6－4 所列为盘盖类压铸件采用扇形外侧浇口时，不同内浇口位置与成形效果对比的示例。该压铸件并不很高，但在其顶部有一通孔。

表 6－4　盘盖类压铸件的内浇口设置对比示例

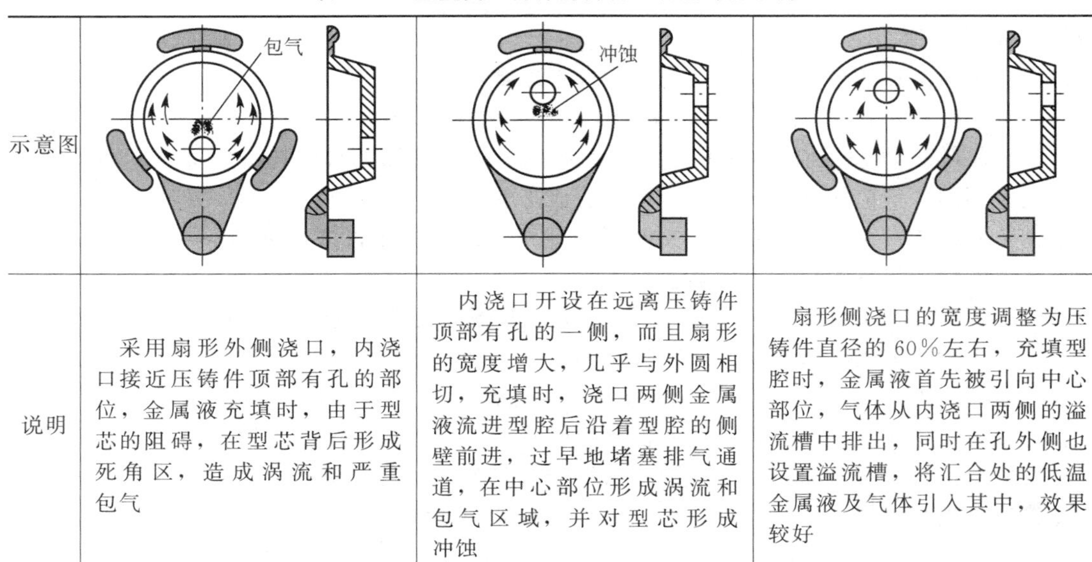

示意图			
说明	采用扇形外侧浇口，内浇口接近压铸件顶部有孔的部位，金属液充填时，由于型芯的阻碍，在型芯背后形成死角区，造成涡流和严重包气	内浇口开设在远离压铸件顶部有孔的一侧，而且扇形的宽度增大，几乎与外圆相切，充填时，浇口两侧金属液流进型腔后沿着型腔的侧壁前进，过早地堵塞排气通道，在中心部位形成涡流和包气区域，并对型芯形成冲蚀	扇形侧浇口的宽度调整为压铸件直径的 60％左右，充填型腔时，金属液首先被引向中心部位，气体从内浇口两侧的溢流槽中排出，同时在孔外侧也设置溢流槽，将汇合处的低温金属液及气体引入其中，效果较好

（2）圆环类压铸件的内浇口。表 6－5 所列为圆环类压铸件采用侧浇口时，不同内浇口形式和位置与成形效果对比的示例。

表 6－5　圆环类压铸件的内浇口设置对比示例

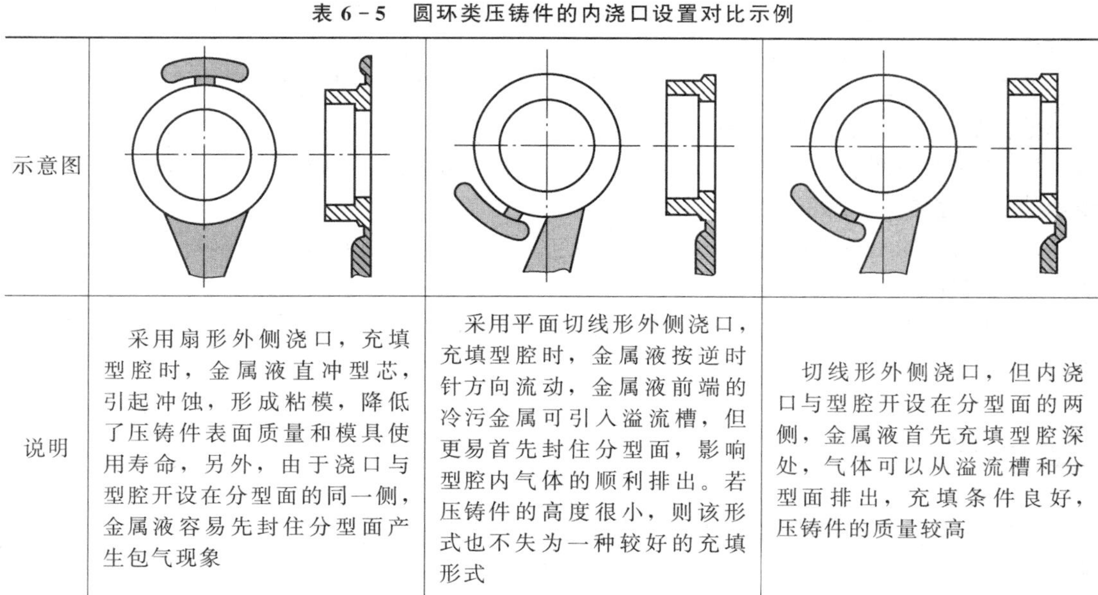

示意图			
说明	采用扇形外侧浇口，充填型腔时，金属液直冲型芯，引起冲蚀，形成粘模，降低了压铸件表面质量和模具使用寿命，另外，由于浇口与型腔开设在分型面的同一侧，金属液容易先封住分型面产生包气现象	采用平面切线形外侧浇口，充填型腔时，金属液按逆时针方向流动，金属液前端的冷污金属可引入溢流槽，但更易首先封住分型面，影响型腔内气体的顺利排出。若压铸件的高度很小，则该形式也不失为一种较好的充填形式	切线形外侧浇口，但内浇口与型腔开设在分型面的两侧，金属液首先充填型腔深处，气体可以从溢流槽和分型面排出，充填条件良好，压铸件的质量较高

（3）导管类压铸件的内浇口。表 6－6 所列为一简单导管类压铸件，不同内浇口形式和位置与成形效果对比的示例。

表 6－6　导管类压铸件的内浇口设置对比示例

示意图	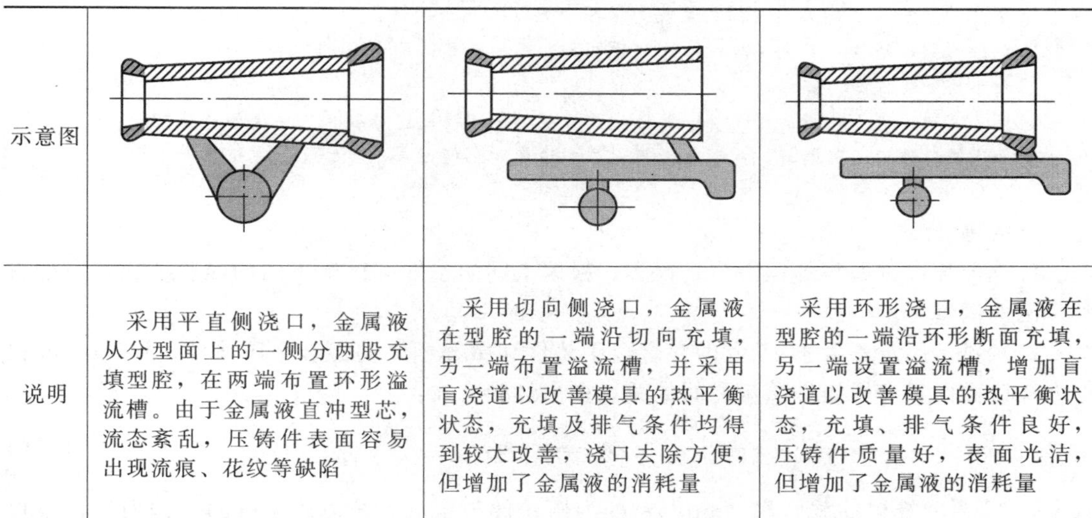		
说明	采用平直侧浇口，金属液从分型面上的一侧分两股充填型腔，在两端布置环形溢流槽。由于金属液直冲型芯，流态紊乱，压铸件表面容易出现流痕、花纹等缺陷	采用切向侧浇口，金属液在型腔的一端沿切向充填，另一端布置溢流槽，并采用盲浇道以改善模具的热平衡状态，充填及排气条件均得到较大改善，浇口去除方便，但增加了金属液的消耗量	采用环形浇口，金属液在型腔的一端沿环形断面充填，另一端设置溢流槽，增加盲浇道以改善模具的热平衡状态，充填、排气条件良好，压铸件质量好，表面光洁，但增加了金属液的消耗量

3. 内浇口的截面积

内浇口是浇注系统中阻力最大的部位(除直接浇口外)，它的截面积与该处的金属流速有关。为了合理确定浇注系统的有关尺寸，压铸工作者通过理论推导，结合典型压铸件的试验结果，提出了浇注系统的各种计算方法。其中，内浇口截面积的确定有理论估算和经验数据两种，对于初学者，往往通过理论估算进行设计，然后在试模过程中加以修正。

1）理论估算

根据金属液的流量进行计算。在压室中的金属液流量等于流经压室的金属液体积与所用时间之比，也等于流经内浇口的金属液体积与型腔充填时间之比。假设内浇口在其全面积内流速均等，有如下计算公式：

$$A_g = V/vt \tag{6-6}$$

$$A_g = \frac{G}{\rho v t} \times 10^3 \tag{6-7}$$

式中，A_g 为内浇口的截面积（mm^2）；V 为压铸件与溢流槽的体积之和（mm^3），即通过内浇口的金属液体积；v 为内浇口处金属液的充填速度（mm/s），参考表 1－3；t 为充填时间（s），参考表 1－6；G 为压铸件与溢流系统总质量（g），即通过内浇口的金属液质量；ρ 为液态合金的密度（g/cm^3），见表 6－7。

表 6－7　液态合金的密度值　　（单位：g/cm^3）

合金(液态)	铅合金	锡合金	锌合金	铝合金	镁合金	铜合金
密度 ρ	8～10	6.6～7.3	6.4	2.4	1.65	7.5

要点提示

为了取得比较合适的内浇口原始数据，必须注意以下几个问题：
- 对于薄壁压铸件，要选择较短的充填时间和较高的充填速度。
- 对于厚壁压铸件，宜选用平均充填时间。
- 要求有较好表面质量的压铸件，薄壁件选较短的充填时间，厚壁件选中等的充填时间。
- 如压铸件薄而流程长，一定要采用喷射流充填型腔，所以应选用较高的充填速度。

2）经验公式

计算内浇口截面积的经验公式很多，根据不同的条件可得出不同的经验公式，下面仅列举两例供参考。

（1）对于质量不大于 150g 的锌合金压铸件和中等壁厚的铝合金压铸件，W. Davok 根据内浇口截面积和压铸件质量之间的关系提出经验公式：

$$A_g = 0.18G \qquad (6-8)$$

式中，A_g 为内浇口的截面积（mm^2）；G 为压铸件与溢流系统总质量（g），即通过内浇口的金属液质量。

（2）适用于所有压铸合金的经验公式：

$$A_g = 0.0268V^{0.745} \qquad (6-9)$$

式中，A_g 为内浇口的截面积（cm^2）；V 为压铸件与溢流槽的体积之和（cm^3），即通过内浇口的金属液体积。

4. 内浇口的尺寸

内浇口的形状除点浇口、直接浇口是圆形，中心浇口、环形浇口是圆环形之外，基本上是扁平矩形的，在同一截面积下可以有不同的厚度与宽度，而厚度、宽度的选择，将影响到型腔的充填效果。

1）内浇口的厚度

厚度是内浇口的重要尺寸。根据充填理论研究表明，内浇口的厚度极大地影响着金属液充填形式，也就意味着影响压铸件的内在质量。

为了保证金属液能够均匀地流过全部内浇口的宽度，内浇口的厚度必须有一个最小的限度，一般不应小于 0.15mm。如果内浇口厚度过薄，一方面加工时难以保证精度，压铸时分型面形成的披缝会使内浇口截面积发生很大的波动；另一方面金属液中的夹渣、杂质有可能堵塞内浇口，从而减少了内浇口的有效面积；此外，内浇口过于薄，还会使内浇口处金属液凝固过快，在压铸件凝固期间压射系统的压力不能有效地传递到压铸件上。

而内浇口厚度如果过大，在去除浇口时可能会损及压铸件的表面质量，内浇口的厚度与相连处的压铸件壁厚有一定的关系，最大厚度一般不大于相连的压铸件壁厚的一半。经验数据见表 6-8。

表 6-8 内浇口厚度的经验数据 （单位：mm）

<table>
<tr><td>压铸件壁厚</td><td colspan="2">0.6～1.5</td><td colspan="2">1.5～3</td><td colspan="2">3～6</td><td>＞6</td></tr>
<tr><td rowspan="2">合金种类</td><td>复杂件</td><td>简单件</td><td>复杂件</td><td>简单件</td><td>复杂件</td><td>简单件</td><td>为压铸件壁厚的百分数（%）</td></tr>
<tr><td colspan="7">内浇口厚度</td></tr>
<tr><td>铅、锡</td><td rowspan="2">0.4～0.8</td><td rowspan="2">0.4～1.0</td><td rowspan="2">0.6～1.2</td><td rowspan="2">0.8～1.5</td><td rowspan="2">1.0～2.0</td><td rowspan="2">1.5～2.0</td><td rowspan="2">20～40</td></tr>
<tr><td>锌</td></tr>
<tr><td>铝、镁</td><td>0.6～1.0</td><td>0.6～1.2</td><td>0.8～1.5</td><td>1.0～1.8</td><td>1.5～2.5</td><td>1.8～3.0</td><td rowspan="2">40～60</td></tr>
<tr><td>铜</td><td>—</td><td>0.8～1.2</td><td>1.0～1.8</td><td>1.0～2.0</td><td>1.8～3.0</td><td>2.0～4.0</td></tr>
</table>

2）内浇口的宽度和长度

内浇口的厚度确定之后，根据内浇口的截面积，其宽度就可以方便地计算出来。根据经验，对矩形压铸件而言，内浇口的宽度一般取其边长的0.6～0.8；对圆形压铸件而言，内浇口的宽度一般取其直径的0.4～0.6；对圆环(筒)形压铸件而言，内浇口的宽度一般取其外径的0.25～0.3。

在整个浇注系统中，内浇口的截面积最小(除直接浇口外)，因此金属液充填型腔时，内浇口处的阻力最大。为了减少压力损失，应尽量减少内浇口的长度，内浇口的长度一般取2～3mm，通常不超过3mm。

5. 内浇口与型腔和横浇道的连接方式

图6.24所示为侧浇口与型腔和横浇道的连接方式。图6.24(a)所示为内浇口、横浇道和型腔在同一侧的形式；图6.24(b)所示为内浇口和型腔在一侧，横浇道在另一侧的形式；图6.24(c)与图6.24(d)连接方式类似，只是在横浇道上增加了一个折角，适用于薄壁压铸件；在图6.24(d)所示结构中，内浇口设在型腔与横浇道的接合处，称为搭接式内浇口；图6.24(e)所示的形式与图6.24(d)类似，金属液从型腔底部

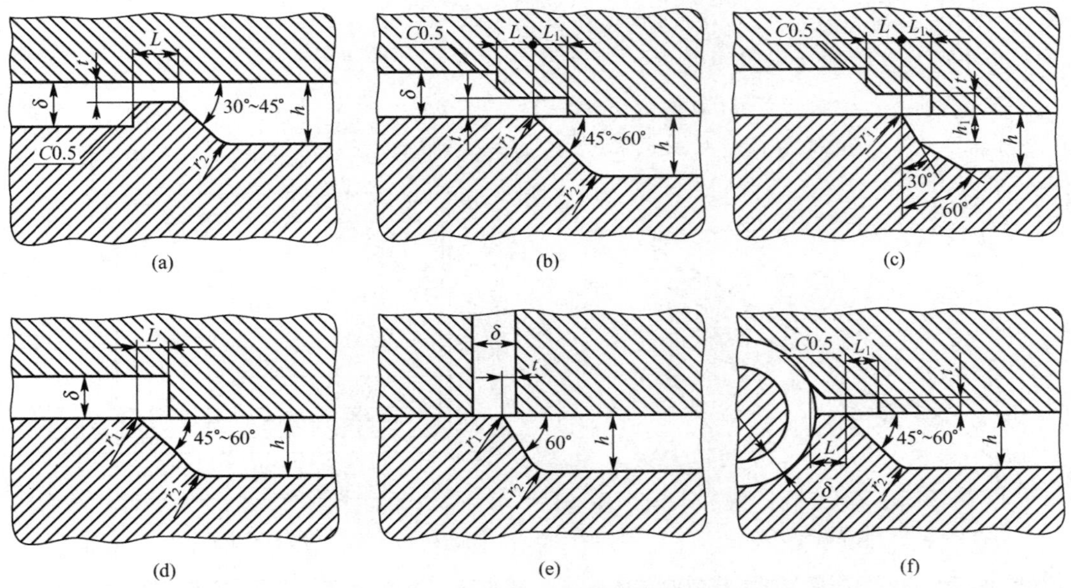

图6.24 侧浇口与型腔和横浇道的连接方式

端面导入，搭接处角度增大至60°，适用于深型腔的压铸件；图 6.24(f)所示的形式为横浇道与内浇口将金属液从切线方向导入型腔，适用于管状压铸件。

图 6.24 中各数据之间的相互关系如下：

$L_1=3L$，$L=2\sim3\text{mm}$，$L+L_1=8\sim10\text{mm}$，$h_1=2L$，$h>2\delta$，$r_1=t$，$r_2=h/2$。

表 6-9 列出了典型的点浇口的连接形式。

表 6-9　典型的点浇口的连接形式

图示	推荐尺寸							
R, α, d, β, L	投影面积 F/cm^2		≤80	80～150	150～300	300～500	500～750	750～1000
	浇口直径 d/mm	简单件	2.8	3.0	3.2	3.5	4.0	5.0
		中等复杂件	3.0	3.2	3.5	4.0	5.0	6.5
		复杂件	3.2	3.5	4.0	5.0	6.0	7.5
	浇口厚度 L/mm		3～4			4～5		
	出口角度 α		60°～90°					
	进口角度 β		45°～60°					
	圆弧半径 R/mm		30					

拓展阅读

内浇口厚度和凝固模数的关系

为了使金属液充满型腔后在压力的作用下凝固，要求在充型结束时内浇口只能有一半厚度凝固。内浇口厚度和凝固模数的关系如图 6.25 所示，图中的凝固模数可以用式(6-10)计算：

$$M=V/A \tag{6-10}$$

式中，M 为凝固模数（cm）；V 为压铸件体积（cm^3）；A 为压铸件表面积（cm^2）。

对于壁厚基本均匀的薄壁压铸件，凝固模数约等于壁厚的 1/2。

图 6.25 中，a 线为铝合金的关系线，$t_{\text{Al}}=3.7M+0.5$；b 线为锌合金的关系线，$t_{\text{Zn}}=3.7M+0.4$；c 线为镁合金的关系线，$t_{\text{Mg}}=2.3M+0.4$。

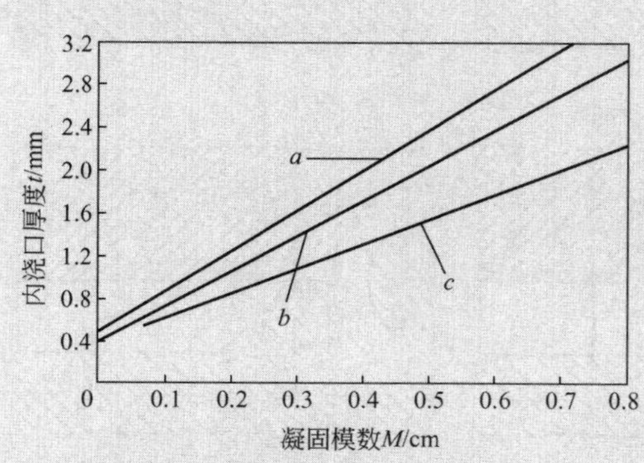

图 6.25　内浇口厚度与凝固模数的关系

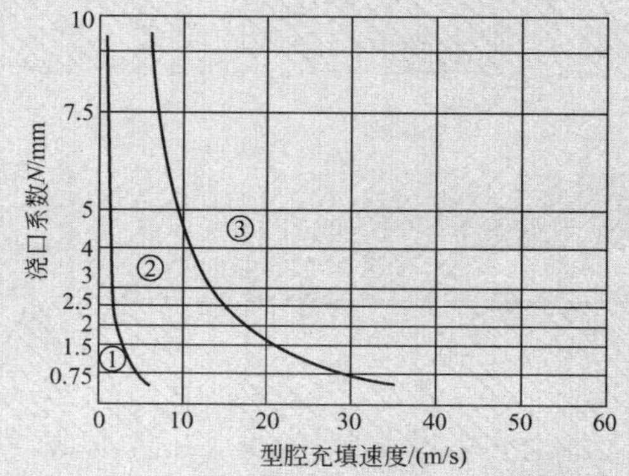

图 6.26　铝合金压铸模浇口系数与充填速度的关系

铝合金压铸模浇口系数与充填速度的关系

压铸模浇口系数可由式(6-11)确定：

$$N=\frac{bt}{b+t} \tag{6-11}$$

式中，N 为浇口系数（mm）；b 为内浇口宽度（mm）；t 为内浇口厚度（mm）。

铝合金压铸模浇口系数与型腔充填速度的关系如图6.26所示。图中所示的①区在低速充填情况下获得的压铸件质量良好，但并不适合所有铸件，若选择①区的充填速度，应尽量选择接近②区边界的值；②区的压铸件质量差，应避免选择②区的值；③区为高速充型区，可获得质量良好的压铸件，但选择时要注意避免金属液充型时产生粘模，不宜选择过高的充填速度。

6.2 溢流与排气系统设计

压铸模中的溢流、排气系统包括溢流槽和排气槽(图6.27)。为了提高压铸件质量，在金属液充填型腔的过程中，应尽量排除型腔中的气体，排除夹杂物、涂料残渣，排除混有气体和被涂料残余物污染的前流冷污金属液，这就需要设置溢流、排气系统。溢流、排气系统还可以控制金属液的填充流态，弥补由于浇注系统设计不合理而带来的一些压铸缺陷，是压铸模中不可或缺的重要组成部分，因此，压铸模设计通常将溢流、排气系统与浇注系统作为一个整体来考虑。溢流与排气系统的效果与其在型腔周围的分布、所在位置和数量的分配、尺寸和容量大小及本身的结构形式等因素有关。

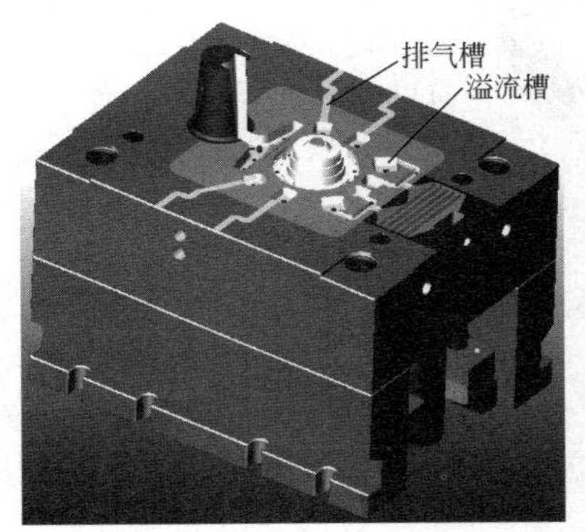

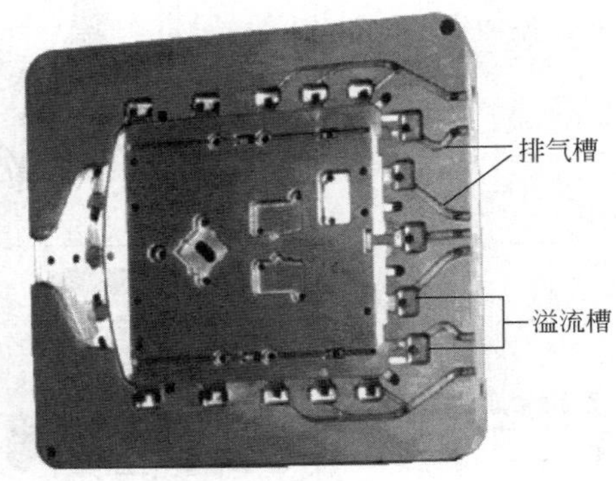

图6.27 压铸模中溢流、排气系统的示例图片

6.2.1 溢流槽设计

1. 溢流槽的作用

(1) 排除型腔中的气体，容纳混有气体和涂料残渣的前流冷污金属液，防止压铸件产生冷隔、气孔和夹渣。

(2) 与浇注系统一起控制金属液的流动状态，防止局部产生涡流，形成有利于避免压铸缺陷的充填条件。

(3) 调节模具的温度场分布，改善模具的热平衡状态，以减少压铸件表面流痕、冷隔及浇不足现象。

(4) 作为压铸件脱模时推杆推出的位置，可防止压铸件变形，避免在压铸件表面留有推杆痕迹。

(5) 设置在动模上的溢流槽，可增大压铸件对动模的包紧力，使压铸件在开模时随动模带出。

(6) 作为压铸件存放、运输及加工时的支承、吊挂、装夹或定位的附加部分。

2. 溢流槽的位置

溢流槽多设置在分型面上，也可设置在型腔内，为有效地实现溢流槽的功能，溢流槽设置的部位，通常是金属液最先冲击的位置、最后充填的部位、两股或多股金属液汇流的位置、压铸件局部过厚或过薄的部位等，这些都是容易裹入气体、夹杂或产生涡流的位置。

此外，溢流槽应设置在便于从压铸件上去除的位置，并尽量不损坏压铸件的外观；注意避免在溢流槽和压铸件之间产生热节；一个溢流槽上不应开设多个溢流口(金属液流入口)或一个很宽的溢流口，以免进入溢流槽的金属液倒流回型腔。表 6-10 为溢流槽位置选择的示例。

表 6-10　溢流槽位置的选择示例

设置部位	图　示	说　明
金属液最先冲击的部位和内浇口两侧	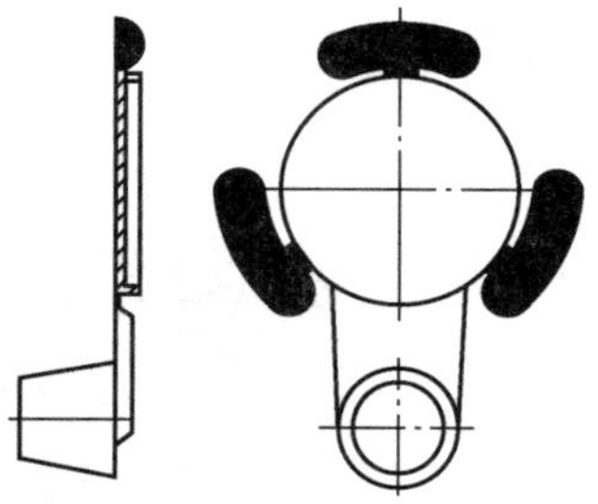	在金属液最先冲击的部位和内浇口的两侧设置溢流槽，排除金属液流前部的气体、冷污金属液，可稳定流态，减少涡流，并可将折回内浇口两侧的气体和夹渣排除
型芯背面金属液的汇合区域	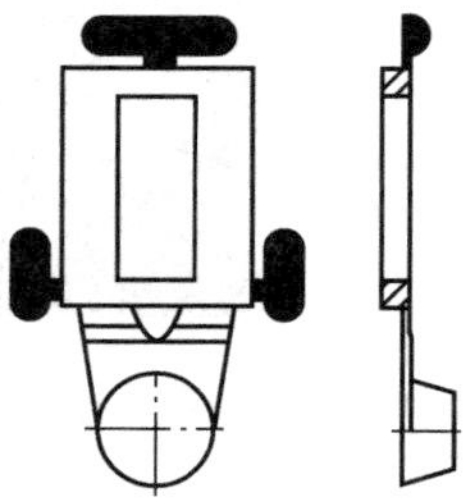	型芯背面区域是金属液在充填过程中被型芯阻止所形成的死角，也是由气体和夹渣形成铸造缺陷之处，故经常设置溢流槽，以改善压铸件的质量
多股金属液汇合之处	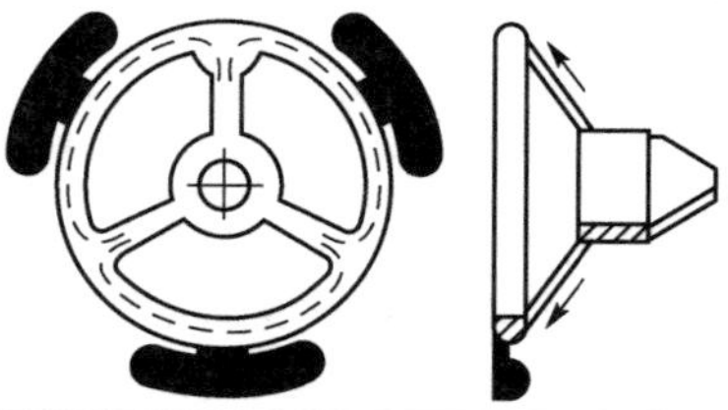	轮缘上每两个轮辐之间的位置，都是两股金属液的汇合处(箭头所示)，也是气体、涂料残渣、冷污金属液最集中的区域，应设置溢流槽来改善充填、排气条件

（续）

设置部位	图　示	说　明
压铸件局部壁厚处		压铸件的厚壁处最易产生气孔、缩松等缺陷，为了改善厚壁处的内部质量，经常采用大容量的双梯形溢流槽和较厚的溢流口，以充分地排除气体和夹渣，转移缩松部位，改善内部质量
金属液最后充填的部位		压铸件为细长件，金属液从较厚部位引入，最后充填的尾部壁厚较小，金属液温度和模具温度比较低，气体、夹渣较集中，故应设置溢流槽以改善模具热平衡状态，改善充填、排气条件
主横浇道的端部	1—主横浇道；2—溢流槽；3—推杆；4—支横浇道	将冷污金属液、涂料残渣和气体储存在主横浇道的大容量溢流槽中，同时对金属液的流态有一定的稳定作用

实用技巧

为了能充分发挥溢流槽的作用，不至于消耗过多的金属、增大投影面积和降低充填有效压力，在设计溢流槽时，不一定要一步到位，应慎重考虑，一时分析不透没有把握的，在设计模具时，可在事先准备布置溢流槽的地方留有一定的余地，待试模后，仔细观察和分析压铸件流痕及缺陷的形态，最后确定溢流槽合理的位置及容量。

3. 溢流槽的结构形式

1）设置在分型面上的溢流槽

在所有的溢流槽形式中，设置在分型面上的溢流槽结构简单，加工方便，应用最广泛。分型面上溢流槽的截面形状一般为半圆形或梯形，便于用球头立铣刀或带锥度的立铣刀加工，可以开设在定模或动模一侧及两模之间。其结构形式见表6-11。

表 6-11　设置在分型面上的溢流槽

图示				
说明	溢流槽截面呈半圆形，它开设在动模部分，并设置推杆	溢流槽截面呈梯形，开设在动模部分，并设置推杆，可增大压铸件对动模部分的包紧力	溢流槽截面呈梯形，开设在定模部分	溢流槽开设在分型面两侧，并设置推杆，要求溢流容量大时才使用

2）设置在型腔内的溢流槽

根据压铸件的需要，也可将溢流槽设置在型腔内，其结构形式见表 6-12。

表 6-12　设置在型腔内的溢流槽

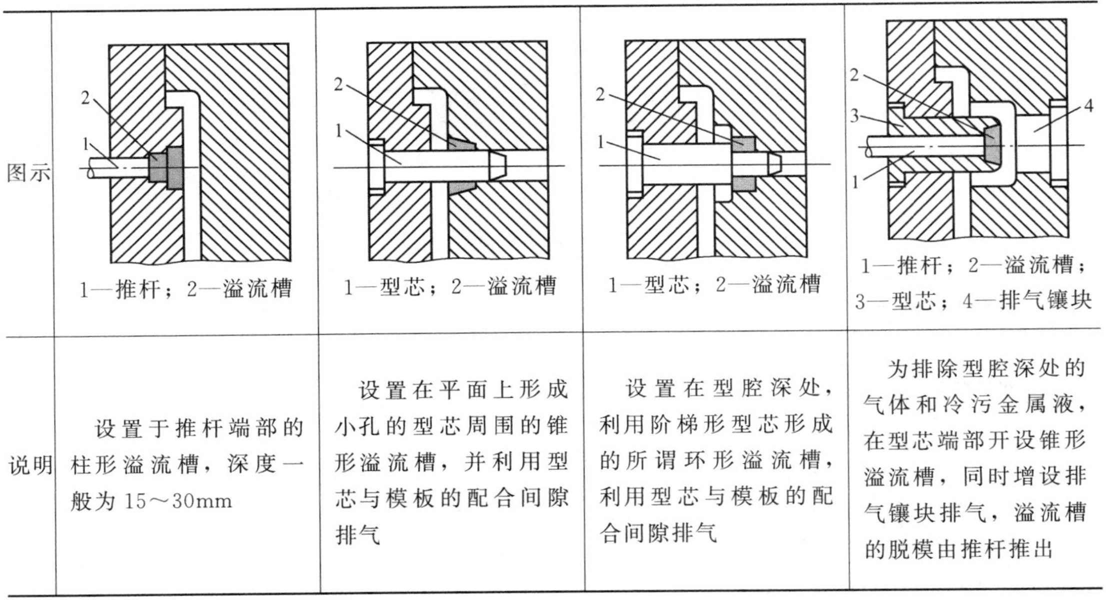

图示	1—推杆；2—溢流槽	1—型芯；2—溢流槽	1—型芯；2—溢流槽	1—推杆；2—溢流槽；3—型芯；4—排气镶块
说明	设置于推杆端部的柱形溢流槽，深度一般为 15～30mm	设置在平面上形成小孔的型芯周围的锥形溢流槽，并利用型芯与模板的配合间隙排气	设置在型腔深处，利用阶梯形型芯形成的所谓环形溢流槽，利用型芯与模板的配合间隙排气	为排除型腔深处的气体和冷污金属液，在型芯端部开设锥形溢流槽，同时增设排气镶块排气，溢流槽的脱模由推杆推出

4. 溢流槽的容积和尺寸

1）溢流槽的容积

按照充填型腔时金属液的流动方向和路径，将型腔划分为若干个区，每个区的一端为金属液的入口，另一端设置溢流槽。在理想状态下，流入一个区的金属液仅停留在这个区内，或通过这个区进入设置在另一端的溢流槽里。各个区之间没有明显的金属液流动。与各个区相邻的溢流槽的容积与相邻型腔区容积的关系见表 6-13。

表 6-13 溢流槽的容积

压铸件壁厚/mm	溢流槽容积占相邻型腔区容积的百分比/(%)	
	压铸件具有较低的表面粗糙度	压铸件表面允许少量折皱
0.90	150	75
1.30	100	50
1.80	50	25
2.50	25	25
3.20	—	—

注：1. 特殊情况下，表中所列的数据应进行调整。

2. 金属液每流过浇道和型腔 250mm，溢流槽的容积还要在表中所列数据的基础上追加 20%。

2）溢流槽的尺寸

通常半圆形溢流槽用于壁厚较薄的压铸件，较厚的压铸件往往采用梯形或双梯形溢流槽。全部溢流槽的溢流口截面积的总和应等于内浇口截面积的 60%～75%，溢流口的厚度要小于内浇口的厚度，以保证溢流口比内浇口早凝固，以切断正在凝固的金属与外界的通道，得到最终压射比压的作用。设计时可根据压铸件内浇口截面积确定溢流口尺寸，再按内浇口尺寸选择溢流槽尺寸。推荐的溢流槽尺寸见表 6-14 和表 6-15。

表 6-14 分型面上半圆形溢流槽尺寸

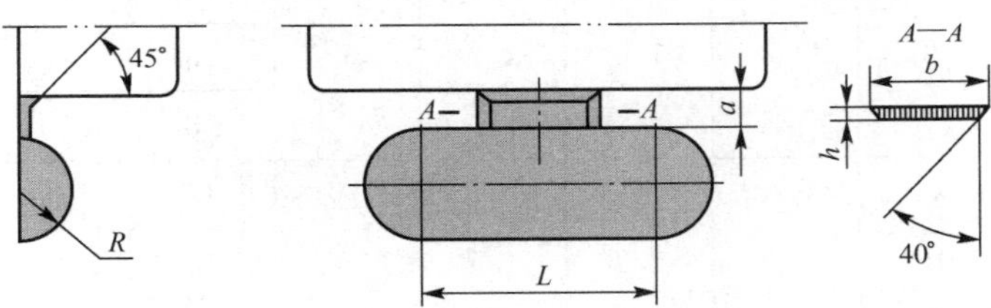

溢流槽半径 R/mm	溢流槽长度 L/mm	溢流口宽度 b/mm	溢流口长度 a/mm	溢流口厚度 h/mm		
				锌合金	铝合金/镁合金	铜合金
3	12～15	5～6	2	0.3	0.4	0.5
4	16～20	6～8	3	0.4	0.5	0.6
5	20～25	8～10	4	0.5	0.6	0.7
6	24～30	10～12	4.5	0.6	0.7	0.9
8	32～40	12～15	5	0.7	0.8	1.0
10	40～50	15～18	6	0.8	1.0	1.2
12	45～60	18～22	7	1.0	1.2	1.4
15	55～70	22～30	8	1.1	1.3	1.5

表 6-15　推荐的梯形溢流槽尺寸

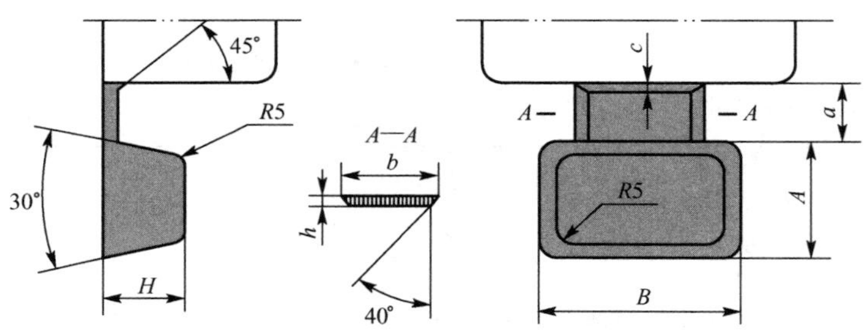

A/mm	a/mm	H/mm	h/mm			c/mm	b/mm	B/mm	F_y/cm^2	V_y/cm^3
			锌合金	铝合金/镁合金	铜合金					
12	5	6	0.6	0.7	0.9	0.6	8	12	1.58	0.89
							10	16	2.17	1.23
							12	20	2.74	1.55
16	6	7	0.7	0.8	1.1	0.8	10	16	2.89	1.91
							12	20	3.64	2.64
							14	25	4.56	3.00
20	7	8	0.8	1.0	1.3	1	12	20	4.54	3.44
							15	25	5.74	4.30
							18	30	6.92	5.21
25	8	10	1.0	1.2	1.5	1	15	25	7.10	6.71
							18	30	8.59	8.08
							22	35	10.16	9.48
30	9	12	1.1	1.3	1.6	1	18	30	10.24	11.60
							22	35	12.08	13.62
							26	45	15.44	17.40
35	10	14	1.3	1.5	1.8	1	20	35	14.06	18.49
							25	40	16.49	21.11
							30	50	20.05	26.34
40	10	16	1.5	1.8	2.2	1	25	40	17.99	27.32
							30	50	20.49	34.09
							35	60	26.99	40.88

注：F_y 为溢流槽在分型面上的投影面积；V_y 为溢流槽的容积。

6.2.2 排气槽设计

排气槽是型腔或溢流槽与大气的连接通道。压铸生产时，金属液的充填速度非常快，型腔的充填时间非常短，型腔中的空气及涂料挥发产生的气体的排除是一个极其重要的问题。排气槽用于从型腔中排出空气及涂料挥发产生的气体，其设置的位置与内浇口的位置及金属液的流态有关。为了使型腔中的气体在压射时尽可能多的被金属液排出，应将排气槽设置在金属液最后填充的部位。

1. 排气槽的结构形式

排气槽一般与溢流槽配合，设置在溢流槽后端以加强溢流和排气的效果。一般在分型面上开设排气槽，设置在分型面上的排气槽结构简单，截面形状一般为狭长的矩形，加工方便。分型面上的排气槽设置灵活，可以在试模过程中根据实际情况加以改变，因此应用最广泛。

此外，可以利用推杆或固定型芯端部的配合间隙排气；排气槽还可以在型腔的必要部位单独设置，如在固定型芯上制出排气沟槽排气，或在深腔模具中镶入排气塞进行排气。

排气槽的结构形式见表6-16。

表6-16 排气槽的结构形式

排气方式	结构简图	说明
分型面上的排气槽	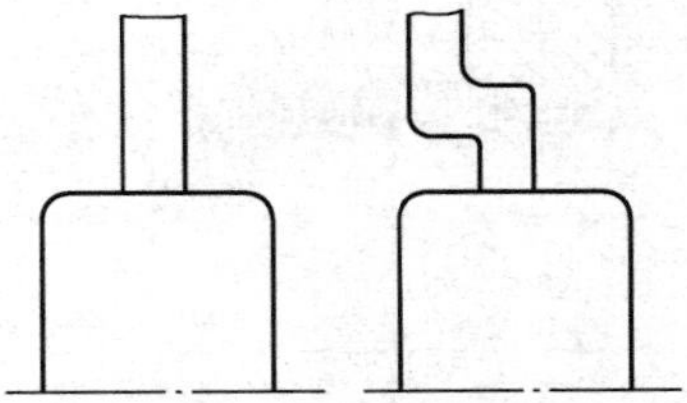 (a) 平直式　(b) 曲折式	由分型面上直接从型腔引出的平直式及曲折式排气槽 排气槽呈曲折形状，有利于防止金属液从排气槽中喷射出来
	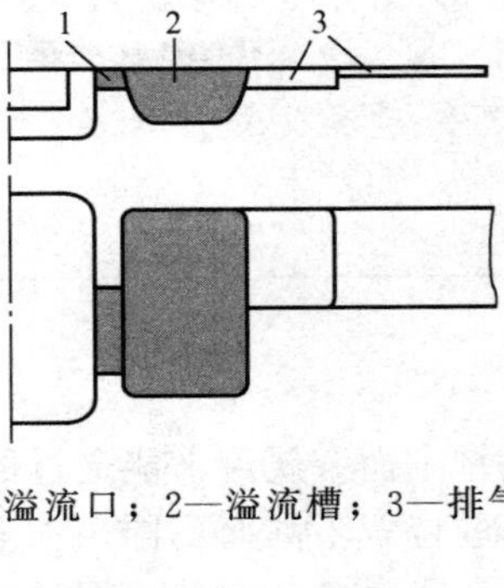 1—溢流口；2—溢流槽；3—排气槽	在溢流槽后端设置排气槽，排气槽与溢流口应错开布置，防止金属液过早堵塞排气槽 贴近溢流槽部位的排气槽深度较大，有利于排气及溢流槽的填充，但要注意，不允许金属液在压铸时从排气槽中喷出

（续）

排气方式	结构简图	说　　明
利用型芯和推杆间隙设置排气槽	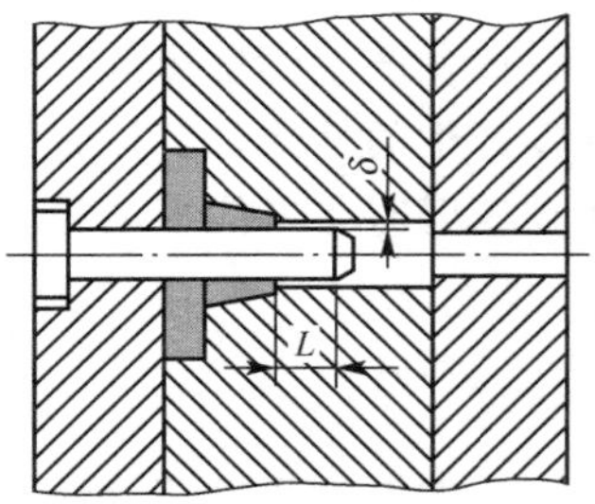	压铸件在型腔处有通孔，利用固定型芯伸入模板中的配合间隙进行排气，排气间隙 δ 一般约为 0.05mm，配合段长度 L 一般取 10～15mm 这种结构对长型芯有加固作用，但排气效果较差
	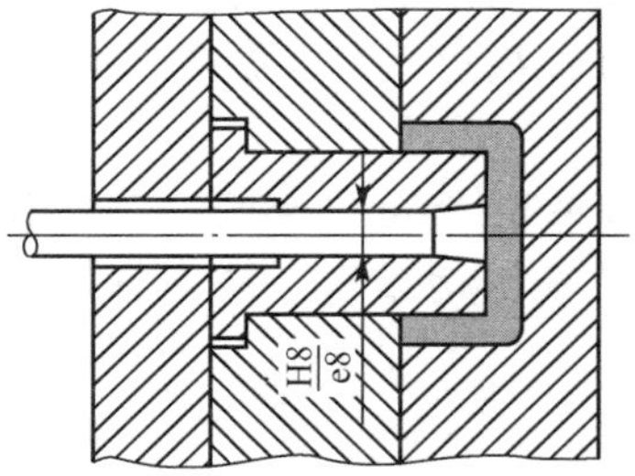	在型腔的深腔部位设置推杆，利用推杆工作端与模板(型芯)的配合间隙进行排气，此时的配合一般为 H8/e8
在固定型芯上制出排气沟槽	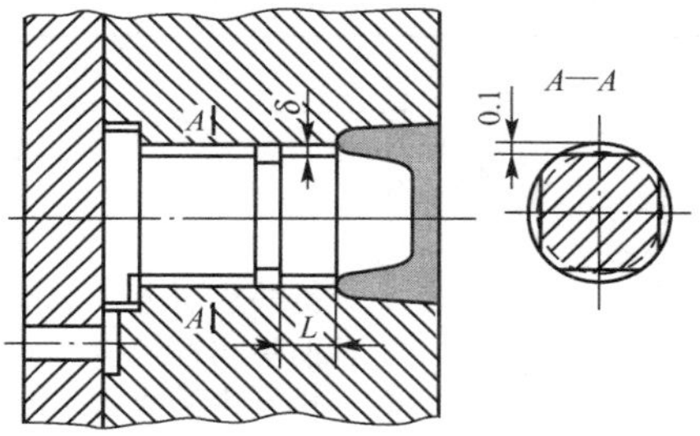	在型芯镶固部分制出排气沟槽从而形成间隙，型腔内的气体通过间隙进入环型槽，迅速排出，但排气间隙易被金属液堵塞 一般 δ 取 0.04～0.06mm，L 取 6～10mm
深腔模具中镶入排气塞	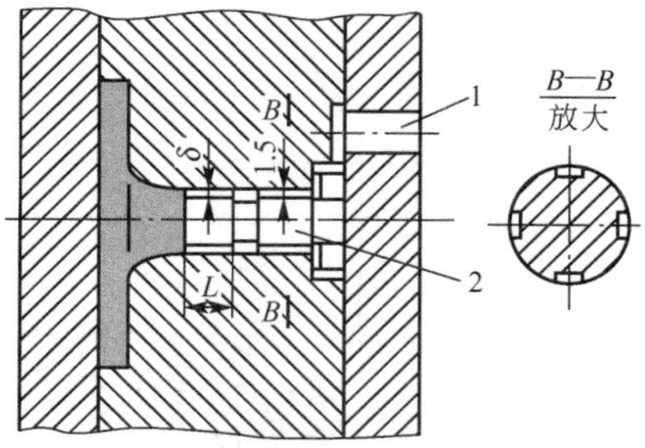 1—通气孔；2—排气塞	排气塞的端部 L 取 8～15mm，其配合间隙单边 δ=0.04～0.06mm，型腔内的气体通过间隙进入环型槽，迅速排出

2. 排气槽的尺寸

排气槽的深度应按照气体能最大限度地排出而金属液不能通过的原则来确定。它依据压铸金属的种类、压射压力的大小及排气槽的位置不同而不同。在同一副压铸模上，可能有深度不同的排气槽，金属液流经较长曲折行程之后达到其端部的排气槽可比那些温度较高的金属液以较高速度达到的排气槽深一些。

型腔内部各类形式的排气槽的尺寸可参考表6-16。分型面上的排气槽，深度一般按0.05～0.15mm选取，宽度为10～20mm，具体的经验数据见表6-17。

表6-17 分型面上排气槽的尺寸

合金种类	排气槽深度/mm	排气槽宽度/mm	备注
铅合金	0.05～0.10	8～25	排气槽在离开型腔20～30mm后，可将其深度增大至0.3～0.4mm，以提高排气效果
锌合金	0.05～0.12		
铝合金	0.10～0.15		
镁合金	0.10～0.15		
铜合金	0.15～0.20		
黑色金属	0.20～0.30		

3. 排气槽的设计要点

(1) 排气槽尽可能设置在分型面上且在同一半模上，便于制造。

(2) 溢流槽尾部必须开设排气槽，以利于金属液无阻力顺利进入溢流槽。

(3) 排气量大时，以增大排气槽的宽度和数量为宜，不宜过分增加其深度，以防止金属液向外喷出。

(4) 排气槽的总截面积通常为内浇口截面积的20%～50%，也可按式(6-12)进行计算。通过计算得出的排气槽截面积一般偏小，在实际设计时可适当放大，但最大不得超过内浇口的截面积。

$$A_q = 0.00224 \times \frac{V}{\lambda\tau} \tag{6-12}$$

式中，A_q 为排气槽截面积（mm^2）；V 为型腔、浇注系统、溢流槽及压室注入金属后尚未充满部分的体积之和（mm^3）；τ 为气体的排出时间（s），可近似按充填时间选取；λ 为充型过程中排气槽的开放系数，$\lambda=0.1\sim1$。选取 λ 时应考虑下列因素：金属液流速低，排气槽位于金属液最后充填处时，λ 值取大些；反之，λ 值取小些。

(5) 型芯或推杆与镶块之间的间隙也具有排气的作用，但设计时可不列入排气总面积。

6.3 压铸件浇注系统的实例分析

对每一个压铸件而言，其浇注系统一般都可以有多个方案进行比较选择。现选取几例压铸件，对浇注系统的设计进行简要分析。

6.3.1 无油泵定子盖压铸模浇注系统

如图6.28所示为无油泵定子盖压铸件的结构。其特点是带有多组散热片。根据无油泵的工作特点，要求定子盖内部组织细密，具有良好的气密性，没有气孔、微孔等漏气缺陷。

该压铸件的压铸进料可以采用以下几种方式：

1）采用中心浇口从中心进料

金属液进入型腔后，向四周填充，顺着散热片的方向流动较好，但在横向时，金属液受到一定的阻力，产生涡流、窝气，影响排气和填充，导致成形效果不良，产生压铸缺陷。同时，如果使用卧式压铸机，使压铸模结构复杂，提高模具成本，且去除浇口凝料也比较困难。

2）从 A 处侧面进料

金属液的流动方向与散热片走向呈垂直状态，产生较大的流动阻力，会出现紊流、裹气现象，使气体无法有序排除，显然是不合理的设计。

3）采用扇形侧浇口进料

如图 6.29 所示，采用大夹角扇形侧浇口进料，金属液进入型腔的流向与散热片方向一致，气体有序排除，形成良好的填充状态，获得质地优良、达到质量要求的压铸件。

4）从 B 处进料

如果从 B 处进料，距离较近的小型芯受到金属液的冲击，容易损坏，或产生粘模现象，使压铸件脱模困难。

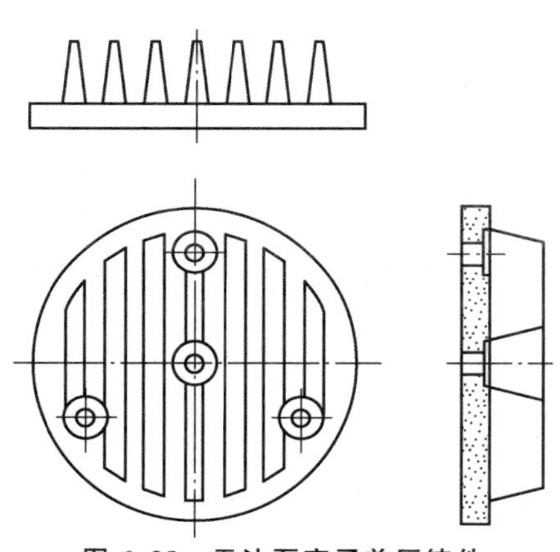

图 6.28　无油泵定子盖压铸件

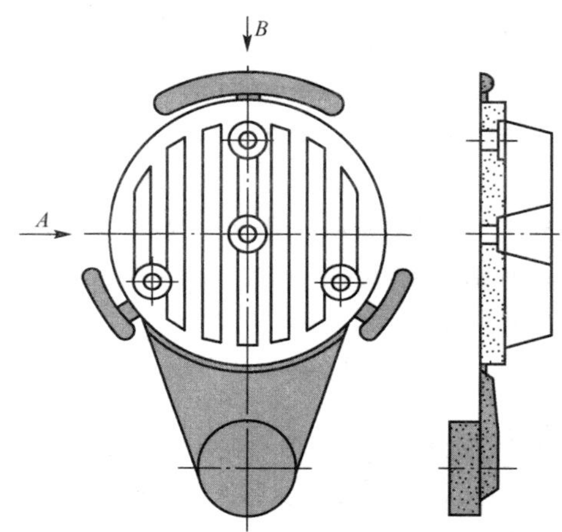

图 6.29　无油泵定子盖的压铸浇注系统分析

6.3.2　机盖体压铸模浇注系统

如图 6.30 所示，压铸件为圆盖形，顶部中心和三个侧面均设有通孔，壁厚均匀，一般为 3.5mm，材料为 YL102 铝合金。该压铸件的浇注系统分析见表 6－18。

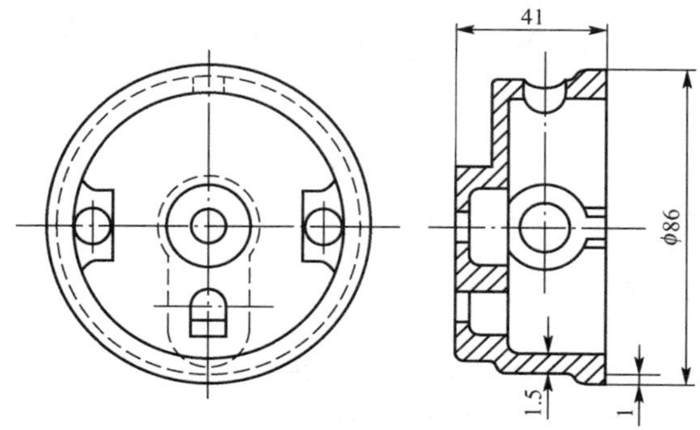

图 6.30　机盖体压铸件

表 6-18 机盖体压铸浇注系统的分析对比

示意简图	分析说明
	中心浇口 金属液流程短，充填排气条件均较好，但由于受压铸件结构所限，直浇道只能设置在压铸件顶面上，这样侧面抽芯均在定模部分，使得模具结构复杂
	外侧浇口 金属液流程较长，但可以将三面抽芯均设置在动模部分，有利于模具制造和使用，采用平直反向顶面的侧浇口，使金属液首先引向压铸件顶面，分型面排气条件好，能获得较好的成形效果

6.3.3 真空泵油箱压铸模浇注系统

真空泵油箱采用金属压铸件，要求密封良好，不允许有气孔或缩孔及冷隔等缺陷产生。其结构特点是型腔较深，平均壁厚为 2.5mm。在平直边上有一高为 6mm 的凸台。该压铸件的浇注系统分析如图 6.31 所示。

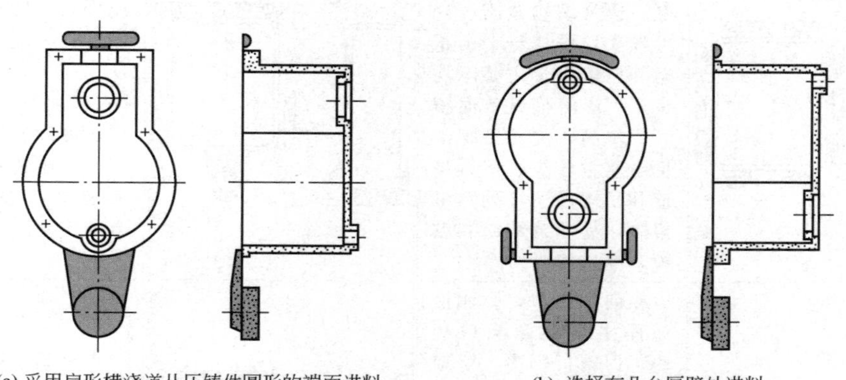

(a) 采用扇形横浇道从压铸件圆形的端面进料　　(b) 选择在凸台厚壁处进料

图 6.31 真空泵油箱的压铸浇注系统分析

图 6.31(a)所示为采用扇形横浇道从压铸件圆形的端面进料。相对于从侧面进料的形式，有效地改善了金属液直接冲击型芯所造成的不良后果。但由于内浇口是从薄壁处进入型腔，这时高为 6mm 的凸台处于金属液流的终端，容易产生气孔、缩孔等压铸缺陷，不利于传递补缩压力，影响了压铸件的致密性，有可能导致漏气、漏油。

图 6.31(b)所示为选择在凸台厚壁处进料，并有意识地加大内浇口的厚度，有利于补缩压力的传递，使压铸件的内部组织密实。同时在容易产生冷隔缺陷的部位设置相应的溢流槽，提高了排溢效果，改善了填充条件，使压铸件质量满足技术要求。

6.3.4 罩壳压铸模浇注系统

如图 6.32 所示，罩壳压铸件为长方形壳体，型腔较深，顶部无孔，内腔有长凸台，壁厚较薄而均匀，一般为 2mm，材料为 YL102 铝合金。该压铸件的压铸浇注系统分析见表 6-19。

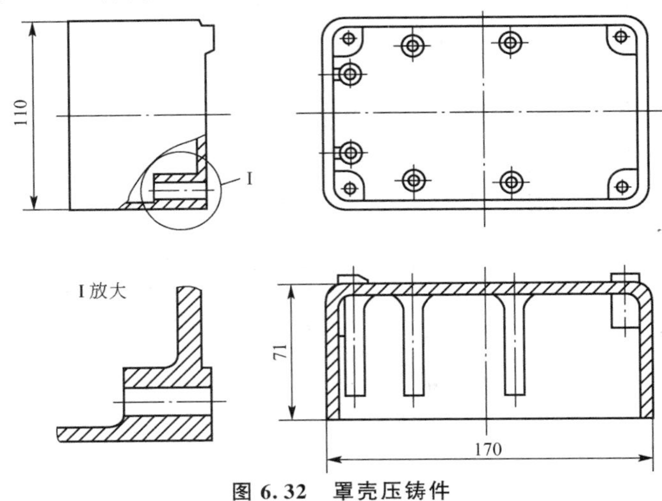

图 6.32　罩壳压铸件

表 6-19　罩壳压铸浇注系统的分析对比

示意简图	分析说明	示意简图	分析说明
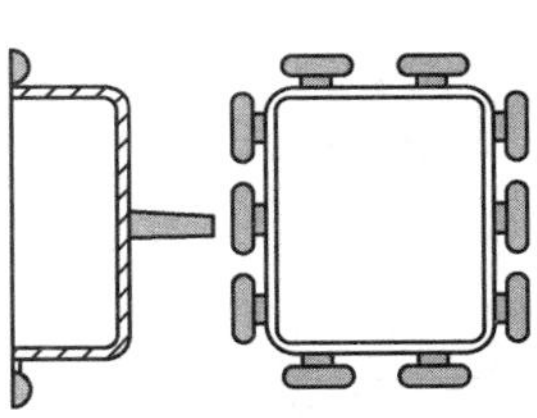	顶浇口，金属液流程短而均匀，充填条件良好。模具结构紧凑，外形较小，模具热平衡状态和压铸机受力状态均良好，压铸模有效面积利用率高，浇注系统消耗金属量较少。但直浇道和压铸件连接处热量集中，易导致缩松和粘模，浇口需要切除	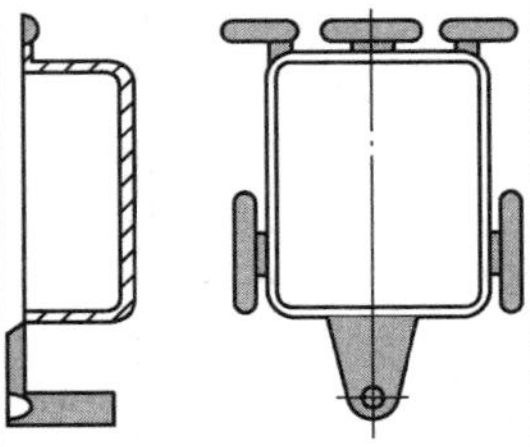	端部侧浇口，金属液流程长，转折多，远离浇口的一端充填条件不良，易产生流痕、冷隔。设置大容量溢流槽，可改善模具热平衡状态，压铸件的质量有所提高，去除浇口较方便
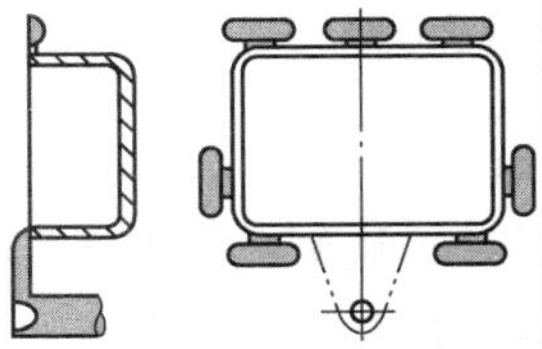	横向侧浇口，金属液流程比端部侧浇口短些，但转折仍多，浇口对面的一侧易产生流痕、冷隔。为改善顶部和对面一侧的充填、排气条件，首先将金属液引向压铸件顶部，以排除深腔部位的气体，在最后充填部位设置大容量溢流槽，效果较好	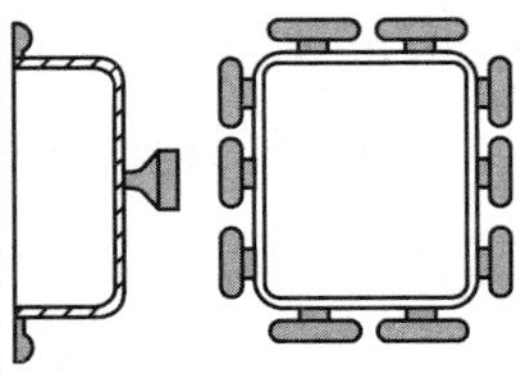	点浇口，除具有顶浇口的优点外，去除浇口方便，但模具需要两次分型，结构较复杂。对于较深的型腔，采用点浇口时，四侧花纹较严重

6.3.5 轴承保持器压铸模浇注系统

如图 6.33 所示，轴承保持器压铸件为直径较大的圆环形厚壁件，外径为 ϕ343mm，壁厚为 10mm，要求经切削加工后内部无气孔，表面不允许有裂纹、夹渣等压铸缺陷。槽孔经受压力后不得有脱落，材料选用变质 YL102 铝合金。该压铸件的压铸浇注系统分析见表 6－20。

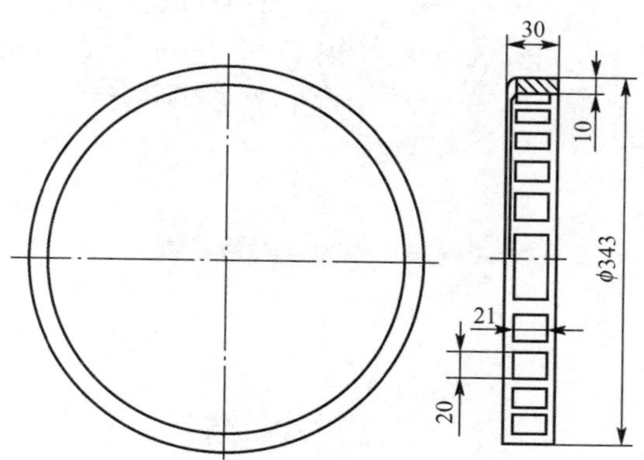

图 6.33 轴承保持器压铸件

表 6－20 轴承保持器压铸浇注系统的分析对比

示意简图	分析说明	示意简图	分析说明
	切线浇口，金属液沿切线方向充填，气体从分型面排出，此方法可用于直径小于 ϕ200mm 的压铸件		平直浇口，金属液冲击型腔壁，容易导致型腔面冲蚀而引起粘模现象
	分支 T 形浇口，延长横浇道，内浇口分段与压铸件连接。在分支横浇道端部和型腔中金属流汇合处设置溢流槽、排气槽，以排出气体、储存冷污金属液。内浇口采用反注式，充填、排气条件和模具热平衡状态良好，是一种比较合理的设计方案		T 形浇口，将内浇口宽度增大，减小金属液冲击现象，改善充填、排气条件，在一定情况下可以使用

学以致用

根据图6.34所示压铸件的结构特性，给出内浇道的设计方案(直接在图上画出浇注系统和排溢系统的示意图)。

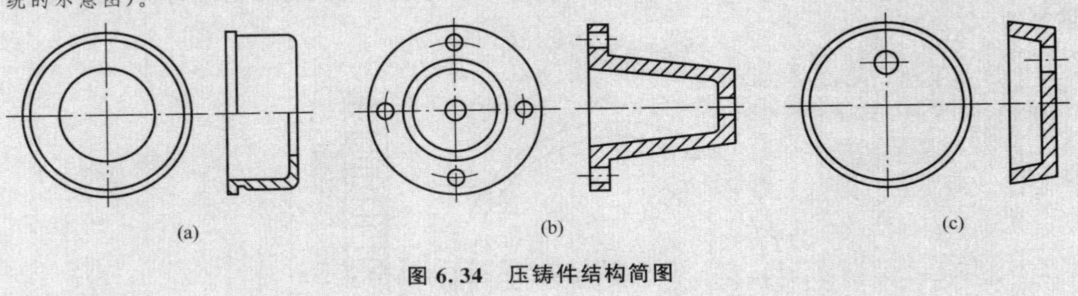

图6.34　压铸件结构简图

本章小结

本章对压铸模浇注系统各组成部分的设计要求及排溢系统的设计进行了较详尽的介绍，通过实例对一些典型压铸件的浇注系统和排溢系统的设计进行了比较分析。

压铸模中连接压室和型腔并引导金属液充填型腔的通道称为浇注系统。浇注系统一般由直浇道、横浇道、内浇口和余料等部分组成。根据压铸机的类型及引入金属液的方式不同，压铸模浇注系统的结构也不同。按照金属液进入型腔的部位和内浇口的形状，浇注系统一般可分为侧浇道、中心浇道、直接浇道、环形浇道、缝隙浇道和点浇道等浇注系统。浇注系统的设计是压铸模设计的重要环节，不仅决定液态合金的流动状态，而且是影响压铸件质量的重要因素，它是一项工艺性很强的工作，在设计时，既需要理论分析又需要实践经验。

压铸模中的排溢系统也称溢流、排气系统，同样是压铸模中不可或缺的重要组成部分。排溢系统包括溢流槽和排气槽，溢流槽是模具中用以排溢、容纳氧化物及冷污熔融合金或用以积聚熔融合金以提高模具局部温度的凹槽。排气槽是为使压铸过程中型腔内气体排出模具而设置的气流沟槽。

实践中，通常将溢流、排气系统与浇注系统作为一个整体来考虑。

关键术语

浇注系统(casting system)、直浇道(sprue)、横浇道(runner)、内浇口(gate)、余料(biscuit/slug)、溢流槽(overflow well)、排气槽(air vent)、浇口套(sprue bush)、分流锥(sprue spreader)

一、判断题

(　　)1. 为有利于压射压力的传递，内浇道一般设置在压铸件的厚壁处。

(　　)2. 金属液进入型腔后不宜正面冲击型芯，以减少动能损耗，防止型芯冲蚀。

(　　)3. 溢流槽一般布置在型腔温度较低的部位。

二、思考题

1. 浇注系统由哪几部分组成？冷室压铸机与热室压铸机的浇注系统各有何特点？
2. 压铸模有哪几类浇注系统？各适用于哪些压铸件？
3. 一个压铸件是否可以设计几种不同的浇注系统？请举例分析。
4. 举例分析内浇口的设置位置对压铸件质量的影响。
5. 压铸模为什么要开设溢流槽？在什么部位开设溢流槽？
6. 压铸模为什么要开设排气槽？通常有哪几种排气方式？

三、分析题

图6.35所示为接插件压铸件，外缘有凸纹，压铸件不允许有气孔，质量为100g，材料为YL117铝合金。试进行压铸浇注系统分析。

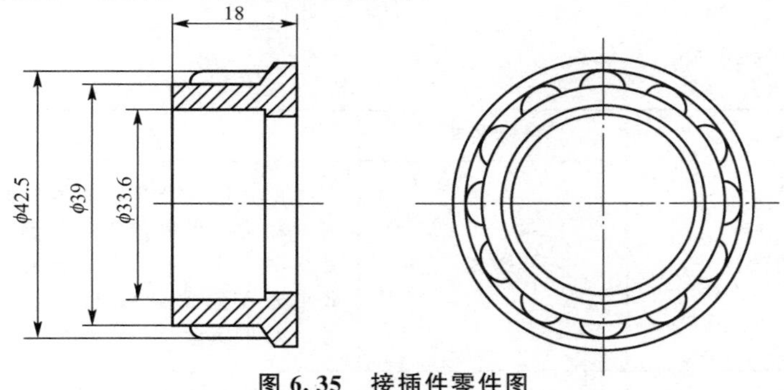

图6.35　接插件零件图

实 训 项 目

图6.36所示压铸件为一表盖零件，厚壁处的厚度为11mm，其余平均厚度为4mm，铸件材料为铝硅合金(YL102)，厚壁处不允许有缩孔和气孔。试设计该压铸件的浇注系统。

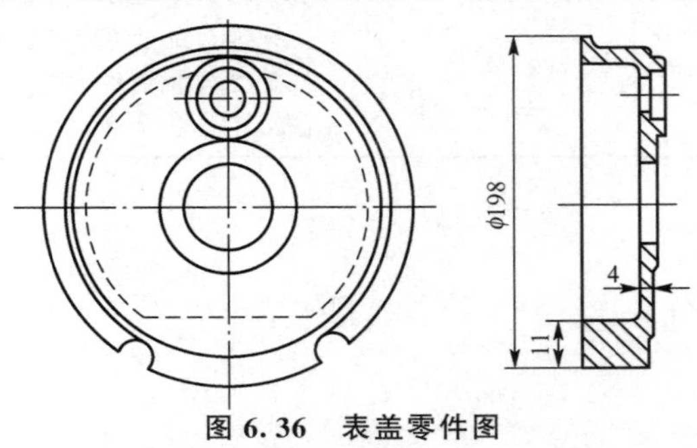

图6.36　表盖零件图

第7章 成形零件和结构零件的设计

知识要点	目标要求	学习方法
成形零件的结构设计	熟悉	首先要理解老师在教学过程中的讲解及阅读教材相关的内容，从而熟悉一些基本结构的典型特征，然后进行针对性的课外查阅，结合实践中的成形零件结构示例举一反三、融会贯通，尤其注意领会实践中的一些技巧
成形零件工作尺寸计算	掌握	通过对压铸件尺寸精度的主要影响因素的理解，掌握成形零件工作尺寸的计算要点和要求，结合教材中的应用实例学会运用相关公式进行计算
结构零件的设计	掌握	熟悉模具的基本框架，结合具体模具结构理解相关零件的设计要点
加热与冷却系统	掌握	在熟悉常用模具预热方式的基础上，掌握电加热系统的基本设计要求；通过比较分析，领会型芯和型腔的冷却方式、冷却水道的布置及设计要求等

导入案例

图 7.1 所示为卧式冷室压铸机偏心浇口压铸模结构，按照零件的功能特征对其进行归类，其中可以将组成压铸模的基本零件分为两大类，一类为成形零件，另一类为结构零件。构成模腔并形成压铸件内、外部形状的零件如定模镶块、动模镶块、型腔、型芯、活动型芯等称为成形零件，它的加工精度和质量决定了压铸件的精度和质量。其他所必要的基本零件则统称为结构零件，主要包括导向机构组成零件、模板、支承与固定零件等，构成模具的基本框架。

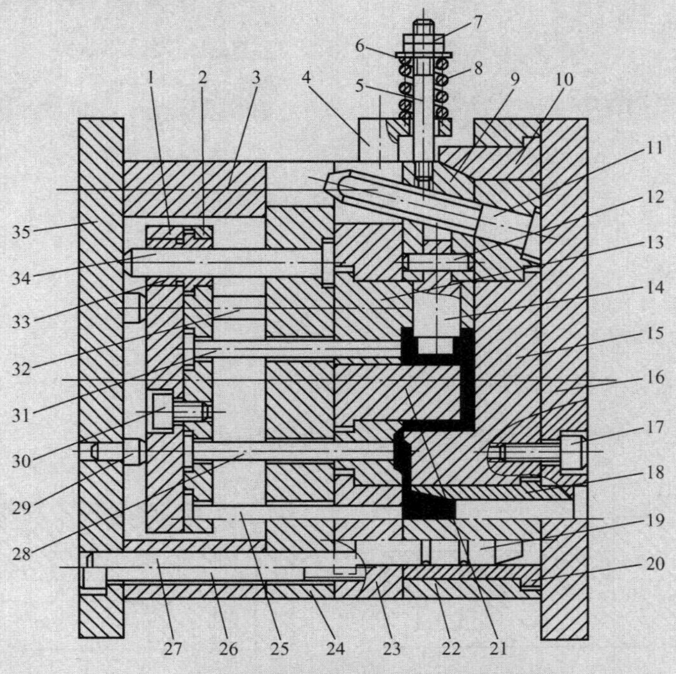

图 7.1　卧式冷室压铸机偏心浇口压铸模结构

基本零件(成形零件)：13—动模镶块；14—活动型芯；15—定模镶块；21—型芯

基本零件(结构零件)：3—垫块；16—定模座板；18—浇口套；22—定模套板；17、26、30—内六角螺钉；19—导柱；20—导套；23—动模套板；24—支承板；27—圆柱销；29—限位钉；35—动模座板

推出机构：1—推板；2—推杆固定板；33—推板导套；25、28、31—推杆；32—复位杆；34—推板导柱

侧向抽芯机构：4—限位块；5—拉杆；6—垫片；7—螺母；8—弹簧；9—滑块；10—楔紧块；11—斜销；12—圆柱销

7.1　成形零件的结构和分类

成形零件是压铸模的核心部分，其结构是依据压铸件的形状及加工工艺来决定的。图 7.2所示为成形零件的实例图片。一般情况下，浇注系统、溢流排气系统也加工在成形零件上。压铸过程中，成形零件直接与高温的金属液接触，承受着高压、高速金属液的冲击和摩擦，容易发生磨损、变形和开裂，导致成形零件的破坏。因此，设计压铸模时，必须保证

满足压铸件的要求，考虑到压铸模的使用寿命，合理地设计成形零件的结构形式，准确计算成形零件的尺寸和公差，并保证成形零件具有良好的强度、刚度、韧性及表面质量。

在结构形式上，成形零件可分为整体式和镶拼式两大类。

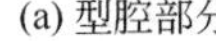

(a) 型腔部分

(b) 型芯部分

图 7.2 成形零件的实例图片

7.1.1 整体式结构

整体式结构分两种基本类型。

1. 成形部分直接在模板上加工而成

如图 7.3 所示，成形部分与整块模板用一块材料加工。

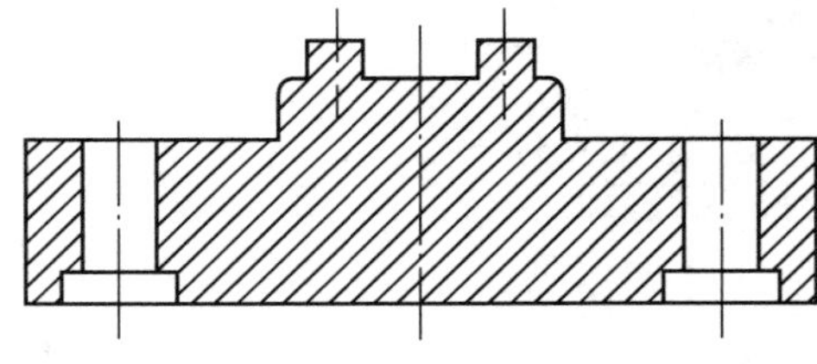

(a) 型芯直接在模板上加工

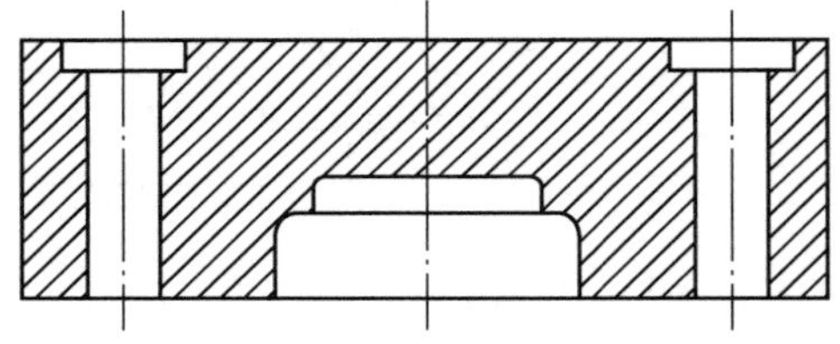

(b) 型腔直接在模板上加工

图 7.3 整体式成形零件结构形式

1）主要结构特性

(1) 模具结构简单紧凑，可缩小模具外形尺寸。

(2) 成形零件具有较好的强度和刚性，不易变形，压铸高熔点金属时利于提高模具寿命。

(3) 由于无零件之间的装配，减少了模具的装配工作量，成形的压铸件表面光滑平整，无装配缝隙所导致的镶拼痕迹。

(4) 有利于冷却水道的设置。

(5) 成形零件结构复杂时加工较困难，而且不利于零件的使用和更换。

(6) 由于成形零件对优质钢材的特殊要求，提高了模板选材的成本。

2）适用范围

(1) 一般适用于型腔较浅的小型单腔压铸模、成形零件加工简单或生产批量较小可不进行热处理的压铸模。

(2) 适用于生产形状较简单、精度要求不高、合金熔点较低的压铸件。

2. 成形部分为整体，嵌入到模板上

成形部分在一块材料上加工，然后装入模板，表 7-1 列出了整体镶块在模板中的固定形式。这种结构既具备了图 7.3 所示结构的优点，又节省了优质钢材，并且有利于成形零件的使用和更换。

表 7-1　整体镶块在模板中的固定形式

固定形式		图示	说明
型腔镶块的固定	通孔套板台阶式	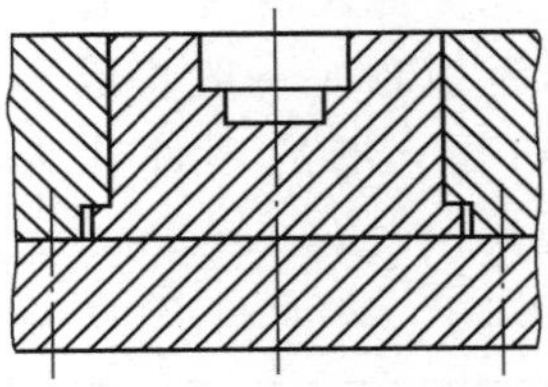	用台阶压紧镶块，再用螺钉将套板和支承板(或座板)紧固 该形式多用于型腔较深或一模多腔的模具，以及对于狭小的镶块不便于用螺钉紧固的模具
	通孔套板无台阶	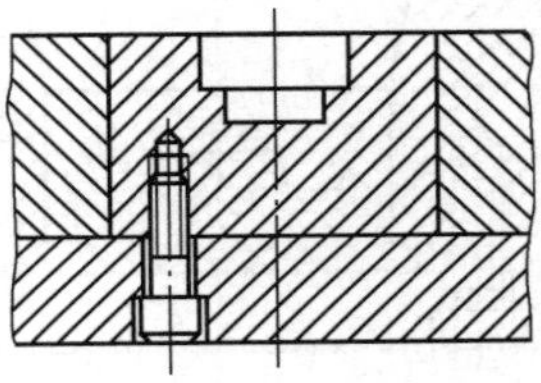	镶块与支承板(或座板)直接用螺钉固定 该形式在调整镶块的厚度时，不受台阶的影响，加工比较方便
	盲孔套板	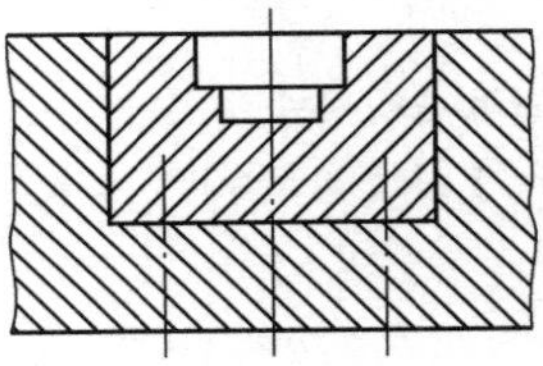	型腔镶块用螺钉直接紧固在套板上，结构简单，强度较高 该形式多用于圆形镶块或型腔较浅的压铸模。非圆形镶块只适用于单腔模具
主型芯镶块的固定	通孔台阶式	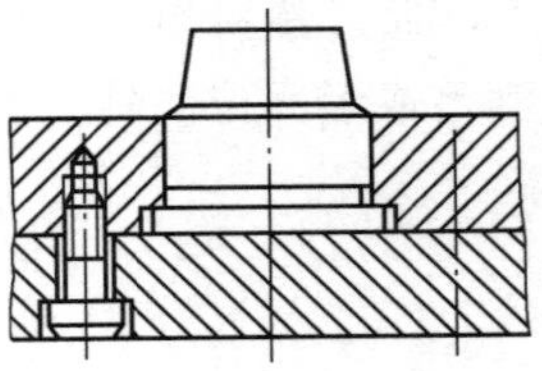	最常用的结构及固定形式，主型芯镶入模板，用台阶压紧镶块，再用螺钉将套板和支承板(或座板)紧固
	通孔无台阶	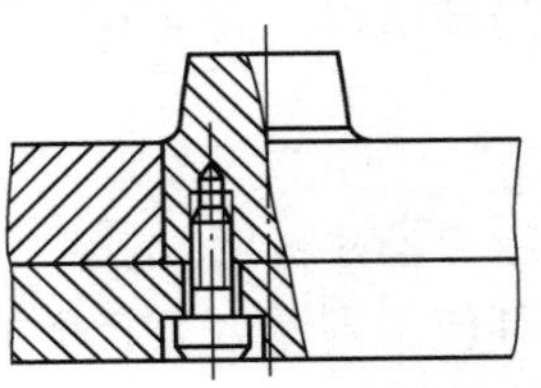	主型芯镶块与支承板(或座板)直接用螺钉固定
	盲孔无台阶	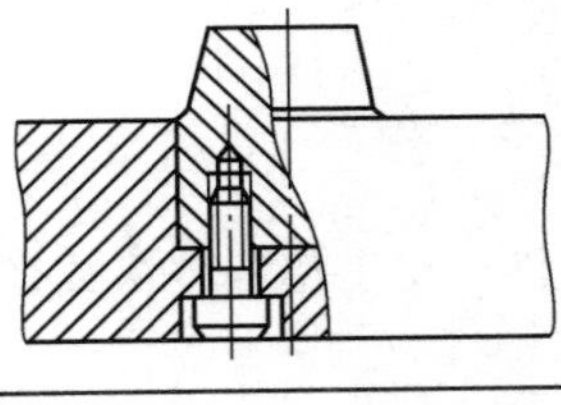	主型芯以一定的配合镶入模板后用螺钉固定在模板上，适用于镶块较厚的场合

实用技巧

若动、定模镶块都用通孔套板固定，则动模及定模上镶块安装孔的形状和尺寸大小都应该一致，以便于组合加工，容易保证动、定模的同轴度，防止压铸件错位。

7.1.2 镶拼式结构

成形部分的型腔和型芯由镶块镶拼而成，镶块装入模具的套板内加以固定，就构成了动(定)模型腔。成形压铸件内形的零件称为型芯。一般将成形压铸件整体内形的零件称为主型芯，成形压铸件局部内形如局部孔、槽的零件称为小型芯，如图7.4所示。

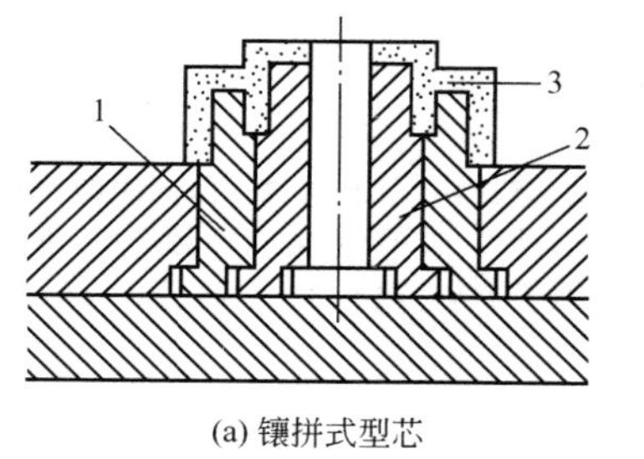

(a) 镶拼式型芯

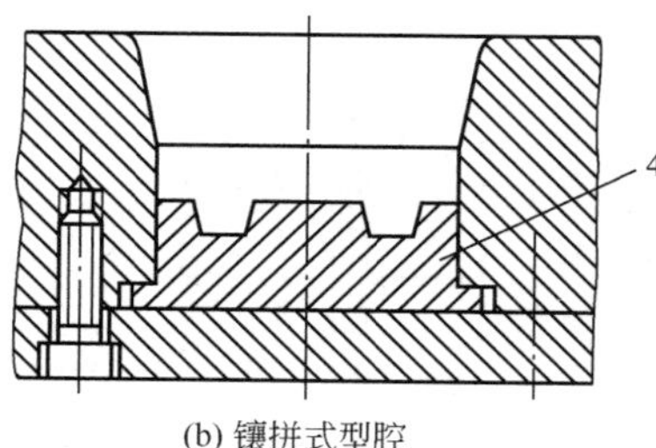

(b) 镶拼式型腔

图7.4 镶拼式成形零件结构形式

1、2—型芯镶块；3—压铸件；4—型腔底部镶块

1. 镶拼式结构的优点

(1) 对于复杂的型芯或型腔可以分块进行加工，通过镶拼组合将内孔加工转换为外形加工，简化加工工艺，提高模具制造质量，容易满足成形部位的精度要求。

(2) 能合理使用模具钢，降低模具制造成本。

(3) 有利于易损件的更换和修理。

(4) 拼合处的适当间隙有利于型腔排气。

(5) 更换部分镶块，即可改变压铸模型腔的局部结构，满足不同压铸件的需要。

2. 镶拼式结构的缺点

(1) 增加装配时的困难，且难以满足较高的组合尺寸精度。

(2) 镶拼处的缝隙容易产生飞边，既影响模具使用寿命，又会增加压铸件去飞边的工作量。

(3) 模具的热扩散条件变差。

3. 镶拼式结构的应用

镶拼式结构一般用于成形结构较复杂的压铸件，用于型腔较深或较大型的模具及多型腔模具。

实用技巧

随着电加工、冷挤压、陶瓷型精密铸造等新工艺的成熟应用，只要加工条件许可，除为了满足压铸工艺要求排除深腔内的气体或便于更换易损部分而采用组合镶块外，其余成形部分建议尽可能采用整体镶块结构。

4. 型腔镶块在分型面上的排布

压铸模可以设计成单型腔模具或多型腔模具。大型、复杂压铸件的压铸模多为单型腔模；小型、简单的压铸件，在同一模具中可以布置多个相同的或不同的型腔。在一模多腔的压铸模上，为了便于机械加工和减少热处理变形带来的影响，同时也便于型腔镶块在制造和压铸生产中损坏时的更换，一般在一个镶块上只设置一个型腔。

镶块在动、定模套板内的布置是按照型腔在分型面上的排布而定的，而这种排布形式与模具型腔的数量、是否需要侧向抽芯及侧向抽芯的多少、所选用的压铸机类型等有关。型腔的排布形式决定之后，浇注系统的形式也几乎确定了，这就意味着在考虑型腔排布形式的同时，必须考虑选择最佳的浇道与内浇口的形式。

1）卧式冷室压铸机用模具型腔镶块的排列布置形式

由于压室与模板中心的偏置，卧式冷室压铸机用的模具安排型腔镶块时，除采用中心浇口形式外，一般要设置浇道镶块。

表 7－2 列出了多型腔模具型腔镶块的排布形式。

表 7－2　卧式冷室压铸机用多型腔模具型腔镶块的排布形式

图　　示	说　　明
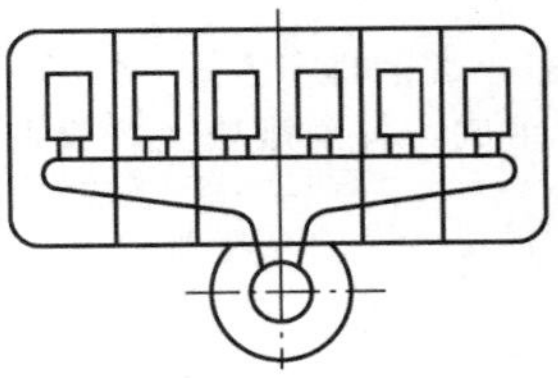	一模六腔无侧抽芯的排布方式 由六个矩形型腔镶块和一个浇道镶块组成，横浇道在型腔镶块和浇道镶块上形成
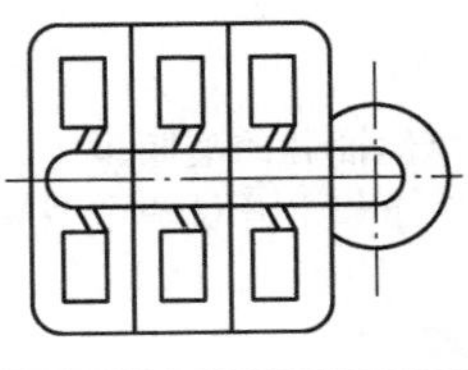	无侧向抽芯的简单型腔排布方式 由三个型腔镶块和一个浇道镶块组成，每个型腔镶块上布置两个简单型腔
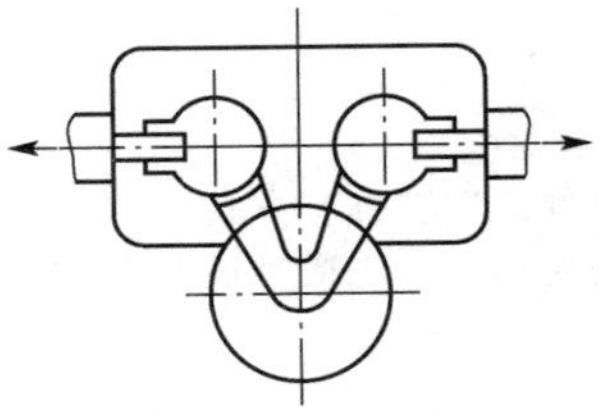	一模两腔圆形压铸件单侧抽芯排布方式 对整副模具而言是对称排布的两侧抽芯

(续)

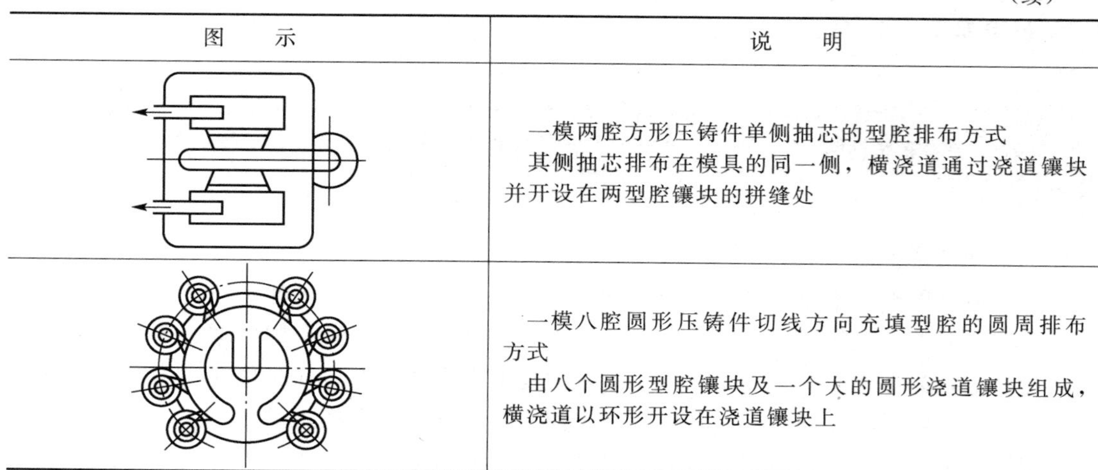

图　　示	说　　明
	一模两腔方形压铸件单侧抽芯的型腔排布方式 其侧抽芯排布在模具的同一侧，横浇道通过浇道镶块并开设在两型腔镶块的拼缝处
	一模八腔圆形压铸件切线方向充填型腔的圆周排布方式 由八个圆形型腔镶块及一个大的圆形浇道镶块组成，横浇道以环形开设在浇道镶块上

单型腔模具型腔镶块的排布比较简单，采用整体式镶块时，浇道开设在同一镶块型腔的下方，这种形式比较浪费耐热合金钢材料，采用型腔镶块与浇道镶块分开的形式，可以节约材料。

2）热室压铸机或立式冷室压铸机用模具型腔镶块的排列布置形式

表 7－3 列出了热室压铸机或立式冷室压铸机用模具型腔镶块的排列布置形式。它们的排布形式均是对称布置，有利于压铸机的锁模。

表 7－3　热室压铸机或立式冷室压铸机用模具型腔镶块的排列布置形式

图　　示	说　　明
	一模八腔方形压铸件型腔的排布方式 由四个型腔镶块所组成，每个镶块上开设两个型腔，浇道开在镶块上
	一模八腔每个压铸件单侧抽芯的型腔排布方式 由四个镶块组成，每个镶块上开设两个型腔
	一模四腔圆形压铸件的型腔排布方式 由四个圆形型腔镶块和一个浇道镶块组成

（续）

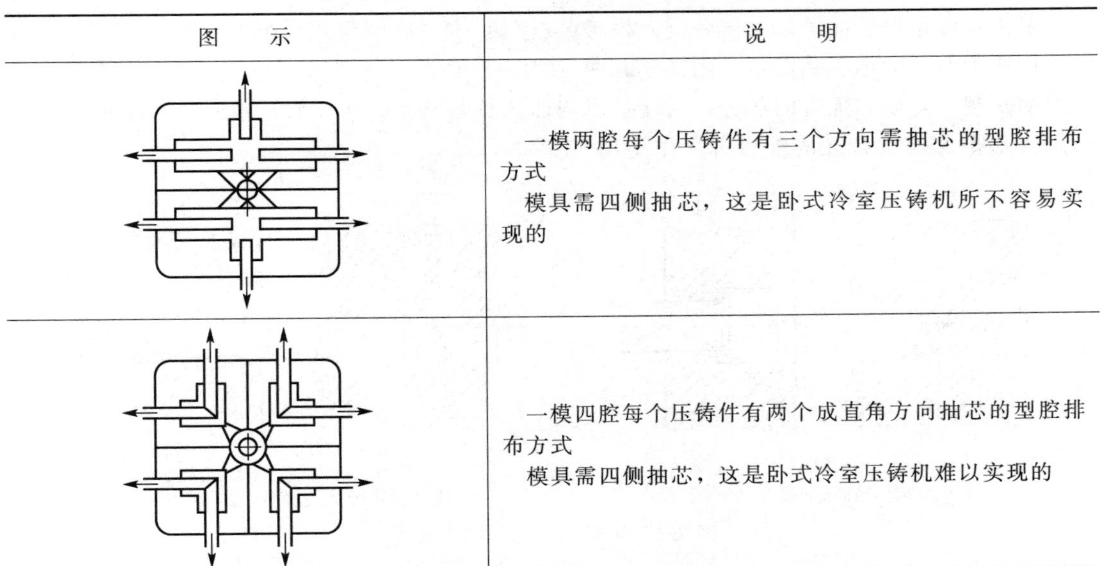

图　示	说　明
	一模两腔每个压铸件有三个方向需抽芯的型腔排布方式 模具需四侧抽芯，这是卧式冷室压铸机所不容易实现的
	一模四腔每个压铸件有两个成直角方向抽芯的型腔排布方式 模具需四侧抽芯，这是卧式冷室压铸机难以实现的

5. 镶拼小型芯的结构及固定形式

小型芯通常单独制造加工，然后镶入动、定模镶块或主型芯镶块中构成成形部件。小型芯普通采用台阶式结构，加工方便，结构稳定、可靠。

常用的圆形小型芯的固定形式如图 7.5 所示。图 7.5(a)所示为应用最广泛的台阶式固定形式；图 7.5(b)所示为加强式，适用于细长型芯，为增加型芯的强度将非成形部分的直径放大；图 7.5(c)所示为接长式，适用于小型芯在特别厚的镶块内的固定形式；图 7.5(d)所示为螺塞式，当小型芯后面无模板时，可采用螺塞固定型芯；图 7.5(e)和图 7.5(f)所示为螺钉式，适用于在较厚的镶块内固定较大的圆型芯或异形型芯。

圆形型芯与配合孔的配合可采用 H7/h6。

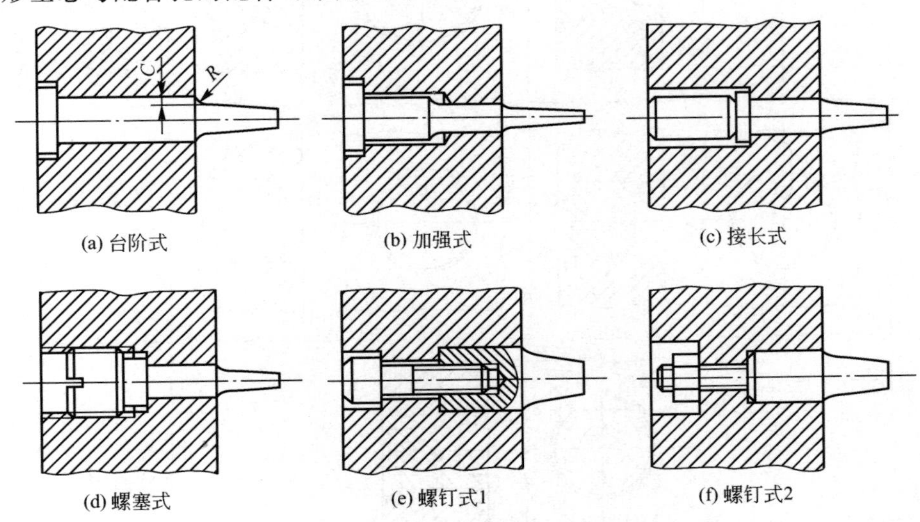

(a) 台阶式　(b) 加强式　(c) 接长式

(d) 螺塞式　(e) 螺钉式1　(f) 螺钉式2

图 7.5　圆形小型芯的固定形式

异形小型芯的固定形式如图 7.6 所示。图 7.6(a)所示为成形矩形孔的小型芯，在圆柱体上加工出一段矩形截面的成形部分镶入模板(或镶块)中，后端仍用圆形截面台肩固定，这样的结构便于型芯的加工和固定。图 7.6(b)所示为成形轴类似花键形式的异形型芯，在镶块上用线切割制出与型芯配合的部分，后端扩成圆形孔及制出台肩孔，型芯镶入后用台肩固定。

异形型芯与配合孔的配合可采用 H8/h7。

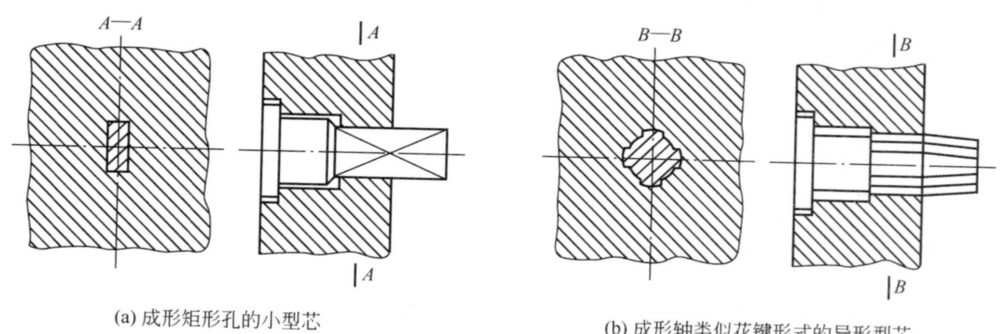

(a) 成形矩形孔的小型芯

(b) 成形轴类似花键形式的异形型芯

图 7.6　异形小型芯的固定形式

6. 镶块和型芯的止转

当圆柱形镶块或型芯的成形部分有方向性时，为了保证动、定模镶块和其他零件的相对位置，必须对其采用止转措施。凹模镶块常用的止转措施见表 7 - 4。

型芯的止转方式和镶块类似。

表 7 - 4　镶块的止转形式

止转形式	图　示	说　明
圆柱销止转		加工简便，应用较广，但由于销钉的接触面小，经多次拆卸后容易磨损而影响装配精度，尤其是骑缝式圆柱销止转
平键止转		接触面较大，精度较高
平面式止转		定位稳固可靠，模具拆卸方便，但加工较困难

7. 镶拼式结构的设计要点

(1) 便于机械加工，以保证压铸件的尺寸精度和镶块间的配合精度。

(2) 保证成形零件的强度与稳定性。

(3) 便于更换和修理，尤其对成形零件的易损部位或直接受金属液冲刷的部位，要设计成单独的镶块。

(4) 避免成形零件出现锐角和薄壁结构，以防止在热处理及压铸生产时产生变形和裂纹。

(5) 设计镶块结构时，应尽可能减少压铸件上的镶拼痕迹，以免影响压铸件外观，产生的飞边应便于清理。

(6) 镶拼间隙处的飞边方向与脱模方向一致，有利于压铸件脱模。

由于压铸件的实际形状及技术要求各不相同，需要根据具体的压铸件结构及不同的技术要求来设计成形零件的镶拼式结构，表7-5中对一些典型示例进行了分析，设计时可以参考。

表7-5 镶拼式结构的设计示例

序号	简图		说明
	不妥形式	改进结构	
1	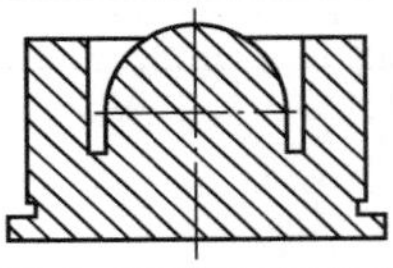	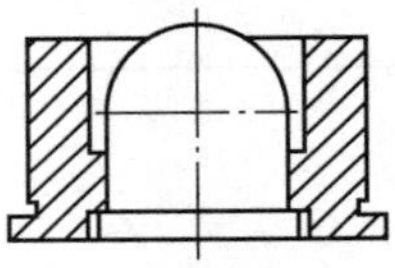	中间凸起的球体型芯难以整体机械加工；应采用右图所示的环形套与球形型芯镶块组合
2	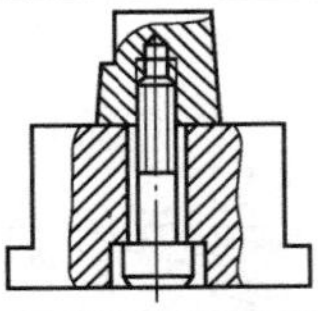	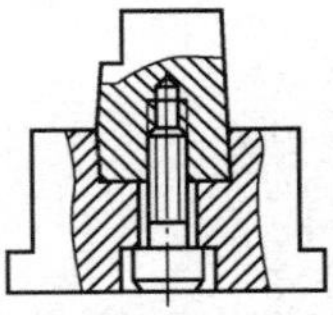	左图的镶块只靠螺钉连接，在横向没有可靠定位，不能承受高速高压的液态金属流冲击；采用右图的结构则比较合理
3	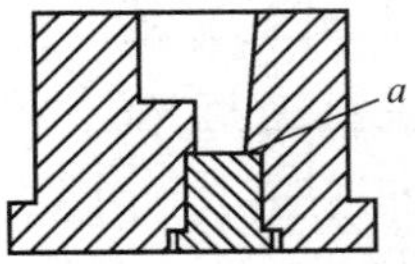 a	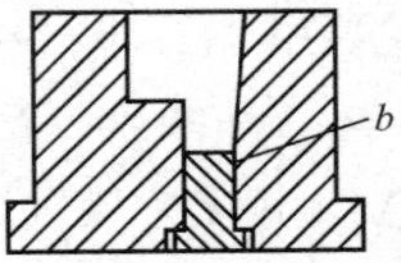 b	左图结构中 *a* 处将会产生与压铸件脱模方向垂直的横向飞边，导致压铸件脱模困难，而且产生飞边后型腔很难清理；改进镶拼形式后 *b* 处产生的飞边与脱模方向一致，利于压铸件脱模，并且可在镶块侧壁开设排气槽，利于深腔排气
4	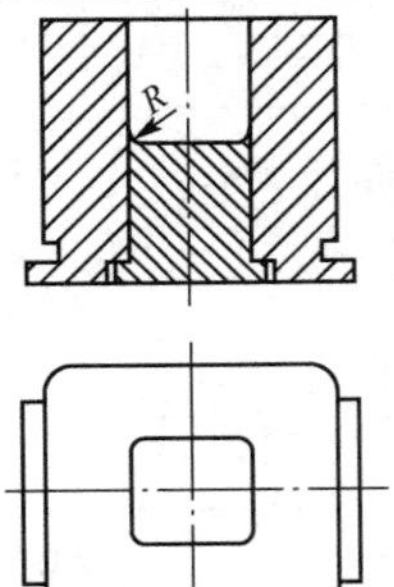 R	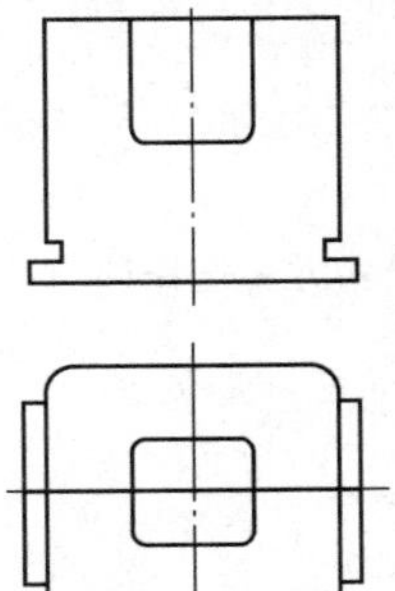	左图中，深型腔底部的圆角 *R* 处形成镶拼尖角，强度差，易被金属液冲蚀，影响模具的寿命和压铸件的外观质量；右图的镶拼形式是整个型腔由两块镶块分别加工后拼合而成，虽然压铸件表面留有拼接缝的痕迹，但避免了底部圆角处的锐边
5		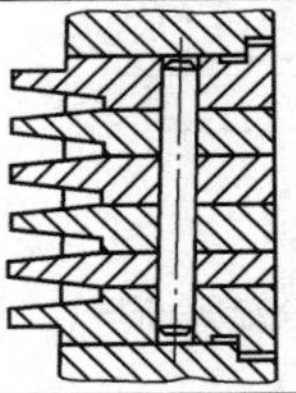	左图所示的成形部分由一整体镶块嵌入组成，不仅加工不方便、热处理容易变形，而且一旦端部某一凸起部分损坏，整个镶块只能报废；采用右图的多片镶块组合方式，加工方便，热处理后使用磨削加工可以保证尺寸精度，若其中的一片或几片损坏，可以方便地更换或维修

（续）

序号	简　图		说　明
	不妥形式	改进结构	
6	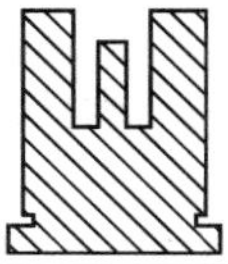		左图的结构镶块厚薄相差较大，热处理时易变形或开裂；采用右图的结构则比较合理
7	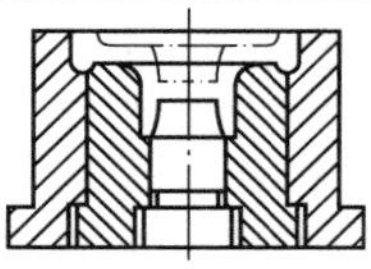	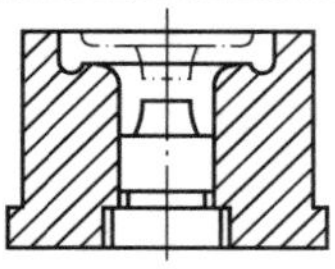	左图的结构会使压铸件表面留有镶拼痕迹，影响铸件外观，飞边去除也不够方便；采用右图结构可以保证铸件表面平整，并且有利于飞边的去除
8	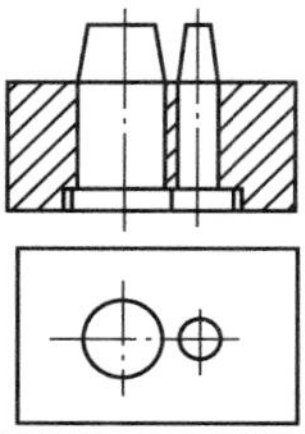	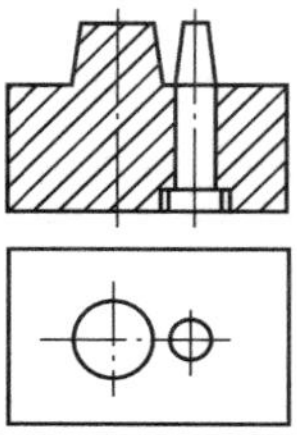	左图的结构虽然加工简单，但因两型芯之间出现薄壁而易引起过早断裂；采用右图结构可以保证模具有足够的强度，避免出现尖角与薄壁

学以致用

试对图7.7和图7.8所示的成形零件结构方案进行评析。

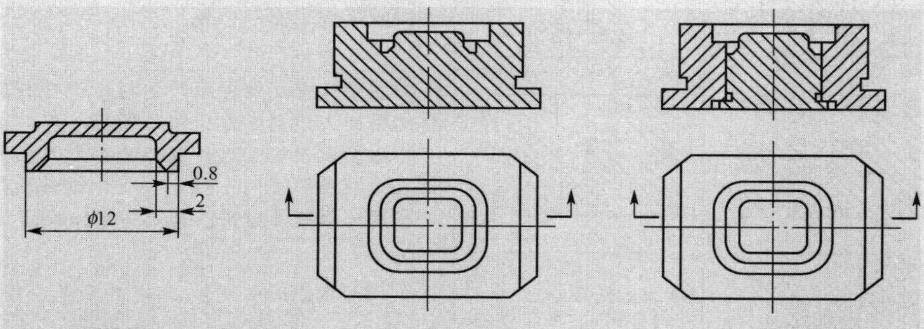

0.8
2
φ12

(a) 压铸件　(b)　(c)

图7.7　成形零件结构方案选择(一)

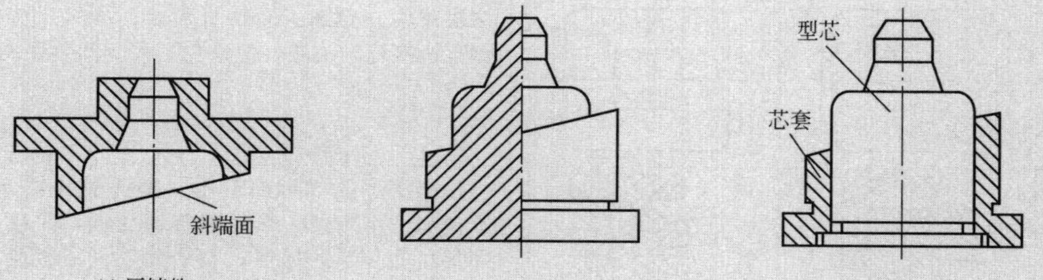

斜端面
型芯
芯套

(a) 压铸件　(b)　(c)

图7.8　成形零件结构方案选择(二)

成形零件表面的热交变应力

压铸模成形零件(如压铸铝合金铸件)在工作时，其表面温度几乎达到600℃左右，而脱模后零件表面又迅速冷却至较低的温度，并且每隔2min左右就进行一次这样的循环，因此，成形零件表面会受到很大的热交变应力。

图7.9所示为一矩形型腔，阴影部分为金属液的热量所影响的范围。在型腔底部任意截取一小部分$abcd$，ab面是与高温金属液直接接触的表面。压射时，其表面温度为t_1，热量从型腔表面逐渐向外部传递。至阴影部分的边缘时，其温度几乎不变(为t_0)。脱模后，型腔表面的温度迅速下降至t_2，在非常短的时间内，型腔表面有(t_1-t_2)的温度变化。在连续工作时，t_1和t_2的值不断升高，虽然耐热合金钢的热膨胀系数较小，但温升较高时其体积的膨胀也不可忽视。图7.9(a)所示为压射前微小截面$abcd$的状态，压射时，熔融的金属液很快将模具加热升温，这时小截面膨胀情况如图7.9(b)所示，即a_1b_1cd，然而，由于小截面的两侧都有同样的刚体，所以它不可能向两侧膨胀，而只能像图7.9(c)所示那样单独向型腔内侧膨胀，即a_2b_2cd，于是小截面的两侧便产生了压应力。铸件脱模后，型腔表面迅速冷却，a_2b_2随即收缩，如图7.9(d)中的a_3b_3，此时该面也只能向与ab垂直的方向收缩，而小截面的两侧产生拉应力，如果拉应力的值大于模具钢的静态断裂强度，那么型腔的表面使会产生微小的裂纹。一旦产生裂纹，在以后的压射过程中微小裂纹就会逐渐扩展，最后成为网状裂纹并最终导致模具失效。

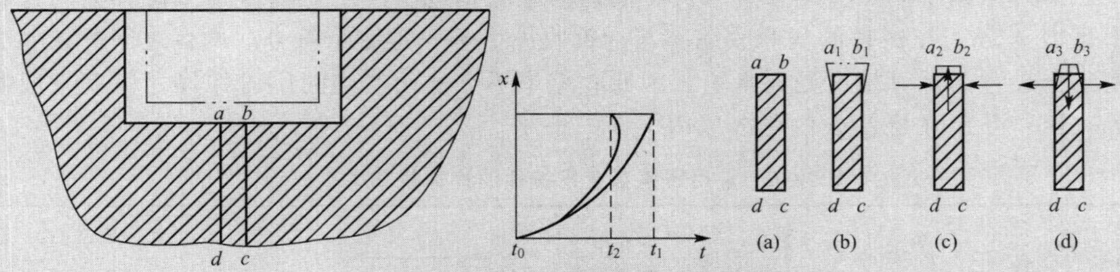

图7.9 型腔表面的热交变应力

型芯表面热交变应力的情况与型腔表面类似。

型腔表面热交变应力的大小，与每次压射时进入型腔金属液的热量及每两次压射的时间间隔成正比，而与型腔的表面积成反比，即压铸件越薄，型腔表面的热交变应力就越小。但压铸件的设计是根据其使用性能的要求决定的，设计模具时不可能随意改变压铸件的厚度，因此只能增大模具的热容量。模具的热容量是指单位模具体积(不包括模具的脱模机构和支承部分)每秒能承受的热量数值。为了减小热交变应力的影响，在设计模具时，可适当增大形成模腔的动、定模部分的体积。

7.2 成形零件工作尺寸计算

成形零部件中与金属液直接接触并决定压铸件几何形状的那部分尺寸，称为工作尺寸。工作尺寸主要包括型腔的径向尺寸和深度尺寸、型芯的径向尺寸和高度尺寸、中心距尺寸等。成形零件的工作尺寸是保证压铸件尺寸精度的关键，必须综合考虑诸多影响因素并通过计算来确定，而且要选取合适的公差。

7.2.1 影响压铸件尺寸精度的主要因素

1. 压铸件的收缩率

压铸件成形后的冷却收缩是影响压铸件尺寸的主要因素。

1）实际收缩率与计算收缩率

（1）实际收缩率。压铸件的实际收缩率 k_s 是指室温时的模具成形部分工作尺寸减去压铸件实际尺寸后与模具成形工作尺寸之比，即

$$k_s=\frac{A_m-A_p}{A_m}\times 100\% \tag{7-1}$$

式中，k_s 为压铸件的实际收缩率；A_m 为室温下模具的成形尺寸（mm）；A_p 为室温下压铸件的实际尺寸（mm）。

（2）计算收缩率。设计模具时，计算成形零件尺寸所采用的收缩率为计算收缩率 k_j，它包括了压铸件收缩值和成形零件从室温到工作温度时的膨胀值。

$$k_j=\frac{A'-A}{A}\times 100\% \tag{7-2}$$

式中，k_j 为压铸件的计算收缩率；A'为通过计算的模具的成形尺寸（mm）；A 为压铸件的公称尺寸（mm）。

压铸件结构不同，所用合金种类不同，其收缩率也不同。几种常用压铸合金的计算收缩率见表 7-6。压铸件的实际收缩率与计算收缩率不一定完全符合，两者之间的误差必然会使工作尺寸的计算精度受到影响，因此收缩率不准确而产生的压铸件尺寸偏差一般需要控制在该产品尺寸公差 Δ 的 1/5 以内。

表 7-6 常用压铸合金压铸件的计算收缩率 k_j(%)

结构简图		L	L	L、L₃、L₁、L₂
收缩条件		自由收缩	阻碍收缩	混合收缩
合金种类	铅锡合金	0.4～0.5	0.2～0.3	0.3～0.4
	锌合金	0.6～0.8	0.3～0.4	0.4～0.6
	铝硅合金	0.7～0.9	0.3～0.5	0.5～0.7
	铝硅铜合金	0.8～1.0	0.4～0.6	0.6～0.8
	铝镁合金			
	镁合金			
	黄铜	0.9～1.1	0.5～0.7	0.7～0.9
	铅青铜	1.0～1.2	0.6～0.8	0.8～1.0

注：1. L_1、L_2——自由收缩；L_3——阻碍收缩。
2. 表中数据系模具温度、合金浇注温度等工艺参数为正常时的收缩率。
3. 在收缩条件特殊的情况下，可按表中推荐值适当增减。

2）压铸收缩率的确定

压铸件的收缩率应根据压铸件结构特点、收缩受阻条件、收缩方向、压铸件壁厚、合金成分及工艺因素等确定。

(1) 不同合金的收缩率从大到小的顺序依次是铜合金、镁合金、铝合金、锌合金、铅锡合金。

(2) 压铸件包住型芯的径向尺寸因处于受阻方向，故收缩率较小，而与型芯轴线平行方向尺寸处于自由收缩方向，收缩率较大。

(3) 形状复杂、型芯多的压铸件收缩率较小；形状简单、无型芯的压铸件收缩率较大。

(4) 薄壁压铸件的收缩率较小，厚壁压铸件的收缩率较大。

(5) 脱模时压铸件的温度与室温的差值越大，收缩率越大。

(6) 压铸件收缩率也受模具热平衡的影响，同一压铸件的不同部位，在收缩受阻条件相同的情况下，模温不同，收缩率也不一致，例如，离浇口近的一端收缩率大，远离浇口的一端收缩率小，这对于尺寸较大的压铸件尤为显著。

合金冷却收缩过程

合金的冷却收缩过程一般可分为液态收缩、凝固收缩和固态收缩三个阶段。

1. 液态收缩

压铸时，一般金属液的过热度(超过液相线的温度)不高，在高压下，液态收缩能被从浇口进入的金属液补缩，所以它对压铸件的尺寸精度影响不大。

2. 凝固收缩

在第二阶段的凝固收缩中，虽然收缩量较大，而且补缩较为困难，但这时的收缩受到模具的限制，所以自由收缩很困难，其收缩量的比例仍不是压铸件收缩值中最大的。

3. 固态收缩

第三阶段固态收缩中自由收缩所占的比例较大，这个阶段开始，收缩仍在模具内产生直至压铸件从模具内脱出为止。其后，压铸件就处于自由收缩状态，收缩量的大小与脱模时压铸件温度与室温的差值、合金的种类、压铸件的大小、壁厚等因素有关。

2. 成形零部件的制造偏差

无论采用何种方法加工制造成形零部件，它们的工作尺寸总会存在一定的制造偏差。工作尺寸的制造偏差包括加工偏差和装配偏差两方面。加工偏差与工作尺寸的大小、加工方法及加工设备有关；装配偏差主要存在于镶拼尺寸段或一些活动成形结构的装配尺寸中。工作尺寸的制造偏差必然会使压铸件产品产生尺寸偏差，因此设计成形零部件时，一定要根据压铸件产品的尺寸精度要求，选择比较合理的成形零部件结构及加工制造方法，以便将制造偏差引起的压铸件产品尺寸偏差保持在尽可能小的程度。

一般情况下，型腔和型芯尺寸的制造偏差 δ_z 按下列规定选取：当压铸件尺寸精度为CT1～CT4时，δ_z 取 $\Delta/5$，当压铸件尺寸精度为CT5～CT8时，δ_z 取 $\Delta/4$；中心距离、位置尺寸的制造偏差 δ_z 按下列规定选取：当压铸件尺寸精度为CT1～CT5时，δ_z 取 $\Delta/5$，当压铸件尺寸精度为CT6～CT8时，δ_z 取 $\Delta/4$。

3. 成形零部件的使用磨损

成形零部件的使用磨损主要来自液态金属对它产生的冲刷和摩擦，以及脱模时压铸件对它的刮磨，与合金的种类、模具材料、模具成形部分的表面状态、模具使用时间及压铸件产品结构形状等许多因素有关。

成形零部件的使用磨损主要发生在与脱模方向平行的部位，而与脱模方向垂直部位上的磨损在设计成形零部件时通常可以不予考虑。

成形零部件使用磨损后，其工作尺寸发生变化，导致压铸件尺寸产生偏差，通常，工作尺寸的磨损量 δ_c(即磨损引起压铸件的尺寸偏差)在压铸件产品公差 Δ 的 1/6 左右选取。

4. 模具结构

对于同一个压铸件，分型面选取不同，其在模具中的位置就不同，压铸件上同一部位的尺寸精度也有差异。另外，选用活动型芯还是固定型芯，抽芯部位及滑动部位的形式与配合精度对该处压铸件的尺寸精度也有影响。

5. 压铸工艺

在压射过程中，采用较大的压射比压时，有可能使分型面胀开而出现微小的缝隙，因而从分型面算起的尺寸将会增大。涂料涂刷的方式、涂料涂刷的量及均匀程度也会影响压铸件尺寸精度。

6. 压铸件结构

压铸件结构越复杂，计算精度就越难把握。

7.2.2 成形零件工作尺寸的计算要点

计算成形零件工作尺寸的目的，是保证压铸件的尺寸精度。根据上述影响压铸件尺寸精度的主要因素分析，可知对工作尺寸进行精确计算是比较困难的。为了保证使压铸件的尺寸精度在所规定的公差范围内。在计算成形零件工作尺寸时，主要以压铸件的偏差值及偏差方向作为计算的调整值，以补偿因收缩率变化而引起的尺寸误差，并考虑到试模时有修正的余量及在正常生产过程中模具的磨损。

1. 工作尺寸的分类及计算要点

成形零件工作尺寸主要可分为型腔尺寸(包括型腔径向尺寸和深度尺寸)、型芯尺寸(包括型芯径向尺寸和高度尺寸)、成形部分的中心距离及位置尺寸三类。

工作尺寸的计算要点如下：

(1) 型腔磨损后尺寸增大，故计算型腔尺寸时应使压铸件外形接近于最小极限尺寸。

(2) 型芯磨损后尺寸减小，故计算型芯尺寸时应使压铸件内形接近于最大极限尺寸。

(3) 两个型芯或型腔之间的中心距离和位置尺寸与磨损量无关，应使得压铸件尺寸接近于最大和最小两个极限尺寸的平均值。

2. 工作尺寸标注形式及偏差分布的规定

上述三类工作尺寸，分别采用三种不同的计算方法。为了简化计算公式，对标注形式及偏差分布作如下的规定：

(1) 压铸件的外形尺寸采用单向负偏差，公称尺寸为最大值；与之相应的型腔尺寸采用单向正偏差，公称尺寸为最小值。

(2) 压铸件的内形尺寸采用单向正偏差，公称尺寸为最小值；与之相应的型芯尺寸采用单向负偏差，公称尺寸为最大值。

(3) 压铸件的中心距离、位置尺寸采用双向等值正、负偏差，公称尺寸为平均值；与之相应的模具中心距尺寸也采用双向等值正、负偏差，公称尺寸为平均值。

若压铸件标注的偏差不符合规定，应在不改变压铸件尺寸极限值的条件下调整其公称尺寸及偏差值，使之符合规定，以适应计算公式。

3. 脱模斜度的处理

如图 7.10(a)所示的压铸件，在高度方向需设置脱模斜度，设置斜度时，应保证图中所要求的 A、B 端尺寸符合生产图样要求，并且一般压铸件的尺寸公差应不包括因脱模斜度而造成的尺寸误差。

1) 无加工余量

对于无加工余量的压铸件尺寸，以保证压铸件装配时不受阻碍为原则。型腔尺寸以大端为基准，另一端按脱模斜度相应减小；型芯尺寸以小端为基准，另一端按脱模斜度相应增大，如图 7.10(b)所示。

2) 两面留有加工余量 δ

对于两面留有加工余量的压铸件尺寸，型腔尺寸以小端为基准。型芯尺寸以大端为基准，如图 7.10(c)所示。

3) 单面留有加工余量 δ

对于单面留有加工余量的压铸件尺寸，型腔尺寸以非加工面大端为基准，加上斜度值及加工余量，另一端按脱模斜度相应减小。型芯尺寸以非加工面小端为基准，减去斜度值及加工余量，另一端以脱模斜度值相应增大，如图 7.10(d)所示。

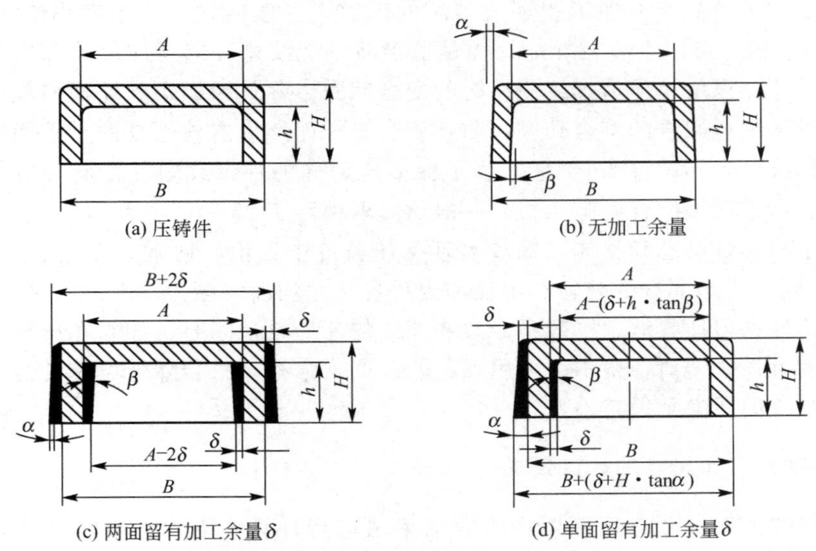

图 7.10 脱模斜度的处理

4. 分型面与滑动部位的尺寸修正

在计算与分型面垂直且与分型面有关联的压铸件尺寸时，如图 7.11(a)所示的尺寸 A、B、C，往往要将计算后的尺寸加以修正。因为在压射时，分型面会有胀开的趋势，胀开的大小与压铸件在分型面上的投影面积、金属液的充填压力及锁模力的大小有关。在一般情况下，胀开的数值在 0.05～0.2mm 之间，故在计算这一类型腔尺寸时，将计算结果减小 0.05～0.2mm，同时适当提高制造精度。

图 7.11(b)中的尺寸 d 和 H 是受到抽芯机构滑动部分影响的尺寸，也应进行修正。如果 d 处由镶块成形则无需修正，若由滑块成形，应减小 0.05～0.2mm；侧孔深度 H 应在计算尺寸的基础上增加 0.05～0.2mm(按活动型芯端面的投影面积大小和模具结构而定)。

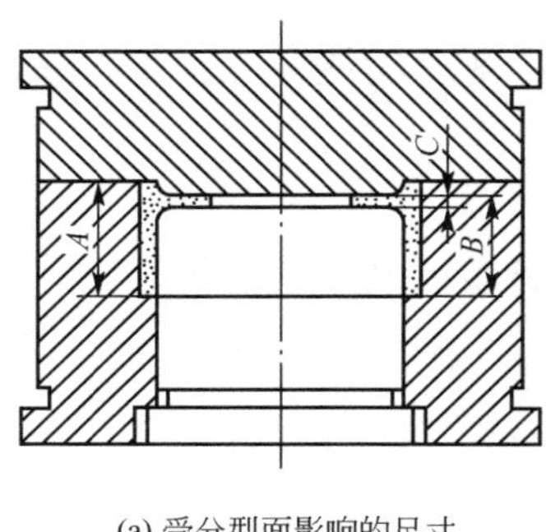

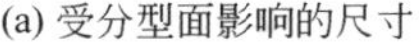
(a) 受分型面影响的尺寸

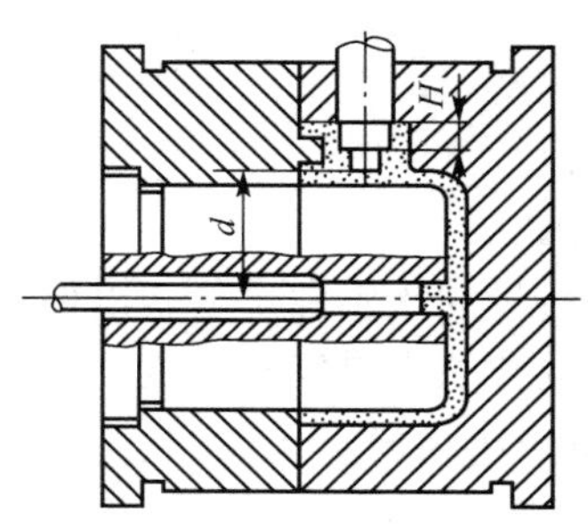

(b) 受滑动部位影响的尺寸

图 7.11　分型面与滑动部位尺寸修正

5. 关于螺纹型环和螺纹型芯的工作尺寸

螺纹连接中的几个主要几何参数是螺纹外径、螺纹中径、螺纹内径、螺距和螺纹的牙尖角。

为了便于在普通机床上加工型环或型芯的螺纹，一般的设计中不考虑螺距 P 的收缩(螺距 P 的制造偏差可取±0.02mm)，而是适当减小螺纹型环的径向尺寸和适当增大螺纹型芯的径向尺寸，以增大压铸螺纹使用时的配合间隙、弥补因螺距收缩而引起的螺纹旋合误差，同时尽量缩短螺纹的旋合长度，防止旋合过长而产生内外螺纹的干涉而破坏螺纹的现象，一般螺纹旋合不超过 6～7 牙。为了保证压铸件的外螺纹内径在旋合后与内螺纹内径有间隙，应考虑最小配合间隙 X_{min}，一般 X_{min} 取螺距 P 的 0.02～0.04。

为了便于将螺纹型芯和整体式螺纹型环从压铸件中退出，通常必须制出脱模斜度(一般取 0.5°)，同时成形部分的外径、中径和内径各尺寸均以大端为基准。

如果压铸件均匀地收缩，一般不会改变螺纹的牙尖角，同时，如果在压铸过程中牙尖角的标准角度有某些偏离，也不可能用螺距的改变来弥补，只会降低可旋合性，因此在设计制造中，螺纹的牙尖角保持不变。

7.2.3　成形零件工作尺寸的计算公式

成形零件的工作尺寸普遍采用平均收缩率法进行计算，不同类型的尺寸采用不同的公式。

(1) 型腔尺寸的计算见表 7-7。

表 7－7 型腔工作尺寸的计算

型腔尺寸	
结构示意简图	$H_{z}{}_{-\Delta}^{0}$ $D_{z}{}_{-\Delta}^{0}$ $H_{m}{}_{0}^{+\delta}$ $D_{m}{}_{0}^{+\delta}$
压铸件尺寸标注	压铸件为外形尺寸，尺寸偏差规定为下偏差。如上图中的 $D_{z}{}_{-\Delta}^{0}$ 及 $H_{z}{}_{-\Delta}^{0}$。当尺寸偏差的标注不符合规定时，应在不改变压铸件尺寸极限值的条件下，调整公称尺寸及偏差值，以适应计算公式。公称尺寸及偏差值的调整示例： 调整前 $\phi30_{\ 0}^{+0.20}$ $\phi30_{+0.10}^{+0.30}$ $\phi30\pm0.10$ $\phi30_{-0.30}^{-0.10}$ 调整后 $\phi30.2_{-0.20}^{\ 0}$ $\phi30.3_{-0.20}^{\ 0}$ $\phi30.1_{-0.20}^{\ 0}$ $\phi29.9_{-0.20}^{\ 0}$
计算公式	$D_{m}{}_{0}^{+\delta}=(D_z+D_zk_j-0.7\Delta)_{0}^{+\delta}$ (7－3) $H_{m}{}_{0}^{+\delta}=(H_z+H_zk_j-0.7\Delta)_{0}^{+\delta}$ (7－4) 式中，D_m、H_m——型腔径向尺寸和深度尺寸（mm）； D_z、H_z——压铸件外形径向公称尺寸和高度公称尺寸（mm）； k_j——压铸件的计算收缩率； Δ——压铸件公称尺寸的偏差（mm）； δ——型腔的制造偏差（mm）

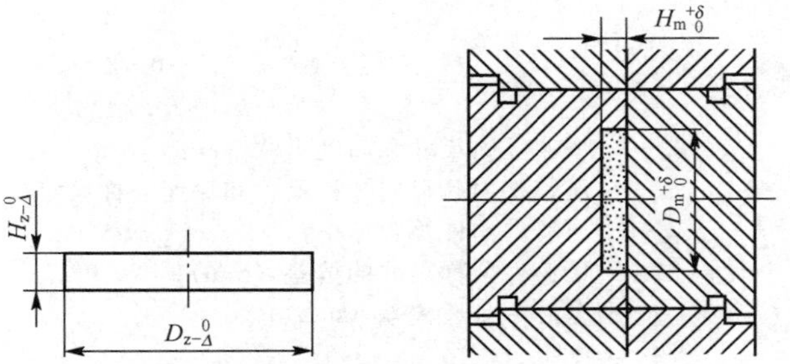

（2）型芯尺寸的计算见表 7－8。

表 7－8 型芯工作尺寸的计算

型芯尺寸	
结构示意简图	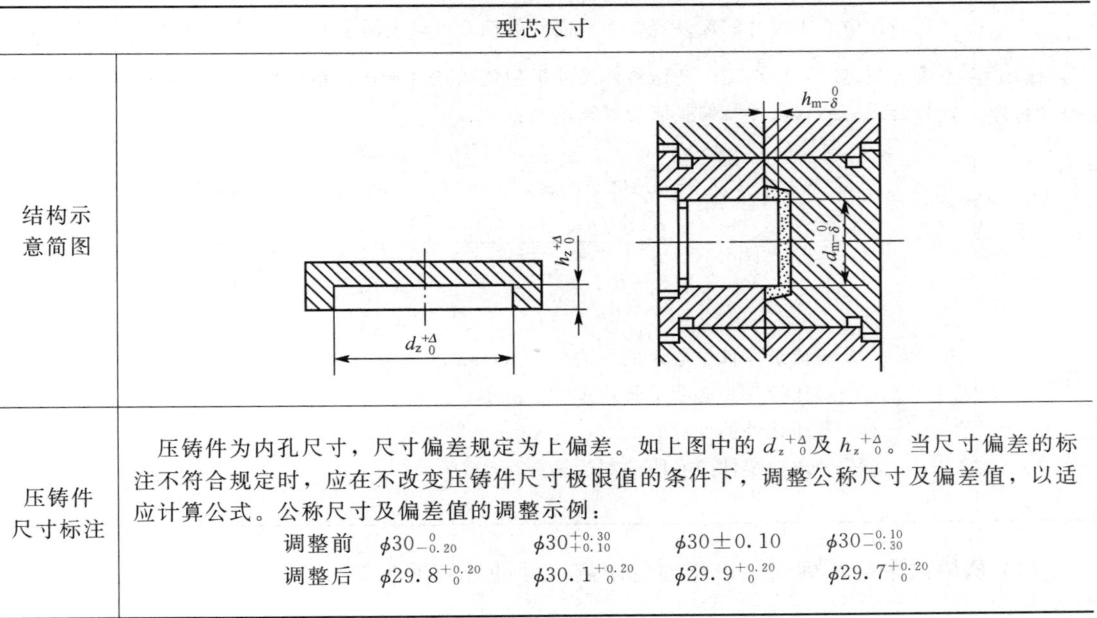
压铸件尺寸标注	压铸件为内孔尺寸，尺寸偏差规定为上偏差。如上图中的 $d_{z}{}_{0}^{+\Delta}$ 及 $h_{z}{}_{0}^{+\Delta}$。当尺寸偏差的标注不符合规定时，应在不改变压铸件尺寸极限值的条件下，调整公称尺寸及偏差值，以适应计算公式。公称尺寸及偏差值的调整示例： 调整前 $\phi30_{-0.20}^{\ 0}$ $\phi30_{+0.10}^{+0.30}$ $\phi30\pm0.10$ $\phi30_{-0.30}^{-0.10}$ 调整后 $\phi29.8_{\ 0}^{+0.20}$ $\phi30.1_{\ 0}^{+0.20}$ $\phi29.9_{\ 0}^{+0.20}$ $\phi29.7_{\ 0}^{+0.20}$

（续）

	型芯尺寸
计算公式	$d_{m}{}_{-\delta}^{0}=(d_z+d_zk_j+0.7\Delta)_{-\delta}^{0}$　　(7-5) $h_{m}{}_{-\delta}^{0}=(h_z+h_zk_j+0.7\Delta)_{-\delta}^{0}$　　(7-6) 式中，d_m、h_m——型芯径向尺寸和高度尺寸（mm）； d_z、h_z——压铸件内孔径向公称尺寸和深度公称尺寸（mm）； k_j——压铸件的计算收缩率； Δ——压铸件公称尺寸的偏差（mm）； δ——型芯的制造偏差（mm）

（3）中心距尺寸的计算见表7-9。

表7-9　中心距尺寸的计算

	中心距尺寸
结构示意简图	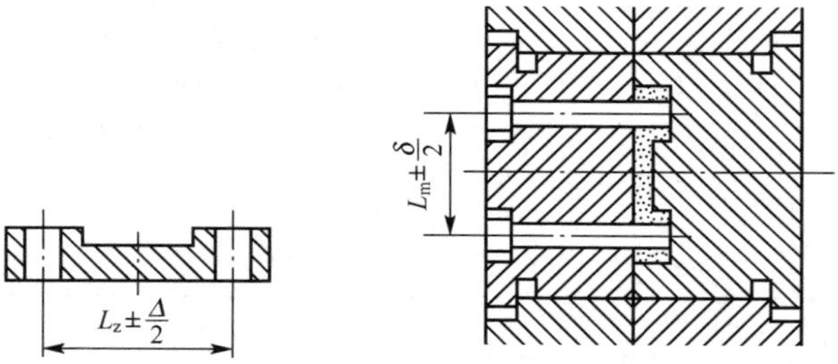 $L_z\pm\frac{\Delta}{2}$　　$L_m\pm\frac{\delta}{2}$
压铸件尺寸标注	压铸件中心距尺寸的偏差规定为双向等值偏差。如上图中的$L_z\pm\frac{\Delta}{2}$。当尺寸偏差的标注不符合规定时，应在不改变压铸件尺寸极限值的条件下，调整公称尺寸及偏差值，以适应计算公式。公称尺寸及偏差值的调整示例： 调整前　$\phi30_{-0.20}^{0}$　$\phi30_{-0.10}^{+0.30}$　$\phi29.9_{0}^{+0.20}$　$\phi30_{-0.30}^{-0.10}$ 调整后　$\phi29.9\pm0.10$　$\phi30.1\pm0.20$　$\phi30\pm0.10$　$\phi29.8\pm0.10$
计算公式	$L_m\pm\frac{\delta}{2}=(L_z+L_zk_j)\pm\frac{\delta}{2}$　　(7-7) 式中，L_m——成形零件中心距的平均尺寸（mm）； L_z——压铸件中心距的平均尺寸（mm）； k_j——压铸件的计算收缩率； δ——成形零件中心距的制造偏差（mm）

（4）从模内中心线到某一成形面的距离尺寸的计算见表7-10。

表 7-10　模内中心线到某一成形面的距离尺寸的计算

模内中心线到某一成形面的距离尺寸	
结构示意简图	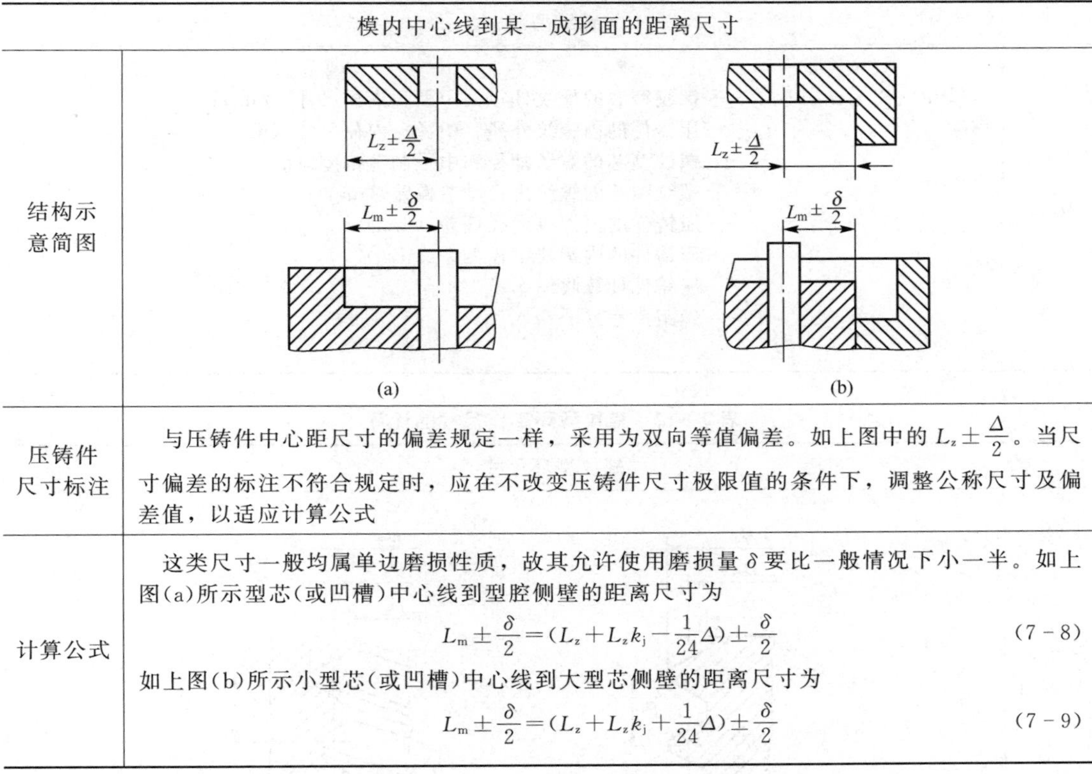
压铸件尺寸标注	与压铸件中心距尺寸的偏差规定一样，采用为双向等值偏差。如上图中的 $L_z \pm \frac{\Delta}{2}$。当尺寸偏差的标注不符合规定时，应在不改变压铸件尺寸极限值的条件下，调整公称尺寸及偏差值，以适应计算公式
计算公式	这类尺寸一般均属单边磨损性质，故其允许使用磨损量 δ 要比一般情况下小一半。如上图(a)所示型芯(或凹槽)中心线到型腔侧壁的距离尺寸为 $L_m \pm \frac{\delta}{2} = (L_z + L_z k_j - \frac{1}{24}\Delta) \pm \frac{\delta}{2}$　(7-8) 如上图(b)所示小型芯(或凹槽)中心线到大型芯侧壁的距离尺寸为 $L_m \pm \frac{\delta}{2} = (L_z + L_z k_j + \frac{1}{24}\Delta) \pm \frac{\delta}{2}$　(7-9)

(5) 螺纹型芯和螺纹型环工作尺寸的计算分别见表 7-11 和表 7-12。

表 7-11　螺纹型芯工作尺寸的计算

螺纹型芯	
结构示意简图	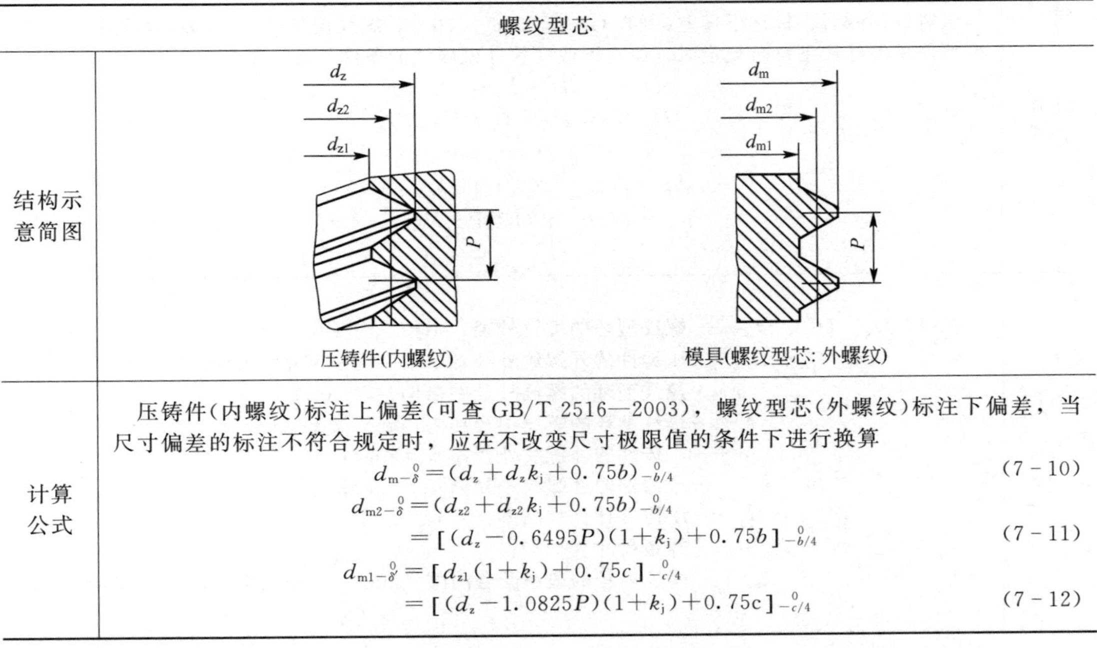
计算公式	压铸件(内螺纹)标注上偏差(可查 GB/T 2516—2003)，螺纹型芯(外螺纹)标注下偏差，当尺寸偏差的标注不符合规定时，应在不改变尺寸极限值的条件下进行换算 $d_{m}{}_{-\delta}^{\ 0} = (d_z + d_z k_j + 0.75b)_{-b/4}^{\ 0}$　(7-10) $d_{m2}{}_{-\delta}^{\ 0} = (d_{z2} + d_{z2} k_j + 0.75b)_{-b/4}^{\ 0}$ $= [(d_z - 0.6495P)(1 + k_j) + 0.75b]_{-b/4}^{\ 0}$　(7-11) $d_{m1}{}_{-\delta'}^{\ 0} = [d_{z1}(1 + k_j) + 0.75c]_{-c/4}^{\ 0}$ $= [(d_z - 1.0825P)(1 + k_j) + 0.75c]_{-c/4}^{\ 0}$　(7-12)

（续）

螺纹型芯	
说明	式中，d_m、d_{m2}、d_{m1}——螺纹型芯的螺纹外径、中径、内径尺寸（mm）； d_z、d_{z2}、d_{z1}——压铸件的内螺纹外径、中径、内径尺寸（mm）； δ——螺纹型芯的螺纹外径和中径制造偏差（mm）； δ'——螺纹型芯的螺纹内径制造偏差（mm）； c——压铸件的内螺纹内径偏差（mm）； b——压铸件的内螺纹中径偏差（mm）； k_j——压铸件计算收缩率； P——螺距尺寸（mm）

表 7－12　螺纹型环工作尺寸的计算

螺纹型环尺寸	
结构示意简图	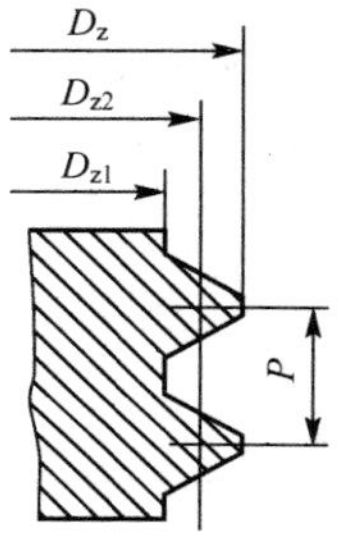 压铸件(外螺纹) 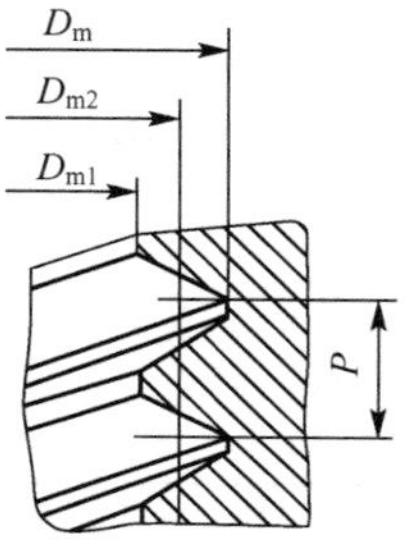　　模具(螺纹型环: 内螺纹)
计算公式	压铸件(外螺纹)标注下偏差(可查 GB/T 2516—2003)，螺纹型环(内螺纹)标注上偏差，当尺寸偏差的标注不符合规定时，应在不改变尺寸极限值的条件下进行换算。 $D_m{}^{+\delta}_{0}=(D_z+D_zk_j-0.75a)^{+a/4}_{0}$　(7－13) $D_{m2}{}^{+\delta'}_{0}=(D_{z2}+D_{z2}k_j-0.75b)^{+b/4}_{0}$ $=[(D_z-0.6495P)(1+k_j)-0.75b]^{+b/4}_{0}$　(7－14) $D_{m1}{}^{+\delta'}_{0}=[(D_{z1}-X_{min})(1+k_j)-0.75b]^{+b/4}_{0}$ $=[(D_z-1.0825P-X_{min})(1+k_j)-0.75b]^{+b/4}_{0}$　(7－15)
说明	式中，D_m、D_{m2}、D_{m1}——螺纹型环的螺纹外径、中径、内径尺寸（mm）； D_z、D_{z2}、D_{z1}——压铸件的外螺纹外径、中径、内径尺寸（mm）； δ——螺纹型环的螺纹外径制造偏差（mm）； δ'——螺纹型环的螺纹中径和内径制造偏差（mm）； a——压铸件的外螺纹外径偏差（mm）； b——压铸件的外螺纹中径偏差（mm）； k_j——压铸件计算收缩率； P——螺距尺寸（mm）； X_{min}——螺纹内径的最小配合间隙（mm），一般可取(0.02～0.04)P

实用技巧

在实践中，凡是铸件图上特别注明要求脱模斜度在压铸件公差范围以内的尺寸，则应先按式(7-16)进行验证

$$\Delta \geqslant 2.7H\tan\alpha \tag{7-16}$$

式中，Δ 为压铸件尺寸公差（mm）；H 为脱模斜度处的深度或高度（mm）；α 为压铸件的最小脱模斜度（参见表4-6）。

当验证结果满足时，按照模具制造公差和收缩率变化误差占铸件公差的1/4确定成形零件的工作尺寸。当验证结果不能满足时，则应留机械加工余量，待压铸成形后再进行机械加工来保证。

应用实例

压铸件尺寸如图7.12所示，材料选用YL102，未注圆角为$R2$，未注公差按IT14级精度。分析并计算该压铸件的各类成形尺寸。

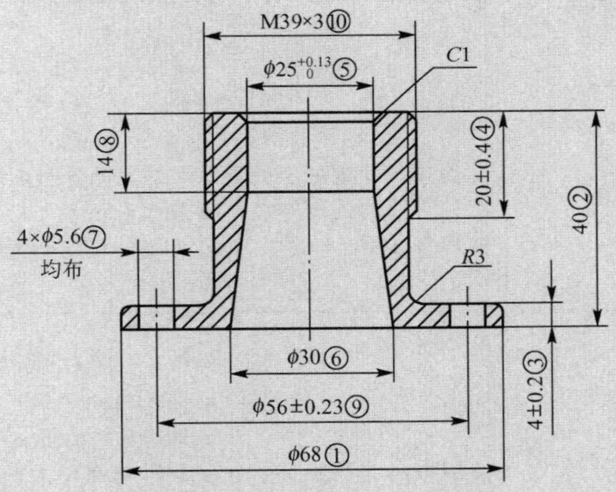

图7.12 压铸件成形尺寸计算

解：1）模具结构特征

根据该压铸件的结构特点，压铸模采用组合分型方式，主分型面为压铸件的凸缘底面，利用斜滑块进行辅助垂直分型。

2）成形尺寸分类及公称尺寸和偏差的规范调整

（1）尺寸①属于型腔径向尺寸，其中$\phi68$标注公差为$\phi68_{-0.74}^{0}$；尺寸②、③、④属于型腔深度尺寸，其中40按IT14标注公差为$40_{-0.62}^{0}$，4 ± 0.2调整为$4.2_{-0.4}^{0}$，20 ± 0.4调整为$20.4_{-0.8}^{0}$。

（2）尺寸⑤、⑥、⑦属于型芯径向尺寸，其中$\phi30$按IT14标注公差为$\phi30_{0}^{+0.52}$，$\phi5.6$按IT14标注公差为$\phi5.6_{0}^{+0.30}$；尺寸⑧属于型芯高度尺寸，14按IT14标注公差为$14_{0}^{+0.43}$。

（3）尺寸⑨属于中心距尺寸。

(4) 尺寸⑩属于螺纹型环尺寸，由螺纹标准 GB/T 196—2003 查得 $D_{z2}=37.051mm$，$D_{z1}=35.752mm$，由普通螺纹极限偏差标准 GB/T 2516—2003 查得 $a=-0.375mm$，$b=-0.25mm$。

(5) ①、②、③、⑩还属于受分型面影响而增大的尺寸。

(6) 计算收缩率和成形零件工作尺寸制造偏差的选定。

经综合分析后由表 7-6 中选定平均计算收缩率 k_j 为 0.6%；一般情况下，型腔和型芯尺寸的制造偏差 δ 与压铸件尺寸公差的关系按下列规定选取：当压铸件尺寸精度为 IT11～IT13 时，δ 取 $\Delta/5$，当压铸件尺寸精度为 IT14～IT16 时，δ 取 $\Delta/4$；中心距离、位置尺寸的制造偏差 δ 与压铸件尺寸公差的关系按下列规定选取：当压铸件尺寸精度为 IT11～IT14 时，δ 取 $\Delta/5$，当压铸件尺寸精度为 IT15～IT16 时，δ 取 $\Delta/4$。

3) 工作尺寸计算及处理

计算公式及计算结果分别见表 7-13～表 7-16。

表 7-13　型腔工作尺寸

尺寸序号	压铸件尺寸及公差	成形尺寸及制造偏差
①	$\phi 68_{-0.74}^{0}$ IT14，$\delta=\Delta/4$	$D_{m}{}_{0}^{+\delta}=(D_z+D_z k_j-0.7\Delta)_{0}^{+\delta}$ $=(68+68\times0.6\%-0.7\times0.74)_{0}^{+1/4\times0.74}$ $=67.89_{0}^{+0.185}$(mm) 因该尺寸是处于受斜滑块的辅助分型面影响而增大的尺寸，故将计算所得的基本尺寸减去 0.05mm，并适当提高模具制造精度，故取为 $\phi 67.84_{0}^{+0.12}$
②	$40_{-0.62}^{0}$ IT14，$\delta=\Delta/4$	$H_{m}{}_{0}^{+\delta}=(H_z+H_z k_j-0.7\Delta)_{0}^{+\delta}$ $=(40+40\times0.6\%-0.7\times0.62)_{0}^{+1/4\times0.62}$ $=39.81_{0}^{+0.155}$(mm) 因该尺寸是处于受分型面影响而增大的尺寸，与尺寸①同理，故取为 $39.76_{0}^{+0.10}$
③	$4.2_{-0.4}^{0}$ IT14，$\delta=\Delta/4$	$H_{m}{}_{0}^{+\delta}=(H_z+H_z k_j-0.7\Delta)_{0}^{+\delta}$ $=(4.2+4.2\times0.6\%-0.7\times0.4)_{0}^{+1/4\times0.4}$ $=3.95_{0}^{+0.1}$(mm) 因该尺寸是处于受分型面影响而增大的尺寸，与尺寸①同理，故取为 $\phi 3.9_{0}^{+0.05}$
④	$20.4_{-0.8}^{0}$ IT14，$\delta=\Delta/4$	$H_{m}{}_{0}^{+\delta}=(H_z+H_z k_j-0.7\Delta)_{0}^{+\delta}$ $=(20.4+20.4\times0.6\%-0.7\times0.8)_{0}^{+1/4\times0.8}$ $=19.96_{0}^{+0.2}$(mm)

表 7-14 型芯工作尺寸

尺寸序号	压铸件尺寸及公差	成形尺寸及制造偏差
⑤	$\phi25^{+0.13}_{0}$ IT11，$\delta=\Delta/5$	$d_{m}{}_{-\delta}^{0}=(d_z+d_zk_j+0.7\Delta)_{-\delta}^{0}$ $=(25+25\times0.6\%+0.7\times0.13)_{-1/5\times0.13}^{0}$ $=25.24_{-0.026}^{0}$(mm)
⑥	$\phi30^{+0.52}_{0}$ IT14，$\delta=\Delta/4$	$d_{m}{}_{-\delta}^{0}=(d_z+d_zk_j+0.7\Delta)_{-\delta}^{0}$ $=(30+30\times0.6\%+0.7\times0.52)_{-1/4\times0.52}^{0}$ $=30.54_{-0.13}^{0}$(mm)
⑦	$\phi5.6^{+0.30}_{0}$ IT14，$\delta=\Delta/4$	$d_{m}{}_{-\delta}^{0}=(d_z+d_zk_j+0.7\Delta)_{-\delta}^{0}$ $=(5.6+5.6\times0.6\%+0.7\times0.30)_{-1/4\times0.30}^{0}$ $=5.84_{-0.075}^{0}$(mm)
⑧	$14^{+0.43}_{0}$ IT14，$\delta=\Delta/4$	$h_{m}{}_{-\delta}^{0}=(h_z+h_zk_j+0.7\Delta)_{-\delta}^{0}$ $=(14+14\times0.6\%+0.7\times0.43)_{-1/4\times0.43}^{0}$ $=14.40_{-0.11}^{0}$(mm)

表 7-15 中心距尺寸

尺寸序号	压铸件尺寸及公差	成形尺寸及制造偏差
⑨	$\phi56\pm0.23$ IT13，$\delta=\Delta/5$	$L_m\pm\frac{\delta}{2}=(L_z+L_zk_j)\pm\frac{\delta}{2}$ $=(56+56\times0.6\%)\pm\left(\frac{1}{2}\times\frac{1}{5}\times0.46\right)$ $=56.34\pm0.046$(mm)

表 7-16 螺纹型环尺寸

尺寸序号	压铸件尺寸及公差	成形尺寸及制造偏差
⑩	M39×3 $D_z=39$ $D_{z2}=37.051$ $D_{z1}=35.752$ $P=3$ $a=-0.375$ $b=-0.25$	$D_{m}{}_{0}^{+\delta}=(D_z+D_zk_j-0.75a)_{0}^{+a/4}$ $=(39+39\times0.6\%-0.75\times0.375)_{0}^{+0.375/4}$ $=38.95_{0}^{+0.094}$(mm) 因该尺寸是处于受斜滑块的辅助分型面影响而增大的尺寸，与尺寸①同理，故取为 $38.90_{0}^{+0.05}$
		$D_{m2}{}_{0}^{+\delta'}=(D_{z2}+D_{z2}k_j-0.75b)_{0}^{+b/4}$ $=(37.051+37.051\times0.6\%-0.75\times0.25)_{0}^{+0.25/4}$ $=37.08_{0}^{+0.063}$(mm) 与尺寸①同理，故取为 $37.03_{0}^{+0.05}$
		$D_{m1}{}_{0}^{+\delta'}=[(D_{z1}-X_{min})(1+k_j)-0.75b]_{0}^{+b/4}$ $=[(35.752-0.03\times3)(1+0.6\%)-0.75\times0.25]_{0}^{+0.25/4}$ $=35.688_{0}^{+0.063}$(mm) 与尺寸①同理，故取为 $35.64_{0}^{+0.05}$
		螺距 $P=(3\pm0.02)$mm

7.3　结构零件的设计

压铸模中结构零件主要包括导向机构组成零件、模板及相关支承与固定零件等，如图 7.13所示。这类零件构成模具的基本框架(模架)，图 7.14 所示为压铸模的模架实例图片。模架通过结构零件将浇注系统、成形零件、推出机构、侧抽芯机构及模具冷却与加热系统等按设计要求加以组合和固定，使之成为模具并能安装在压铸机上进行生产。设计模具时应对有关结构件进行合理的布局，对主要承载件进行必要的强度和刚度计算或校核。

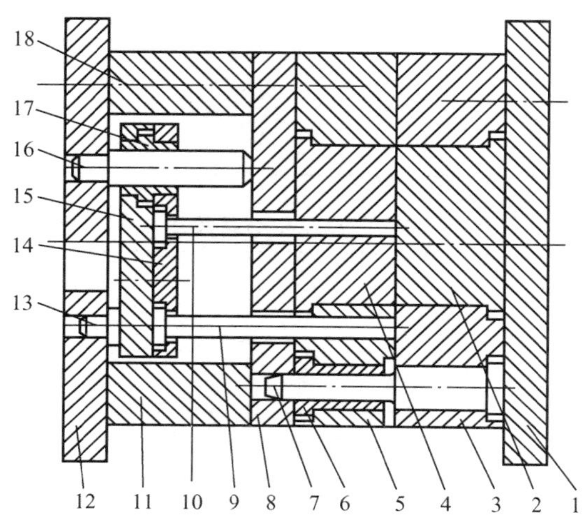

图 7.13　压铸模模架的基本结构

1—定模座板；2—定模镶块；3—定模套板；4—动模镶块；5—动模套板；6—导套；7—导柱；8—支承板；9—复位杆；10—推杆；11—垫块；12—动模座板；13—限位钉；14—推杆固定板；15—推板；16—推板导柱；17—推板导套；18—内六角螺钉

图 7.14　压铸模的模架实例

7.3.1 支承与固定零件

1. 主要作用及设计注意事项

压铸模具的支承与固定零件主要包括：定模座板、定模套板、动模座板、动模套板、支承板、固定板、垫块等。它们的主要作用及设计注意事项见表7-17。

表7-17 支承与固定零件的主要作用及设计注意事项

零件名称	主要作用	设计注意事项
定模座板（图7.13中1）	① 与定模套板连接，将成形零件压紧，共同构成模具的定模部分 ② 直接与压铸机的定模固定板接触，并设置定位孔，对准压铸机的压室调正位置后，将模具的定模部分紧固在压铸机上	① 浇口套安装孔的位置与尺寸应与压铸机压室的定位法兰配合 ② 定模座板上应留出紧固螺钉或安装压板的位置 ③ 采用U形槽固定时，U形槽的位置与尺寸要根据压铸机定模固定板上的T形槽的位置和尺寸而定
定模套板（图7.13中3）	① 成形零件及导向零件的固定载体 ② 设置浇口套，形成浇注系统的通道 ③ 承受金属液填充压力的冲击，确保成形零件不产生变形	① 在压铸过程中承受多种应力作用，易产生变形，故应对其侧壁厚度进行强度计算 ② 在不通孔的模架结构中，它兼起定模座板的作用，应满足压铸模的定位或安装的要求
动模座板（图7.13中12）	① 与动模套板、支承板、垫块等连接，构成模具的动模部分 ② 与压铸机的动模固定板接触，将模具的动模部分紧固在压铸机上 ③ 动模座板的底端面在合模时承受压铸机的合模力，在开模时承受动模部分的自身重力	① 开设顶出孔，顶出孔的位置与尺寸应与压铸机顶出装置相适应 ② 动模座板上应留出紧固螺钉或安装压板的位置 ③ 应有较强的承载能力
动模套板（图7.13中5）	① 成形零件、浇道镶块及导向零件的固定载体 ② 设置压铸件脱模的推出机构及侧抽芯机构 ③ 承受金属液填充压力的冲击，确保成形零件不产生变形	① 在压铸过程中承受多种应力作用，易产生变形，故应对其侧壁厚度进行强度计算 ② 在不通孔的模架结构中，它兼起支承板的支承作用，故应对其底部厚度进行强度计算
支承板（图7.13中8）	① 在通孔的模架结构中，将成形零件压紧在动模套板内 ② 承受金属液填充压力的冲击，避免相关零件产生不允许的变形	① 支承板是受力较大的结构件之一，必须对其厚度进行强度计算 ② 必要时，可设置支承柱，以增强支承板的支承作用

（续）

零件名称	主要作用	设计注意事项
垫块 （图 7.13 中 11）	① 垫块安装在动模座板与支承板之间，形成推出机构工作的动作空间 ② 对于小型压铸模，还可以利用垫块的厚度来调整模具的总厚度，满足压铸机最小合模距离的要求	① 根据压铸机的闭合高度或压铸件的脱模推出距离来确定垫块的高度 ② 垫块在压铸生产过程中承受压铸机的锁模力作用，必须要有足够的受压面积
推板和 推出固定板 （图 7.13 中 14、15）	① 安装推出元件、推出导向元件和复位杆 ② 承受通过推出元件传递的金属液冲击力 ③ 承受因压铸件包紧力产生的脱模阻力 ④ 推出固定板通常不是受力零件，只是起到安装作用，能满足装配即可	① 推板是模具推出机构的集中受力零件，应有足够的厚度，以保证强度和刚度的需要，防止因金属液的间接冲击或脱模阻力产生变形 ② 各大平面应相互平行，以保证推出元件运行的稳定性

2. 模板的设计要点

模板是压铸模的主要结构零件，模具的各个部分按照一定规律和位置在模板内加以安装和固定。模板按其组合的位置及作用分为座板、套板和支承板等。

1）模板尺寸的估定

以图 7.15 为例，将估算有关尺寸的步骤归纳如下。

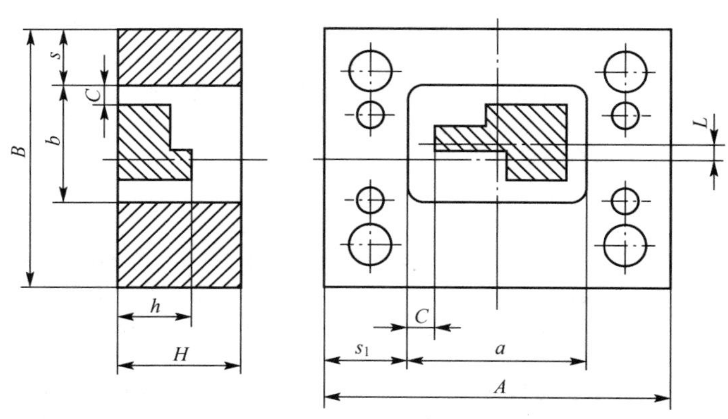

图 7.15　模板尺寸的估定

（1）模板厚度 H。根据图 7.15 所示，压铸件高度为 h，则模板厚度为：

$$H=h/k \quad (7-17)$$

式中，H 为模板厚度（mm）；h 为压铸件高度（mm）；k 为经验系数，通常取 0.5～0.67，一般情况下 $k<0.75$。

（2）模套尺寸。根据压铸件在分型面上投影的最大外廓尺寸，每边加出一个距离 C，从而得出模套尺寸 $a \times b$。一般取 C=20～50mm，只要留出足够的溢流槽位置即可。

（3）模板的外廓尺寸。模板的外廓尺寸应满足以下要求：

① 压铸工艺。

第一，浇注系统、排溢系统所需的位置，尤其是在卧式压铸机上使用的压铸模。一般模套的中心位置应偏离模体中心 L。

第二，模具冷却与加热系统的空间位置。

② 模具结构。

第一，安装导向零件、复位零件及连接螺钉等的所需位置。

第二，设置侧抽芯机构的压铸模，还需留出侧抽芯机构的动作空间。

③ 模具强度。

动、定模套板因处于拉伸、弯曲、压缩等应力状态而产生变形，影响压铸件的尺寸精度，需要有足够的侧壁和底部厚度。

综上所述，在图 7.15 中，s 属于关键尺寸，s 对应边必须满足强度要求。通过计算确定 s 对应边模套侧壁的尺寸，同时考虑浇口套所需的尺寸，即可确定模体尺寸 B。同理，侧边 s_1 只要满足导向零件、复位零件及连接螺钉等位置要求，即可确定模体尺寸 A。

2）模板的强度计算

在压铸成形过程中，从合模到填充及增压保压各阶段，压铸模均受到高压的冲击，主要涉及合模时的压应力、高速金属液流的冲击力、压铸填充过程的胀型力、开模或压铸件脱模时的拉应力等。但模具主要承受由压射压力和增压压力形成的胀型力，从而导致模板的变形。如图 7.16 所示为模板主要受力变形示意图，受力变形的最大部位是型腔的侧壁和支承板(图 7.16 所示为不通孔的二板式结构，h 对应部分即起支承板的作用)。因此需要对型腔最小的侧壁厚度 t 和支承板厚度 h 进行强度计算(见表 7－18、表 7－19 和表 7－20)，从而确定其安全可靠的尺寸。

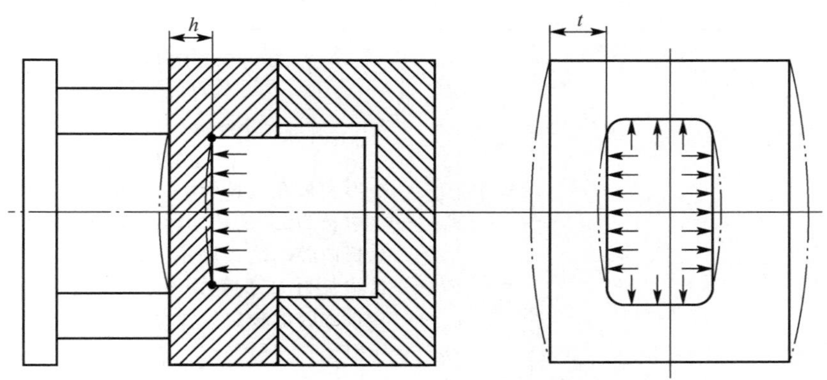

图 7.16　模板主要受力变形示意图

表 7 - 18　圆形型腔套板侧壁厚度计算

计算用图	计算公式
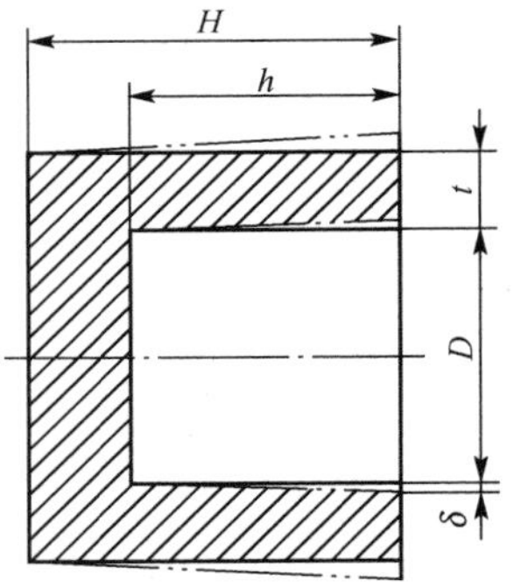	当套板为不通式结构时：$t \geqslant \dfrac{Dph}{2[\sigma]H}$　　(7 - 18) 当套板为穿通式结构时：$t \geqslant \dfrac{Dp}{2[\sigma]}$　　(7 - 19) 压射时，型腔径向弹性变形量 δ 值按式(7 - 20) 计算： $\delta = \dfrac{D^2 p}{2tE}$　　(7 - 20) 式中，t——圆形型腔套板侧壁厚度（mm）； D——型腔直径（mm）； p——压射比压（MPa）； h——型腔深度（mm）； $[\sigma]$——模具材料的许用抗拉强度，对 45 钢，调质后可取 $[\sigma]=82\sim100$MPa； H——套板厚度（mm）； δ——型腔径向弹性变形量（mm），受力时允许的变形量应不大于 0.05～0.15mm； E——弹性模量（MPa），一般取 $E=2.1\times10^5$MPa

表 7 - 19　矩形型腔套板侧壁厚度计算

计算用图	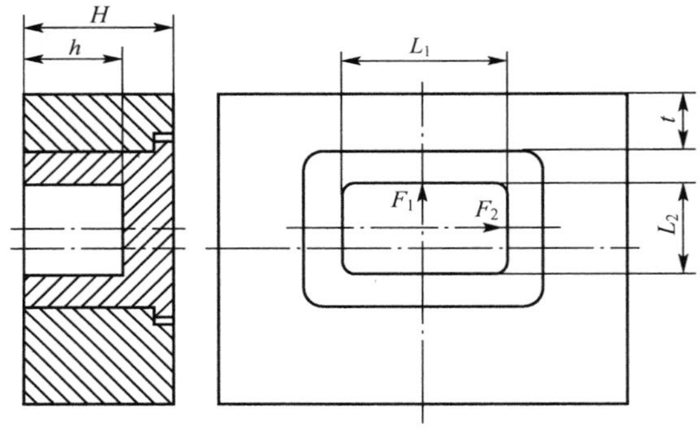
计算公式	$t=\dfrac{F_2+\sqrt{F_2^2+8H[\sigma]F_1L_1}}{4H[\sigma]}$　　(7 - 21) $F_1=pL_1h$　　(7 - 22) $F_2=pL_2h$　　(7 - 23) 式中，t——矩形套板在边长为 L_1 的侧壁厚度（mm）； F_2——在边长为 L_2 的侧面所承受的总压力（N）； L_2——套板内腔的短边尺寸（mm）； F_1——在边长为 L_1 的侧面所承受的总压力（N）； L_1——套板内腔的长边尺寸（mm）； p——压射比压（MPa）； h——型腔深度（mm）； $[\sigma]$——模具材料的许用抗拉强度，MPa，对 45 钢，调质后可取 $[\sigma]=82\sim100$MPa； H——套板厚度（mm）

表7-20 支承板厚度计算

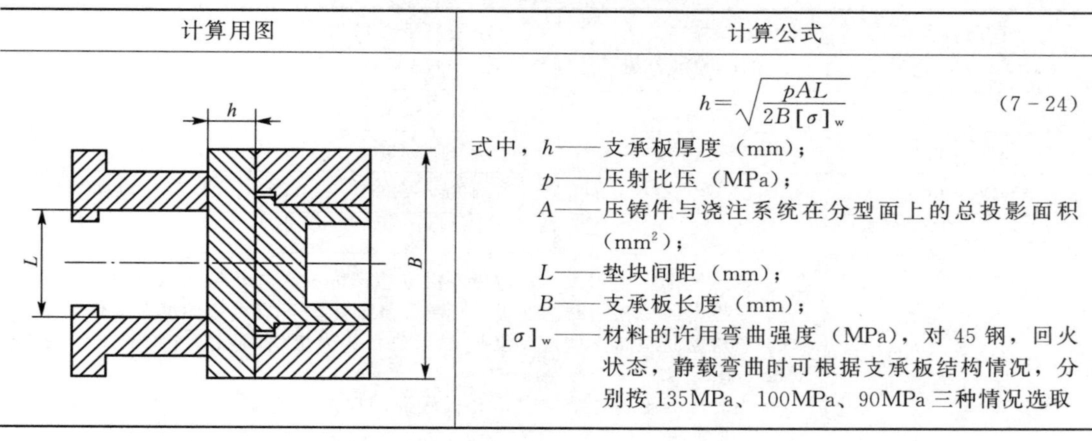

计算用图	计算公式
	$h=\sqrt{\dfrac{pAL}{2B[\sigma]_{w}}}$ （7-24） 式中，h——支承板厚度（mm）； p——压射比压（MPa）； A——压铸件与浇注系统在分型面上的总投影面积（mm^2）； L——垫块间距（mm）； B——支承板长度（mm）； $[\sigma]_{w}$——材料的许用弯曲强度（MPa），对45钢，回火状态，静载弯曲时可根据支承板结构情况，分别按135MPa、100MPa、90MPa三种情况选取

3）模板尺寸的经验推荐值

表7-21和表7-22中的数据是根据大量现有模具整理并在实践中总结和验证而汇总出来的，一般情况下可据此确定相关尺寸。需要指出的是，压铸成形是一个复杂的过程，所以仅给定一个推荐范围。

表7-21 型腔套板侧壁厚度的经验推荐值 （单位：mm）

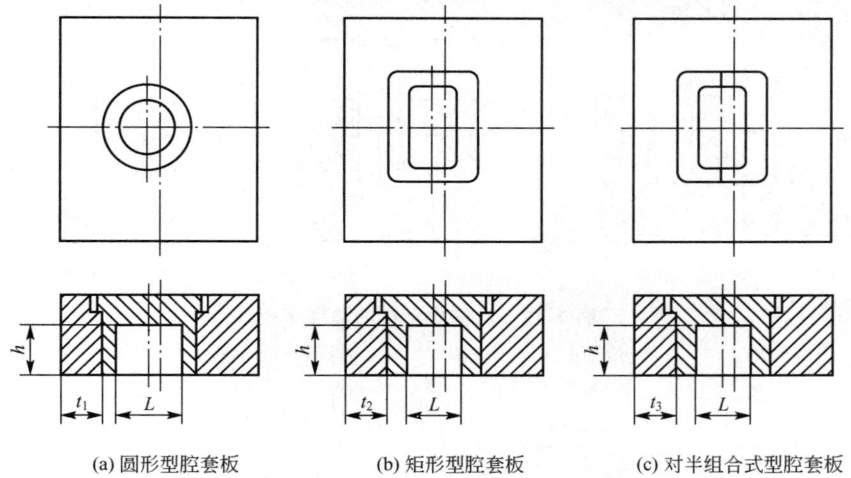

(a) 圆形型腔套板　(b) 矩形型腔套板　(c) 对半组合式型腔套板

$L\times h$	t_1	t_2	t_3	$L\times h$	t_1	t_2	t_3
<80×35	30～40	40～45	50～65	<350×70	70～100	80～110	120～140
<120×45	35～45	45～65	60～75	<400×100	80～110	100～120	130～160
<160×50	45～55	50～75	70～85	<500×150	110～140	120～150	140～180
<200×55	50～65	55～80	80～95	<600×180	140～160	140～170	170～200
<250×60	55～75	65～85	90～105	<700×190	150～170	160～180	190～220
<300×65	60～85	70～95	100～125	<800×200	160～180	170～200	210～250
选择的基本原则	①压铸件壁厚较薄时，压射比压大，应选择较大的侧壁尺寸； ②压铸件总体较高时，型腔侧壁受力较大，应选用较大的侧壁厚度； ③压铸件外廓尺寸较大时，型腔周长较大，应选用较大的侧壁厚度						

表 7-22　动模支承板厚度 *h* 的经验推荐值　　（单位：mm）

支承板所受总压力 $F(p\times A)$/kN	支承板厚度 *h* 的经验推荐值	支承板所受总压力 $F(p\times A)$/kN	支承板厚度 *h* 的经验推荐值
160～250	25/30/35	1250～2500	60/65/70
250～630	30/35/40	2500～4000	75/85/90
630～1000	35/40/50	4000～6300	85/90/100
1000～1250	50/55/60		
选择的基本原则	① 压铸件投影面积大，支承板厚度 *h* 应选大的尺寸，反之取小值； ② 在投影面积相同的情况下，压射比压较大时，支承板厚度取大值； ③ 垫块的间距与支承板厚度成正比关系。当垫块间隙较小时，支承板厚度取小值； ④ 当套板为不通式结构时，套板底部的厚度应为支承板计算值或推荐值的 0.8 倍		

当压铸件及浇注系统在分型面上投影面积较大而垫块的间距 *L* 较大或动模支承板的厚度 *h* 较小时，为了提高支承板的刚度，可以在支承板和动模座板之间设置与垫块等高的支柱，也可以借助于推板上的导柱加强对支承板的支撑作用，如图 7.17 所示。

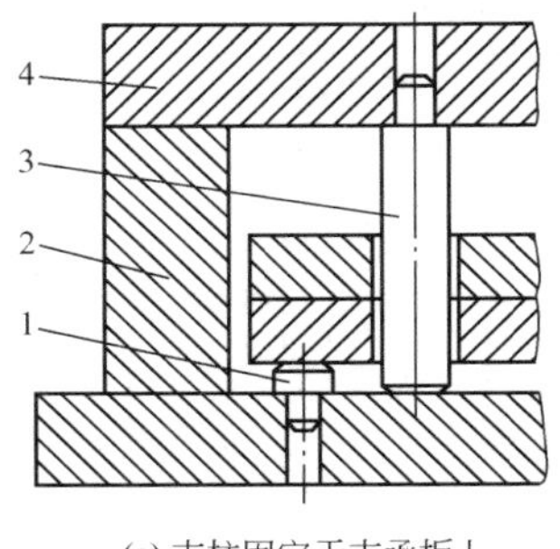

(a) 支柱固定于支承板上

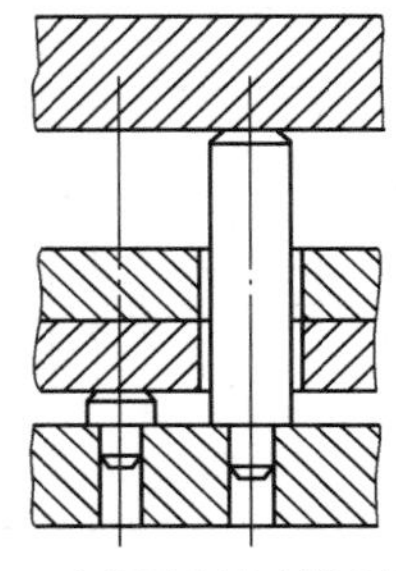
(b) 支柱固定于动模座板上

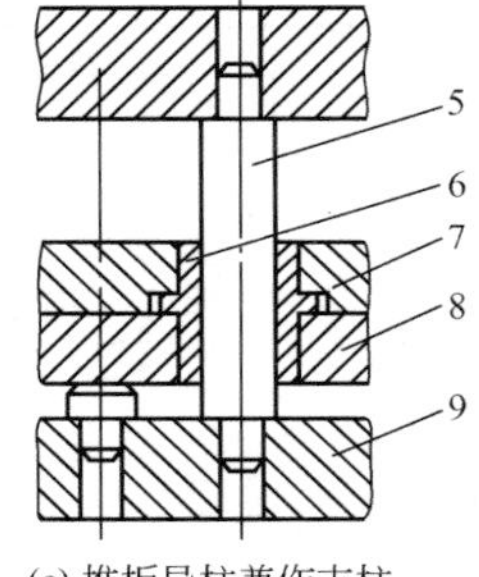

(c) 推板导柱兼作支柱

图 7.17　动模支承板的加强形式

1—限位钉；2—垫块；3—支柱；4—支承板；
5—推板导柱；6—推板导套；7—推杆固定板；8—推板；9—动模座板

3. 动模座板和垫块的设计

中小型压铸模，动模座板与垫块组成动模的模座，如图 7.18(a)所示。模座与动模套板、动模支承板及推出机构组成动模部分的模体，压铸时，动模部分模体通过动模座板紧固在压铸机的动模固定板上。小型压铸模的模座通常设计成所谓的模脚或支架式模座，如图 7.18(b)所示。这种结构制造方便、质量轻、节省材料，其支承宽度在 40～60mm 内选取。

垫块在压铸模锁紧时，承受压铸机的锁模力，所以必须有足够的受压面积，一般情况下，锁模力与支承面积之比应控制为 8～12MPa，如果太大，则垫块容易被压塌，垫块宽度常在 40～60mm 内选取。为了防止由于模板的重量太大而导致定位销钉刚度不足，对于中型压铸模，常常采用垫块部分镶入动模座板和动模支承板内，如图 7.18(c)所示。

大型压铸模的动模座板和垫块合为一个整体，采用铸造的方法成形，如图 7.18(d)所示。通常采用球墨铸铁或铸钢件，这样既减少了零件数，提高了模具的刚性，又节省了原材料。

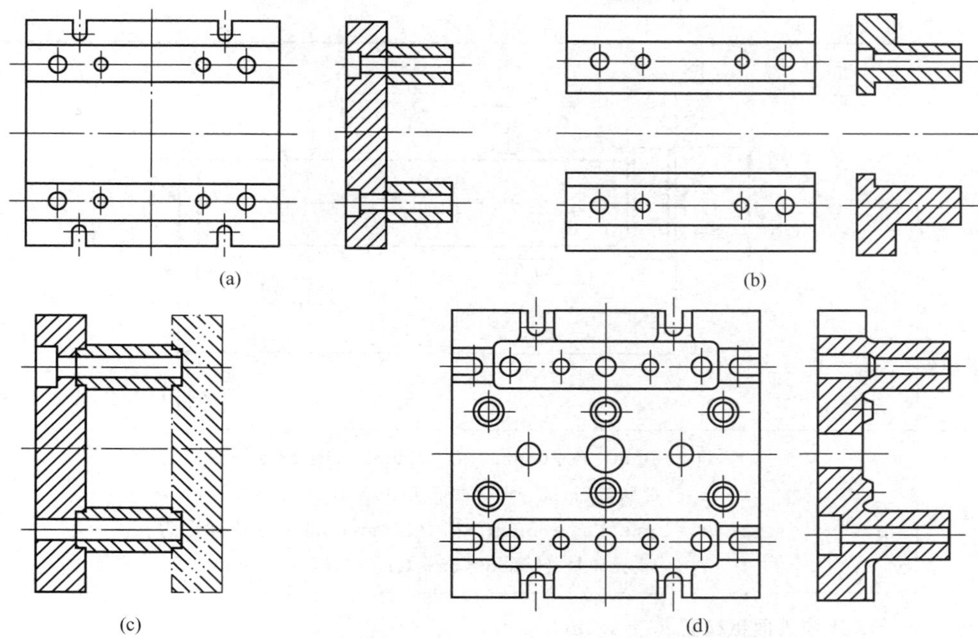

图 7.18 动模座板和垫块组成的模座基本结构形式

7.3.2 导向零件

在各种压铸模中，基本上都是以导柱和导套作为基本导向零件构成模具的合模导向机构。合模导向机构主要用来保证动模模体与定模模体两大部分之间准确对合，以保证压铸件的形状和尺寸精度，并避免模内各种零部件发生碰撞与干涉。合模导向机构在其工作过程中，经常会受到压铸成形时所引发的侧向压力的作用，因此，设计合模导向机构的基本要求是定位准确、导向精确，这就要求导向零件有足够的强度、刚度和耐磨性，保证动、定模在合模时的正确位置。

1. 导柱

1）导柱的结构

压铸模导柱的典型结构及有关技术要求见表 7－23 和表 7－24。

【参考图文】

表 7－23 标准导柱

带肩导柱	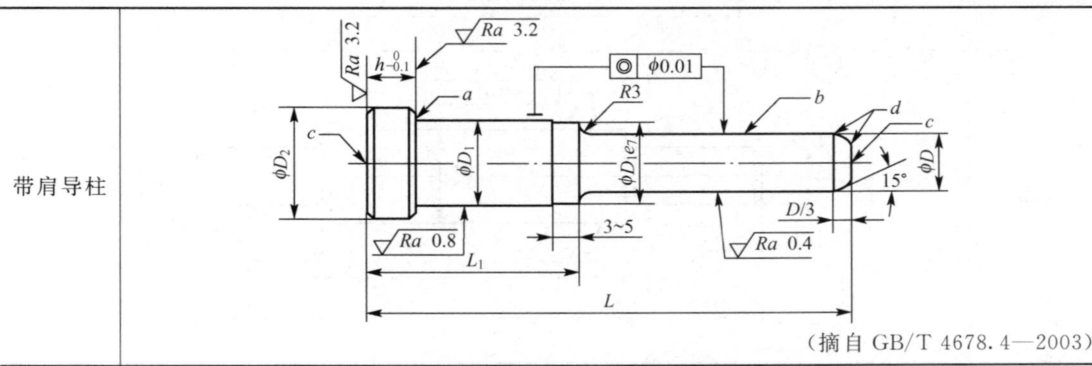 （摘自 GB/T 4678.4—2003）

（续）

带头导柱	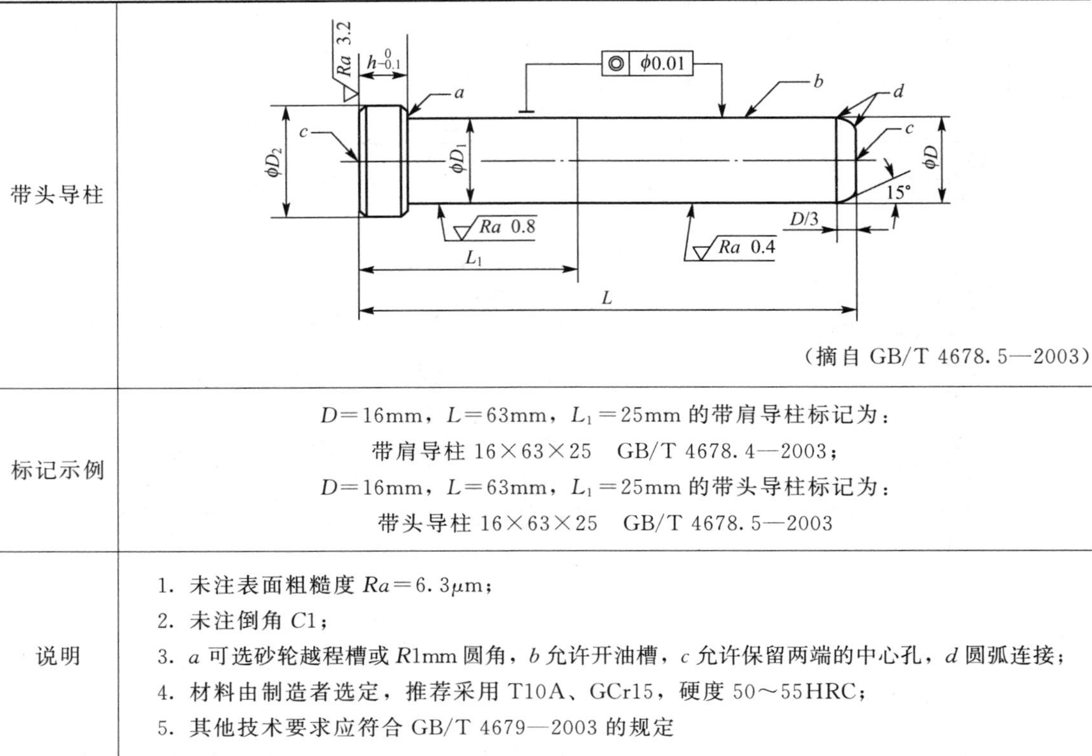（摘自 GB/T 4678.5—2003）
标记示例	D=16mm，L=63mm，L_1=25mm 的带肩导柱标记为： 带肩导柱 16×63×25　GB/T 4678.4—2003； D=16mm，L=63mm，L_1=25mm 的带头导柱标记为： 带头导柱 16×63×25　GB/T 4678.5—2003
说明	1. 未注表面粗糙度 Ra=6.3μm； 2. 未注倒角 C1； 3. a 可选砂轮越程槽或 R1mm 圆角，b 允许开油槽，c 允许保留两端的中心孔，d 圆弧连接； 4. 材料由制造者选定，推荐采用 T10A、GCr15，硬度 50～55HRC； 5. 其他技术要求应符合 GB/T 4679—2003 的规定

【参考图文】

表 7-24　推板导柱(摘自 GB/T 4678.9—2003)

A 型	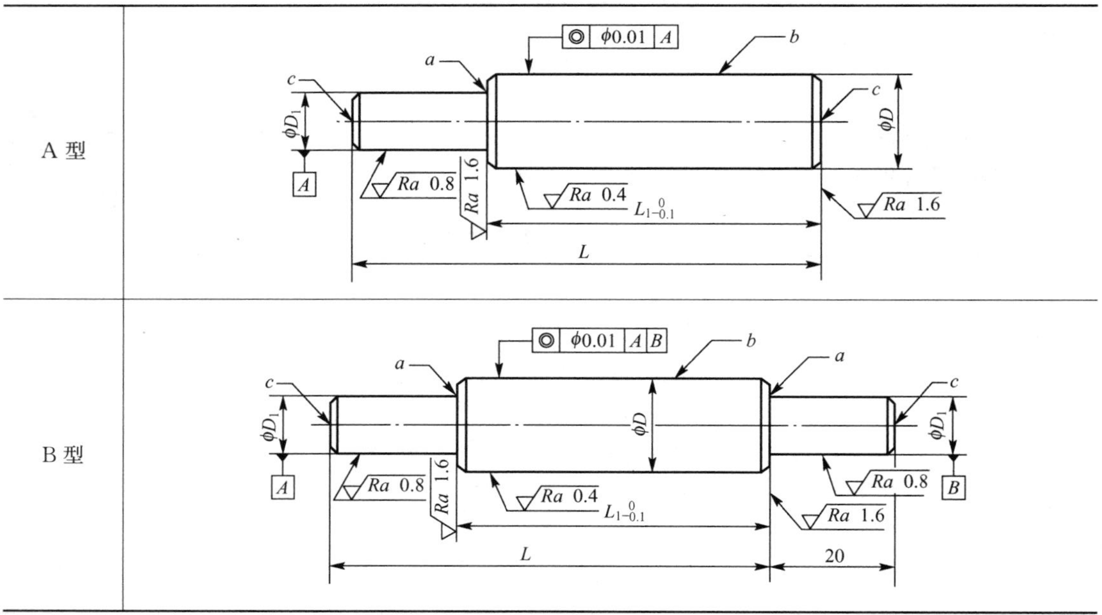
B 型	

（续）

标记示例	D=20mm，L_1=80mm 的 A 型推板导柱标记为：A 型推板导柱 20×80 GB/T 4678.9—2003； D=20 mm，L_1=80mm 的 B 型推板导柱标记为：B 型推板导柱 20×80 GB/T 4678.9—2003
说明	1. 未注表面粗糙度 Ra=6.3μm； 2. 未注倒角 C1； 3. a 可选砂轮越程槽或 R1mm 圆角，b 允许开油槽，c 允许保留两端的中心孔； 4. 材料由制造者选定，推荐采用 T10A、GCr15，硬度 50～55HRC； 5. 其他技术要求应符合 GB/T 4679—2003 的规定

图 7.19 所示为导柱的实物图片。

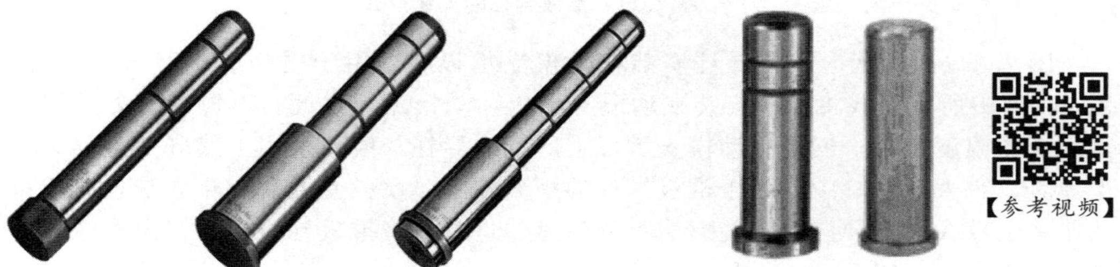

图 7.19　导柱的实物图片

2）导柱的安装

对于表 7-23 所列的导柱，根据需要可以安装在动模或定模上，主要满足于模具打开和合拢的导向，为便于取出压铸件，导柱一般安装在定模上。如果模具采用推件板脱模时，导柱必须安装在动模部分；对在卧式压铸机上采用中心浇口的模具，导柱则应安装在定模座板上；若在卧式压铸机上采用中心浇口的模具同时又采用推件板脱模，则在模具的动、定模部分都要设置导柱。

只有很小的模具才用两根导柱，一般压铸模上均设置四根导柱。

矩形模板的导向零件一般都设置在模板的四个角上，导柱安装中心与模板边缘的距离 h 应大于导柱导向部分直径 d 的 1.5 倍，即 $h \geqslant 1.5d$，如图 7.20(a)所示。为了保证模板导向的平稳性及便于取出压铸件，应保证导柱之间有最大的开档尺寸。

对于圆形模板，可采用三根导柱，如图 7.20(b)所示。

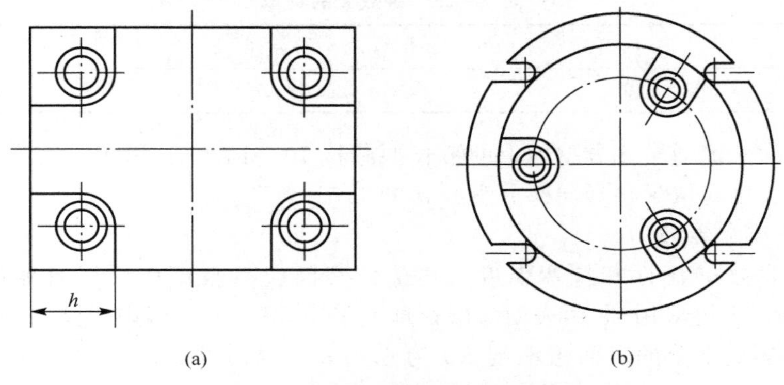

图 7.20　导柱在模板上的布置

推板导柱的安装形式如图 7.21 所示。

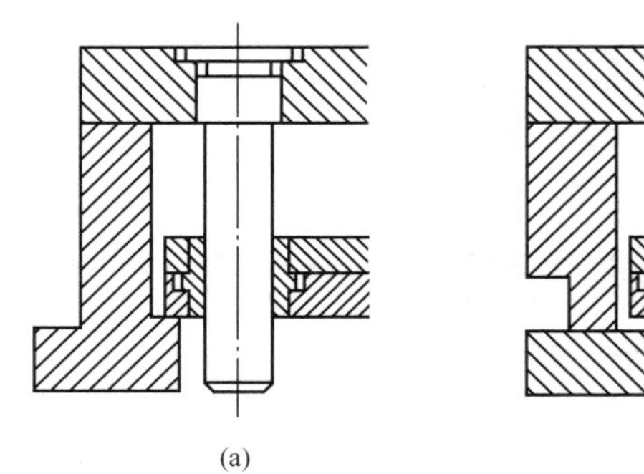
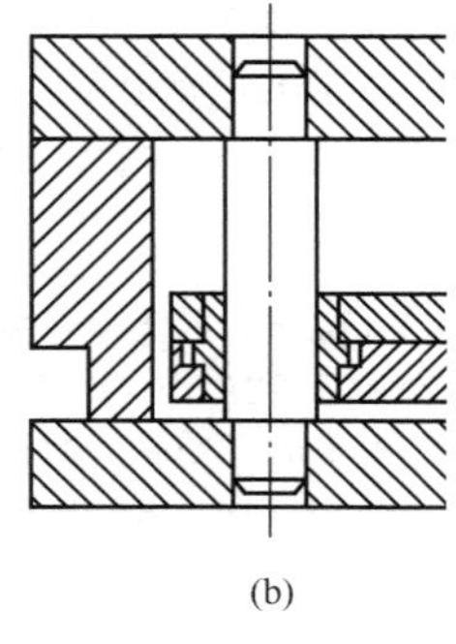
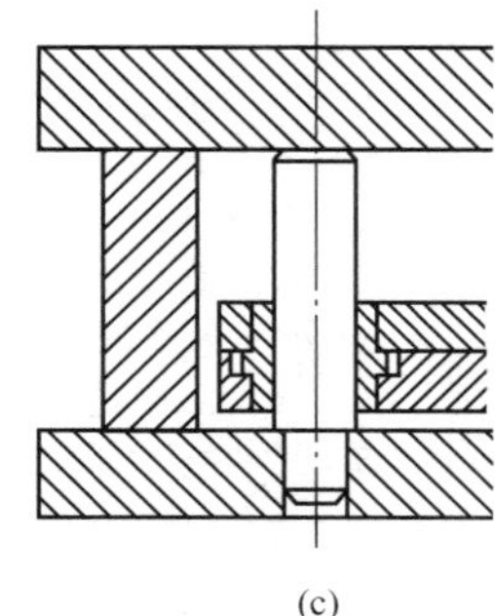

(a) (b) (c)

图 7.21 推板导柱的安装形式

图 7.21(a)所示形式将导柱安装在动模支承板上，用于模脚或支架式模座的结构；图 7.21(b)所示形式将导柱安装在动模支承板和动模座板之间，其刚性较好。但由于模具的工作温度较高，安装在动模支承板上的推板导柱一般只适用于热胀变化不大的中小型模具。在大型模具中，由于推板导柱的距离较大，模板受温度变化影响，其线长度的热胀量也较大，对导向精度的影响十分明显，这时应将推板导柱安装在温度变化不大的动模座板上，如图 7.21(c)所示。

导柱的固定部分与模板的配合常用 H7/m6 的过渡配合。

实用技巧

为了防止模具在拆卸后再装配或模具合模时出现方向、位置的差错，设计时可将其中的一个导柱的位置按正常的分布错开一个尺寸或角度，或在模具上做出明显的合模方位标记。即要确保模板和导柱的方向、位置是唯一的。

3）导柱的尺寸

导柱导向部分的直径按下述经验公式选择：

$$d=k\sqrt{A} \tag{7-25}$$

式中，d 为导柱导向部分的直径（mm）；A 为模具分型面的表面积（mm^2）；k 为系数，一般参考表 7－25 选取。

表 7－25 系数 k 的选取

A/mm^2	$<0.4\times10^5$	$(0.4\sim2)\times10^5$	$>2\times10^5$
k	0.09	0.08	0.07

导柱的导向长度通常比分型面上的最长型芯长 10～15mm，以免型芯在合模、搬运中损坏，而最小长度应取导柱导向部分直径 d 的 1.5～2 倍。

4）导柱的技术要求

导柱应有良好的韧性和抗弯强度，其工作表面应有较高的硬度且耐磨，推荐采用 T10A、GCr15，也可采用 20 钢表面渗碳处理或采用 T8、T10 钢进行淬火，回火后硬度为 50～55HRC。固定部分的表面粗糙度 Ra 为 0.8μm，导向部分的表面粗糙度 Ra 为0.8～0.4μm。其他应符合 GB/T 4679—2003 的规定。

2. 导套

在压铸模中，导柱直接与模板上的导向孔配合导向的情况用得很少，一般均需要用导套。因为导套经热处理淬硬后不易磨损，寿命长，而且也便于更换。

1）导套的结构

压铸模导套的典型结构见表 7-26。其中带头导套通常用于动、定模套板后面有动模支承板或定模座板的场合；直导套通常用于动、定模套板较厚或用于套板后面无支承板或定模座板的情况；推板导套用于推出机构中的推杆固定板和推板上。

【参考图文】

表 7-26 标准导套

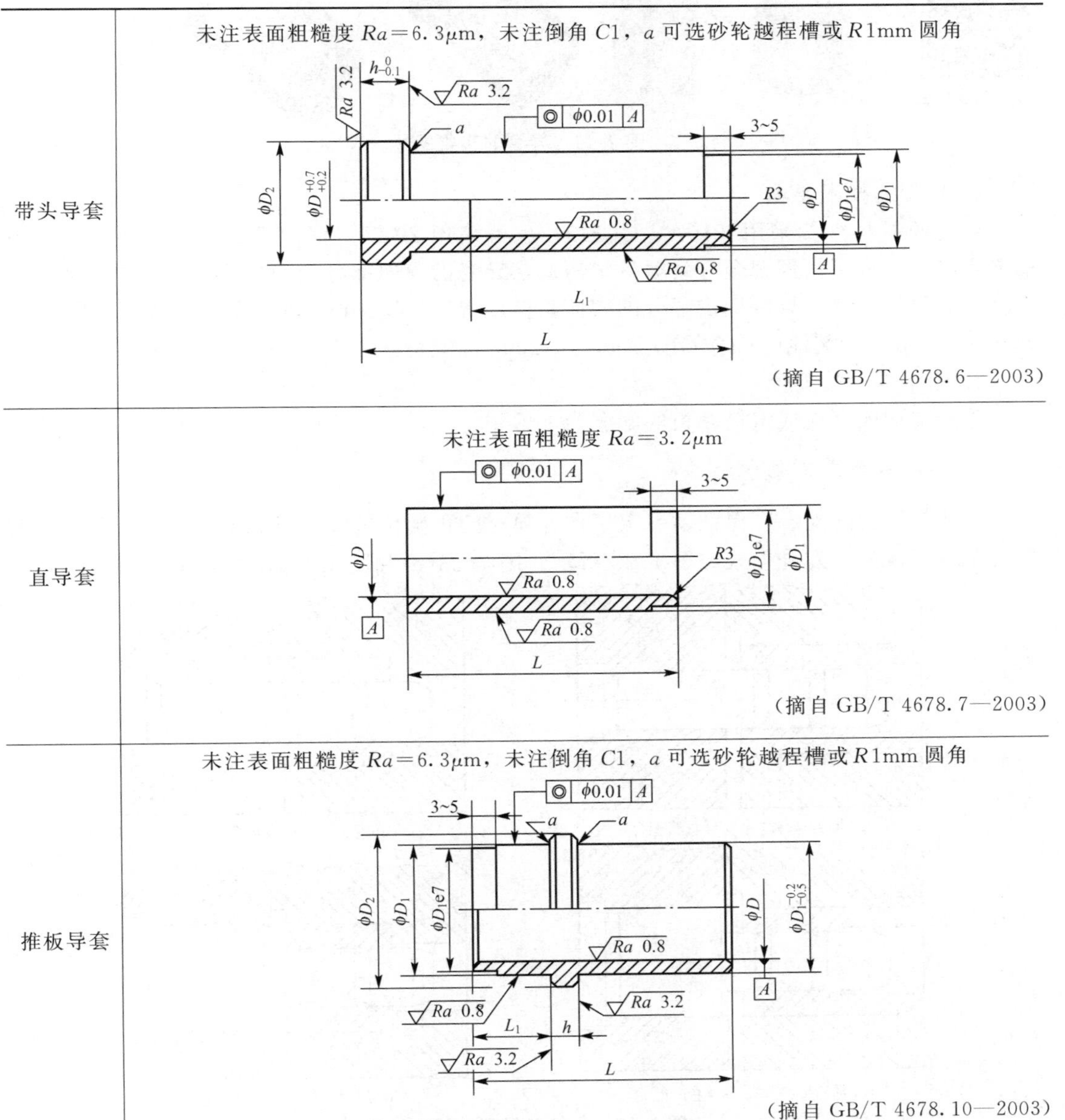

带头导套	未注表面粗糙度 $Ra=6.3\mu m$，未注倒角 C1，a 可选砂轮越程槽或 $R1mm$ 圆角 （摘自 GB/T 4678.6—2003）
直导套	未注表面粗糙度 $Ra=3.2\mu m$ （摘自 GB/T 4678.7—2003）
推板导套	未注表面粗糙度 $Ra=6.3\mu m$，未注倒角 C1，a 可选砂轮越程槽或 $R1mm$ 圆角 （摘自 GB/T 4678.10—2003）

（续）

标记示例	D=16mm，L=20mm 的带头导套标记为：带头导套 16×20　GB/T 4678.6—2003； D=16mm，L=25mm 的直导套标记为：直导套 16×25　GB/T 4678.7—2003； D=20mm，L=40mm，h=5mm 的推板导套标记为：推板导套 20×40×5　GB/T 4678.10—2003
说明	1. 材料由制造者选定，推荐采用 T10A、GCr15，硬度 50～55HRC； 2. 其他技术要求应符合 GB/T 4679—2003 的规定

图 7.22 所示为导套的实物图片。

【参考图文】

图 7.22　导套的实物图片

2）导套的技术要求

导套的材料推荐采用 T10A、GCr15，也可采用 20 钢表面渗碳处理或采用 T8、T10 钢进行淬火，也可用铜合金等耐磨材料制造，导套的导向部分表面硬度应比导柱略低，便于磨损后更换导套。导套固定部分的表面粗糙度 Ra 为 0.8μm，导向部分的表面粗糙度 Ra 为 0.8～0.4μm。其他应符合 GB/T 4679—2003 的规定。

3）固定部分的配合

导套与动模套板或定模套板的配合为 H7/k6。

3. 导柱与导套的配合

导柱与导套的配合应保证动、定模在合模时的正确位置，并且在开、合模过程中运动灵活无卡死现象。配合形式如图 7.23 所示。图 7.23(c)和图 7.23(d)所示的形式要求导柱

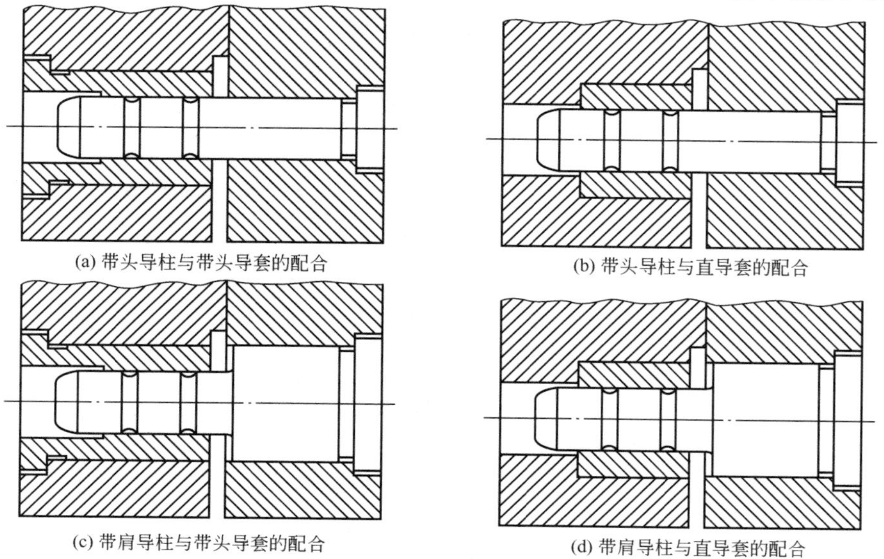

(a) 带头导柱与带头导套的配合　(b) 带头导柱与直导套的配合

(c) 带肩导柱与带头导套的配合　(d) 带肩导柱与直导套的配合

图 7.23　导柱与导套的配合形式

固定孔与导套固定孔的尺寸一致，便于配合加工，保证同轴度，故推荐采用。

导柱与导套的配合精度，压铸锌、铝合金时，常用 H7/e8 的配合；压铸铜合金时，常用 H7/d8 的配合。

在导套四周应低于分型面 3～5mm，一方面有利于模具分型面的紧密结合，另一方面可以作为动、定模分开的撬口。

7.4 加热与冷却系统

在每一个压铸循环中，模具型腔内的温度是变化的，如图 7.24 所示。铝合金压铸时，模具型腔温度上下波动可达 300℃左右。使模具升温的热源包括两方面：一是由高温金属液充填时带入的热量；二是金属液充型过程中所消耗的一部分机械能转换成的热能。模具在得到热量的同时也向周围空间散发热量，当在单位时间内模具吸收的热量与散发的热量大致相等而达到一个平衡状态时，则称作模具的热平衡。

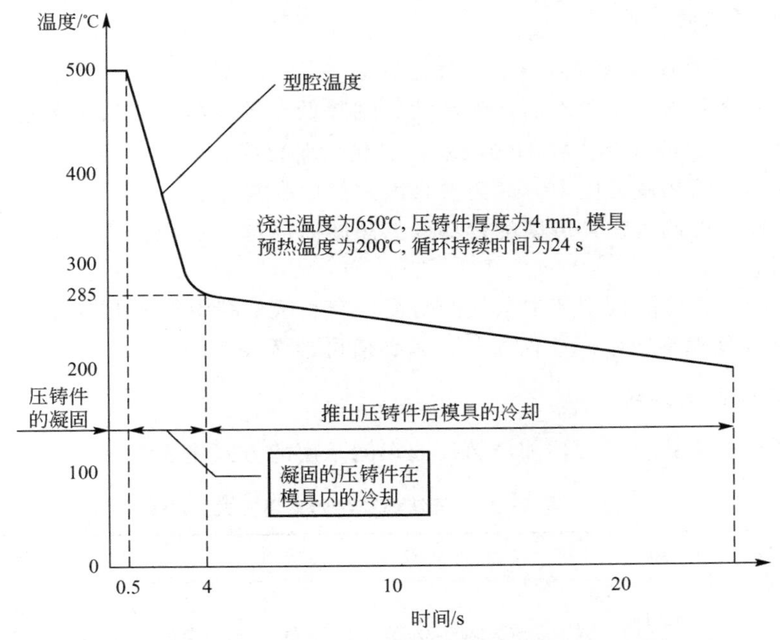

图 7.24 一个压铸循环中模具型腔内的温度变化曲线

模具温度是影响压铸件成形质量的一个重要因素，但有时在生产过程中未能被严格控制。对于大多数形状简单、压铸工艺性好的压铸件而言，模具温度即使在较大范围内变动仍能生产出合格的压铸件；而生产某些复杂压铸件时，只有当模具温度控制在某一较窄范围内，才能生产出合格的压铸件。为了避免压铸模由于内外温差过大及温度变化频繁而带来的诸如应力破坏、开合模受阻、凝固速度不匀等问题，在压铸成形前应对模具进行充分预热、压铸成形过程中使模具保持在一定的温度范围内。

压铸生产中模具的温度是通过加热与冷却系统来控制和调节的。

7.4.1 加热与冷却系统的作用

在压铸过程中，应通过模具的加热与冷却系统将压铸模温度控制在最佳工作温度范围内。加热与冷却系统的作用主要体现在以下方面。

(1) 使模具达到较好的热平衡，改善压铸件的顺序凝固条件，并有利于补缩压力的传递，提高压铸件的内部质量。

(2) 保持压铸合金充填时的流动性及良好的成形性，提高压铸件的表面质量。

(3) 稳定合金的成形收缩率及压铸件的尺寸，保证压铸件的尺寸精度。

(4) 保证压铸件凝固速度均匀，缩短成形周期，提高压铸生产率。

(5) 降低模具热交变应力，提高模具使用寿命。

7.4.2 加热系统设计

加热系统主要用于压铸模的预热，或对模温较低区域的局部加热，特别是需要对成形零件进行预热。

1. 压铸模预热的作用

压铸成形前对模具进行预热有如下作用：

(1) 可避免金属液因受激冷而使流动性急剧降低，导致压铸件出现欠铸或表面粗糙度增加，或因激冷使压铸件产生大的线收缩，引起收缩裂纹。

(2) 减少模具的热疲劳应力，避免模具因激热而胀裂。

(3) 通过预热可调整模具滑动配合部分的热膨胀间隙，以免金属液穿入间隙，影响生产的正常进行。

(4) 温度的提高可降低型腔中空气的密度，有利于型腔中气体的排出。

模具预热温度随不同生产条件而异，其数值可参考表 1-5。

2. 压铸模预热的方式

压铸模预热的方式很多。目前压铸厂或车间常用的方式见表 7-27。

表 7-27 压铸模预热的常用方式

加热方式	优点	不足
燃气火焰加热(用自制的煤气或天然气加热器，更多是用喷灯)	结构简单、制造方便、成本低廉、效果较好	型腔表面特别是型腔中较小的凸起部分会发生过热，导致型腔软化，降低模具的使用寿命 模具升温较慢
电加热(感应式和电阻式)	有多种规格的电热元件可供选用，尤其是电热管，使用极为方便。电加热比较清洁方便、加热均匀、操作安全	成本较高、耗电量较大 感应式加热器因体积大、安装不便且不易实现标准化，故生产中较少见
加热介质加热(将热油、热蒸汽等加热介质通入压铸模的冷却通道内并使之循环)	既可用于压铸前的预热，又可用于在压铸过程中冷却压铸模。控制介质的温度就能控制模具的温度。制作简单，成本低廉	

（续）

加热方式	优　点	不　足
低熔点合金加热（对于锌合金等低熔点合金的压铸成形，直接用浇入的金属液预热压铸模）	这种预热方式可简化模具结构 舍弃开始压铸的几个表面质量差的铸件	直接在冷的压铸模型腔中压铸会使铸件粘附在定模或动模上。导致压铸模的使用寿命大大降低

采用模体外部的加热方式，不能获得均衡的模温。目前最常采用的是管状电热元件从模体内部加热或加热介质循环加热的方式。

3. 模具预热所需功率的估算

模具预热所需的功率按式(7－26)进行估算：

$$P=\frac{mc(T-T_0)k}{3600t} \tag{7-26}$$

式中，P 为预热所需的功率（kW）；m 为需预热的模具质量（kg）；c 为比热容［kJ/(kg·℃)］，钢的比热容取 $c=0.46$kJ/(kg·℃)；T 为模具所需的预热温度（℃）；T_0 为模具初始温度(室温,℃)；k 为补偿系数，一般取 1.2～1.5，模具尺寸大时取较大的值；t 为预热时间（h）。

4. 模具预热的注意事项

预热压铸模时应注意以下问题：

(1) 加热要均匀，并且预热时须将推杆退回到模内的成形位置。

(2) 其中型芯(固定型芯与活动型芯)的预热温度应尽量达到连续生产时的温度。

(3) 压室和压射冲头也要进行预热，并且不宜用高温金属液预热。

(4) 预热后的压铸模应进行必要的清理和润滑。

(5) 预热之前及时通入冷却液，否则压铸模将因激冷而产生裂纹甚至破裂。

5. 电加热系统的设计

1) 管状电热元件的基本结构

将管状电热元件直接安装在模具的动、定模套板或支承板内部，构成压铸模的电加热系统。管状电热元件是以电阻作为发热源的元件，其基本结构如图 7.25 所示。

图 7.25(a)所示电热元件可装入沉孔，其规格为直径 ϕ8～ϕ20mm、长度 150～800mm、工作电压36～380V，可作为长时间加热。

图 7.25(b)所示电热元件要装在通孔内，其规格为直径 ϕ6～ϕ24mm、长度 100～800mm、工作电压 2～36V，属于低压大电流加热元件，适于短时快速加热。

2) 设计要点

(1) 加热孔一般布置在动、定模套板(也可通过镶块)或支承板、座板上，如图 7.26 所示。根据需要可在动、定模部分分别布置 2～8 个电热元件安装孔，并且要求避免与模具的移动部件(活动型芯或推杆)产生干涉。

(2) 如采用图 7.25(a)所示的电热元件，模具上的安装孔径与电热元件的管体外径之间的配合间隙应小于 0.8mm，间隙过大会降低传热效果；如采用图 7.25(b)所示的电热元件，不能水平放置，以免高温时电阻丝软化变形后与孔壁接触形成短路。

(3) 在动、定模套板上可布置供安装热电偶的测温孔，以便于对模温的测控，其配合尺寸、螺纹规格、孔径和深度根据选用的热电偶规格尺寸而定。

(4) 为安全起见，尽量采用低电压、大电流的加热元件。

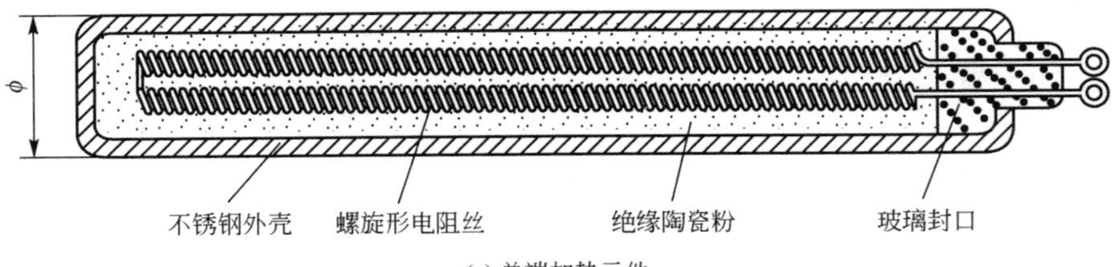

(a) 单端加热元件

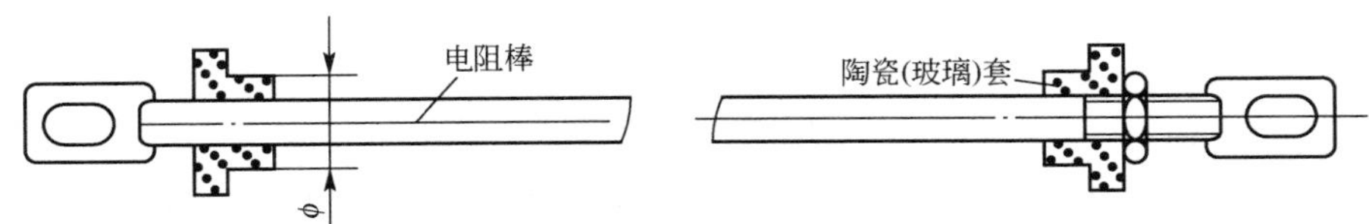

(b) 双端加热元件

图 7.25 管状电热元件的基本结构

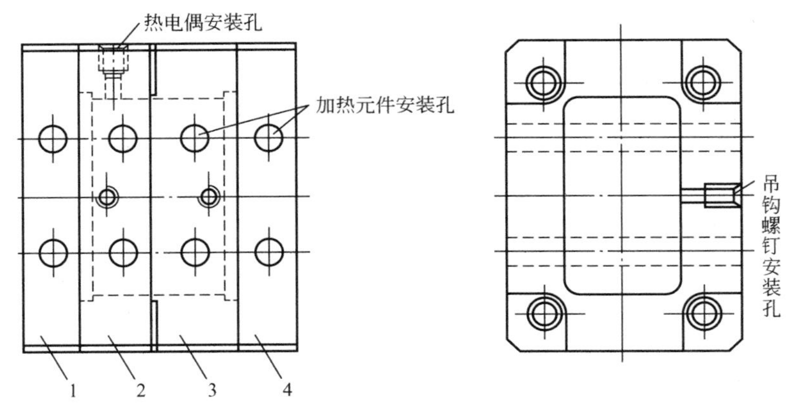

图 7.26 模板上加热孔的布置

1—定模座板；2—定模套板；3—动模套板；4—支承板

7.4.3 冷却系统设计

压铸模的冷却系统用于冷却模具，带走压铸生产中金属液传递给模具的过多的热量，使模具冷却到最佳的工作温度。

1. 冷却方式

1) 水冷却

水冷是在模具内设置冷却水通道，使冷却水循环通入模具带走热量从而实现冷却。水的热容量大，成本低，水冷速度比风冷速度快得多，它能有效地提高生产效率。一般可以通过测定进水口和出水口的温度及模具型腔表面温度，据此控制水流量，从而调节冷却效率。大中型铸件或厚壁铸件及大批量连续操作时为了保证散热量较大的要求，通常采用水冷。但水冷模具结构较风冷复杂。

水冷是最常用的压铸模冷却方法。水冷却结构的冷却介质除主要用水外还采用一些其他冷却介质以提高冷却效果。

2）风冷却

风冷是用鼓风机或空气压缩机产生的风力吹走模具的热量。风冷方法简便，不需要在模具内部设置冷却装置，因此模具结构大为简化。采用风冷的另一个好处在于压缩气体能够将模具内涂料吹匀并加速驱散涂料所挥发出的气体，减少铸件的气孔。风冷的冷却速度较慢，生产效率低，适用于低熔点合金和中小型薄壁件等要求散热量较小的模具。另外，对于压铸模中难以用水冷却的部位，可考虑采用风冷的方式。

3）用传热系数高的合金(铍青铜、钨基合金等)间接冷却

在成形零件热节部位，设置传热系数高的铍青铜合金进行间接冷却。如图 7.27 所示，将铍青铜杆旋入热量集中的固定型芯，铜销的末端带有散热片可以加强冷却效果。

4）热管冷却

模具上无法开设循环介质通道但又需要强制冷却的部位，可采用热管冷却。

热管是一种密封的、利用汽液两相变化和循环来传递热量的管状传热元件，如图 7.28 所示。它由管壳、虹吸层和传热介质组成，分为加热段(蒸发区 1)、绝热段和冷却段(冷凝区 2)。管内真空度达 0.133～1.33Pa。热管加热段插入模具中需要冷却的部位，当受热时，其中的冷却介质受热蒸发，由于蒸发压力升高与冷却段形成压差，使蒸气 3 沿着热管中心通道经过绝热段流向冷却段。冷却段伸入模具的冷却水孔中或其他散热部位。蒸气在冷凝区放出热量，冷凝的传热介质因毛细管 4 作用，沿虹吸层返回到加热段。如此循环反复达到冷却效果。

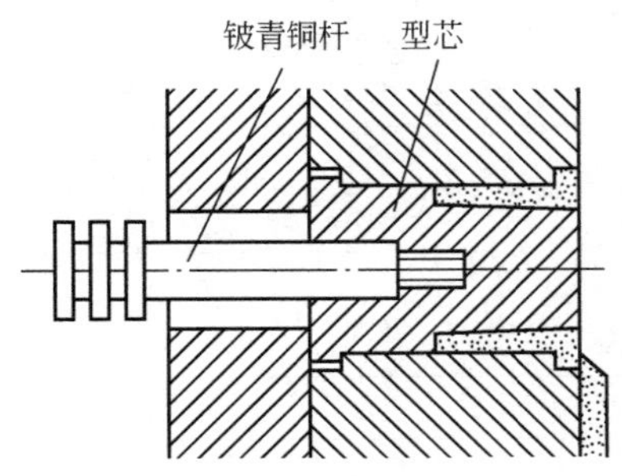

图 7.27 用铍青铜杆间接冷却型芯

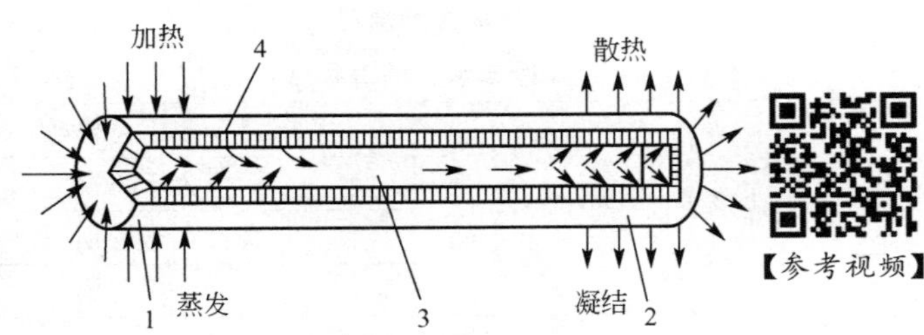

图 7.28 热管工作原理示意图

1—蒸发区；2—冷凝区；3—蒸气；4—毛细管

热管垂直设置，冷凝区在上部时散热效率最高，冷凝区一般可采用水冷或风冷。热管的散热能力比铜管要大几百倍。在国外热管已经系列化和商品化。国内现在已有研制，但尚未形成商业化生产。

5）用模具温度控制装置进行冷却

模具温度控制装置主要是利用水循环对模具的相应部位进行冷却和预热，实现模具温度的自动控制。该装置包括传送装置、温控加热系统、温控冷却系统和循环水系统。在模具内装有温度传感器，可以实时检查和控制模具生产时的温度。

2. 冷却水道的设计原则

(1) 冷却水道要求布置在型腔内温度最高、热量比较集中的区域，流路要通畅，无堵塞现象。金属液首先经过压铸模浇注系统进入型腔，因此内浇口附近是模具中温度最高的部位，为了保证模具的热平衡，有时还对浇口部位单独进行冷却。

(2) 为达到模温的平衡，冷却水道的走向应该从模具高温区域向模具低温区域流动(与金属液填充的流动方向大体一致)，如图 7.29 所示。金属液流动的终端是温度最低的区域(有时为提高成形效果，在这个区域加设局部加热装置)。

(3) 冷却水道与相关结构件的距离应适当(参考图 7.30 和表 7-28)。距离太远，冷却速度不均匀，影响冷却效果；距离太近，增加了模具设计与制造的复杂程度，并可能影响成形零件的强度。

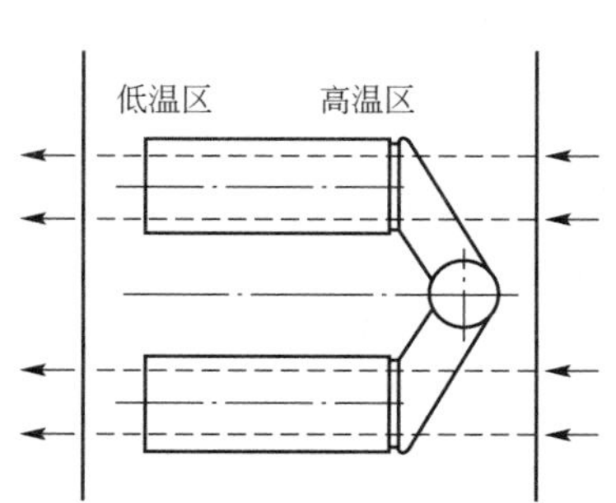

图 7.29　冷却水道的流向图

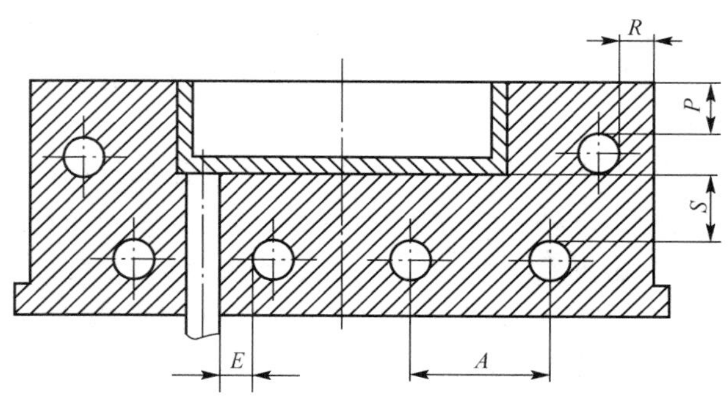

图 7.30　冷却水道与相关结构件的最小距离

表 7-28　冷却水道与相关结构件的最小距离　　(单位：mm)

类　别		最小距离		
连接管螺纹		1/8″管	1/4″管	3/8″管
冷却水道的直径 ϕ		7.9	11.1	14.7
与成形表面的距离 S	锌合金压铸模	15.0		
	铝合金压铸模	19.0		
	镁合金压铸模			
	铜合金压铸模	25.0		
冷却水道中心距 A		14.0	17.0	22.0
与分型面的距离 P		16.0		
与推杆孔的距离 E 与镶块边缘的距离 R	锌合金压铸模	6.5		
	铝合金压铸模	13.0		
	镁、(铜)合金压铸模			

(4) 冷却水道的直径一般可取 $\phi 7.9 \sim \phi 14.7$mm。直径太小不容易加工；直径太大，特别是成形区域的冷却直径太大，不利于保证冷却效果。在同等条件下，冷却介质在较小直径的水道中流动，以及水道的内壁表面越粗糙，易形成所需的紊流状态(紊流状态比层流状态带走的热量多)。

(5) 根据压铸件的具体结构适当调整冷却水道的间距。图 7.31(a)所示为在局部较厚的部位增大水道密度；图 7.31(b)所示为当金属液的料流行程较长时，逐渐减少水道的排列密度，以利于模温的均衡和料流末端的填充，避免出现冷隔、疏松等压铸缺陷。

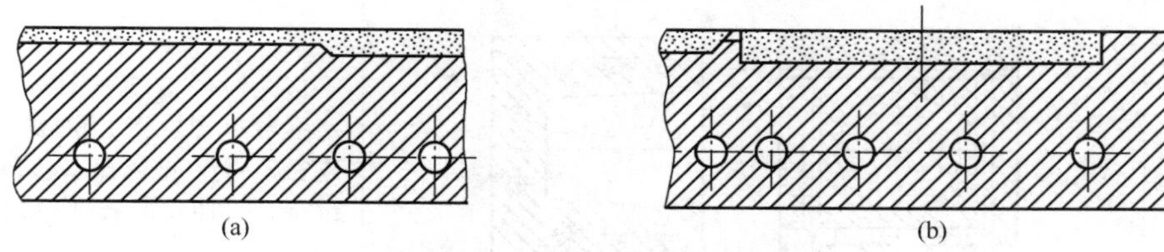

图 7.31　冷却水道间距的调整

(6) 模具镶拼结构上有冷却水道通过时要求采取密封措施，防止渗漏，特别是不能渗漏到成形区域内。冷却水道的密封可采取以下几种方法：①采用铍青铜合金或其他软质金属(如纯铜等)做成的密封环，设置在成形镶块的配合面上压紧；②当模体温度不高或在 300℃以下的部位，可采用耐热较好的硅橡胶密封环。

(7) 水管接头尽可能设置在模具下面或操作者的对面一侧，其外径尺寸应统一，以便接装输水胶管。

(8) 对于尺寸和形位精度要求较高的压铸件，在动、定模上分别单独设置冷却效果相同的水道。如图 7.32 所示的平板类压铸件，图 7.32(a)所示的结构只在定模一侧设置冷却水道，使得压铸件在动、定模两侧表面的温度不均，冷却收缩变形程度不一致而产生弯曲；图 7.32(b)所示的结构使得压铸件两侧冷却均衡而避免了弯曲变形。

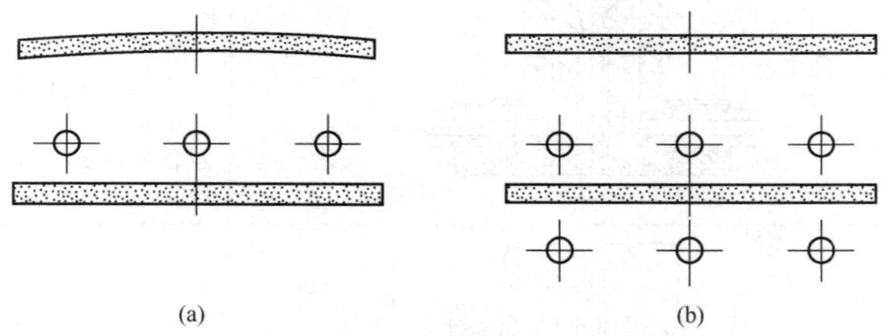

图 7.32　冷却不均衡导致压铸件弯曲

3. 冷却水道的布置形式

冷却水道的布置形式见表 7-29。

表 7-29　冷却水道的布置形式

布置形式		说　明
型腔的冷却形式	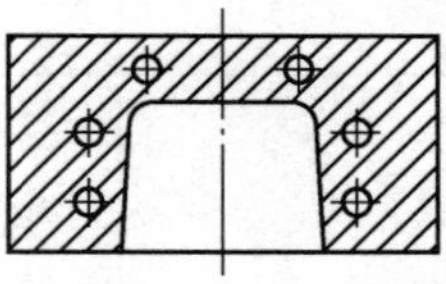	沿着型腔的侧边，设置若干个并联或串联的循环水路
	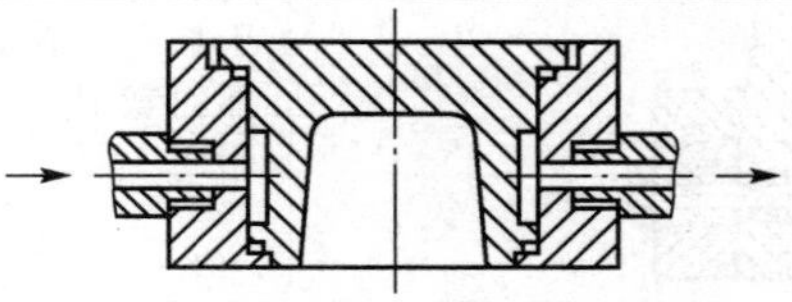	当采用整体组合式结构时，在其组合面上设置环形水道，进水后，分两路沿型腔绕行。需在环形水道两端设置密封环

（续）

布置形式		说　明
型腔的冷却形式	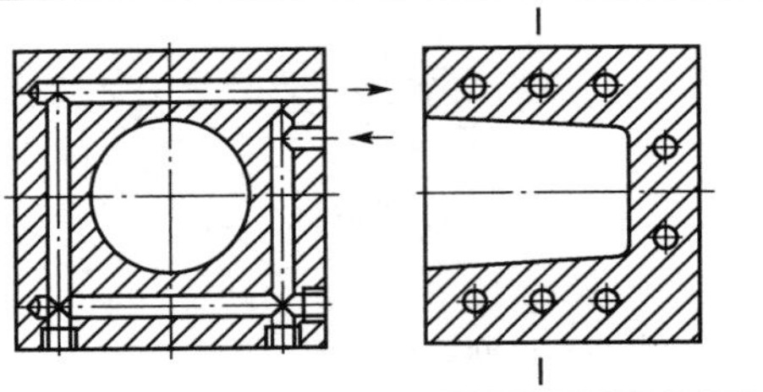	当压铸件精度要求较高时，采用多层冷却，用并联或串联形式连通，每层的冷却水都围绕型腔运行，可使型腔各部冷却均匀
	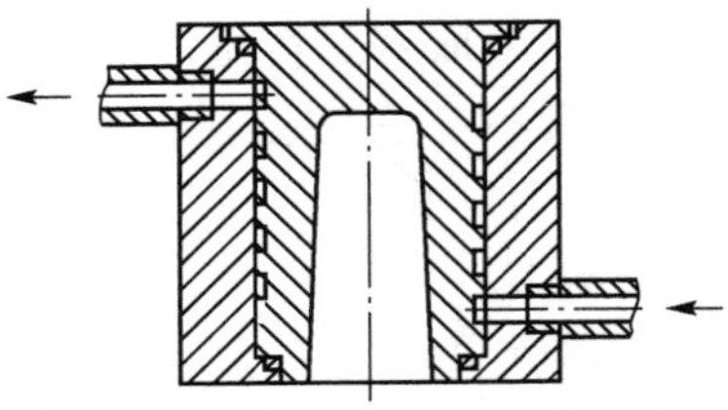	采用螺旋水道，冷却水自上而下，沿螺旋方向绕型腔流动，冷却效果较好。适用于型腔较深的整体组合式型腔
型芯的冷却形式	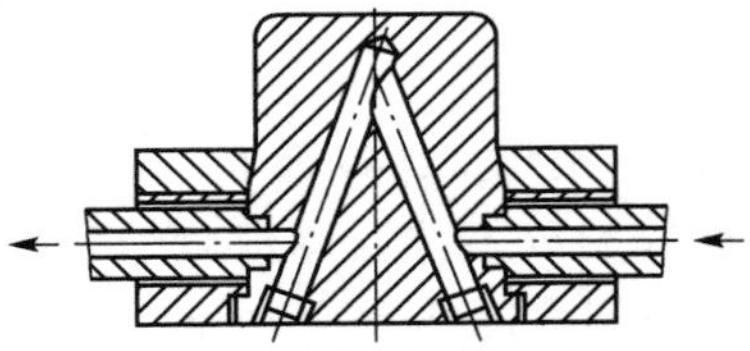	斜孔交叉贯通的方式形式比较简单，但冷却效果不理想
	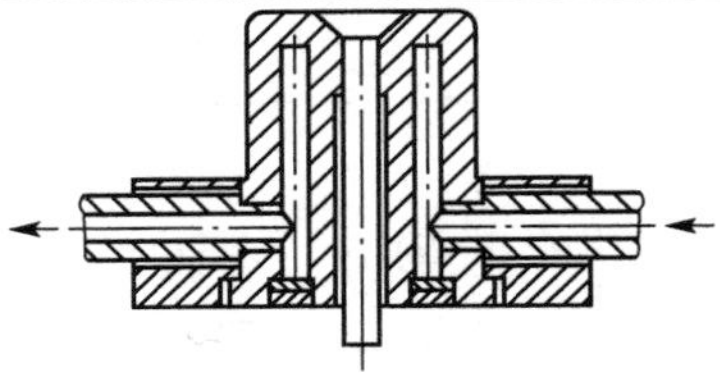	大型的型芯可在其内部设置环形水道。由于环形水道削弱了型芯的强度，须在其端部设置起支承作用的支承环，并密封水道
	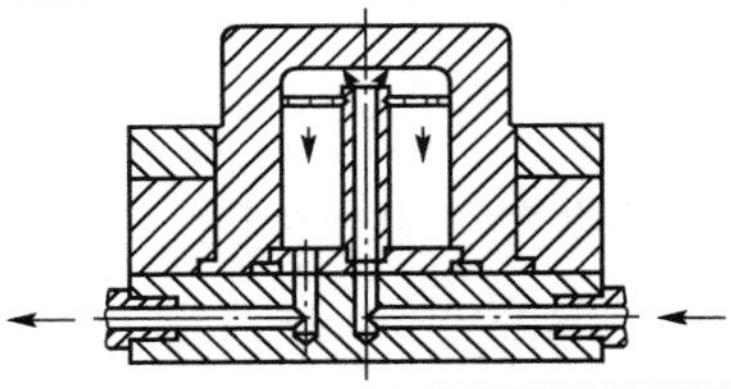	隔板式冷却 多用于采用中心浇口且型芯有较大空间的型芯的冷却。冷却效果较好
	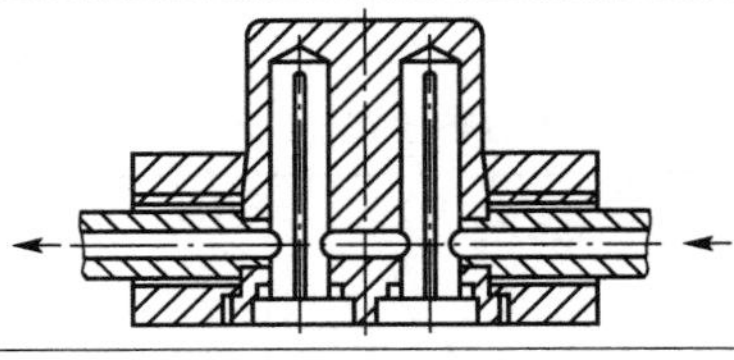	导流板形式 冷却介质在串联连通的流动中有序地带走型芯各部的热量。多在大型的矩形型芯中应用
	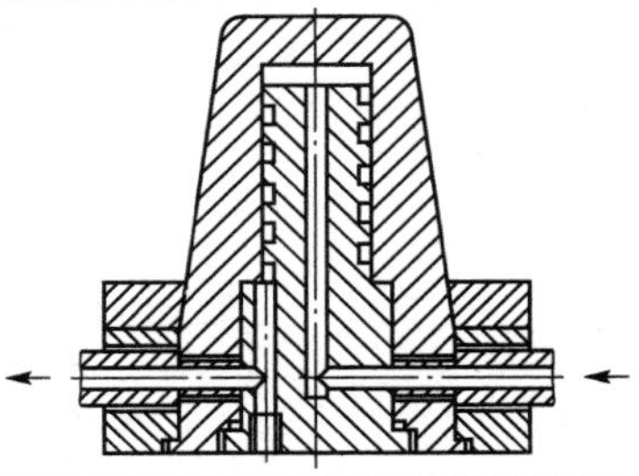	螺旋式水道 是一种理想的冷却方式。为便于加工，螺旋水道设置在型芯内部的镶块上，并对型芯起增强作用

（续）

布置形式		说　　明
浇注系统和浇口套的冷却	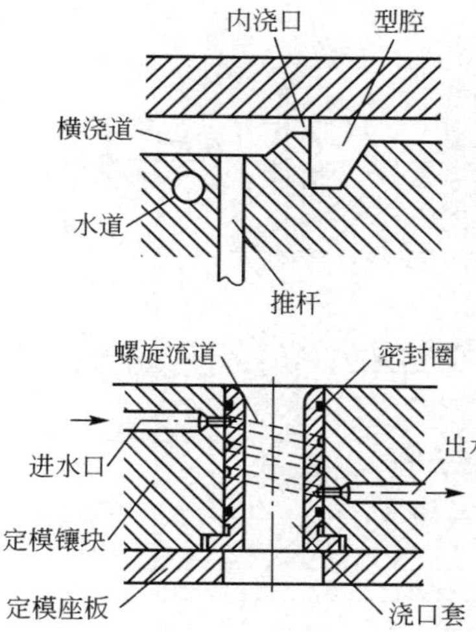 内浇口 型腔 横浇道 水道 推杆 螺旋流道 密封圈 进水口 出水口 定模镶块 定模座板 浇口套	对于浇注系统的横浇道和内浇口，冷却通道位置应离内浇口一定距离，以防内浇口处金属液过早凝固，影响补缩 对于浇注系统的浇口套，这是受热最剧烈的位置，需要足够的换热面积。在浇口套外柱面加工螺纹槽作为冷却水通道，并安装耐高温的密封圈防止渗漏
热压室压铸机冷却系统	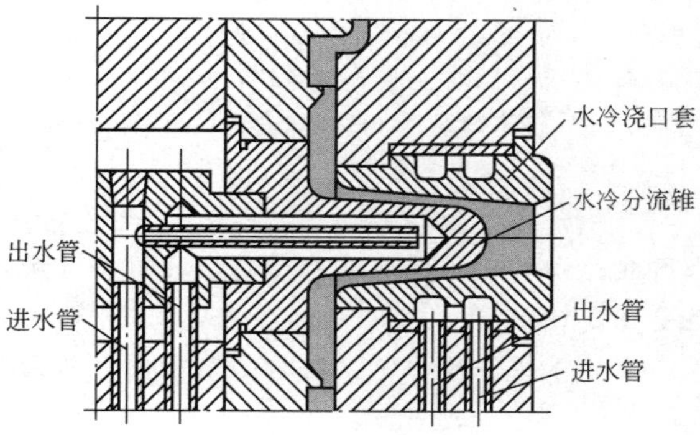 水冷浇口套 水冷分流锥 出水管 进水管 出水管 进水管	为适应热室压铸机高生产率的需要，在浇口套和分流锥内均设置冷却系统

应用实例

如图7.33所示深型腔的压铸模，采用整体组合式型腔，中心浇口进料。为了取得理想的冷却效果，对型腔和型芯分别采用螺旋式水道冷却方式。

1）基本结构特征

在型腔镶块8的外表面，加工成外螺纹螺旋水道，冷却水从温度较高的内浇口附近流入，环绕型腔镶块外壁后流出。在型芯9内加工内螺纹，并镶入芯轴7，组成螺旋水道，冷却水从芯轴的中心孔流入，沿螺旋水道环绕后流出。由于冷却水道占用了推杆的设置空间，故采用推件板推出机构。

在相对于内浇口的部位设置镶件11，其作用在于：①便于加工型芯的内螺纹；②成形中心孔，并起分流锥的作用；③受到金属液的直接冲击，易损坏，便于更换。

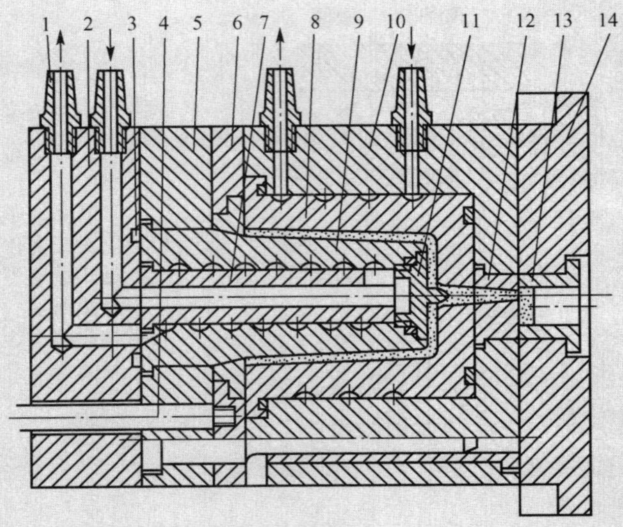

图 7.33　螺旋式水道冷却的结构实例

1—水管接头；2—支承板；3—密封环；4—推杆；
5—动模套板；6—推件板；7—芯轴；8—型腔镶块；9—型芯；
10—定模套板；11—镶件；12—浇道镶块；13—浇口套；14—定模座板

2）实用效果

型腔和型芯分别采用螺旋水道且旋向相反，水流沿着金属液的填充方向流动，压铸件的冷却速度趋于一致，有效避免了压铸变形。

型腔和型芯的螺旋水道开设在靠近压铸件的两侧，增加了水道的导热面积，有助于冷却效果的提高。

型芯水道从中心孔流入后，首先冷却内浇口，加快冷却速度。

4. 冷却水道的设计计算

1）计算压铸过程中金属液传入模具的热流量

$$Q_1=\frac{m(c\Delta T+P)n}{3600} \tag{7-27}$$

$$Q_1=\frac{mqn}{3600} \tag{7-28}$$

式中，Q_1 为金属液传入模具的热流量（kW）；m 为压铸金属的质量（kg），当对型腔进行分区设计计算冷却系统时，m 是指注入型腔相应区域的金属液质量；c 为压铸金属的比热容［kJ/(kg·℃)］；ΔT 为浇注温度与压铸件推出温度之差（℃）；P 为压铸金属的熔化热量（kJ/kg）；n 为每小时压铸的次数；q 为压铸合金从浇注温度到压铸件推出温度散发出的热量（kJ/kg），参考表7-30。

式(7-28)为简化计算式。

表7-30　压铸合金从浇注温度到压铸件推出温度散发出的热量（单位：kJ/kg）

压铸合金	锌合金	铝硅合金	铝镁合金	镁合金	铜合金
q	208	888	795	712	452

2）计算冷却水道的长度(直通式水道)

$$L=\frac{Q_1}{Q_0} \tag{7-29}$$

式中，L 为冷却水道的长度（mm）；Q_1 为金属液传入模具的热流量（kW）；Q_0 为单位长度冷却水道从模具中吸收的热量（kW/mm），参考表7-31。

表7-31　单位长度冷却水道从模具中吸收的热量

工作区域	冷却水道直径/mm	单位长度冷却水道冷却能力/(kW/mm)
分流锥	13～15	1.39
	9～11	1.05
	8	0.81
浇道	13～15	1.39
	9～11	1.05
	8	0.81
型腔	13～15	0.70
	9～11	0.52
	8	0.41

实用技巧

受压铸件形状、壁厚等因素的影响，压铸模的各部分处于不同的热状态，实践中应根据型腔的热流量特征将压铸模和型腔分为不同的区域(如浇口套、分流锥、横浇道部位、热量集中的大型芯等)，对各个区域分别设计计算。

本章小结

根据零件的功能特征，可以将组成压铸模的基本零件分为两大类，一类为成形零件，另一类为结构零件。

成形零件是压铸模的核心部分，其结构是依据压铸件的形状及加工工艺来决定的。

压铸过程中，成形零件直接与高温的金属液接触，承受着高压、高速金属液的冲击和摩擦，容易发生磨损、变形和开裂，导致成形零件的破坏。因此，设计压铸模时，必须保证满足压铸件的要求，考虑到压铸模的使用寿命，合理地设计成形零件的结构形式，准确计算成形零件的尺寸和公差，并保证成形零件具有良好的强度、刚度、韧性及表面质量。在结构形式上，成形零件可分为整体式和镶拼式两大类。

压铸模中结构零件主要包括导向机构组成零件、模板及相关支承与固定零件等。通过结构零件将浇注系统、成形零件、推出机构、侧抽芯机构及模具冷却与加热系统等按设计要求加以组合和固定，使之成为模具并能安装在压铸机上进行生产。

模具温度是影响压铸件成形质量的一个重要因素，压铸生产中模具的温度是通过加热与冷却系统来控制和调节的。加热和冷却有不同的方式，应结合具体要求进行设计。

关键术语

成形零件(molding parts)、结构零件(structural parts)、型腔(cavity)、型芯(core)、定模座板(clamping plate of the fixed half)、动模座板(clamping plate of the moving half)、定模套板(bolster of the fixed half)、动模套板(bolster of the moving half)、支承板(support plate)、垫块(space block)、支承柱(support pillar)、定模镶块(die insert of the fixed half)、动模镶块(die insert of the moving half)、导向零件(guide parts)、导柱(guide pillar)、导套(guide bush)、加热系统(heating system)、冷却系统(cooling system)。

一、判断题

(　　)1. 根据成形零件工作尺寸标注形式及偏差分布的规定，压铸件的外形尺寸采用单向正偏差，公称尺寸为最小值；与之相应的型腔尺寸采用单向负偏差，公称尺寸为最大值。

(　　)2. 设计模具时，计算成形零件工作尺寸所采用的收缩率为实际收缩率 k_s，它包括了压铸件收缩值和成形零件从室温到工作温度时的膨胀值。

二、思考题

1. 简要分析成形零件整体式结构与镶拼式结构的优缺点。
2. 简要分析影响压铸件尺寸精度的主要因素。
3. 概述压铸模加热与冷却系统的作用。

实训项目

图 7.34 所示的压铸件，材料为铝硅合金，要求脱模斜度在压铸件公差范围内，试计算型腔和型芯的工作尺寸。

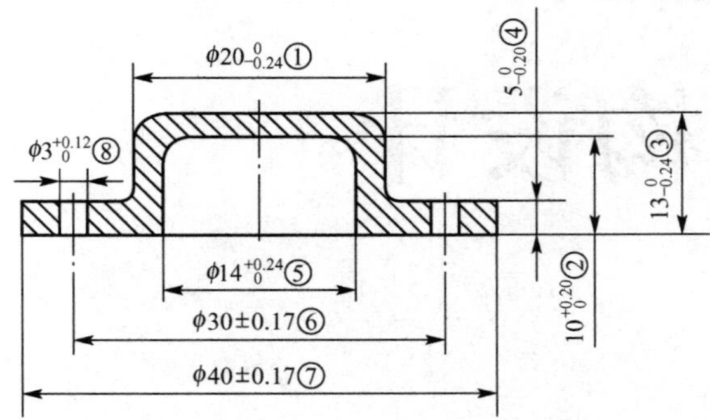

图 7.34　压铸件成形尺寸计算

第 8 章 推出机构设计

知识要点	目标要求	学习方法
推出机构的组成及设计要点	掌握	认真阅读教材相关内容，消化老师讲解的重点，对推出机构的典型组成元件、动作原理、设计基本要求等能基本掌握
常用推出机构	重点掌握	通过比较推杆推出机构、推管推出机构和推件板推出机构等常用推出机构的特点、应用范围及技术要求，结合实例分析，掌握针对具体压铸件及模具结构特性选择铸件脱模方式、设计有效推出机构的基本方法。可具体拆卸一副压铸模，重点分析其中的推出机构(类别、组成、特点、技术要求等)
其他推出机构	了解	结合教材的图示及相关说明，建议课外搜集一些设计资料，积累素材，拓展思路

导入案例

在压铸的每个循环中，都必须经过开模取件的工序，如图 8.1 所示。即将模具打开并把压铸件从模具型腔中或型芯上脱出的工序，有时还需要将浇注系统凝料推出模具，用于完成这一工序的机构称为推出机构。

推出机构的动作是在开模后由压铸机的顶出装置或开模过程的开模力，通过不同形式的推出元件，完成相应的推出动作以推出压铸件及浇注系统凝料的。图 8.1(a)所示为合模成形状态，金属液在模具型腔内冷却固化成形；图 8.1(b)所示为成形过程结束后在压铸机的开模机构作用下，动、定模部分沿分型面打开，这时，由于成形收缩等原因，压铸件会不同程度地包紧在成形零件的表面，因此压铸件及浇注系统凝料留在动模一侧；图 8.1(c)所示为设置在动模一侧的模具推出机构推出压铸件及浇注系统凝料的过程，压铸机的顶杆推动推板 2 向右运动，而安装在推杆固定板 3 上的推杆 4、6、9 及扁形推杆 5 和复位杆 14 等元件受到推板 2 传递过来的力，并且作用于与之相接触的压铸件及浇注系统凝料的表面，推动压铸件脱出成形零件，同时也将浇注系统凝料推离模具表面，之后压铸件及浇注系统凝料因重力而掉落，从而完成开模取件工序。

合模时，相关的推出元件应避免与其他模具结构件产生干涉，准确可靠地回复到原始的位置，以便下一次成形。

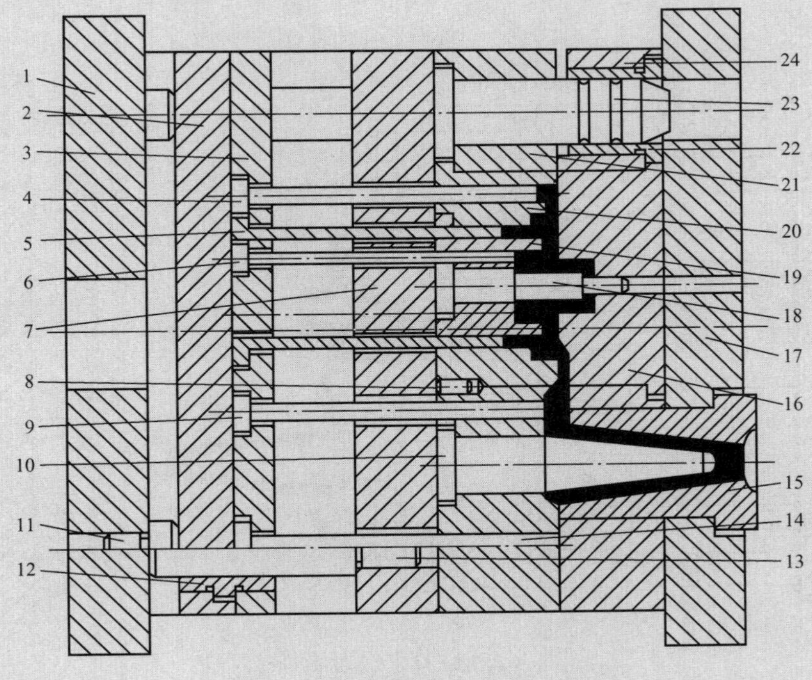

(a) 合模成形

图 8.1 压铸成形的开模取件工序示意图

1—动模座板；2—推板；3—推杆固定板；4、6、9—推杆；5—扁形推杆；7—支承板；8—止转销；10—分流锥；11—限位钉；12—推板导套；13—推板导柱；14—复位杆；15—浇口套；16—定模镶块；17—定模座板；18—型芯；19、20—动模镶块；21—动模套板；22—导套；23—导柱；24—定模套板

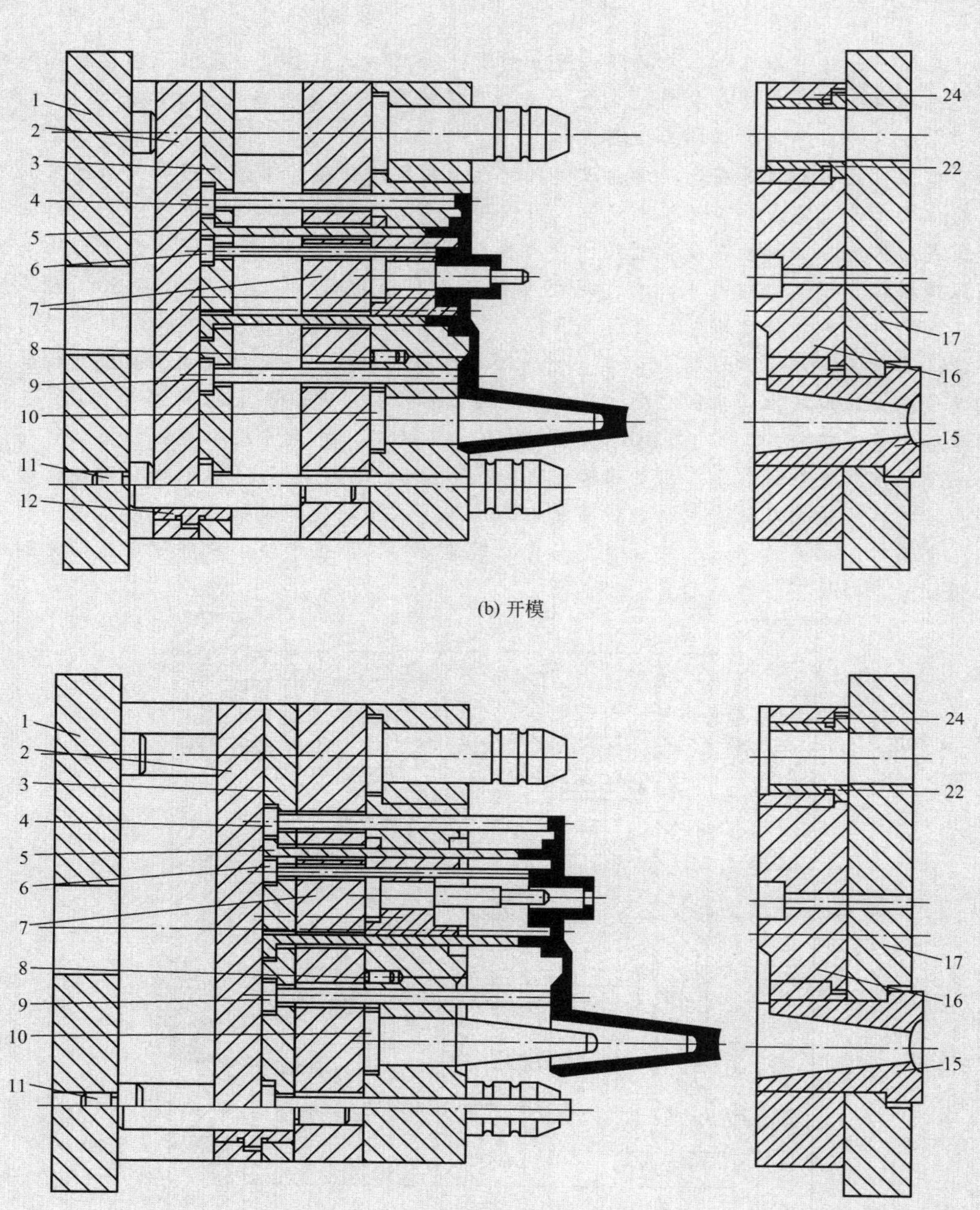

(b) 开模

(c) 推出压铸件及浇注系统凝料

图 8.1(续)

1—动模座板；2—推板；3—推杆固定板；4、6、9—推杆；5—扁形推杆；7—支承板；8—止转销；10—分流锥；11—限位钉；12—推板导套；13—推板导柱；14—复位杆；15—浇口套；16—定模镶块；17—定模座板；18—型芯；19、20—动模镶块；21—动模套板；22—导套；23—导柱；24—定模套板

8.1 概　　述

推出机构用于开模后卸除压铸件对成形零件的包紧力，并使压铸件处于便于取出的位置。推出机构一般设置在动模一侧。在压铸的每一工作循环中，推出机构推出压铸件及浇注系统凝料后，都必须准确地回到原来的位置，这个动作通常是借助复位机构来实现的，使合模后的推出机构处于准确可靠的位置。推出机构的动作应确保其在相当长的运动周期内，以平稳、顺畅、无卡滞的状态，将压铸件及浇注系统凝料推出。被推出的压铸件须完整无损，没有不允许的变形，保证产品的技术要求。因此，推出机构的设计是一项既复杂又灵活的工作，是压铸模设计的重要环节之一。

8.1.1 推出机构的组成

推出机构的组成元件及其作用见表 8-1。

表 8-1 推出机构的组成

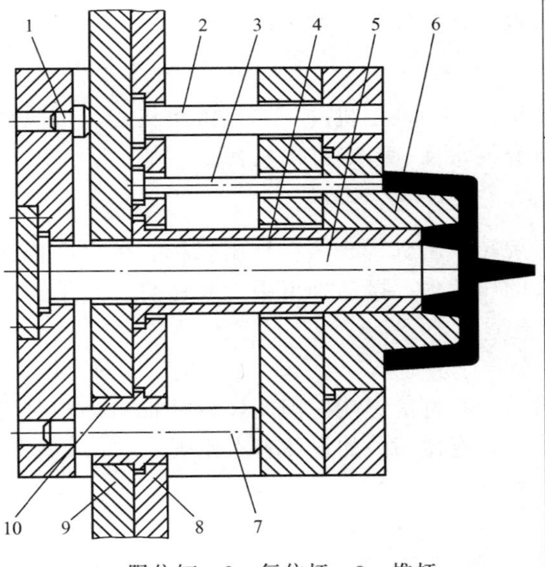

1—限位钉；2—复位杆；3—推杆；4—推管；5、6—型芯；7—推板导柱；8—推杆固定板；9——推板；10—推板导套

组成元件	作用
推出元件	直接与金属液接触、并将压铸件及浇注系统凝料推离模具的元件 主要有推杆、推管及推件板、成形推块、成形推杆、斜滑块等
复位元件	在合模过程中，驱动推出机构准确地回复到原来的位置 主要为复位杆，还包括能兼起复位作用的推杆、斜滑块及推件板等
导向元件	引导推出机构按既定方向平稳可靠地往复运动，并承受推出机构等构件的重量，防止移动时倾斜 如推板导柱、推板导套等
限位元件	调整和控制复位装置的位置，起止退限位作用，并保证推出机构在压射过程中，受压射力作用时不改变位置 如限位钉、挡圈等
结构元件	将推出机构各元件装配并固定成一体 如推杆固定板、推板及其他辅助零件和螺栓等连接件

8.1.2 推出机构的分类

由于实践中压铸件的几何形状、壁厚及结构特点等有诸多不同，依此设计的推出机构也有多种类型。

1. 按基本传动形式分类

推出机构按基本传动形式(也即推出的动力来源)分为机动推出机构、液压推出机构和手动推出机构三种类别。

1）机动推出机构

机动推出机构利用开模的动作，由压铸机上的顶杆推动模具上的推出机构，完成推出过程。此机构应用较普遍。

2）液压推出机构

液压推出机构利用安装在模具上或模座上专门设置的液压缸完成推出工作。在开模时，压铸件随动模移至压铸机开模的极限位置，然后由液压缸推动推出机构推出压铸件。采用液压推出，液压缸按照推出程序推动推出机构，推出时间、推出行程可调，推出动作平稳。

3）手动推出机构

手动推出机构即压铸机开模到极限位置，然后由人工操作推出机构实现压铸件及浇注系统的脱模，一般用于试制及小批量生产。

2. 按推出元件分类

根据不同的推出元件，推出机构的形式可分为推杆推出机构、推管推出机构、推件板推出机构、斜滑块推出机构、齿轮传动推出机构及多元件复合推出机构等。

3. 按模具结构特征分类

根据模具的结构特征，推出机构可分为常用(简单)推出机构、二级推出机构、多次分型顺序推出机构、定模推出机构等。本章重点介绍常用(简单)推出机构。

4. 按动作方向分类

推出机构按动作方向分为直线推出机构、旋转推出机构、摆动推出机构。推出机构的动作大多为直线推出，旋转推出用于带有螺纹的压铸件，摆动推出用于弯管类压铸件。

8.1.3 推出机构的设计要点

推出机构设计是否合理，对压铸件的成形质量有直接影响。因此，设计推出机构时需要考虑所需的推出力、推出距离及推出部位等，并遵循相关的设计基本原则。

1. 推出力

1）推出力的估算

推出力是指推出过程中，使压铸件脱出成形零件所需要的力。压铸时，高温的金属液在高压的作用下迅速充满型腔，冷却收缩后压铸件对型芯产生包紧力。当压铸件从型腔中推出时，须克服的脱模阻力主要包括因包紧力而产生的摩擦阻力及推出机构运动时所产生的摩擦阻力。在压铸件开始脱模的瞬间，所需的推出力最大，此时需克服压铸件收缩产生的包紧力和推出机构运动时的各种阻力。继续脱模时，只需克服推出机构的运动阻力。在压铸模中，由包紧力产生的摩擦阻力远多于其他摩擦阻力，所以确定推出力时，主要是考虑压铸件开始脱模的瞬时所需克服的阻力。一般可按式(8-1)及式(8-2)进行推出力的估算。

$$F_t > kF_b \tag{8-1}$$

$$F_b = pA \tag{8-2}$$

式中，F_t 为压铸件脱模时所需的推出力（N）；F_b 为压铸件(包括浇注系统)对模具零件的包紧力及推出时压铸件与型腔壁间的摩擦力（N）；k 为安全系数，一般取 1.2；p 为挤压应力(单位面积包紧力)，垂直于型芯表面，对于锌合金一般 $p=6\sim8$MPa，对于铝合金一般 $p=10\sim12$MPa，对于铜合金一般 $p=12\sim16$MPa；A 为压铸件包紧型芯的侧面积（mm^2）。

2）主要影响因素

压铸件结构、模具制造质量、脱模斜度、压铸工艺及模具温度等因素的变化会引起推出力的变化。由于许多因素本身在变化，所以即使所有影响因素都加以考虑，结果仍是近似值，因此对推出力只是做粗略的估算。影响推出力的主要因素如下：

(1）成形收缩率。压铸件对成形零件的包紧力，主要是由金属液在冷却固化时成形收缩而产生，因此压铸合金的成形收缩率越大，则所需的推出力也越大。

(2）压铸件的结构。压铸件壁厚越厚、包容成形零件的表面积越大，所需的推出力越大；形状复杂部位比形状简单部位所需的推出力大。

(3）压铸件与成形零件的接触状态。成形零件的表面粗糙度越小，表面越光洁，则所需的推出力越小；脱模斜度越大，所需的推出力越小；压铸合金与模具零件间的摩擦因数也会影响推出力的大小。

(4）压铸工艺。压铸件在模内停留的时间越长，压铸时模温越低，则所需的推出力越大。

3）受推面积和受推压力

推出时，为了不使压铸件损坏或变形，应考虑压铸件与推出元件接触面上所能承受的压力。受推面积是指在推出力的推动下，压铸件承受推出零件所作用的推出面积。而在单位面积上的压力称为受推压力。受推压力的大小与压铸件本身合金种类、形状结构、壁厚、脱模温度等因素有关，不同合金所能承受的许用受推压力是不同的，其中镁合金为30MPa，锌合金为40MPa，铝合金和铜合金为50MPa。

2. 推出行程

推出行程指在推出元件的作用下，压铸件与其相应成形零件表面的直线位移或角位移。推出行程的确定参见表 8-2。当抽芯或压铸模具结构等方面需要增大推出行程时，推出行程可相应增大，但不允许减小。

表 8-2　推出行程的确定

推出形式	直线推出	摆动推出	旋转推出
示意简图	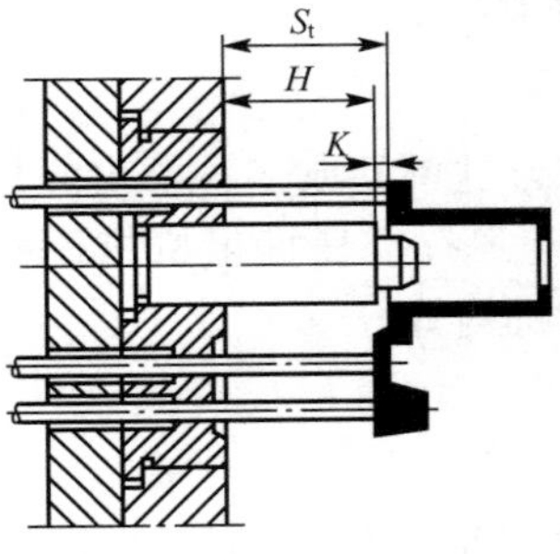	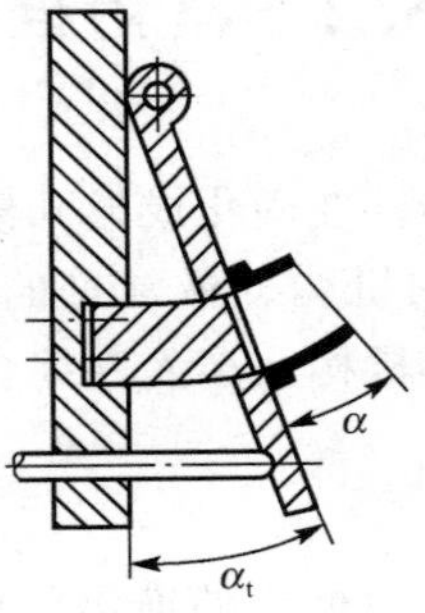	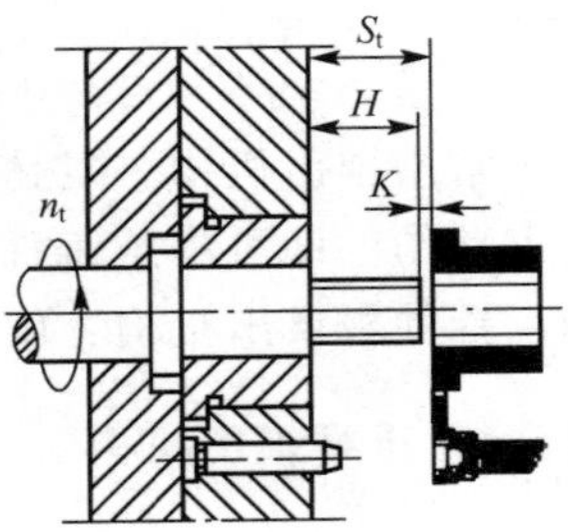
计算公式	$S_t \geqslant H+K$	$\alpha_t \geqslant \alpha+\alpha_k$	$n_t \geqslant \dfrac{H+K}{P}$

（续）

推出形式	直线推出	摆动推出	旋转推出
说明	S_t——直线推出行程（mm）； H——压铸件包裹型芯或含在型腔内的最大成形长度（mm）； K——推出行程余量（mm），$K=3\sim5$mm 当脱模斜度较大时，S_t 可适当减小，但一般不小于 $H/3$	α_t——摆动推出角度(°)； α——压铸件回转角(°)； α_k——推出角余量(°)，一般取 3°～5°	n_t——旋转推出转数； H——压铸件成形螺纹长度（mm）； P——螺距（mm）； K——推出行程余量（mm），$K=3\sim5$mm

3. 推出机构设计的基本原则

1）开模时应使压铸件留在动模一侧

压铸机的顶出装置设在动模板一侧，在一般情况下，压铸模的推出机构也都设在动模一侧。因此，应设法使压铸件对动模的包紧力较大，以便在开模时，使压铸件留在动模一侧，这在选择分型面时就应充分考虑。

2）推出机构不影响压铸件的外观要求

压铸件在成形推出后，特别是采用推杆推出时，都留有推出痕迹。因此，推出元件应避免设置在压铸件的重要表面上，以免留下推出痕迹，影响压铸件的外观。

3）推出部位的选择

推出元件应作用在脱模阻力大的部位，如成形部位的周边、侧旁或底端部；尽量选在强度较高的部位，如凸缘、加强肋等处。

4）避免推出压铸件变形或损伤

推出元件应分布对称、均匀，使推出力均衡，防止压铸件在推出过程中产生变形或损伤。

5）推出机构应移动顺畅，灵活可靠

推出机构的结构件应有足够的强度和耐磨性能，保证在相当长的运动周期内平稳运行，无卡滞或干涉现象。

8.2 常用推出机构

常用推出机构一般是指压铸件在固化成形开模后，通过单种或多种推出元件，用一次推出动作，即可将压铸件推出的机构。最常见的结构形式有推杆推出机构、推管推出机构、推件板推出机构、旋转脱模机构及多元件综合推出机构等。

8.2.1 推杆推出机构

推杆推出机构是指推出元件为推杆的推出机构。推杆推出机构制造方便，便于安装、维修和更换，是最常用的一种推出机构。推杆推出机构的组成包括推杆、复位杆、推板导柱、推板导套、推杆固定板、推板、限位钉等，如图 8.2 所示。

1. 推杆推出机构的主要特点

(1) 推出元件形状较简单，制造、维修方便。

(2) 推出动作简单、准确，不易发生故障，安全可靠。

(3) 可根据压铸件对模具包紧力的大小，选择推杆直径和数量，使推出力均衡。

(4) 推杆设置在动模或定模深腔部位，兼起排气、溢流作用(参见表 6-12)。

(5) 推杆端面可用来成形压铸件标记、图案等。

(6) 在某些情况下，推杆可兼作复位杆用，以简化模具结构。

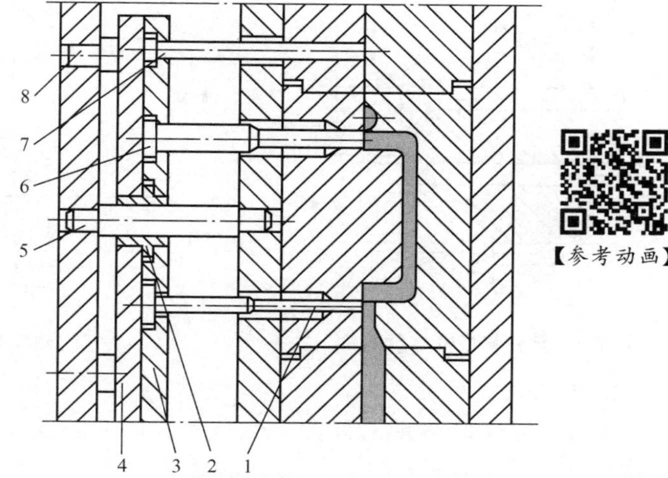

【参考动画】

图 8.2 推杆推出机构

1、6—推杆；2—推板导套；3—推杆固定板；4—推板；5—推板导柱；7—复位杆；8—限位钉

(7) 在压铸件的被推部位会留有推杆印痕，有碍表面美观，如印痕在压铸件基准面上，则有可能影响尺寸精度。

(8) 推杆截面小，推出时压铸件与推杆接触面积小，受推压力大，若推杆设置不当会使压铸件变形或局部损坏。

2. 推杆推出部位的选择

(1) 推杆应合理布置，使压铸件各部位受推压力分布均衡。

(2) 压铸件有深腔和包紧力大的部位，要选择正确的推杆直径和数量。

(3) 避免在压铸件重要的表面、基准面设置推杆，可在增设的溢流槽上增设推杆。

(4) 推杆的推出位置应尽可能避免与活动型芯发生干涉。

(5) 必要时，在流道上应合理布置推杆，有分流锥时，在分流锥部位设置推杆。

(6) 如图 8.3 所示，推杆的布置应考虑模具的成形零件有足够的强度，$h>3$mm；推杆直径 d 应比成形尺寸 d_1 小 0.4～0.6mm；推杆边缘与成形立壁保持一个小距离 δ，形成一个小台阶，可以避免金属液的溢料。

(7) 推杆应与型腔表面平齐，有时也允许凸出型腔表面，但须小于 0.1mm。

3. 推杆的设计

1) 推出端的断面形状

推杆因在压铸件上作用部位不同，其推出端的断面形状除圆形外，有时还要根据压铸件被推部位形状采用异型断面推杆。图 8.4 所示为常见的推杆断面形状。图 8.4(a)所示为圆形断面，制造和维修方便，应用最为广泛；图 8.4(b)所示为矩形断面，四角应加工成小圆角，并注意与推杆孔的配合，防止金属液溢料；图 8.4(c)所示为半圆形断面，推出力与推杆中心略有偏心，通常用于推杆位置受到局限的场合；图 8.4(d)所示为长圆形断面，强度高，代替矩形断面推杆，可消除推杆孔四角处的应力集中，延长模具寿命；图 8.4(e)所示为扇形断面，属于局部推杆，以避免与分型面上横向型芯产生干涉，加工比较困难，需注意避免尖角。

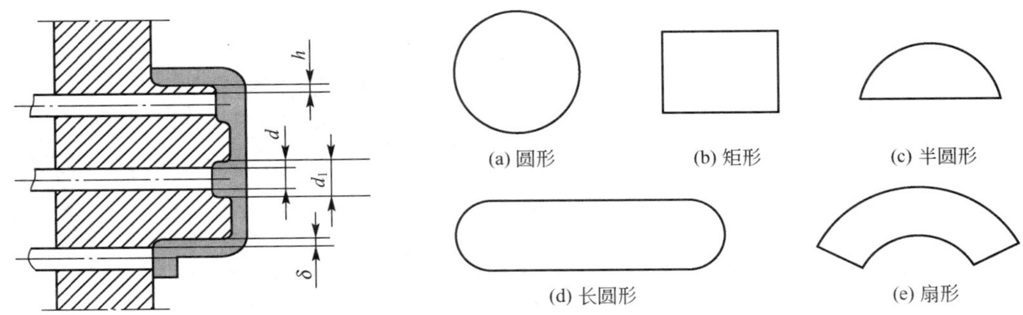

图 8.3　推杆与成形零件的位置关系　　**图 8.4　常见的推杆断面形状**

2）推杆的结构形式

推杆的基本结构形式如图 8.5 所示。图 8.5(a)～图 8.5(c)所示推出端为平面形，通常设置于压铸件的端面、凸台、肋部、浇注系统及溢流系统等部位，适用范围广泛，当推杆较细(直径小于 8mm)时，其后部应考虑加强的结构，可采用图 8.5(b)所示的阶梯型推杆。当压铸件上要求有供钻孔用的定位锥孔时，可采用图 8.5(d)和图 8.5(e)所示的圆锥形头部的推杆，该推杆常用于分流锥中心处，既有分流作用，又有推杆的作用。图 8.5(f)所示为斜钩形推杆，没有分流锥时可采用该机构，开模时，斜钩先将直浇道从定模中拉出，然后推出。

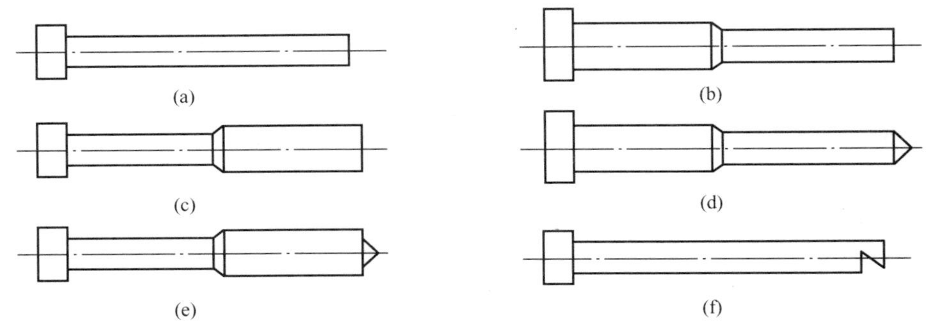

图 8.5　推杆的基本结构形式

3）推杆的尺寸

从两个方面考虑推杆的尺寸：其一是推出时压铸件有足够的强度来承受每一个推杆所施加的载荷；其二是推杆也应有足够的刚度，保证推出时不出现失稳变形。

根据压铸件的许用压应力(即许用受推压力)可计算出所需的推杆的总截面积，从而初步确定推杆的数量、直径。对推杆而言，其长度与直径之比较大，故在确定推杆的数量和直径后，还应对细长推杆的刚度进行校核。

(1) 推杆的长度。推杆与型芯或镶块的导滑段长度，通常要比推出行程大 10mm，但不能小于 20mm，其余部分的长度依据模具的结构确定。

(2) 推杆的截面积 A_t

$$A_t \geqslant \frac{F_t}{n[\sigma]} \tag{8-3}$$

式中，A_t 为推杆顶端截面积 (mm^2)；F_t 为压铸件脱模时所需的推出力 (N)，由式(8－1)

计算得出；n 为推杆数量；$[\sigma]$ 为许用压应力（MPa），铜、铝合金的 $[\sigma]=50$MPa，锌合金 $[\sigma]=40$MPa，镁合金 $[\sigma]=30$MPa。

（3）推杆的失稳校核。为保证推杆的稳定性，需要根据单个推杆的细长比调整推杆的截面积。推杆承受静压力下的稳定性可根据式(8－4)计算：

$$K_w=\eta\frac{EJ}{FL^2} \tag{8-4}$$

式中，K_w 为稳定安全系数，对于钢材 $K_w=1.5\sim3$；η 为稳定系数，对于钢材 $\eta=20.19$；E 为弹性模数（N/cm^2），钢材取 $E=2\times10^7\ N/cm^2$；F 为单根推杆所承受的实际推力（N）；L 为推杆全长（cm）；J 为推杆最小截面处的抗弯截面矩（cm^4），圆截面 $J=\pi d^4/64$（d 是直径），矩形截面 $J=a^3b/12$（a 是矩形截面短边长，b 是长边长）。

计算后，若 $K_w<1.5$，或增加推杆的根数，以减小每根推杆的受力，或增大每根推杆的直径。重新计算，直到满足条件为止。

4. 推杆的技术要求

GB/T 4678.11—2003 规定了压铸模用推杆的尺寸规格和技术要求，可根据实际需要选用或参考设计。表 8－3 列出了压铸模用标准推杆的主要技术要求。

【参考图文】

表 8－3　压铸模标准推杆(摘自 GB/T 4678.11—2003)

类型	图示	标记示例
A 型	R0.3；a；ϕD_1；ϕD；Ra 1.6；Ra 0.8；Ra 1.6；$h^{0}_{-0.05}$；L^{+2}_{0}	$D=3$mm $L=80$mm $h=5$mm 标记为 推杆 A　3×80×5 GB/T 4678.11—2003
B 型	R0.3；a；ϕD_2；ϕD_1；30°；Ra 0.8；$L_1{}^{+2}_{0}$；ϕD；Ra 1.6；Ra 1.6；$h^{0}_{-0.05}$；L^{+2}_{0}	$D=3$mm $L=80$mm $h=5$mm 标记为 推杆 B　3×80×5 GB/T 4678.11—2003
技术条件	1. 未注表面粗糙度 $Ra=6.3\mu m$； 2. a 端面不允许留有中心孔； 3. 推杆的材料由制造者选定，推荐采用 4Cr5MoSiV1 和 3Cr2W8V，硬度 45～50HRC； 4. 淬火后表面可进行渗氮处理，渗氮层深度为 0.08～0.15mm，心部硬度 40～44HRC，表面硬度≥900HV； 5. 其他技术要求应符合 GB/T 4679—2003 的规定	

5. 推杆的装配

1）推杆采用的配合

推杆采用的配合应满足：推杆无阻碍地沿轴向往复运动，顺利地推出压铸件和复位。推杆推出段与镶块的配合间隙应适当，间隙过大金属将进入间隙，过小则推杆导滑性能差。推杆的尺寸及配合参数见表 8－4。

表 8－4　推杆的尺寸及配合参数

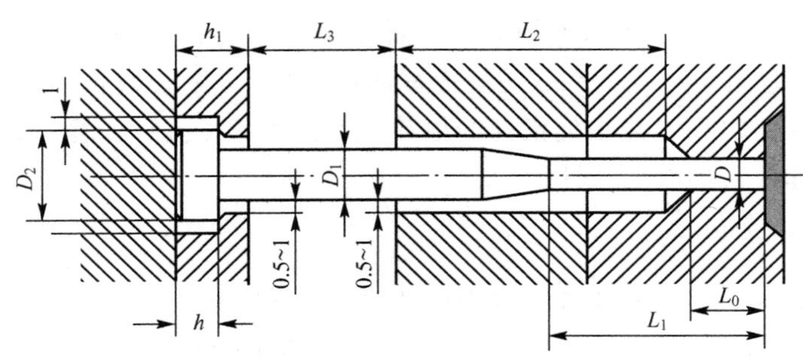

参数	精度及数值	说明
推出端杆与孔的配合精度	H7/f7	用于压铸锌合金时的圆断面推杆
	H7/e8	用于压铸镁、铝合金时的圆断面推杆
	H7/d8	用于压铸铜合金时的圆断面推杆
	H8/f8	用于压铸锌、铝合金时的非圆断面推杆
推杆孔的导滑段长度 L_0/mm	$D<5$，$L_0=15$	为保证运动灵活，不宜过长
	$D=5\sim8$，$L_0=3D$	
	$D>10$，$L_0=(2\sim2.5)D$	
推杆固定板移动距离 L_3/mm	$L_3=S_t+5$，$L_3<L_2$	S_t 为推出行程，保护导滑孔
推杆前端长度 L_1/mm	$L_1=L_0+L_3+5\leqslant10D$	
推杆加强部分直径 D_1/mm	$D\leqslant6$，$D_1=D+4$	圆断面推杆
	$6<D\leqslant10$，$D_1=D+2$	
	$D>10$，$D_1=D$	
	$D_1\geqslant\sqrt{a^2+b^2}$	非圆断面推杆
推杆固定板厚度 h_1/mm	$15\leqslant h_1\leqslant30$	
推杆台阶直径 D_2/mm	$D_2=D_1+6$	
推杆台阶厚度 h/mm	$h=5\sim8$	

2）推杆的固定和止转

(1) 常见固定方式。推杆的固定应保证推杆定位准确；能将推板作用的推出力由推杆尾部传递到端部从而推出压铸件；复位时尾部结构不应松动和脱落。推杆的固定方式有多种，常见的固定方式如图 8.6 所示。图 8.6(a)所示的固定方式结构强度高，不易变形，实践中广泛应用；图 8.6(b)所示的形式，在推板与推杆固定板之间采用垫块或垫圈，省去了推杆固定台阶孔的加工；图 8.6(c)所示为螺塞顶紧固定式，直接将螺塞拧入推杆固定板，推杆由轴肩定位，螺塞拧紧后可防止推杆轴向移动，不需再另设推板，但推杆固定板应具有一定的厚度。

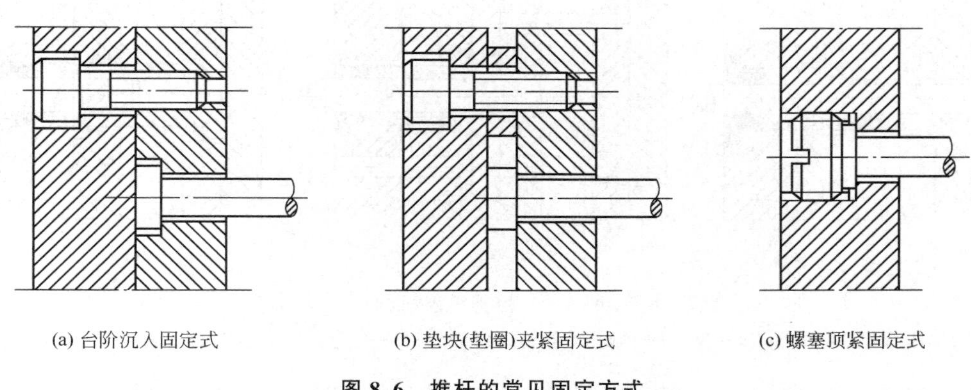

图 8.6　推杆的常见固定方式

（2）止转方式。为保证推杆运动灵活，装配在推杆固定板上的推杆要有少量的浮动，而不是固定死，这样就会出现推杆转动现象。凡推杆有方位性要求而动模镶块上的推杆孔又不能给予定位时，可在推杆尾部设置定位止转结构，以防止推杆在操作过程中发生转动而影响操作，甚至损坏模具。常见的有圆柱销、平键等止转方式。

8.2.2　推管推出机构

当压铸件的形状带有圆筒形结构或有较深的圆孔时，则在成形该部位的型芯的外侧采用推管作为推出元件。推管是推杆的一种特殊形式，推管推出机构与推杆推出机构的原理基本相同，不同点在于推管直接套在型芯外侧。

1. 推管推出机构的组成及特点

推管推出机构一般由推管、推板、推管紧固件及型芯紧固件等组成，如图 8.7 所示。图 8.7(a)所示结构中推管尾部做成台阶，用推板与推管固定板夹紧，型芯固定在动模座板上，该结构定位准确，推管强度高，型芯维修及更换方便；图 8.7(b)所示型芯固定在支承板上，推管在支承板内移动，该结构推管较短，刚性好，制造方便，装配容易，但支承板厚度较大，适用于推出行程较短的压铸件；图 8.7(c)所示型芯直径较大，由扁销固定在动模上而推管装在推管固定板上，推管中部沿轴向有两长槽，以便推管往复运动时扁销可在槽内滑动，可获得较长的推出行程，该结构比较紧凑简单，但装配较麻烦。

与推杆推出机构相比，推管推出机构有如下特点：

（1）推管推出的作用面积大，压铸件受推部位的受推压力小。

（2）推管与型芯、推管与导滑孔的配合间隙有利于型腔内气体的排出。

（3）推出力作用点靠近包紧力的作用点，推出力均匀平稳，是较理想的推出机构。

（4）适合推出薄壁筒型压铸件、易变形或不允许有推杆痕迹的管状压铸件。

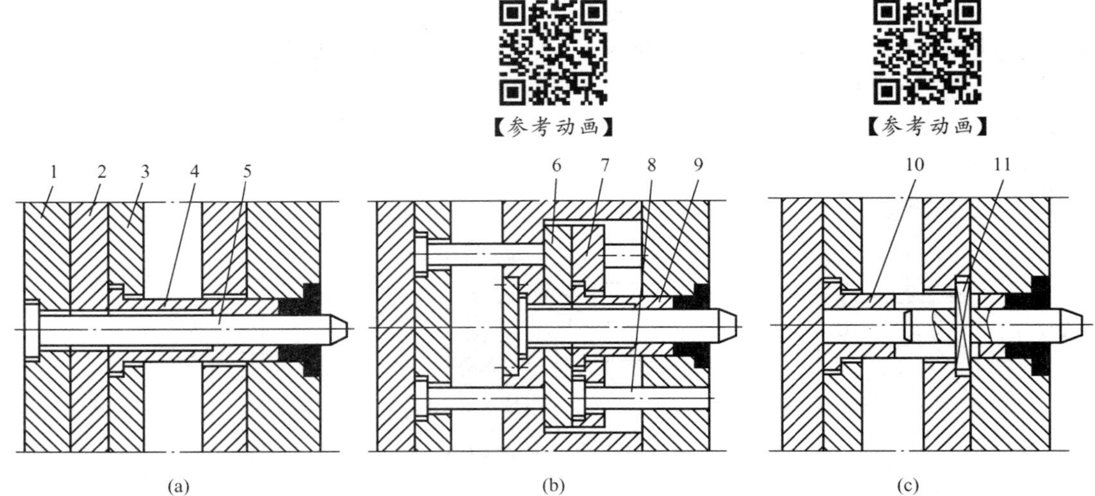

图 8.7　推管推出机构

1—动模座板；2、6—推板；3、7—推管固定板；4、9、10—推管；5—型芯；8—复位杆；11—扁销

（5）当采用机动推出时，推出后推管包围着型芯，难以对型芯喷刷涂料；如采用液压推出，因推出后立即复位，推管不会包围住型芯，对喷涂涂料无影响。

2. 设计要点

1）推管的结构

GB/T 4678.17—2003 规定了压铸模用推管的尺寸规格和技术要求，如图 8.8 所示，可根据实际需要选用或参考设计。图中未注表面粗糙度 $Ra=6.3\mu m$，未注倒角 $C1$。

$D=2mm$，$L=80mm$，$h=5mm$ 的推管标记如下：推管 2×80×5　GB/T 4678.17—2003。

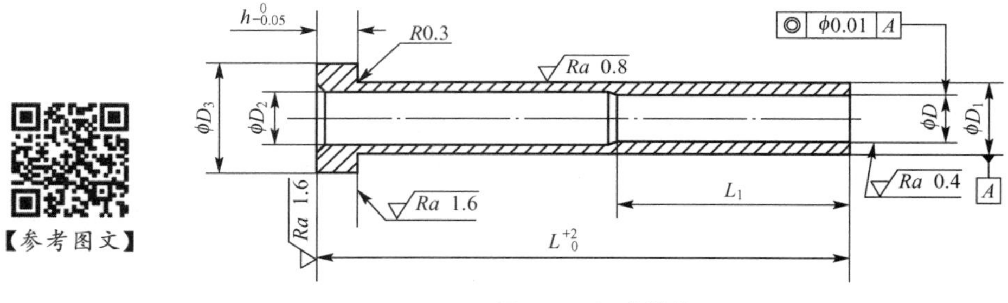

图 8.8　标准推管

2）推管的材料和硬度要求

材料由制造者选定，推荐采用 4Cr5MoSiV1、3Cr2W8V，硬度 45～50HRC。

淬火后表面可进行渗氮处理，渗氮层深度为 0.08～0.15mm，心部硬度 40～44HRC，表面硬度≥900HV。

3）推管的配合尺寸

推管推出机构中，推管的精度要求较高，配合间隙控制较严，推管内的型芯的安装固定应方便、牢固，并且便于加工。推管与推管孔及型芯等的配合尺寸如图 8.9 所示。

（1）设计推管推出机构时，应保证在推出推管时不擦伤型芯及相应的成形表面，故推管的外径应比压铸件外壁尺寸单面小0.5～1.0mm，推管的内径应比压铸件的内径每边大0.2～0.5mm，尺寸变化处用小圆角过渡。

(2) 推管的管壁应有相应的厚度，取1.5～6mm，以确保推管的刚性；管壁过薄，加工困难、容易损坏。

(3) 推管的导滑封闭段长度 L_1 可按式(8-5)计算：

$$L_1 = S_t + 10 \geqslant 20 \qquad (8-5)$$

式中，S_t 为推出行程（mm）。

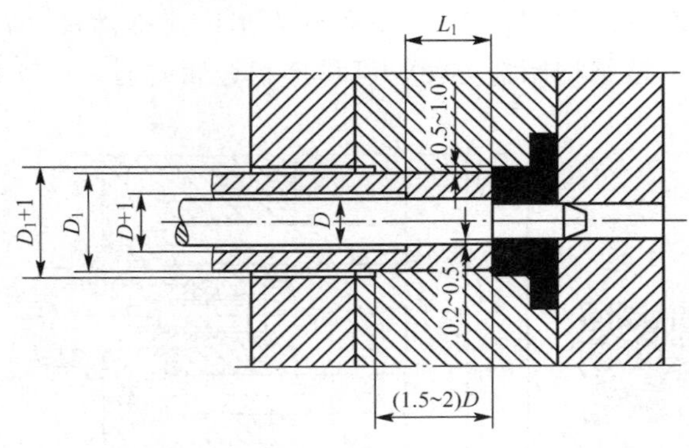

图 8.9 推管的配合尺寸关系

(4) 推管与推管孔的配合、推管与型芯的配合，应有较高的尺寸配合精度和组装同轴度要求，可根据不同的压铸合金而定，既要保证运动灵活，又不能使金属液产生溢料。

(5) 推管推出机构都应设置推板的导向装置，相对于推管应有较高的平行度要求。

(6) 推管推出机构都应设置复位机构，便于对型芯喷刷涂料。

8.2.3 推件板推出机构

推件板推出机构是利用推件板的推出运动，从固定型芯上推出压铸件的机构，适用于成形面积大、壁薄而轮廓简单及表面不允许有推出痕迹的深腔壳体类压铸件。

1. 推件板推出机构的组成及特点

推件板推出机构主要是由推件板、连接推杆、推板、推杆固定板等组成的。图8.10和图8.11所示为最常用的两种推件板推出机构。图8.10所示为整块模板作为推件板，推出后推件板底面与动模板分开一段距离，清理较方便，且有利于排气，应用广泛。为避免推出过程中因推出行程较长或推件板由于推进的惯性而脱离型芯，一般推件板4与连接推杆3采取螺纹固定连接的方式，或者设置推件板的导向装置，从而对推件板起到有效的导

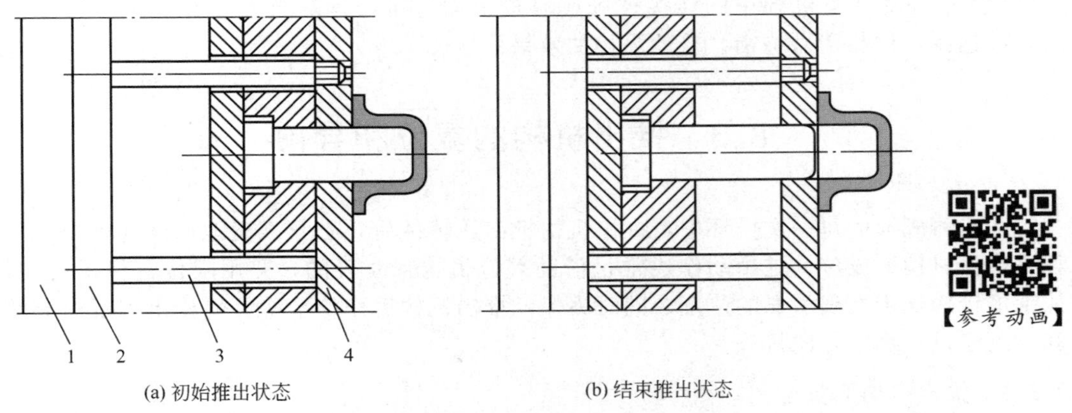

图 8.10 推件板推出机构(一)

1—推板；2—推杆固定板；3—连接推杆；4—推件板

向和支承作用。图 8.11 所示为镶块式推件板(有时也可称为推块)，推件板嵌在动模套板内。该结构制造方便，但易堆积金属残屑，应注意经常取出清理。

【参考动画】

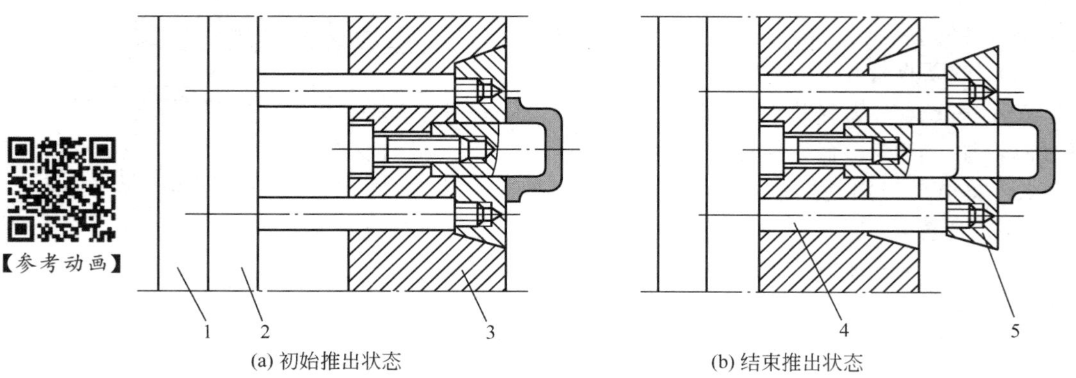

图 8.11　推件板推出机构(二)

1—推板；2—推杆固定板；3—动模套板；4—连接推杆；5—推件板

推件板推出机构有如下特点：

(1) 推出的作用面积大，有效的推出力大。

(2) 推出力均匀，推出平稳、可靠，压铸件不易变形。

(3) 在压铸件表面无明显推出痕迹。

(4) 一般无需设置复位机构，但推件板推出后会挡住型芯，喷刷涂料困难。

2. 设计要点

(1) 确定推出行程 S_t 时，一般应使推件板推出压铸件后仍与动模固定型芯有接触面，以使模具在复位时保持稳定。

(2) 型芯与推件板之间的配合精度一般取 H7/e8～H7/d8，既要保证运动灵活，又不能使金属液产生溢料。如型芯直径较大，与推件板配合段可做成 1°～3°斜度，以减少推出阻力，保证顺利推出。

(3) 推件板推出机构中的连接推杆应以推出力为中心均匀分布，并尽量增大位置跨度，以达到推件板受力均衡、移动平稳的效果。

8.3　推出机构的复位和导向

在压铸成形的每一次循环中，推出机构推出压铸件后，必须准确地回到起始位置，这就是推出机构的复位。这个动作通常是借助复位机构来实现的，并用限位钉作最后定位，使推出机构处于准确可靠的位置。同时为保证推出机构动作的平稳并使推出和复位导滑顺利，还应设置推出导向机构。

8.3.1　推出机构的复位

1. 合模复位

复位机构的复位动作与合模动作同时完成。如图 8.12 所示，动、定模合模的同时，复位杆(表 8-5)与定模分型面相接触，推动推板后退至与限位钉相碰而止，达到精确复位。图 8.12(a)所示为复位杆 7 开始与定模分型面接触，图 8.12(b)所示为推出机构在复位杆的反向推动下后退至初始成形位置。限位钉等限位元件尽可能设置在压铸件的投影面积内，复位杆、导向元件及限位元件要均匀分布，以使推板受力均匀。对于推件板推出机构，一般不另设复位元件，合模时，推件板表面与定模分型面直接接触，随后退至初始成形位置。

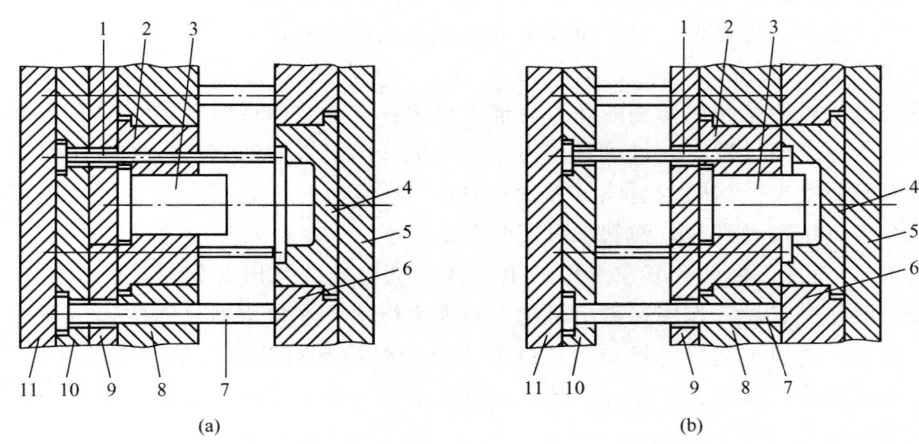

图 8.12 推出机构的复位

1—推杆；2—动模镶块；3—型芯；4—定模镶块；5—定模座板；
6—定模套板；7—复位杆；8—动模套板；9—支承板；10—推杆固定板；11—推板

【参考图文】

表 8-5 复位杆(摘自 GB/T 4678.12—2003)

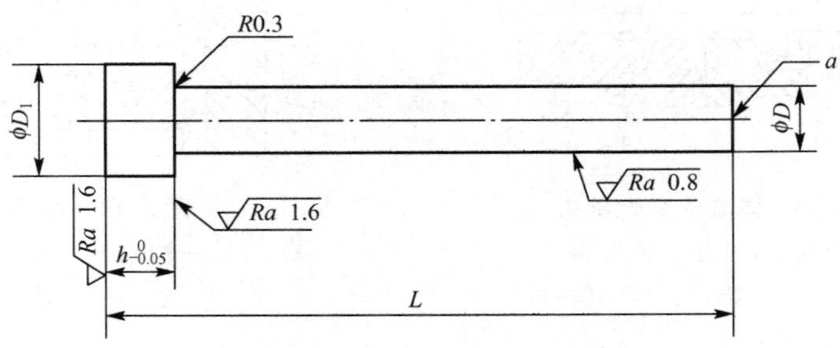

标记示例	D=10mm，L=80mm，h=5mm 的复位杆标记如下：复位杆 10×80×5 GB/T 4678.12—2003
技术条件	1. 未注表面粗糙度 Ra=6.3μm； 2. a 端面不允许留有中心孔； 3. 材料由制造者选定，推荐采用 T8A、T10A，硬度 50～55HRC； 4. 其他技术要求应符合 GB/T 4679—2003 的规定

2. 先复位

先复位是指动、定模合模之前，推出机构受力退回到初始成形位置，以避免产生干涉现象。通常在下列两种情况下采用：推出元件推出压铸件后所处的位置影响到嵌件或活动镶件(型芯)的安放；侧向抽芯模具中推出元件与活动型芯的合模运动轨迹相交而导致插芯动作受到干涉。先复位机构有液压先复位机构和机械先复位机构两种。目前，大部分压铸机上都安装有液压推出器，模具推杆板与液压缸连接，通过电器和液压系统的控制，按照一定程序实现推出与先复位。而压铸模中机械先复位机构通常有以下几种。

1）弹簧先复位机构

弹簧先复位机构是利用弹簧的弹力使推出机构在合模之前进行复位。弹簧在推杆固定板和动模支承板之间设置，并且尽量均匀分布在推杆固定板的四周，以便推杆固定板受到均匀的弹力而使推出机构顺利复位。弹簧一般安装在复位杆上，或安装在另外设置的簧柱上，有时在模具结构允许时，弹簧也可安装在推杆上。

如图 8.13 所示，弹簧套装在复位杆上，推出机构进行推出动作时，弹簧处于压缩状态，当推出动作完成后，作用在推出机构上的外力撤除，在弹簧回复力的作用下推出机构于动、定模合模前退至初始成形位置。弹簧先复位机构具有结构简单、安装方便等优点，但弹簧的力量较小，而且容易疲劳失效，可靠性差，一般只适用于复位力不大的场合，并需要定期更换弹簧。

2）摆杆先复位机构

摆杆先复位机构如图 8.14 所示。合模时，复位杆 2 推动摆杆 6 上的滚轮 3，使摆杆绕轴 7 逆时针方向旋转，从而推动推板 4 和推杆 1 先复位。

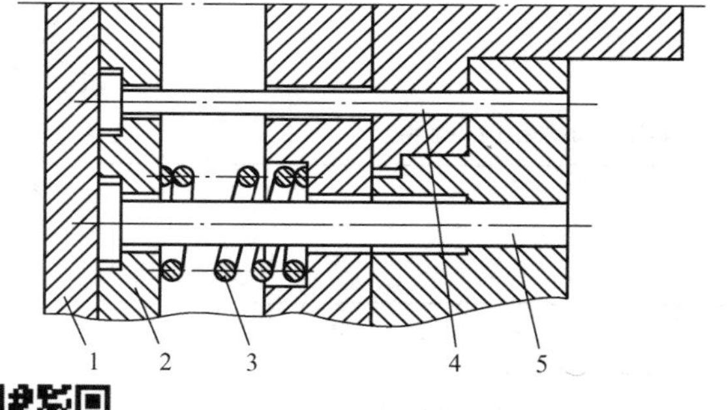

【参考动画】

图 8.13 弹簧先复位机构

1—推板；2—推杆固定板；3—弹簧；4—推杆；5—复位杆

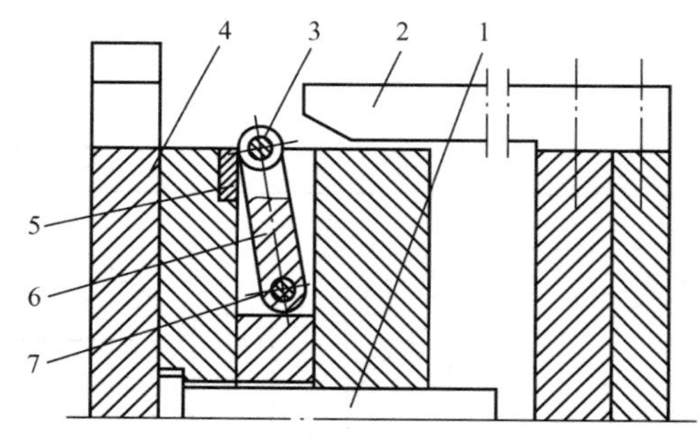

图 8.14 摆杆先复位机构

1—推杆；2—复位杆；3—滚轮；4—推板；5—垫块；6—摆杆；7—轴

3）双摆杆先复位机构

图 8.15 所示为双摆杆先复位机构。这种机构适合于推出行程特别长的场合。合模时，复位杆 1 头部的斜面与双摆杆头部的滚轮 5 接触，推动推杆固定板 7，带动推杆 8 实现先复位。

4）三角滑块先复位机构

三角滑块先复位机构如图 8.16 所示。合模时，复位杆 1 推动三角滑块 2 移动，同时三角滑块又推动杆固定板 3 及推杆 4 先复位。这种先复位机构适用于推出行程较小的情况。

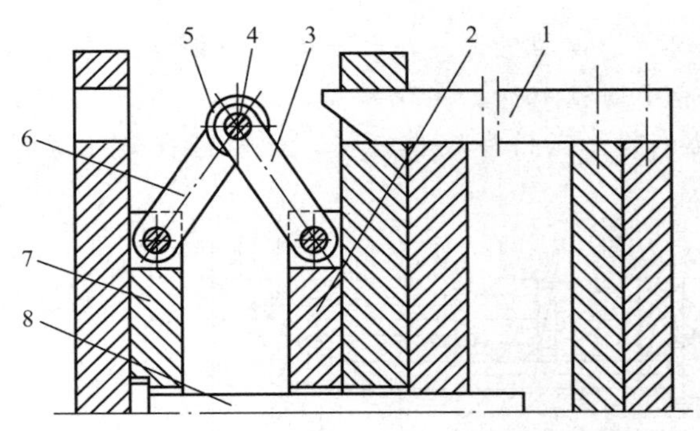

图 8.15 双摆杆先复位机构

1—复位杆；2—垫板；3、6—摆杆；
4—轴；5—滚轮；7—推杆固定板；8—推杆

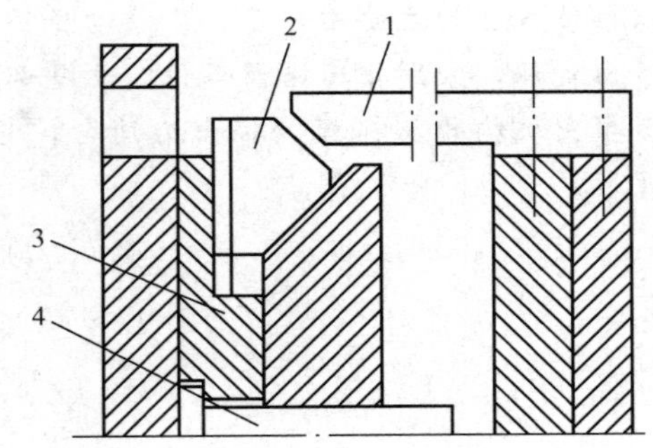

图 8.16 三角滑块先复位机构

1—复位杆；2—三角滑块；
3—推杆固定板；4—推杆

8.3.2 推出机构的导向

推出导向机构由推板导柱和推板导套组成，实现引导推板带动推出元件平稳地做往复运动的功能。有些推出机构的导向零件还兼起动模支承板的支承作用。常见的推出导向机构如图 8.17 所示，图 8.17(a)所示结构简单，推板导柱、推板导套容易达到配合要求，但推板导柱容易单边磨损，且不起支承作用，适用于小型模具。图 8.17(b)所示结构中的推板导柱 2 的两端分别嵌入支承板 1 和动模座板 7，使模具后部组成一个框形结构，刚性好，推板导柱兼起支承作用，支承板刚性也有提高。该结构适用于大型模具。图 8.17(c)所示结构加工方便，推板导柱兼起支承作用，但导向精度不容易保证，适用于中型模具。

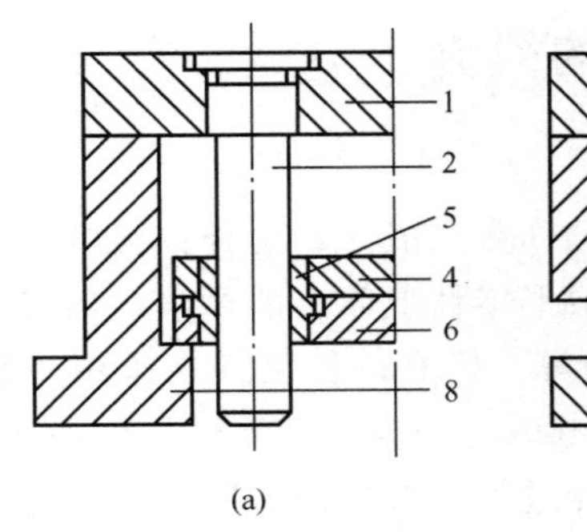

(a)

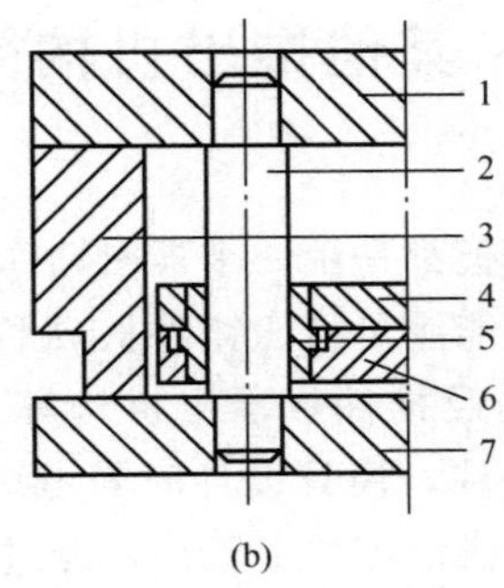

(b)

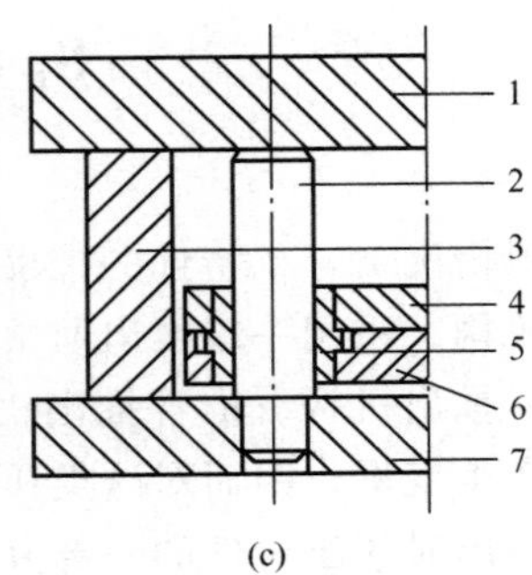

(c)

图 8.17 推出机构的导向

1—支承板；2—推板导柱；3—垫块；4—推杆固定板；5—推板导套；6—推板；7—动模座板；8—模脚

对于小型模具，有时可不必另设推出导向机构，直接利用推杆或复位杆兼起推出机构的导向元件。导向元件与动模套板选用 H8/f9 的配合精度。

如图 8.18(a)所示，压铸件为大型薄壁的壳类制品，试对其进行推出方案分析和设计。

压铸件是大型薄壁的壳类制品。采用多元件综合推出的压铸模结构形式，如图 8.18(b)所示，在型腔内部有深筒、高的立壁及直径较小的圆柱等难以脱膜的结构形状，故采用以推件板 2 为主要推出元件，推动压铸件周边，以推管 6、成形推块 1 和推杆 9 为局部推出元件，分别推出深筒部位、立壁部位和小圆柱部位。实践证明，这种采用多元件综合推出机构的压铸模，推出力均匀，移动平稳，压铸件脱模顺畅，能取得较好的脱模效果。

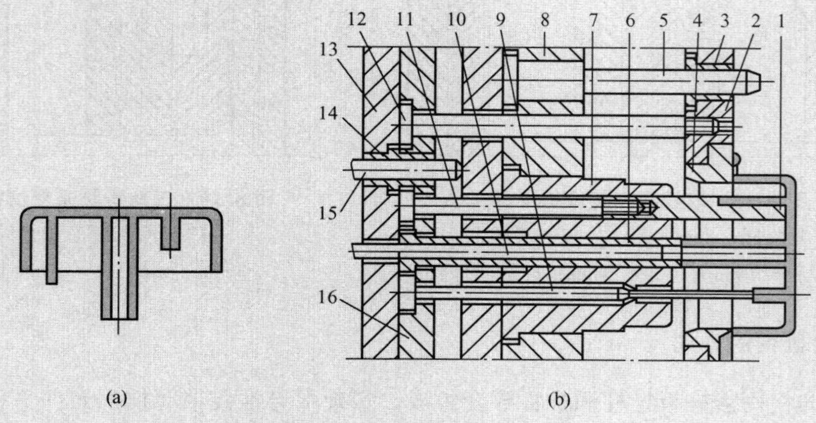

图 8.18 多元件综合推出机构的结构示例

1—成形推块；2—推件板；3—导套；4—镶块；
5—导柱；6—推管；7—主型芯；8—动模套板；9—推杆；10—型芯；
11、12—连接推杆；13—推板；14—推板导套；15—推板导柱；16—推杆固定板

8.4 其他推出机构简介

一般情况下，压铸件的推出脱模都是由一个推出动作来完成的，这种推出机构称为一级推出机构。采用一级推出通常已能满足将压铸件从成形零件上脱出的要求，如前面所介绍的推杆推出机构、推管推出机构及推件板推出机构等。但有的压铸件在采用一级推出时，会产生变形，因而对这类压铸件，模具设计时需考虑两个推出动作，以分散脱模力。第一次推出时使压铸件的一部分从成形零件上脱出，经过第二次推出，压铸件才完全从成形零件上全部脱出。这种由两个推出动作来完成一个压铸件脱模的机构称为二级推出机构。另外，有时根据压铸件的结构特点和工艺要求，模具需要有两个或两个以上的分型面，并且必须按一定的次序打开，满足这类分型要求的机构称为多次分型顺序推出机构。设计这类机构时，既要保证各分型面必须依次打开，又要设定各次分型的距离，同时还要保证各部分复位时不产生干涉，并能正确复位。下面简单介绍几例相对较复杂的相关推出机构。

1. 摆钩二级推出机构

图 8.19 所示为摆钩二级推出机构的结构形式。推出时，压铸机顶杆穿过后推板 15，推动前推板 11，由于弹簧片 14 的弹压力作用，安装在后推板 15 上的摆钩 13 拉紧前推板

11，使后推板 15 与前推板 11 同步前移，从而分别驱动连接推杆 6、推件板 2 和推杆 3，共同使压铸件脱离型芯 4，完成第一次推出动作，如图 8.19(b)所示。

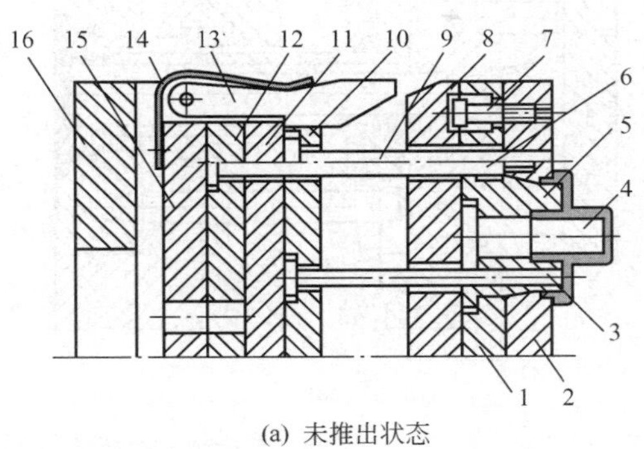

(a) 未推出状态

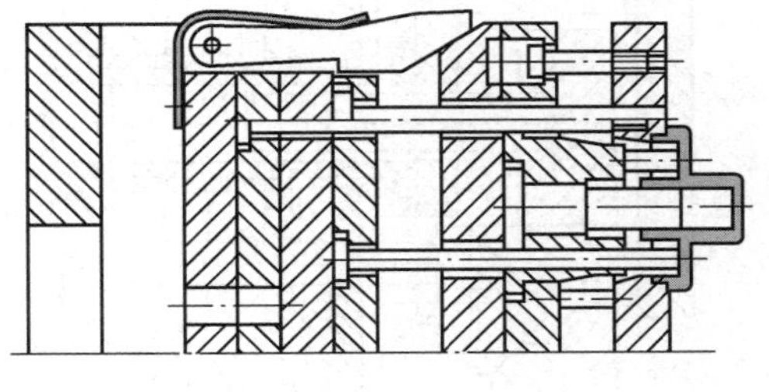

(b) 一级推出

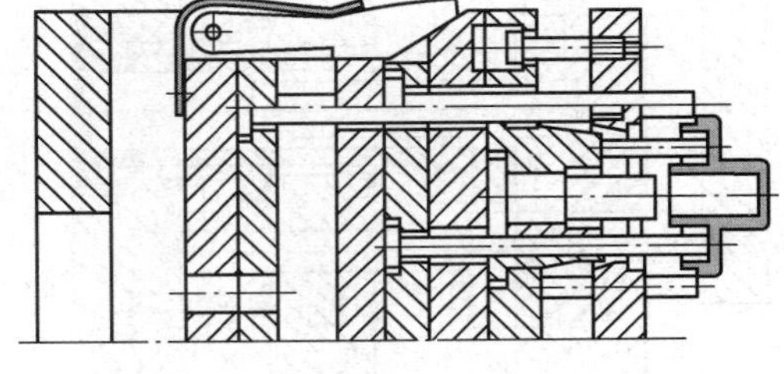

(c) 二级推出

图 8.19　摆钩二级推出机构

1—动模套板；2—推件板；3—推杆；4—型芯；
5—动模镶块；6—连接推杆；7—限位杆；8—支承板；9—复位杆；
10、12—推杆固定板；11—前推板；13—摆钩；14—弹簧片；15—后推板；16—动模座板

当摆钩 13 与支承板 8 上的斜面相碰时，斜面作用使其作逆时针方向地外摆动，使后推板 15 脱开，停止移动。前推板 11 继续前移，带动推杆 3，将压铸件从推件板 2 中脱出，完成第二次推出动作，如图 8.19(c)所示。

图 8.19 中，限位杆 7 用来控制推件板 2 的推出行程，以避免推件板 2 随压铸件前移。同时，其限位距离应大于后推板 15 的推出行程(即第一次的推出行程)，以防止移动干涉。弹簧片 14 控制摆钩 13 的摆动范围，使摆钩 13 始终紧靠模板。合模时，复位杆 9 带动前推板组复位，推件板 2 通过连接推杆 6 带动后推板组复位。

2. 三角滑块二级推出机构

三角滑块二级推出机构，可分为超前和滞后两种形式。图 8.20 所示为三角滑块滞后式二级推出机构的结构形式。图中前后两组推板分别置于支承板 5 的两侧，图 8.20(a)所示为开模后压铸件推出前的状态；推出开始时，一级推板 2 和二级推板 7 一起将压铸件推出动模型腔，实现第一次推出，此时压铸件仍留在动模镶块 13 内，如图 8.20(b)所示；继续推出时，由于斜楔块 3 的作用，使三角滑块 4 沿着挡块 1 的斜面向外移动，从而使推杆 14 所带动的动模镶块 13 的推出动作滞后于推管 10，压铸件由推管 10 从动模镶块中推出，完成第二次推出，如图 8.20(c)所示。

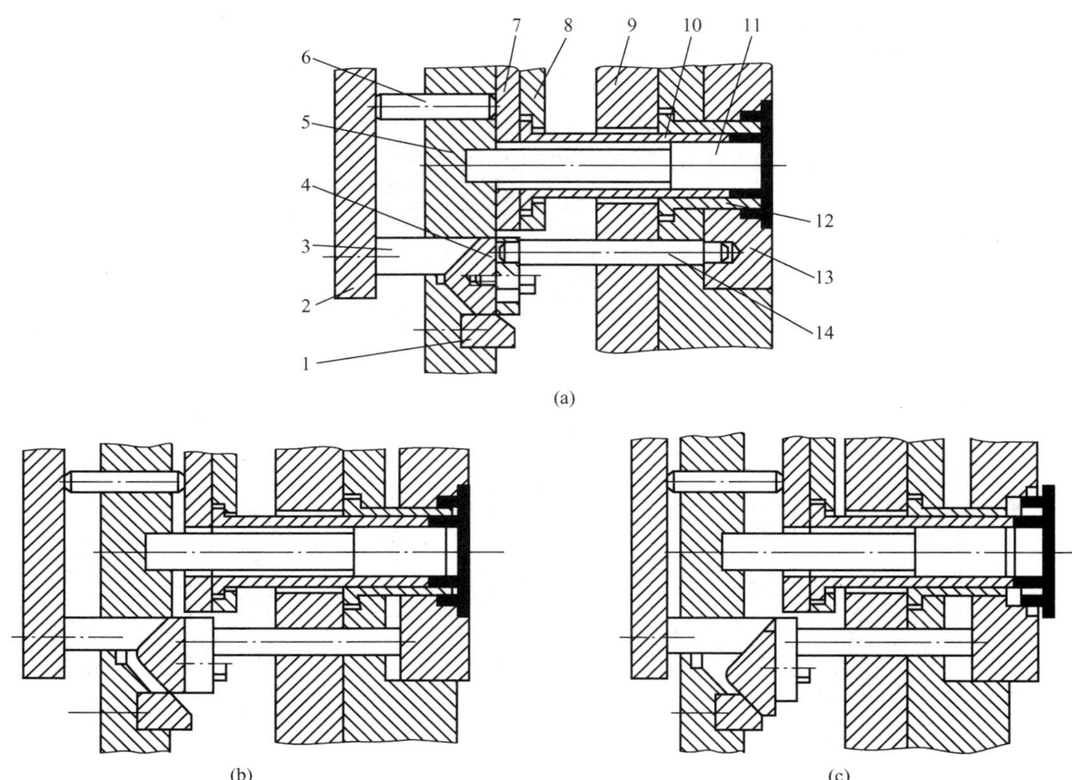

图 8.20　三角滑块二级推出机构

1—挡块；2—一级推板；3—斜楔块；
4—三角滑块；5、9—支承板；6—圆柱销；7—二级推板；
8—推管固定板；10—推管；11—型芯；12、13—动模镶块；14—推杆

三角滑块二级推出机构的体积较小，结构简单，但由于三角滑块的移动范围有限，故二级推出的相差距离较小，另外，由于斜面为接触运动，故磨损较快。

3. 弹簧拉杆顺序分型推出机构

如图 8.21 所示为取出点浇口及余料时常用的一种采用弹簧和拉杆进行顺序分型推出的结构形式。由于浇口凝料对分型的阻力较小，而压铸件脱离定模套板 10 的阻力相对较大，因此在分型面Ⅱ上不必设置拉紧装置，开模时，在弹顶销 8 的作用下，首先从Ⅰ处分型，在压射冲头拉钩的作用下，点浇口被拉断并和余料一起留在浇口套内，如图 8.21(b)所示。

当达到可以取出浇注余料的既定距离时，限位拉杆 12 限位，模具从Ⅱ处分型，压铸件从型腔中脱出。同时压射冲头将浇注余料从浇口套中推出落下，如图 8.21(c)所示。推件板推出机构工作，将压铸件从型芯 6 中脱出，如图 8.21(d)所示。

4. 定模推出机构

如图 8.22 所示为限位拉杆定模推出机构的结构形式。压铸件表面不允许有推出痕迹，故采用推件板的推出形式。为了简化模具结构，型芯 9 和推件板 1 均设置在定模部分。由

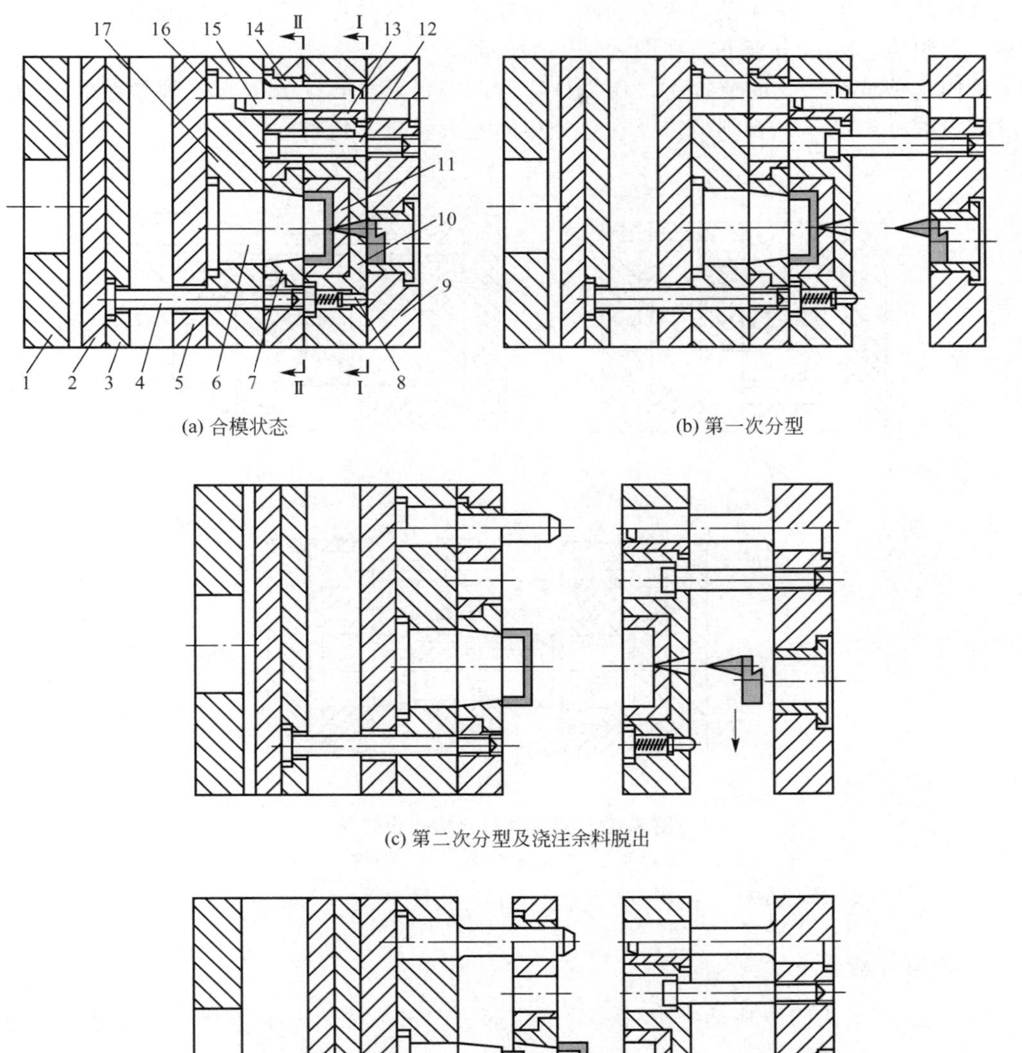

(a) 合模状态

(b) 第一次分型

(c) 第二次分型及浇注余料脱出

(d) 推出压铸件

图 8.21　弹簧拉杆顺序分型推出机构

1—动模座板；2—推板；3—推杆固定板；4—连接推杆；
5—支承板；6—型芯；7—镶块；8—弹顶销；9—定模座板；10—定模套板；
11—定模镶块；12—限位拉杆；13、14—导套；15、16—导柱；17—动模套板

于压铸件对型芯 9 的包紧力大于它脱离型腔 8 的阻力，所以在开模时必然从Ⅰ处分型，使压铸件脱离型腔 8 的镶块后留在型芯 9 上，如图 8.22(b)所示。

继续开模，安装在动模套板7的限位拉杆4将拉住推件板1从Ⅱ处分型，使压铸件从型芯9上脱出，并自由落下，如图8.22(c)所示。

采用这种结构形式的前提是，压铸件对型芯的包紧力必须大于它脱离型腔的阻力，以完成定模的推出动作；否则就需要在Ⅱ分型面上设置拉紧机构。

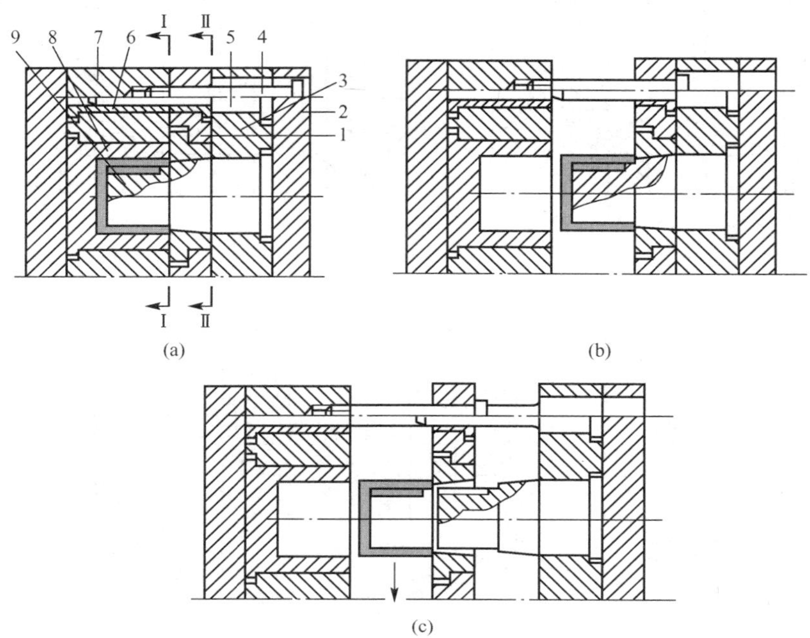

图8.22　限位拉杆定模推出机构

1—推件板；2—定模座板；3—定模套板；
4—限位拉杆；5—导柱；6—导套；7—动模套板；8—型腔；9—型芯

5. 齿轮传动推出机构

图8.23所示为齿轮传动推出机构的结构形式。齿条1固定于定模部分，并与动模上

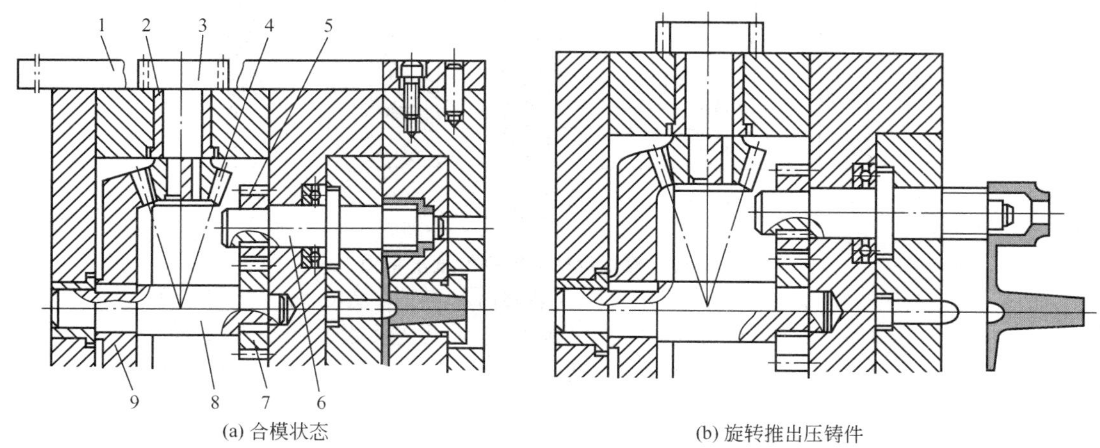

图8.23　齿轮传动推出机构

1—齿条；2—轴套；3、5、7—直齿轮；4、9—锥齿轮；6—型芯；8—连接轴

的直齿轮3啮合，锥齿轮4与直齿轮3为刚性连接，安装于轴套2内，同时与大锥齿轮9啮合，型芯6的端部直齿轮5由中心直齿轮7传动，压铸件螺纹由型芯6成形。该机构适用于旋出螺纹圈数较多的压铸件。

开模时，通过齿条、齿轮传动，使型芯6转动而旋出压铸件。对于多型腔模具，螺纹型芯6可以沿着中心直齿轮7的周围设置。

因内浇口承受全部扭矩及推力，故内浇口的截面积应增大，而且压铸件布置应靠近分流锥；齿轮、齿条的模数 m 可取2～3mm，传动比及转数根据需要而定。

本章小结

在压铸成形的每一次循环中，必须有将模具打开并把压铸件从模具型腔中或型芯上脱出的工序，有时还需要将浇注系统凝料推出模具，用于完成这一工序的机构称为推出机构。同时，推出机构推出压铸件后，必须准确地回到起始位置；为保证推出机构动作的平稳并使推出和复位导滑顺利，还应设置推出导向机构。作为压铸模结构的主要组成部分，推出机构是压铸模设计的重要环节之一。

本章概述了推出机构的组成、分类及设计基本要求；重点阐述了推杆推出机构、推管推出机构、推件板推出机构等常用简单推出机构的工作原理(推出、复位、导向)、适用范围及设计技术要求等；对几例相对较复杂的相关推出机构也进行了简要介绍。

关键术语

推出机构(ejector mechanism)、推板导柱(ejector guide pillar)、推板导套(ejector guide bush)、推杆(ejector pin)、推管(ejector sleeve)、推块(ejector pad)、推件板(stripping plate)、推杆固定板(ejector retaining plate)、推板(ejector plate)、限位钉(stop pin)、复位杆(return pin)、连接推杆(ejector tie rod)。

一、判断题

(　　)1. 对于推件板推出机构，一般不另设复位元件，合模时，依靠推件板与定模分型面直接接触而复位。

(　　)2. 压铸模的推出机构必须都设在动模一侧，定模部分不能设置推出机构。

(　　)3. 为使推杆无阻碍地沿轴向往复运动，顺利地推出压铸件和复位，可将推杆推出段与孔的配合间隙加大。

(　　)4. 对于小型模具，有时可不必另设推出导向机构，直接利用推杆或复位杆兼起推出机构的导向元件。

二、思考题

1. 推出机构一般有哪些元件组成?
2. 推出机构设计的基本原则是什么?
3. 比较推杆、推管、推件板三种推出机构的特点及其适用场合。

实训项目

拆装一副压铸模，重点分析其中的推出机构，包括类别、组成、特点、技术要求等。

第9章 侧向抽芯机构设计

知识要点	目标要求	学习方法
抽芯机构的组成及工作过程	掌握	通读9.1节相关内容，消化老师讲解的重点，对抽芯机构的典型组成元件、工作原理、设计基本要求等能基本掌握。同时对常用抽芯机构的类型及特点做初步了解
斜销、弯销、斜滑块抽芯机构的设计	重点掌握	通过比较斜销抽芯机构、弯销抽芯机构和斜滑块抽芯机构等常用抽芯机构的特点、应用范围及技术要求，结合实例分析，掌握针对具体压铸件及模具结构特性选择侧向分型抽芯方式、设计合理抽芯机构的基本方法。可具体拆卸一副带有侧向分型抽芯机构的压铸模，重点分析其中的抽芯机构(类别、组成、特点、技术要求等)。同时建议课外搜集一些设计资料，积累素材，拓展能力
齿轮齿条、液压、手动抽芯机构的设计	了解	结合教材的图示及相关说明，了解齿轮齿条、液压、手动抽芯机构等的设计要点

导入案例

如图9.1所示，当压铸件具有与分型推出方向不一致的侧孔、侧凹或侧凸形状时，在压铸成形后，侧孔、侧凹或侧凸形状的成形零件将阻碍压铸件的推出，所以必须设置可以活动的型芯，在压铸件脱模前，先将可活动型芯抽出，在消除障碍后，再将压铸件推出。合模时，再将活动型芯回复到原来的成形位置，以便进行下一循环的压铸。我们把完成可活动型芯的抽出和复位动作的机构称为侧向分型抽芯机构，简称抽芯机构。用来成形与开模方向不同的侧孔(凹)或凸台的零件，借助于抽芯机构，能实现位移以完成抽芯、复位动作的可活动型芯，称为活动型芯。

(a) 摩托车压铸件

(b) 电动机压铸机

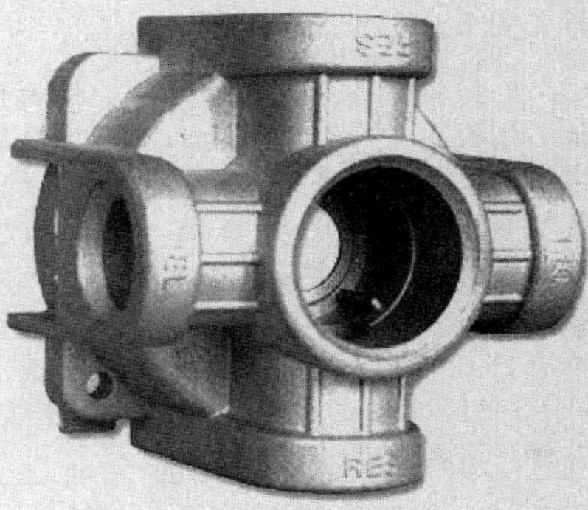

(c) 泵阀压铸件

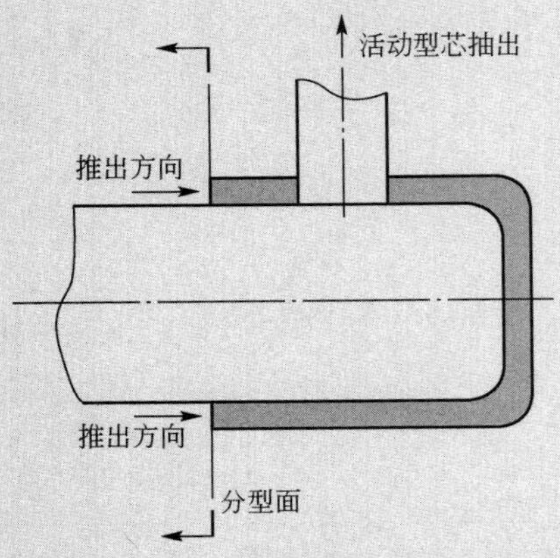

(d) 侧向抽芯图示

图9.1 具有与分型推出方向不一致的侧孔(凹、凸形状)的压铸件及其侧向抽芯

9.1 概　　述

阻碍压铸件从模具中沿着垂直于分型面方向取出的成形零件，都必须在开模前或开模过程中脱离压铸件，抽芯是除了采用推出机构实现压铸件脱模的另一种特殊的脱模形式。由于实践中压铸件的结构一般都较为复杂，往往具有与分型推出方向不一致的侧孔、侧凹或侧凸形状，因此侧向分型抽芯机构是压铸模中常用的机构。

9.1.1 抽芯机构的组成

抽芯机构按功能划分，一般由成形元件、运动元件、传动元件、限位元件及锁紧元件等部分组成，见表9-1。

表9-1 抽芯机构的组成

组成元件	功 能
成形元件	形成压铸件上侧向孔、侧向凹凸台阶或曲面的元件 主要有活动型芯(侧型芯)、侧向成形块等
运动元件	带动成形元件在模板导滑槽内运动的元件 如滑块、斜滑块等
传动元件	迫使运动元件作抽芯和插芯动作的元件 如斜销、弯销、齿条、液压抽芯器等
限位元件	使运动元件在开模以后停留在所要求的位置上，保证合模时传动元件工作顺利的元件 如限位块、限位钉等
锁紧元件	合模后压紧运动元件，防止压射时受到反压力作用而产生位移的元件 如锁紧块、楔紧块等

1—定模套板；2—定模镶块；3—滑块；4—斜销；5—楔紧块；6—限位螺钉；7—弹簧；8—限位块；9—销钉；10—活动型芯；11—动模镶块；12—动模套板；13—型芯

9.1.2 抽芯机构的动作过程

典型的侧向抽芯机构的动作过程如图9.2所示。图9.2(a)所示为合模时的位置状态。

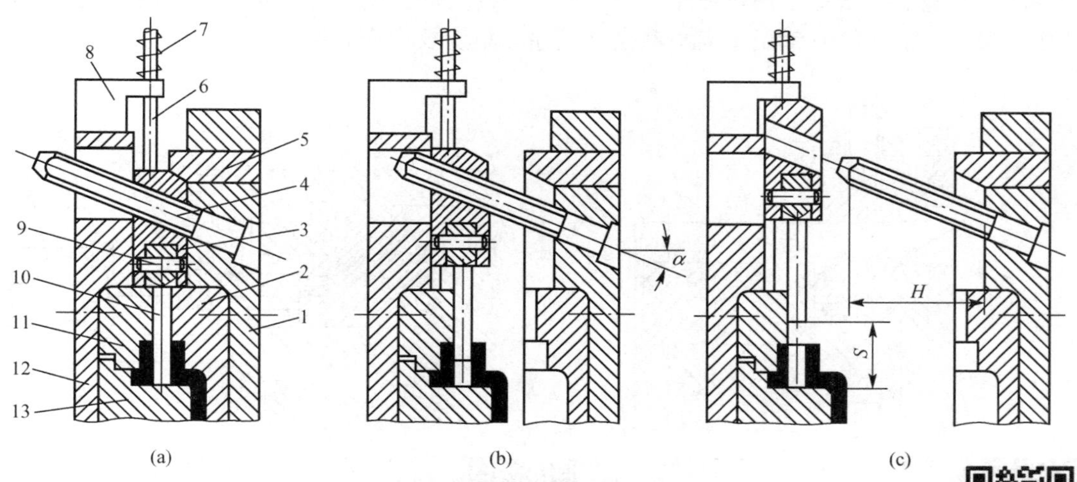

图9.2 侧向抽芯机构的动作过程

1—定模套板；2—定模镶块；3—滑块；4—斜销；5—楔紧块；6—限位螺钉；7—弹簧；8—限位块；9—销钉；10—活动型芯；11—动模镶块；12—动模套板；13—型芯

【参考动画】

滑块 3 安装在动模套板 12 上的 T 形导滑槽中，斜销 4 以斜角 α 安装在定模套板 1 上，插入滑块 3 的斜孔中。合模时，安装在定模套板 1 上的楔紧块 5 将活动型芯 10 锁紧在成形位置上。

当压铸成形后，开模过程中，在开模力的作用下，斜销 4 带动滑块 3 沿动模套板 12 上的 T 形导滑槽作抽芯动作，如图 9.2(b)所示。图 9.2(c)所示为抽芯动作完成。当开模行程达到 H 时，活动型芯的抽出行程为 S，并停留在抽芯动作的最终位置上。在下一压铸周期的合模过程中，滑块 3 则在斜销 4 的驱动下，进行插芯动作，并由楔紧块 5 定位锁紧。为了确保在合模时斜销 4 能顺利地插入滑块 3 的斜孔中，滑块 3 的最终位置由限位元件(图中限位螺钉 6、弹簧 7 和限位块 8)加以限位或定位。

9.1.3 常用抽芯机构的形式和特点

抽芯机构的形式较多，按照抽芯的动力来源，常用抽芯机构的形式可分为机动抽芯、液压抽芯和手动抽芯等。

1. 机动抽芯

开模时，依靠压铸机的开模力或推出机构的推出力，或利用模具动模、定模之间的相对运动，通过抽芯机构机械零件的动力传递，使其改变运动方向，将活动型芯抽出。

机动抽芯的特点：机构复杂但抽芯力大，精度较高，生产效率高，易实现自动化操作，因此应用广泛。

机动抽芯按结构形式又可分为斜销抽芯、弯销抽芯、齿轮齿条抽芯、斜滑块抽芯等。图 9.3 所示为利用压铸机的开模力通过弯销的作用来完成侧抽芯的机构。

2. 液压抽芯

如图 9.4 所示，以压力油作为抽芯动力，在模具上设置专用液压缸，通过活塞的往复运动实现抽芯与复位。该机构传动平稳，抽芯力大，抽芯距离长，抽芯动作不受开模时间的限制。其缺点是增加了操作程序，须设计专门的液压管路，并配备整套的液压装置，经济成本较高。液压抽芯常用于大中型模具或抽芯角度较特殊的场合。

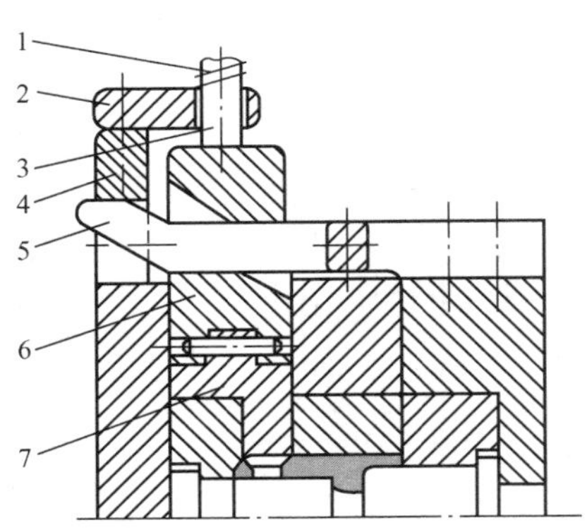

图 9.3 弯销抽芯机构

1—弹簧；2—限位块；3—螺钉；4—楔紧块；5—弯销；6—滑块；7—活动型芯

【参考动画】

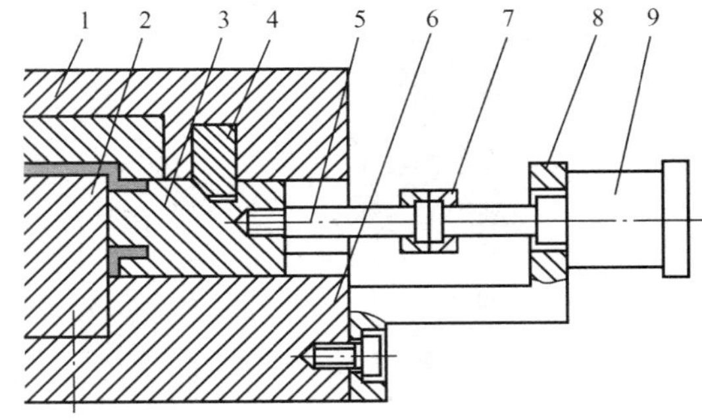

图 9.4 液压抽芯机构

1—定模座板；2—型芯；3—活动型芯；4—楔紧块；5—拉杆；6—动模套板；7—联轴器；8—支架；9—液压抽芯器

【参考动画】

3. 手动抽芯

利用人工在开模前或在压铸件脱模后使用手工工具抽出侧向活动型芯。如图 9.5 所示，通过手动螺杆完成模内抽芯动作。

该机构的优点是模具结构简单，制造容易，常用于抽出处于定模或离分型面较远的活动型芯。

该机构的缺点是操作时劳动强度大，生产效率低，常用于中小型模具及小批量或试样生产。

对于压铸件比较复杂的侧向成形部分，因其不利于设置机动抽芯机构或液压抽芯机构，可采用活动镶块模外抽芯的方法。图 9.6 所示为内侧凹双活动镶块抽芯机构，脱模后用专用夹具由压铸件上取下活动镶块。

【参考动画】

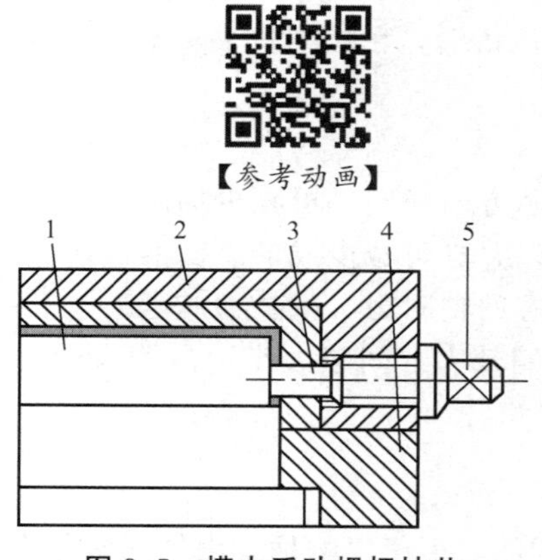

图 9.5 模内手动螺杆抽芯

1—型芯；2—定模套板；3—活动型芯；4—动模套板；5—手动螺杆

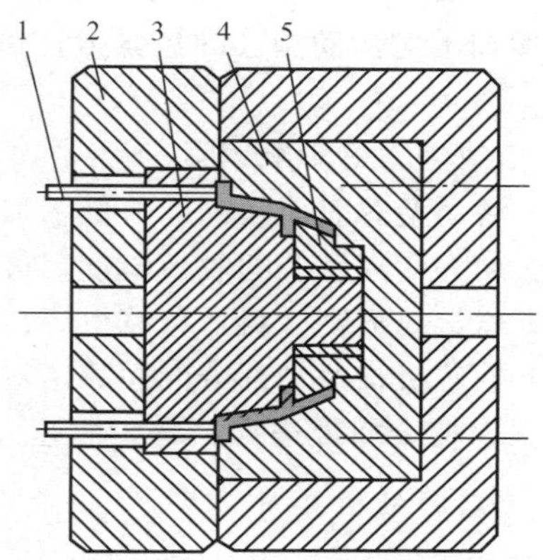

图 9.6 局部内侧凹双活动镶块抽芯

1—推杆；2—动模套板；3—型芯；4—定模镶块；5—活动镶块

模外抽芯可大大简化模具结构，降低成本。但其缺点是需备有一定数量的活动镶块，供轮换使用，并且工人劳动强度大，故常用于生产批量较小的场合。

9.1.4 抽芯力的估算和抽芯距的确定

侧向抽芯机构的主要参数是抽芯力和抽芯距离。

压铸时，金属液充满型腔、冷凝并收缩，对活动型芯的成形部分产生包紧力，抽芯机构的工作，须克服由压铸件收缩产生的包紧力和抽芯机构运动时的各种阻力，这两者的合力即为抽芯力。抽芯力分为起始抽芯力和相继抽芯力，在开始抽芯的瞬间所需的抽芯力最大，称为起始抽芯力；之后继续将活动型芯抽出的力称为相继抽芯力，当存在脱模斜度，继续抽芯时，只需克服抽芯机构及活动型芯运动时的阻力，而该力比包紧力小得多，所以在计算抽芯力时可忽略相继抽芯力，只重点考虑起始抽芯力。

抽芯距离是指活动型芯从成形位置抽至不妨碍压铸件脱模的位置时，活动型芯和滑块沿着抽芯方向所移动的距离。

1. 影响抽芯力的主要因素

影响抽芯力的主要因素包括两方面，一是形成包紧力的影响因素，二是形成阻力的影响因素。

1）形成包紧力的影响因素

（1）侧向成形部分的表面积越大，所需的抽芯力也越大。

（2）活动型芯断面的几何形状越复杂，抽芯力越大。

（3）压铸件的侧向成形部分壁较厚，金属冷却凝固的收缩变大，包紧力增加，抽芯力也增大。

（4）压铸件侧面孔穴多且分布在同一抽芯机构上，因压铸件的线收缩大，对活动型芯的包紧力大，因此抽芯力也大。

（5）压铸合金的化学成分不同，线收缩率也不同。收缩率大抽芯力也大。铝合金中铁含量过低，压铸件会对钢质活动型芯产生化学粘附力，则抽芯力大。

（6）压铸工艺对抽芯力有较大的影响：压铸时，模温高，压铸件收缩小，包紧力小，抽芯力小；持压时间长，压铸件致密性强，包紧力增加，抽芯力大；采用较高的压射比压，则增加了对活动型芯的包紧力，抽芯力增大；压铸后，留模时间长，包紧力大，抽芯力大。

2）形成阻力的影响因素

（1）活动型芯表面粗糙度值低，加工纹路与抽芯方向相同，可减少抽芯力。

（2）加大活动型芯的脱模斜度，可减少抽芯力，并且可减少成形表面的擦伤。

（3）适量地喷刷涂料，可减少压铸件对活动型芯的粘附力，减少抽芯力。

（4）抽芯机构运动部分的间隙，对抽芯力的影响较大。间隙太小，需增大抽芯力；间隙太大，易使金属液进入，增大抽芯力。

2. 抽芯力的估算

抽芯力与推出机构中推出力的性质实际上是一样的。由于影响抽芯力的因素很多也很复杂，很难精确地计算抽芯力。所以抽芯力一般可参考第8章的式(8-1)及式(8-2)进行估算。

3. 抽芯距离

抽芯后活动型芯应完全脱出压铸件的成形表面，使压铸件能顺利推出型腔。抽芯距离的确定方法见表9-2。

表9-2　抽芯距离的确定

	图　示	计算公式及说明
【参考动画】 单侧抽芯	h　k S	抽芯距离为成形侧孔（侧凹、侧凸形状）的深度或高度加上安全值，即： $S=h+k$ 式中，S——抽芯距离（mm）； h——侧孔、侧凹或侧凸形状的深度或高度（mm）； k——安全值（mm），按抽芯距离的大小及抽芯机构的类型选定，见表9-3

（续）

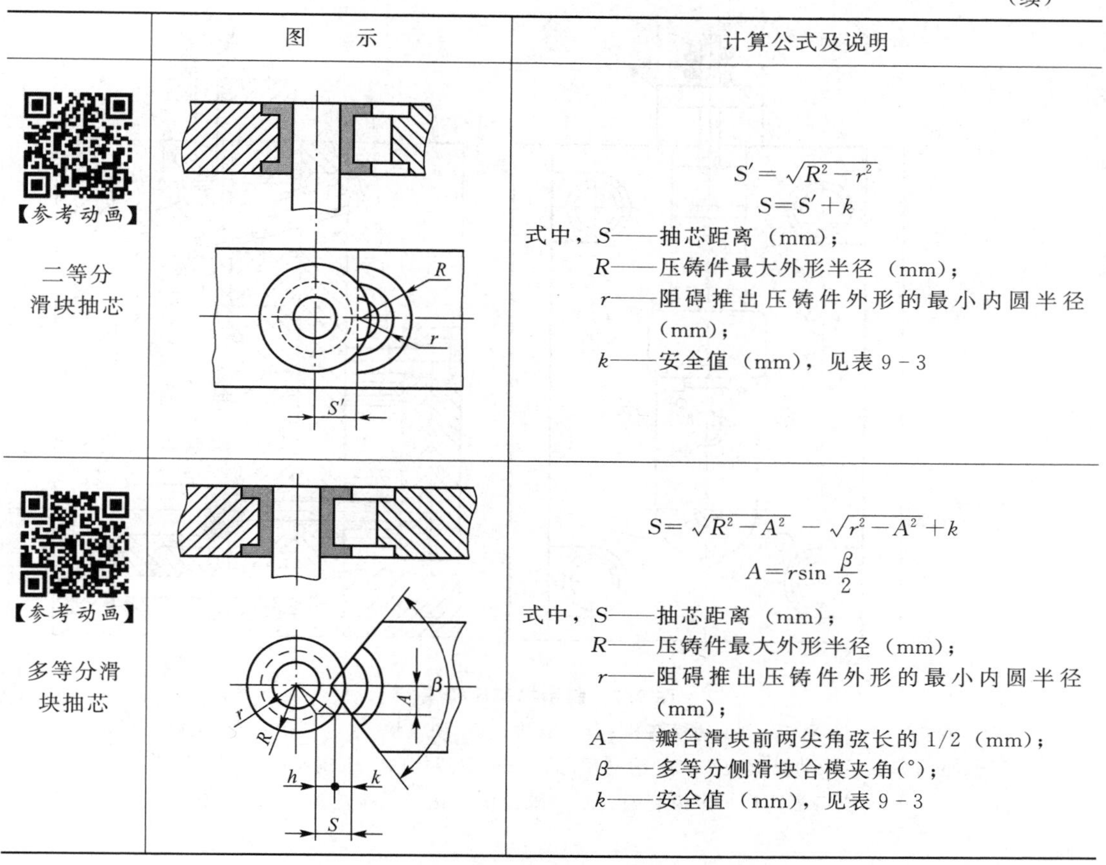

	图　　示	计算公式及说明
【参考动画】 二等分滑块抽芯		$S' = \sqrt{R^2 - r^2}$ $S = S' + k$ 式中，S——抽芯距离（mm）； R——压铸件最大外形半径（mm）； r——阻碍推出压铸件外形的最小内圆半径（mm）； k——安全值（mm），见表9-3
【参考动画】 多等分滑块抽芯		$S = \sqrt{R^2 - A^2} - \sqrt{r^2 - A^2} + k$ $A = r\sin\frac{\beta}{2}$ 式中，S——抽芯距离（mm）； R——压铸件最大外形半径（mm）； r——阻碍推出压铸件外形的最小内圆半径（mm）； A——瓣合滑块前两尖角弦长的1/2（mm）； β——多等分侧滑块合模夹角(°)； k——安全值（mm），见表9-3

表9-3　常用抽芯距离的安全值 k　　（单位：mm）

抽芯距离 S	抽芯形式			
	斜销、弯销、手动	齿轮齿条	斜滑块	液压
<10	3～5	5～10（圆整为整齿）	2～3	
10～30			3～5	
30～80	5～8			8～10
80～180				10～15
180～360	8～12			>15

9.2　斜销抽芯机构

斜销抽芯机构是侧向抽芯中应用最广泛的抽芯机构，本章将做重点介绍。典型的斜销抽芯机构主要由斜销、滑块、活动型芯、楔紧块及限位装置等组成。如图9.7所示为利用斜销抽芯的压铸模结构。

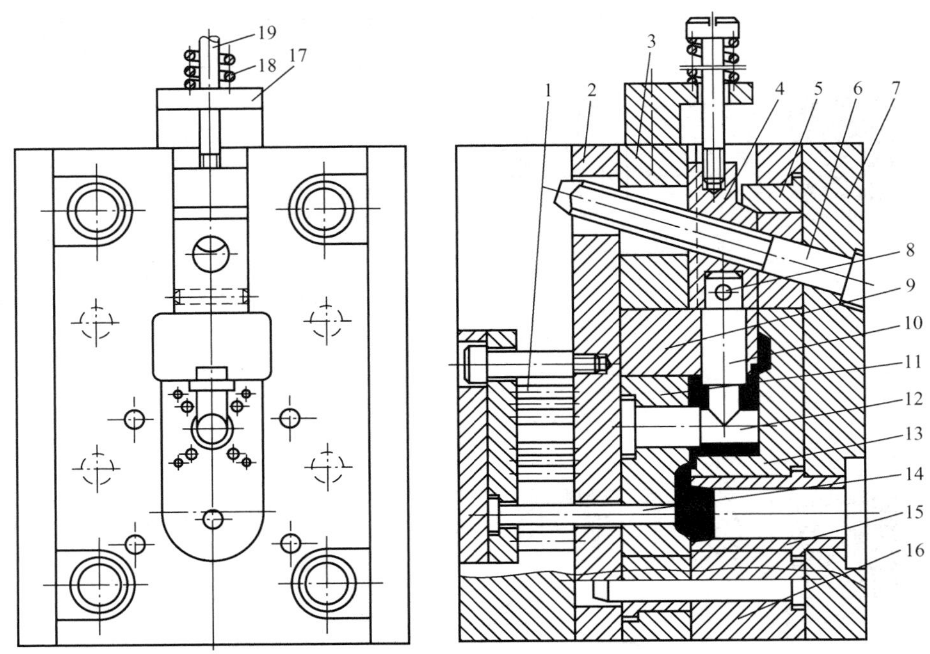

图 9.7　斜销抽芯压铸模

1—推杆；2—支承板；3—动模套板；4—滑块；5—楔紧块；6—斜销；7—定模座板；8—销钉；9、11—动模镶块；10—活动型芯；12—型芯；13—定模镶块；14—浇道推杆；15—浇口套；16—定模套板；17—限位块；18—压缩弹簧；19—拉杆

9.2.1　斜销抽芯机构的组成及工作原理

1. 组成

如图 9.7 所示，其成形元件是活动型芯 10；运动元件是滑块 4；传动元件是斜销 6；限位元件包括限位块 17、压缩弹簧 18、拉杆 19；锁紧元件是楔紧块 5。

2. 工作原理

活动型芯 10 用销钉 8 固定在滑块 4 上。开模时，开模力通过斜销 6 使滑块 4 沿动模套板 3 的导滑槽向上移动。当斜销 6 全部脱离滑块 4 的斜孔后，活动型芯 10 就完全从压铸件中脱出；然后压铸件由推出机构推出。而限位块 17、压缩弹簧 18 和拉杆 19 使滑块保持抽芯后的最终位置，保证合模时，斜销准确地进入滑块的斜孔中，使滑块和活动型芯复位。楔紧块 5 用于防止滑块受到型腔压力作用而产生向外的位移。

其具体动作过程可参见图 9.2 所示。

9.2.2　斜销抽芯机构零部件的设计

斜销抽芯机构的零部件主要包括斜销、滑块、活动型芯、楔紧块及限位元件。

1. 斜销

斜销是斜销侧向抽芯机构的重要零件。斜销的设计主要包括其结构形式、安装倾斜角、工作直径、工作长度及基本技术要求等。

1）斜销的结构

斜销的基本结构形式如图 9.8 所示。斜销的倾斜角为 α，长度 L_1 为固定于模具套板内的部分，根据模板厚度而定，一般 $L_1 \geqslant 1.5d$，L_1 段与模具套板内安装孔的配合取 H7/m6 过渡配合。L_2 段为完成抽芯所需的工作段尺寸，在工作中主要是驱动滑块做往复运动。滑块移动的平稳性由导滑槽与滑块间的配合精度保证。合模时，滑块的最终准确位置由楔紧块决定。为了使运动灵活，滑块与斜销的配合可取较松的动配合 H11/h11 或留有 0.5～1mm 的间隙。斜销头部的 L_3 段为斜销插入滑块斜孔时的引导部分，其锥形斜角 β 应大于斜销的倾斜角 α（斜销轴线与开模方向的夹角），以免在斜销的有效长度离开滑块后其头部仍然继续驱动滑块。工作部分和配合部分的表面粗糙度 $Ra \leqslant 0.8\mu m$、非配合部分 $Ra \leqslant 3.2\mu m$。为了减少斜销工作时的摩擦阻力，将斜销工作段的两侧削成宽度为 B 的两个平面，一般 $B=0.8d$。固定端台阶 $h \geqslant 5mm$。

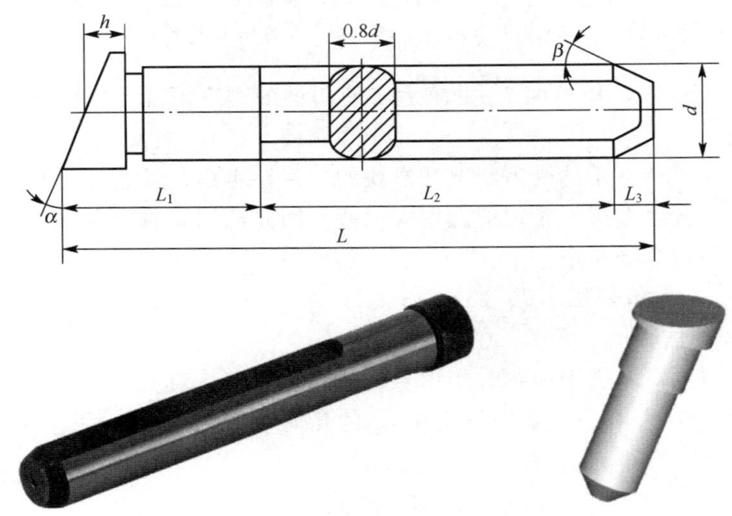

图 9.8 斜销的基本结构及实物图片

推荐选用材料：45 钢、T8、T10、低碳钢渗碳 55HRC 以上。

2）安装倾斜角 α 的确定

斜销的安装倾斜角 α 是决定斜销侧抽芯机构工作效果的重要参数。抽芯力方向与分型面平行时，倾斜角的选择与抽芯力的大小、抽芯行程的长短、斜销承受弯曲应力及开模阻力有关，同时还直接影响到斜销的有效工作直径和长度，以及完成侧抽芯动作所需要的有效开模距离。从图 9.9 所示的斜销工作状态可以分析出 α 与其他参数的关系。

忽略摩擦力，α 与有关参数分别构成如图 9.9 所示的两个三角形，从中可以看出：

（1）要得到所需的抽芯力 F_c，α 增大，则斜销抽芯时所受到的弯曲力 F_w 和开模阻力 F_z 也相应地增大，需有足够的直径来保证斜销的强度。

（2）要实现既定的抽芯距离 S，α 减小，则相应地增加了斜销的有效工作长度 L_0 和最

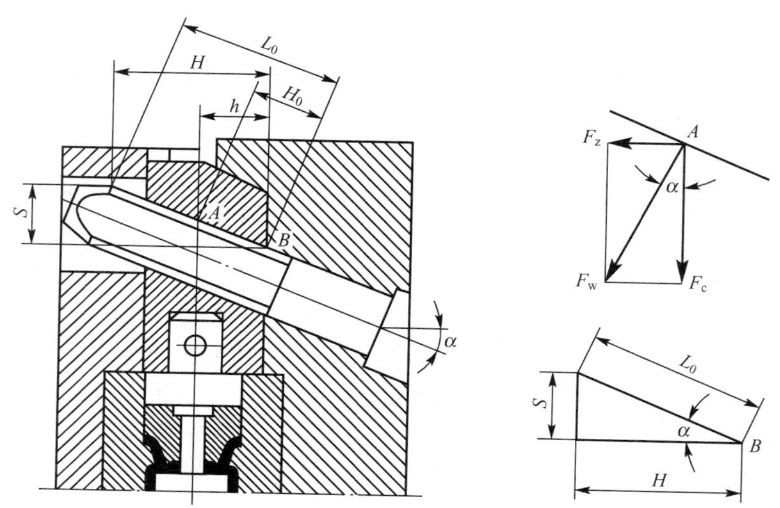

图 9.9　斜销 α 与相关参数的关系图

α—斜销安装倾斜角；S—抽芯距离；F_c—抽芯力；F_w—斜销抽芯时受到的弯曲力；F_z—开模阻力；H_0—斜销受力点距离；h—斜销受力点垂直距离；H—最小开模行程；L_0—斜销的有效工作长度

小开模行程 H；而有效工作长度 L_0 的增大将使斜销的刚度下降，开模行程增大会受到压铸机行程的限制。

在实践中，如果从斜销的受力状况和滑块的平稳性考虑，希望 α 选得小一些，而从侧向抽芯结构的紧凑程度考虑，希望值选得大一些。因此选用 α 时应兼顾斜销的受力状况和其他相关因素，加以综合考虑。

一般情况下，α 取值采用 10°、15°、18°、20°、25°等，最大不大于 25°。

3）斜销直径的估算

斜销所受的力主要取决于抽芯时作用于斜销的弯曲力。为了计算方便，可采用集中载荷的弯矩，如图 9.9 所示，F_w 集中作用在 F_c 的几何中心 A 点上，固定端点为 B 点。

斜销受到的最大弯矩为：

$$M=F_w H_0 \tag{9-1}$$

式中，F_w 为斜销抽芯时受到的最大弯曲力（N）；M 为斜销承受的最大弯矩（N·m）；H_0 为斜销受力点到固定端的距离（m）。

根据材料力学弯曲应力计算公式：

$$\sigma=M/W\leqslant[\sigma]_w \tag{9-2}$$

式中，σ 为斜销抽芯时受到的弯曲应力（Pa）；M 为斜销承受的最大弯矩（N·m）；W 为抗弯截面系数，对于圆形截面，$W=\pi d^3/32\approx0.1d^3$；$[\sigma]_w$ 为许用弯曲应力（Pa），一般取 300×10^6 Pa。

综合式(9-1)和式(9-2)，可得到：

$$d=\sqrt[3]{\frac{F_w H_0}{0.1[\sigma]_w}} \tag{9-3}$$

将 $F_w=F_c/\cos\alpha$，$H_0=h/\cos\alpha$ 代入式(9-3)，得出斜销直径 d 的估算公式为：

$$d=\sqrt[3]{\frac{10F_c h}{[\sigma]_w \cos^2\alpha}} \tag{9-4}$$

式中，d 为斜销的工作直径（m）；h 为斜销受力点到固定端的垂直距离（m）；F_c 为抽芯力（N）；α 为斜销安装倾斜角(°)；$[\sigma]_w$ 为许用弯曲应力（Pa），一般取 300×10^6 Pa。

实用技巧

为简化计算，实践中可根据 $F_w=F_c/\cos\alpha$ 做出斜销安装倾斜角、抽芯力与最大弯曲力的关系表，按照式(9-4)做出最大弯曲力及受力点垂直距离与斜销直径的关系表，设计时可直接在表中查出斜销的直径。详细内容可参考其他有关手册。

4）斜销长度的确定

(1) 计算法。如图 9.10 所示，斜销长度的计算是根据抽芯距离 S、固定端模具套板厚度 h_0、斜销直径 d 及所采用的安装倾斜角 α 的大小来确定的。滑块斜孔引导端入口圆角 R 对斜销长度尺寸的影响忽略不计。同时还应考虑斜销与滑块斜孔间的配合间隙的大小所产生的影响。

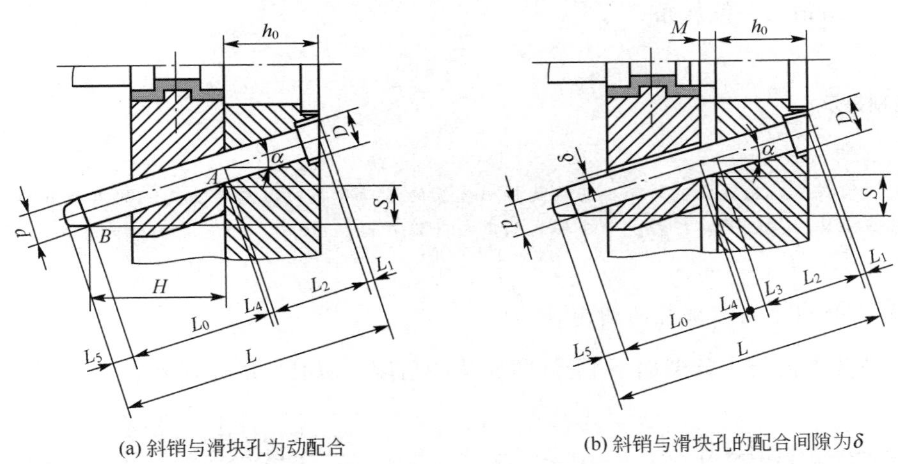

(a) 斜销与滑块孔为动配合

(b) 斜销与滑块孔的配合间隙为δ

图 9.10　斜销长度的计算

图 9.10(a)中，斜销与滑块孔为动配合的形式，即它们的配合间隙较小，斜销总长度 L 的计算公式为：

$$L=L_1+L_2+L_4+L_0+L_5=\frac{D}{2}\tan\alpha+\frac{h_0}{\cos\alpha}+\frac{d}{2}\tan\alpha+\frac{S}{\sin\alpha}+\left(\frac{1}{4}\sim\frac{1}{3}\right)d \tag{9-5}$$

图 9.10(b)中，斜销与滑块孔的配合间隙为 δ，开模时由于间隙 δ 的原因，斜销并不能立即带动滑块移动，只有开模行程 $M=\delta/\sin\alpha$ 时，斜销与滑块孔接触，才开始抽芯动作。这时，斜销的总长度 L 还应加上 $L_3=2\delta/\sin2\alpha$ 这部分的长度，计算公式如下：

$$L=L_1+L_2+L_3+L_4+L_0+L_5=\frac{D}{2}\tan\alpha+\frac{h_0}{\cos\alpha}+\frac{2\delta}{\sin2\alpha}+\frac{d}{2}\tan\alpha+\frac{S}{\sin\alpha}+\left(\frac{1}{4}\sim\frac{1}{3}\right)d \tag{9-6}$$

式中，L 为斜销总长度（mm）；D 为斜销固定端台肩直径（mm）；α 为斜销安装倾斜角

(°)；d 为斜销的工作直径（mm）；S 为抽芯距离（mm）；h_0 为斜销固定端模具套板的厚度（mm）；δ 为斜销与滑块孔的配合间隙（mm）。

（2）作图法。在实践中，可采用作图的方法大致确定斜销的工作段长度。对于确定了抽芯力、抽芯距离、斜销位置、斜角、斜销直径及滑块的大致尺寸，在总图上按比例作图进行大致布局，如图 9.10(a)所示。具体步骤如下：

取滑块孔的受力端点为 A，斜销有效工作段终点为 B，分别作垂直于斜销的引线，两引线的斜向距离为 L_0；再分别作垂直于分型面的引线，两引线的平行距离为 S；然后分别作平行于分型面的引线，两引线的垂直距离为 H。

那么 L_0 即为斜销有效工作段的长度，S 即为滑块的抽芯距离，H 即为侧向抽芯动作的有效开模行程，则

$$L_0=\frac{S}{\sin\alpha} \tag{9-7}$$

$$H=\frac{S}{\tan\alpha} \tag{9-8}$$

式中，L_0 为斜销的有效工作长度（mm）；S 为抽芯距离（mm）；H 为最小开模行程(mm)；α 为斜销安装倾斜角(°)。

特别提示

在设计过程中，应注意：斜销抽芯机构抽出较长的活动型芯时，应对压铸机的有效开模行程进行校核，保证模具的最小开模行程小于压铸机的有效开模行程。

2. 与主分型方向不垂直的侧向抽芯

活动型芯方向与主分型面不平行(即成某一角度)，如图 9.11 所示。

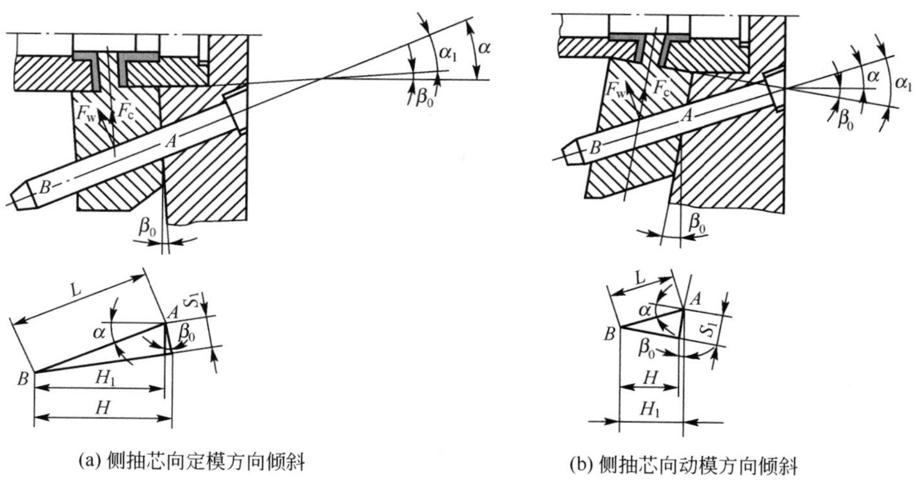

(a) 侧抽芯向定模方向倾斜　　(b) 侧抽芯向动模方向倾斜

图 9.11　与主分型面不垂直的侧向抽芯

图 9.11 中 β_0 为侧抽芯方向与主分型面的夹角，即 $\beta_0 \neq 0$，α 为斜销轴线与主分型面的角度，α_1 为实际影响侧向抽芯效果的抽芯角度。因此有关参数也随之变化，见表 9－4。

表 9－4　与主分型面不垂直的侧向抽芯有关参数

<table>
<tr><th>倾斜方向</th><th>有关参数计算</th><th>说　明</th></tr>
<tr><td>向定模方向倾斜</td><td>$\alpha_1=\alpha-\beta_0\leqslant 25°$
$F_w=\dfrac{F_c}{\cos(\alpha-\beta_0)}$
$S_1=\dfrac{H_1\tan\alpha}{\cos\alpha}$
$H=H_1+S_1\sin\beta_0$</td><td rowspan="2">α_1——实际影响侧向抽芯效果的抽芯角度(°)；
α——斜销轴线与主分型面的角度(°)；
β_0——侧抽芯方向与主分型面的夹角(°)；
F_w——斜销抽芯时受到的最大弯曲力（N）；
F_c——抽芯力（N）；
S_1——斜向抽芯距离（mm）；
H_1——斜销工作段在开模方向上的垂直距离（mm）；
H——完成抽芯距离 S_1 时的最小开模行程（mm）</td></tr>
<tr><td>向动模方向倾斜</td><td>$\alpha_1=\alpha+\beta_0\leqslant 25°$
$F_w=\dfrac{F_c}{\cos(\alpha+\beta_0)}$
$S_1=\dfrac{H_1\tan\alpha}{\cos\alpha}$
$H=H_1-S_1\sin\beta_0$</td></tr>
</table>

3. 滑块及其锁紧和限位装置

滑块是构成或连接活动型芯，并在侧向分型动力的驱动下，通过在导滑槽内的有序移动实现侧向分型动作的运动元件，是除斜滑块抽芯和斜推杆抽芯以外侧向抽芯机构中都必须设置的重要结构件。

滑块的设计，主要包括其结构形式、尺寸精度要求、导滑形式、楔紧装置及完成侧向抽芯动作之后的限位装置等。

1) 滑块的基本结构形式

如图 9.12 所示为常用滑块的基本结构形式。图 9.12(a)所示形式的滑块靠底部的倒 T 形部分导滑，用于较薄的滑块型芯，中心与 T 形导滑面较靠近，抽芯时滑块的稳定性较好。图 9.12(b)所示的形式适用于滑块较厚时的情况，T 形导滑面设在滑块中间，使型芯中心尽量靠近 T 形导滑面，以提高抽芯时滑块的稳定性。

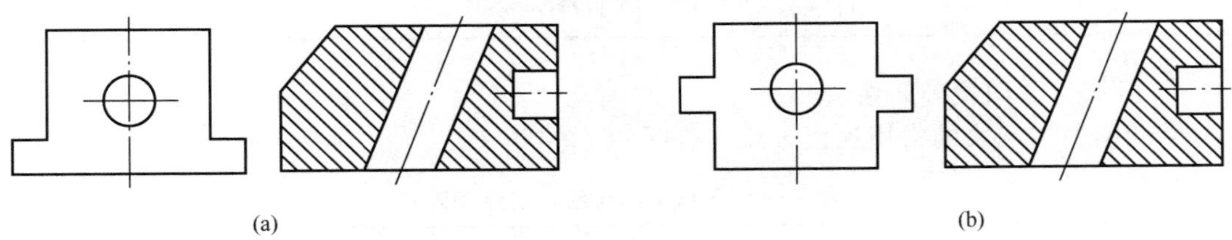

图 9.12　常用滑块的基本结构

2) 滑块的尺寸与精度要求

滑块应在其移动配合精度、运动稳定性等方面满足一定的技术要求，以便能够在导滑槽中可靠稳定地完成侧向抽芯和复位动作。表 9－5 为各项尺寸与精度要求的相关数值及说明。

表 9－5　滑块的尺寸与精度要求

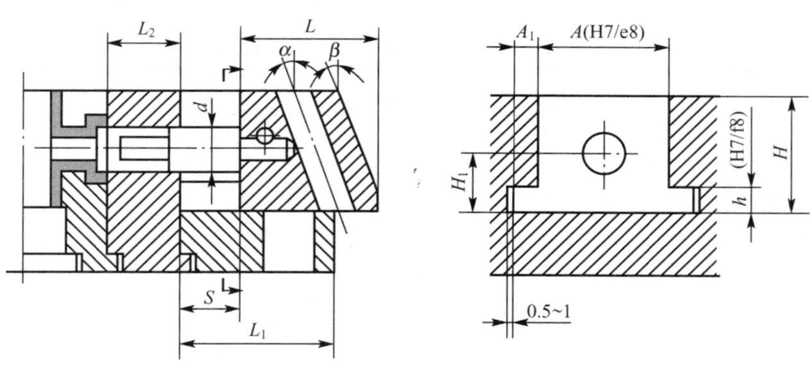

<table>
<tr><th>符号</th><th>尺寸类别</th><th colspan="2">尺寸与精度要求</th><th>说　明</th></tr>
<tr><td>L</td><td>滑块长度</td><td colspan="2">$L \geqslant 1.5A$　$H \leqslant L$　保证工作平稳</td><td rowspan="12">① 滑块与导滑槽的相关配合部位应达到合理的移动配合精度。配合面的表面粗糙度 $Ra \leqslant 1.6\mu m$。
② 滑块的立体尺寸比例应适宜均匀，具有稳定状态。
③ 导滑槽长度应满足滑块抽芯后的定位要求，即滑块完成抽芯动作后，应有 2/3 的长度仍留在导滑槽内。否则，在滑块开始复位时，易产生偏斜而损坏模具。
④ 为防止金属液窜入，活动型芯的封闭段应根据压铸合金的种类选择合适的配合间隙及配合段长度，配合面的表面粗糙度 $Ra \leqslant 0.8\mu m$。
⑤ 为了减小滑块与导滑槽间的磨损，滑块和导滑槽均应有足够的硬度。一般滑块硬度为 53～58HRC，导滑槽硬度为 55～60HRC</td></tr>
<tr><td>A</td><td>滑块宽度</td><td colspan="2" rowspan="2">按活动型芯和抽芯元件的相关尺寸确定，并按图示要求确定移动配合精度</td></tr>
<tr><td>H</td><td>滑块高度</td></tr>
<tr><td>A_1</td><td>导滑台肩宽度</td><td colspan="2">$A_1 = 6 \sim 10mm$，保证导滑部分有一定强度</td></tr>
<tr><td>h</td><td>导滑台肩厚度</td><td colspan="2">$h = 8 \sim 25mm$(H7/f8)主要考虑套板强度</td></tr>
<tr><td>H_1</td><td>活动型芯到滑块底面的距离</td><td colspan="2">在滑块尺寸 A、H 的中心</td></tr>
<tr><td>L_1</td><td>导滑槽长度</td><td colspan="2">$S + 2L/3$(S—抽芯距离)</td></tr>
<tr><td>α</td><td>斜销安装倾斜角</td><td colspan="2">$\alpha = 10° \sim 25°$</td></tr>
<tr><td>β</td><td>楔紧角</td><td colspan="2">$\beta = \alpha + (3° \sim 5°)$</td></tr>
<tr><td>L_2</td><td>封闭段长度</td><td colspan="2">$L_2 = 10 \sim 25mm$</td></tr>
<tr><td rowspan="2">d</td><td rowspan="2">封闭端尺寸</td><td>铝合金</td><td>锌、铜合金</td></tr>
<tr><td>H7/e8</td><td>H7/f7</td></tr>
</table>

3) 滑块与活动型芯的连接

活动型芯与滑块的常用连接方式见表 9－6。

表 9－6　活动型芯与滑块的连接方式

图示			

（续）

说明	当活动型芯结构比较简单、较易加工时，可将其与滑块按整体结构设计，多在小型模具中采用	活动型芯尺寸较大时，采用贯通的圆柱销从型芯中间穿过，而当尺寸较小时，则从活动型芯的侧壁压入骑缝销。为便于更换，在尾部设通孔作为退出活动型芯时用	
图示			
说明	带有台阶的活动型芯嵌入滑块，尾部用螺栓紧固	当同一方向有多个活动型芯时，型芯镶嵌在固定板上，固定板与滑块用凸凹过渡配合，再用螺栓和圆柱销紧固	活动型芯为薄片时，加设压板，用螺栓和圆柱销紧固在滑块上

4）滑块导滑部分的结构设计

滑块是在导滑槽内完成侧向分型抽芯及复位过程的，因此要求滑块在导滑槽中的运动要平稳可靠，无上下窜动和卡滞现象，也不能产生偏斜。

导滑槽一般采用T型结构，有整体式和镶拼式两大类，滑块的结构也可以设计成整体式和镶拼式两大类。

（1）整体式。整体式的特点是结构强度高，稳定性好，但加工和研合以及在导滑部分局部磨损后修复比较困难。图9.13所示为整体式导滑结构形式。

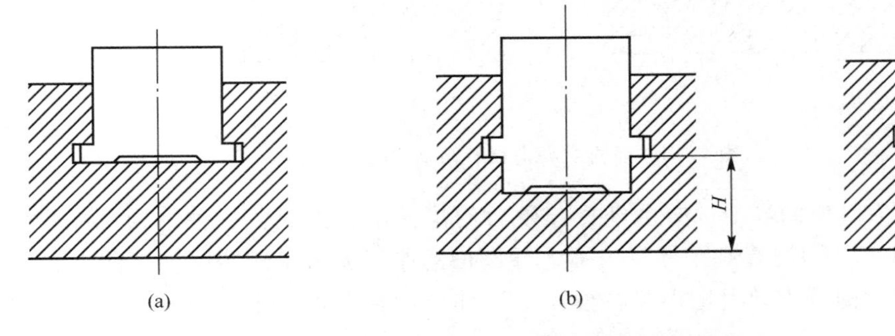

(a) (b)

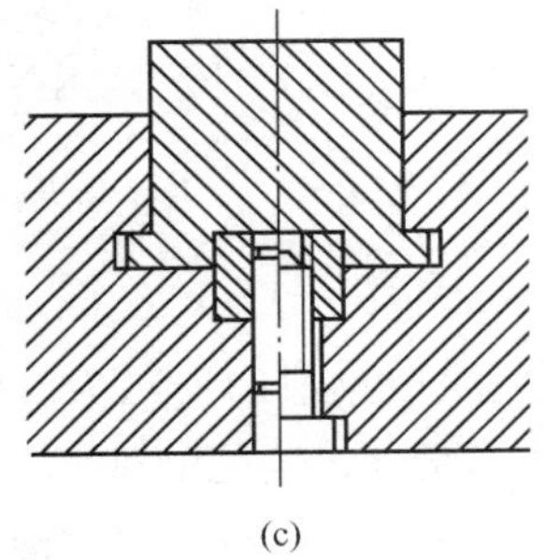

(c)

图9.13　整体式导滑结构形式

图9.13(a)所示滑块和T型导滑槽均为整体结构，简单紧凑，在小型模具中应用比较广泛。但导滑槽设在模板上，只能用T字铣进行加工，尺寸精度和表面光滑度都较难保证。实践中往往先加工导滑槽，经过手工修研后确定实际尺寸，再加工滑块并与导滑槽配作。

图9.13(b)所示是将导滑槽设在滑块的中部。滑块的滑动部分距斜销的受力点较近，可提高滑块运动的稳定性，同时还起到加厚承重板的作用，这时承重板的实际厚度为H。这种结构形式一般在滑块较高，T字铣因长度有限而达不到底部时采用。

图 9.13(c)所示是在滑块底端的中心部位设置一条导向镶件。这种结构形式的特点是：

① 结构简单，易于加工、修复和更换。

② 由于滑块的宽度尺寸较大，按公差表选取的间隙配合公差也较大，采用条形镶件导向的方式，可以提高滑块的移动精度。

③ 因高温引起的热膨胀等因素对导滑尺寸的影响较敏感，采用宽度尺寸较小的条形导向镶件，可使热膨胀对尺寸的影响大大降低。

④ 条形镶件可单独进行淬硬处理，以提高它的耐磨性，延长使用寿命。

(2) 镶拼式。滑块或导滑槽由镶拼的形式组合而成，如图 9.14 所示为镶拼式导滑结构形式。采用镶拼组合形式，易于组装、修复和更换；各镶拼组合件均可单独进行热处理，提高了耐磨性能和使用寿命；可采用精密的磨削加工，容易保证尺寸精度及组装后的移动精度。

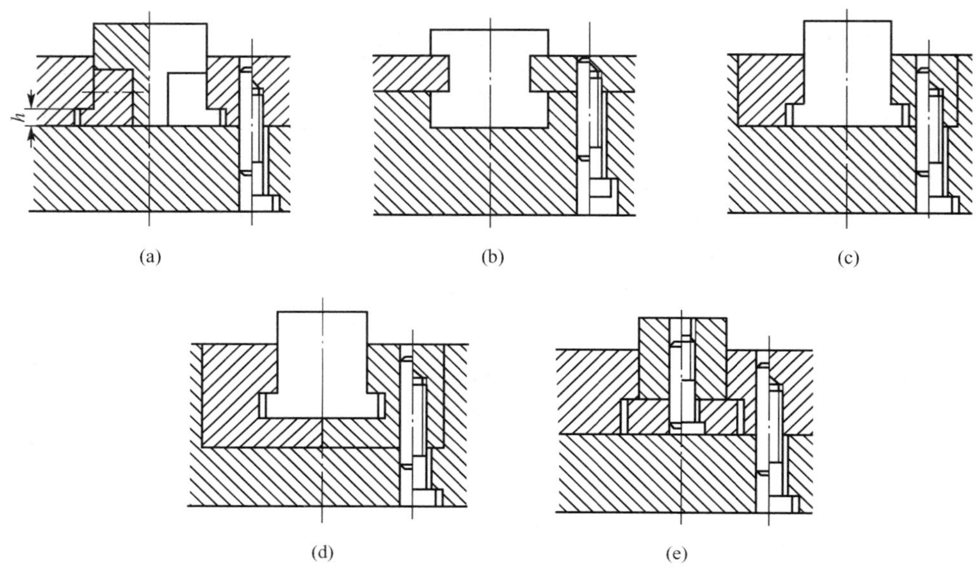

图 9.14　镶拼式导滑结构形式

图 9.14(a)所示为滑块的导滑部分由经过淬硬后的镶件组合而成，这种结构可减少加工、研合、装配的难度，同时提高了使用寿命。导滑槽的厚度 h 可采用磨削加工的方法。

图 9.14(b)所示结构是将导滑槽设置在模体上半部分，导滑板固定在模板上，加工也比较方便。

图 9.14(c)所示导滑槽由左右对称的镶块组成，经调整后用螺栓和圆柱销紧固在模板上。

图 9.14(d)所示结构是将滑块包容在两对称镶块之间，在模外经过粗加工、淬硬、磨削后装入模体内，可保证配合精度。

图 9.14(e)所示滑块由主体和导板两部分组成，用螺栓和圆柱销紧固，纵向设有 2～3mm 的止口，控制前后方向的相对移动。

5) 滑块的限位装置

开模后，滑块必须停留在刚脱离斜销的位置，不可任意移动。否则，合模时斜销将不能准确进入滑块上的斜孔中，从而使模具损坏。因此，必须设计限位装置，以保证滑块离开斜销后能可靠地停留在正确的位置上，它起着保证安全的作用。

压铸模安装方位的不同及侧向抽芯方向的变化，会导致滑块受重力作用的状况发生变化。常用滑块的限位装置有如下几类。

(1) 侧向抽芯方向向上。侧向抽芯方向向上时的滑块限位装置如图 9.15 所示。

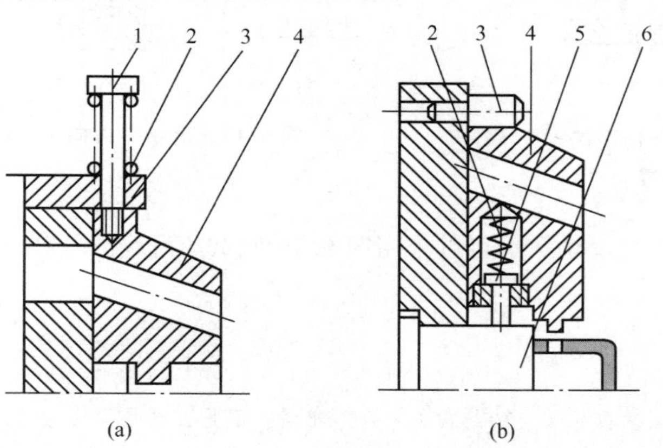

图 9.15 抽芯方向向上的滑块限位装置

1—拉杆；2—弹簧；3—限位件；4—滑块；5—顶销；6—型芯

图 9.15(a)所示是利用弹簧 2 的弹力，借助拉杆 1 使滑块 4 抽芯完成后定位在限位块 3 的端面，称为弹簧拉杆限位装置。该装置结构简单，制作方便，限位可靠，较为常用；但占用空间比较大，给模具安装带来困难。有时将拉杆 1 加工成对头螺杆的形式，以便于随时调整弹簧 2 的压缩长度和弹力。

图 9.15(b)所示是弹簧 2 和顶销 5 安装在滑块 4(或型芯 6)的可用空间内，抽芯后，顶销 5 在弹簧 2 的弹力作用下，使滑块 4 紧靠在限位挡销 3 上。该装置结构紧凑，多用于滑块较轻的场合。

特别提示

在设计侧向抽芯方向向上的限位装置时，必须使弹簧 2（图 9.15）的弹力大于滑块 4 的总重力。一般情况下，弹簧的弹力应为滑块总重的 1.5～2 倍，弹簧的压缩长度应大于抽芯距离 S 的 1.2 倍，这样才能使滑块在较长的使用周期内准确可靠地限位在设定的位置上。

(2) 侧向抽芯方向向下。侧向抽芯方向向下，与滑块的重力方向一致，只需设置限位挡销或限位块即可，省略了螺钉、弹簧等装置，结构较简单，如图 9.16 所示。

(3) 沿水平方向抽芯。沿水平方向抽芯常用的限位装置如图 9.17 所示。图 9.17(a)所示为弹簧顶销式限位装置。在导滑槽的底板上安装由弹簧推动的顶销(或钢珠)，并对应在滑块的成形位置和抽芯终点位置分别设置距离为 S 的两个锥孔。顶销在弹簧弹力的作用下，顶入相应锥孔，实现限位的目的。当导滑槽的底板较薄时，可采用加设套筒的方法，加大弹簧的安装和伸缩空间，如图 9.17(b)所示，多用于小型模具中。当导滑槽的底板较厚时，可采用图 9.17(c)所示的结构形式，将弹簧和顶销装入模板的盲孔中，用螺塞固定。

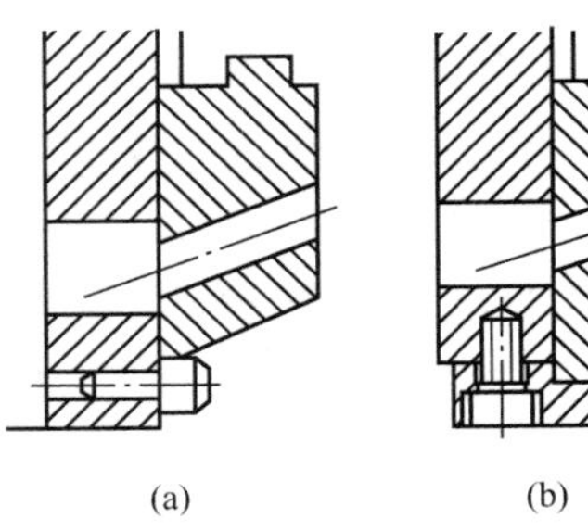
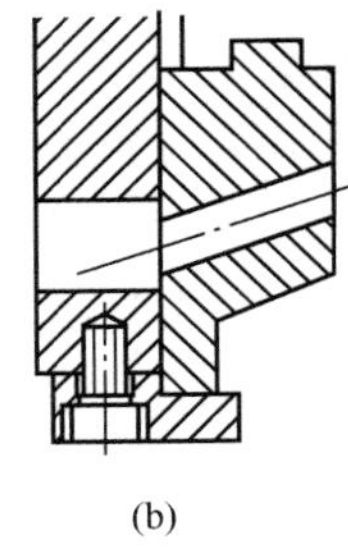

(a) (b)

图 9.16 抽芯方向向下的滑块限位装置

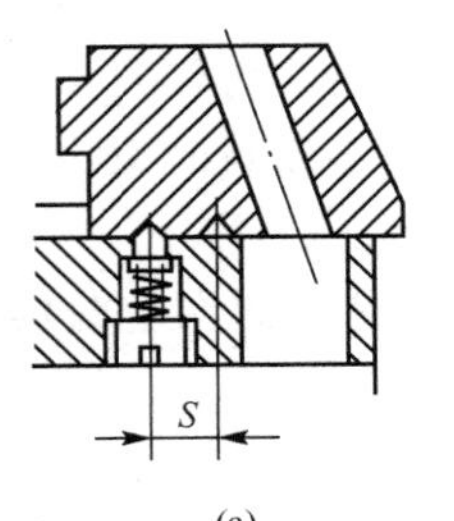

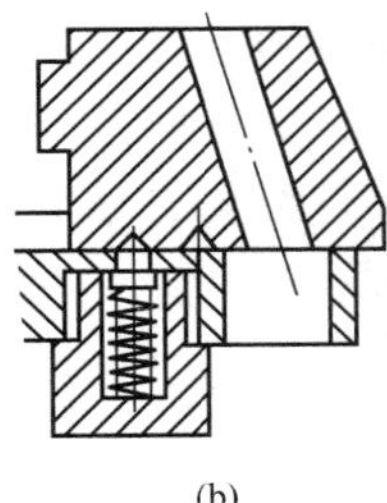
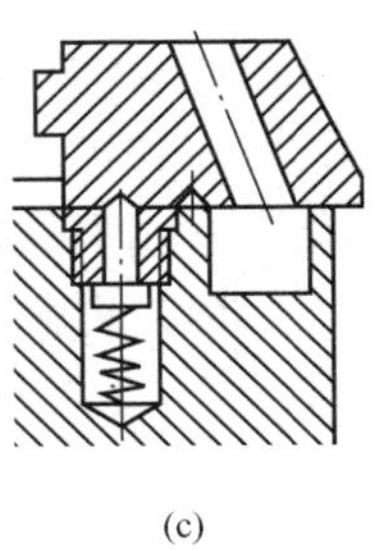

(a) (b) (c)

图 9.17 沿水平方向抽芯的滑块限位装置

沿水平方向抽芯的滑块，也可以采用图 9.15 所示的滑块限位装置。

实用技巧

抽芯方向不同，滑块限位装置的结构形式也不相同。因此设计带侧向抽芯的压铸模具时，应事先确定模具的安装方位，从而确定并设计相应的滑块限位形式，并在总装图上强调说明压铸模的安装方向。对多方位的侧向抽芯模具更应如此。

6）滑块的锁紧装置

在压铸过程中，型腔内的金属液以很高的压力作用在活动型芯上，从而推动滑块将力传递到斜销上而导致斜销产生弯曲变形，使滑块产生位移，最终影响压铸件的精度。同时，斜销与滑块间的配合间隙也较大，斜销只能起驱动作用，必须要靠锁紧装置来保证滑块的精确位置。锁紧装置主要由楔紧块实现对滑块的锁紧，压铸模常用的锁紧装置如图 9.18 所示。

图 9.18(a)所示结构是用螺钉和圆柱销将楔紧块固定在模板的侧端。该结构简单，易于加工和研合，调整也比较方便，但楔紧力较小，强度和刚性较差，一般只适用于活动型芯受力较小的小型模具。

图 9.18(b)和图 9.18(c)所示结构是在图 9.18(a)所示结构的基础上分别设置辅助楔紧销或楔紧块，提高了楔紧能力。图 9.18(b)中的楔紧销圆锥体应取与楔紧块一致的斜角 β。

图 9.18(d)所示结构是将楔紧块镶嵌在模板的贯通孔中，注意图中的距离 m 不能太小，并且贯通孔的四周应加工成圆角，以提高装固的强度和加工工艺性。它楔紧的强度较好，加工装配也比较简单，特别有利于组装时的研合操作。研合前，楔紧块的高度方向上预留出研合余量，研合后再将背面高于模板的部分去掉取齐。这是实践中经常采用的一种形式。

图 9.18(e)所示结构是将楔紧块嵌入模板的盲孔中，背面用螺栓紧固。在楔紧块受力较大的外侧增加一支承面，加强了楔紧块的楔紧作用，效果较好。为便于研合，可以在滑块的斜面嵌入镶块，通过调整镶块的厚度来调节研合面，并在研合后，可对镶件进行淬硬处理，以提高使用寿命。

当模板较厚及侧向胀型力较大时，可采用图 9.18(f)所示的结构形式。

图 9.18(g)所示是整体式结构形式。它的结构特点是楔紧力大，弹性变形量小，安装

可靠，但加工、研合较困难，特别是磨损后不易修复。为减少研合的工作量，可在滑块的斜面的中心部位开设深度为1～2mm的空当δ。

为便于研合和提高使用寿命，以及便于维修、更换，可在整体式结构的基础上设置经淬硬处理的镶块，既便于加工，又便于修复，如图9.18(h)所示。

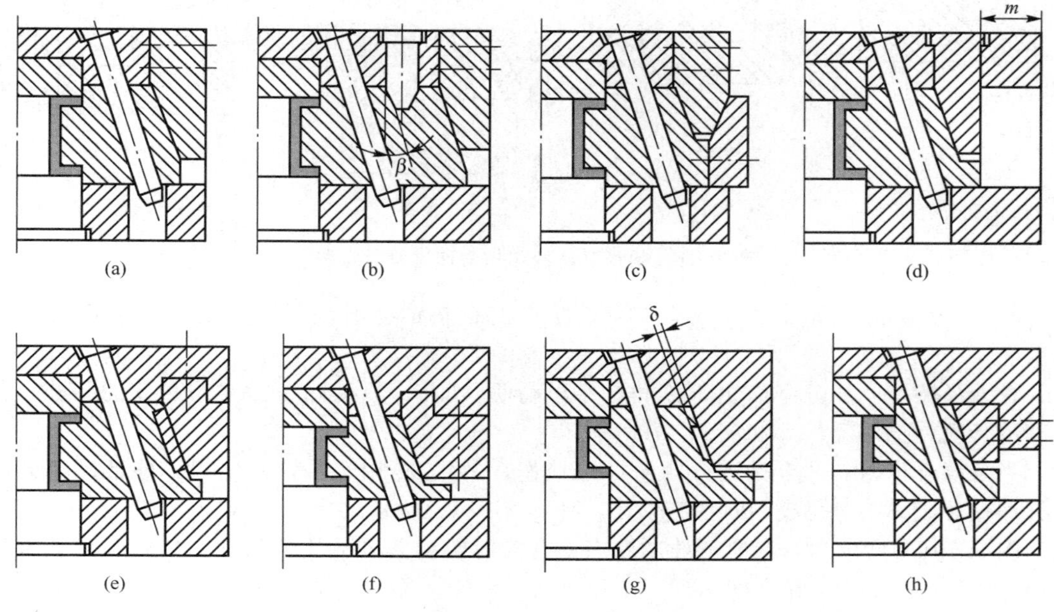

图9.18 楔紧块的结构及装固形式

在设计锁紧装置时应注意，楔紧块的斜角β应比斜销的安装倾斜角α大3°～5°。这样，在开模时，锁紧块很快离开滑块的压紧面，可避免楔紧块与滑块间产生摩擦。合模时，在接近合模终点时，楔紧块才接触滑块，并最后楔紧滑块，使斜销与滑块孔壁脱离接触，以免在压铸时斜销受力。

**实用技巧**

为保证楔紧块对滑块楔紧的稳定性，楔紧角β应相互配合良好，必须进行精心研合，保证有70%的接触面。在大型模具中，可在楔紧角的斜面中心部位或纵横方向上开设布局合理均匀的空当δ，其深度为1～2mm，以减少研合的工作量，同时却提高了楔紧效果的稳定性和可靠性。

9.2.3 斜销延时抽芯

延时抽芯是指开模后，抽芯机构不立即开始工作，而是当动、定模分开一定距离后才开始抽芯。斜销的延时抽芯是靠与斜销配合的滑块斜孔在型芯抽出方向上留出的后空当量来实现的。由于受到滑块长度与斜销长度的限制，后空当量不可能留得很大，因此延时抽芯行程较短。故延时抽芯一般仅用于压铸件对定模型芯的包紧力较大或压铸件分别对动、定模包紧力相等的场合，以保证开模时压铸件留在动模上。如图9.19所示为斜销延时抽芯的动作过程。

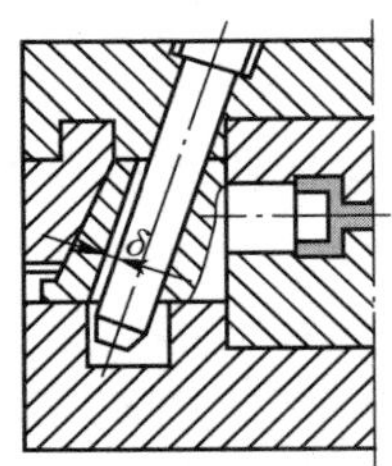
(a) 合模成形状态

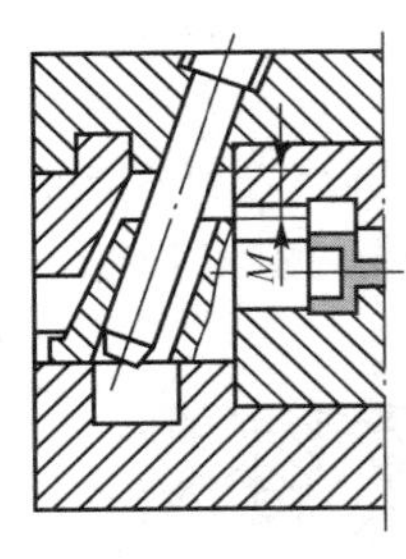

(b) 开模瞬间

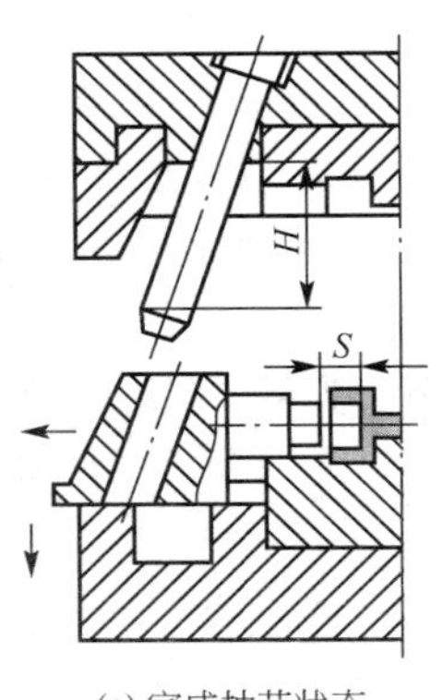

(c) 完成抽芯状态

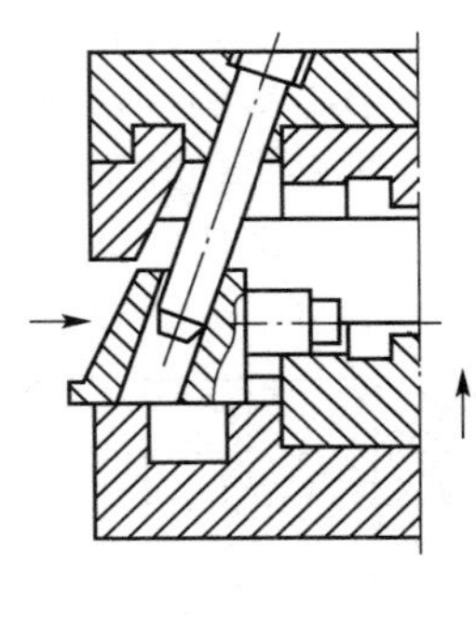
(d) 合模插芯

图 9.19　斜销延时抽芯的动作过程示意图

图 9.19(a)所示为压铸完成后的合模状态。在斜销与滑块斜孔的驱动面上设置后空当量 δ。

在开模的瞬间，分型面相对移动一小段行程 M 前，只消除了后空当量 δ 的间隙，并没有进行侧向抽芯动作，如图 9.19(b)所示。

当继续开模时，才开始进行侧向抽芯动作。斜销在开模行程为 H 时，使活动型芯向后移动抽芯距离 S，完成侧向抽芯动作，如图 9.19(c)所示。

图 9.19(d)所示为合模时的插芯状态，合模时斜销插入滑块的斜孔。但由于斜孔有延时抽芯的后空当量 δ，在合模达到一定距离后，斜销才能带动滑块复位。

延时抽芯有关参数的计算参考图 9.20。

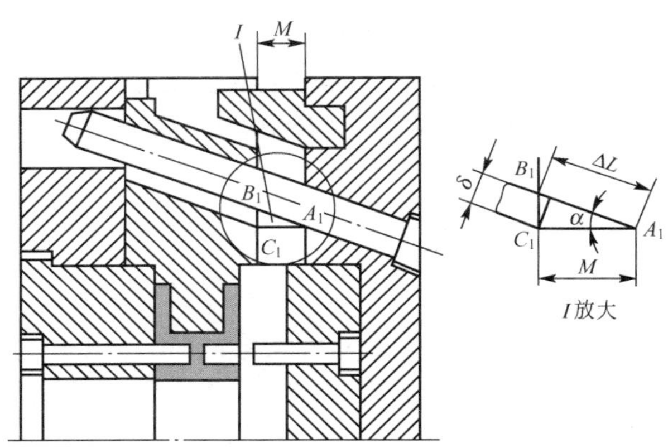

图 9.20　斜销延时抽芯的有关参数

(1) 延时抽芯的行程 M，按设计需要确定。

(2) 延时抽芯的斜销直径 d，可参照式(9－4)进行计算。此时斜销开始抽芯时的受力点已外移了 M 这一段距离。

(3) 滑块斜孔的后空当量 δ 按式(9－9) 计算：

$$\delta = M\sin\alpha \quad (9-9)$$

式中，δ 为滑块斜孔的后空当量 (mm)；M 为延时行程 (mm)；α 为斜销安装倾斜角(°)。

(4) 延时抽芯时斜销的总长度按式(9－6)直接计算。

9.2.4 斜销抽芯时的干涉现象

复位机构的复位动作是与合模动作同时完成的。合模时，活动型芯在复位插入过程中，与推出元件发生相互碰撞，或当推出元件在推出压铸件后的位置影响嵌件的安放，即发生干涉现象。通常，在合模状态下，当推出元件的位置处于活动型芯的投影区域内时，就可能产生干涉现象。如图 9.21 所示为型芯滑块与推杆在合模复位时的干涉现象。

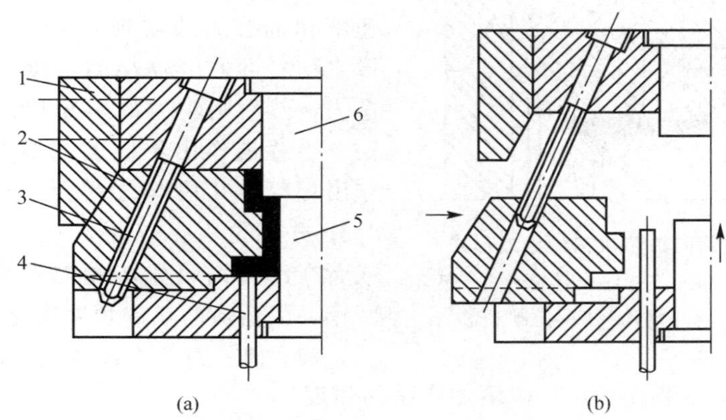

图 9.21 活动型芯与推杆在合模复位时的干涉现象

1—楔紧块；2—型芯滑块；3—斜销；4—推杆；5—动模型芯；6—定模型芯

图 9.21(a)所示为合模状态。可以看出，推杆 4 的位置在活动型芯(图中的型芯滑块 2)的投影区域内。推杆推出压铸件，在下一个成形周期的合模过程中，推杆进行复位动作的同时，活动型芯也在斜销的作用下向前做复位动作，如图 9.21(b)所示。此时就有活动型芯碰撞推杆的可能性。

避免或解决干涉现象的方法如下。

(1) 在条件允许的情况下，尽量避免将推出元件设置在与活动型芯投影相重叠的干涉区域内。

(2) 尽量避免在安放嵌件的位置设置推出元件，以避免另一种形式的干涉现象。

(3) 当推出元件推出的最终位置低于活动型芯的底面时，不会产生干涉现象。

(4) 当活动型芯复位前移至与推出元件投影相重叠的干涉区域时，推出元件已提前复位至活动型芯的底面以下，这时也不会产生干涉。具体分析方法可参考有关手册。

(5) 若干涉现象不可避免，应设置推出机构的先复位机构，参见 8.3.1 节的内容。

9.3 弯销抽芯机构

弯销侧向抽芯机构的工作原理和结构形式与斜销侧向抽芯机构大体相同，如图 9.22 所示。除了传动元件由圆柱形斜销改为矩形弯销外，也设有结构相同或不同形式的楔紧块和限位装置。

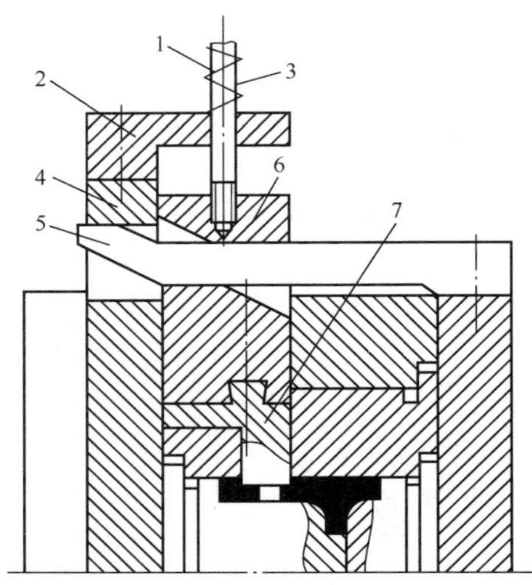

图 9.22　弯销侧向抽芯机构的组成形式

1—弹簧；2—限位块；3—柱头螺钉；4—楔紧块；5—弯销；6—滑块；7—活动型芯

1. 弯销抽芯机构的特点

与斜销抽芯机构相比较，弯销抽芯机构有如下特点：

(1) 弯销有矩形的截面，能承受较大的弯曲应力。

(2) 弯销各段可以加工成不同的斜度，甚至是直段，因此根据需要可以随时改变抽芯速度和抽芯力或实现延时抽芯。例如，在开模之初，可采用较小的斜度以获得较大的抽芯力，然后用较大的斜角以获得较大的抽芯距。当弯销作出不同的几段时，弯销孔也应作出相应的几段与之配合，一般配合间隙为0.5mm或更大，以免弯销在弯销孔内卡死，或者在滑孔内设置滚轮与弯销之间形成滑动摩擦，以适应弯销的角度变化，减少摩擦力。

(3) 抽芯力较大或活动型芯离分型面较远时，可以在弯销末端装支承块，以增加弯销的强度。

(4) 开模后，滑块可以不脱离弯销，因此可以不用限位装置。但在脱离的情况下，需设置限位装置。

(5) 弯销抽芯的缺点是弯销和滑块斜孔的加工困难大，制造较费时。

2. 弯销的结构设计

1) 弯销的结构形式

弯销的结构形式如图 9.23 所示，其截面大多数为方形和矩形。图 9.23(a)所示弯销的受力情况比斜销好，制造较困难；图 9.23(b)所示弯销用于无延时抽芯要求，抽拔离分型面垂直距离较近的活动型芯；图 9.23(c)所示弯销适用于抽拔离分型面垂直距离较远的、有延时抽芯要求的活动型芯。图 9.23(b)和图 9.23(c)所示的弯销一般固定在模外，可以减少模板面积，从而减轻模具重量。

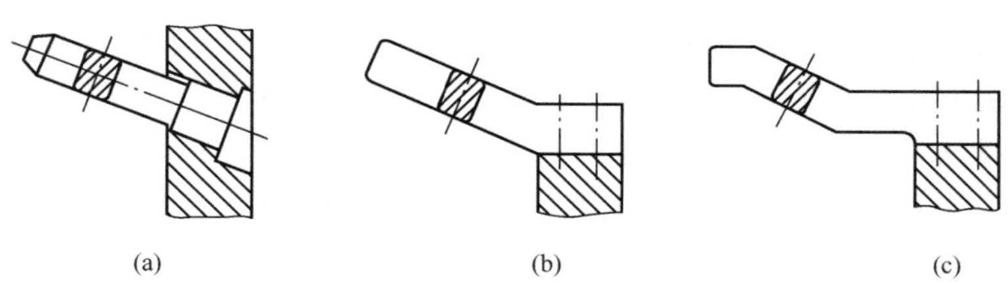

图 9.23　弯销结构的基本形式

2) 弯销的固定形式

弯销的固定形式如图 9.24 所示。图 9.24(a)所示结构用螺钉、销钉固定于模板的外侧，模具套板强度高，模具结构小，装配方便。但滑块较长，螺钉易松动，用于抽芯距离较小、抽芯力不大的场合。

其余四种结构中弯销都装于模板内，因此模具结构较大；图 9.24(b)所示弯销插入模板一段距离以确定弯销的方向和位置，一端用螺钉固定，弯销受力不大；图 9.24(c)所示结构中弯销压入模板的通孔中，用横销固定，弯销能承受较大的抽芯力，稳定性较好，用于装在接近模板外侧的弯销，是常用的结构形式；图 9.24(d)所示结构中弯销与辅助块同时压入模板，可承受较大的抽芯力；图 9.24(e)所示弯销的固定形式简单，承受的抽芯力也较大。

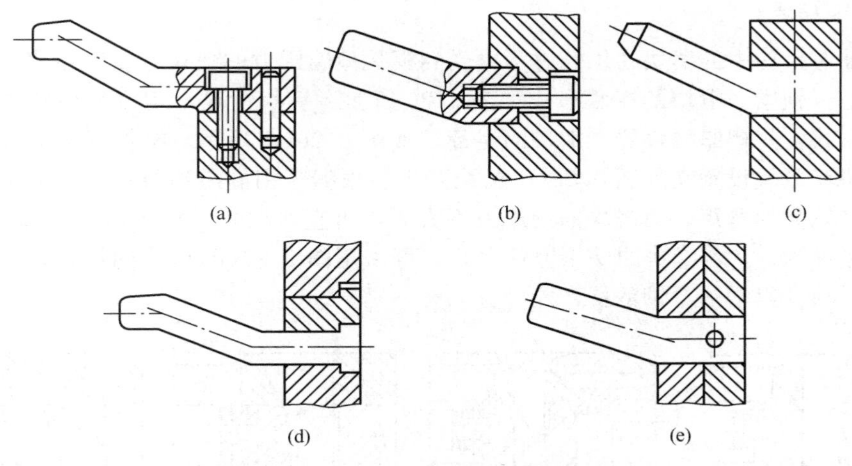

图 9.24 弯销的固定形式

3）弯销的相关尺寸

(1) 弯销斜角 α。根据抽芯力的大小和抽芯距离的长短来确定弯销斜角 α。一般情况下，α 的选取范围为 10°～30°。在相同情况下，弯销斜角 α 越大，抽芯距离 S 也越大，同时也增加了弯销所承受的弯曲力。通常从滑块的稳定性考虑，尽量将弯销斜角 α 选得小一些。

(2) 弯销的工作段尺寸。抽芯过程中，弯销的受力状况与斜销相同。如图 9.25 所示为开模后，弯销开始抽芯的瞬间所处的位置状态。需要确定的尺寸包括弯销工作段的截面尺寸、弯销与滑块斜孔的配合间隙等。

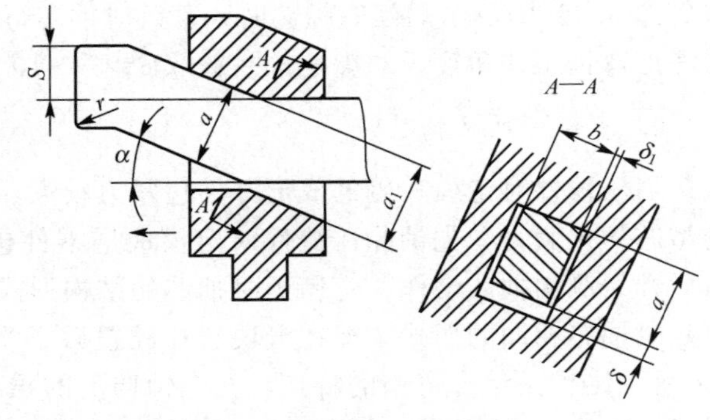

图 9.25 弯销的工作段尺寸

① 弯销工作段的厚度 a。由于弯销断面是矩形结构，它所能承受的弯曲应力比斜销大，因此弯销工作段的厚度 a 按式(9－10) 计算：

$$a=\sqrt[3]{\frac{9F_c h}{[\sigma]_w \cos^2\alpha}} \qquad (9-10)$$

式中，a 为弯销工作段的厚度 (m)；h 为弯销受力点到固定端的垂直距离 (m)；F_c 为抽芯力 (N)；α 为弯销斜角(°)；$[\sigma]_w$ 为许用弯曲应力 (Pa)，一般取 300×10^6 Pa。

② 弯销工作段的宽度 b。为保持弯销工作的稳定性，弯销应有适当的宽度。一般取：

$$b=\frac{2}{3}a \tag{9-11}$$

式中，a 为弯销工作段的厚度（m）；b 为弯销工作段的宽度（m）。

③ 弯销与滑块斜孔的配合间隙。如图 9.25 所示的位置状态，滑块斜孔在斜向上的配合尺寸：$a_1=a+1\text{mm}$；在垂直方向上的配合尺寸：$\delta_1=0.5\sim1\text{mm}$。

3. 滑块的楔紧形式

弯销抽芯机构中的滑块在压铸过程中受到模具型腔压力的作用会发生位移，因此，必须对滑块进行锁紧。滑块的楔紧形式如图 9.26 所示。一般情况下均可采用斜销抽芯时滑块的楔紧形式，将楔紧块设置在滑块的尾部，如图 9.26(a)所示。根据弯销安装位置的变化，也可将楔紧块设置在如图 9.26(b)的位置上。根据弯销的结构特点，矩形断面比圆形斜销能承受较大的弯矩，当滑块的反压力不大时，可直接用弯销楔紧滑块，如图 9.26(c)所示，楔紧面为 C。若滑块的反压力较大时，可采用图 9.26(d)所示的形式，在弯销的末端加装支承块，以增加弯销的抗弯能力。

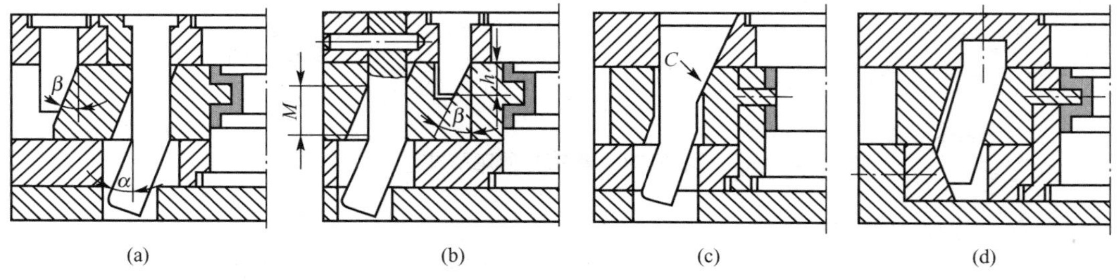

图 9.26　滑块的楔紧形式

楔紧块的楔紧角 β 一般应满足 $\beta=\alpha+(3^\circ\sim5^\circ)$（$\alpha$ 为弯销的工作角度）的要求。但当设置如图 9.26(b)所示的延时抽芯时，若延时抽芯行程 M 大于楔紧块的楔紧高度 h 时，可不必考虑弯销工作角度 α 的影响。一般取 $\beta=5^\circ\sim10^\circ$。

4. 弯销的延时抽芯

当压铸件对定模一侧的成形零件包紧力较大，可采用延时抽芯。它在开模时，借助活动型芯的包紧力，先消除压铸件对定模成形零件包紧力，使压铸件稳定地留在动模一侧，然后开始侧向抽芯动作。弯销延时抽芯的结构形式如图 9.27 所示。图 9.27(a)所示是与斜销延时抽芯相同的形式，即在滑块斜孔设置后空当量 δ，延时行程为 $M=\delta/\sin\alpha$。图 9.27(b)所示结构是结合弯销的特点，在弯销伸出的根部设置一段平直面，并与斜孔的工作段形成距离为 M 的空当。开模时，平直面的移动不能带动滑块抽芯，只有当开模行程为 M 时，弯销的工作段触及斜孔的斜面后，才开始驱动滑块作侧向抽芯动作。

5. 变角度弯销的侧向抽芯

图 9.28 所示为变角度弯销侧向抽芯的结构形式，多用于抽芯力较大和抽芯距离较长的场合。开始抽芯时，由于起始抽芯力较大，因此采用较小的弯销斜角 α_1，弯销 5 可承受较大的弯曲力。此时弯销起始行程为 H_1，滑块 2 的抽芯距离为 S_1，即 $S_1=H_1\tan\alpha_1$，这

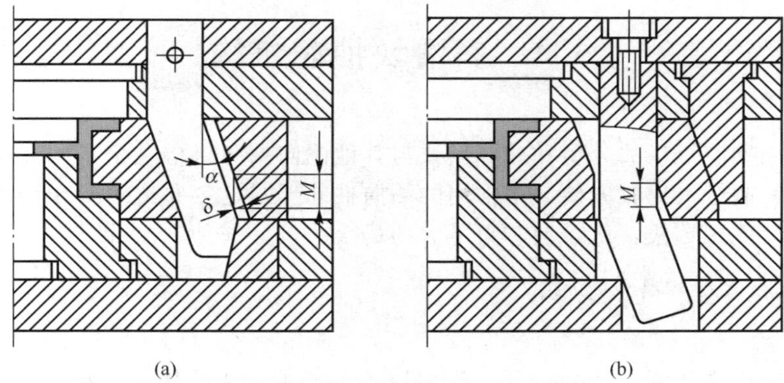

图 9.27 弯销延时抽芯的结构形式

样，在消除了压铸件对活动型芯的起始包紧力之后，弯销改变成较大的斜角 α_2，除了消除较小的相继抽芯力，主要是驱动滑块 2 完成剩下的抽芯动作，并依靠限位装置 8 将滑块停留在侧向抽芯的最终位置。在变角度抽芯过程中，弯销行程为 H_2，滑块抽芯距离为 S_2，即 $S_2=H_2\tan\alpha_2$。

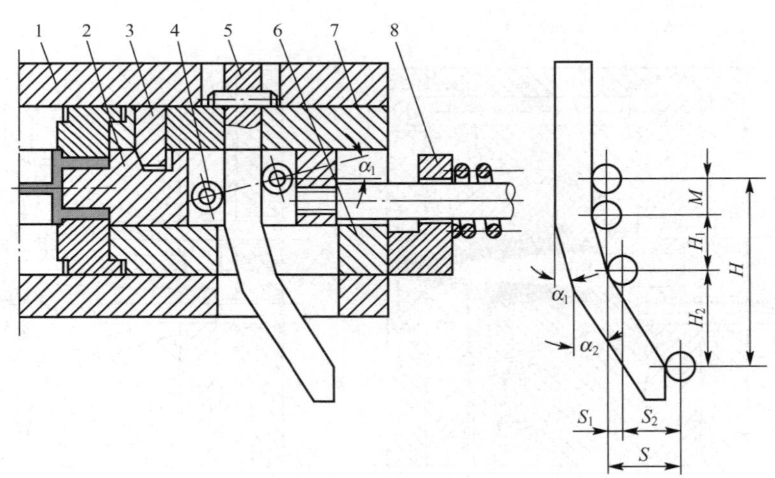

图 9.28 变角度弯销的侧向抽芯机构

1—定模座板；2—滑块；3—楔紧块；4—滚轮；
5—弯销；6—动模套板；7—定模套板；8—限位装置

由于压铸件对定模成形零件的包紧力较大，故在起始抽芯前设置了延迟抽芯的动作，弯销的延迟行程为 M。因此弯销完成侧向抽芯的有效开模行程为 $H=M+H_1+H_2$；弯销的总抽芯距离为 $S=S_1+S_2=H_1\tan\alpha_1+H_2\tan\alpha_2$。

变角度弯销的侧向抽芯机构，解决了弯销受力与抽芯距离的矛盾，弯销的截面尺寸和长度尺寸均可缩小，使模具紧凑。图 9.28 中，在滑块内设置了滚轮 4，与弯销形成滚动摩擦，减少了摩擦力，并适应了弯销变角度所引起的阻力的变化，使得相对运动舒畅自然，加工也比较方便。

9.4 斜滑块抽芯机构

斜滑块侧向抽芯机构的分型和抽芯形式与其他侧向抽芯机构完全不同，由于它结构紧凑，动作可靠，制造也比较方便，是常用的侧向抽芯形式，主要适用于压铸件侧向成形面积较大，侧孔、侧凹较浅，所需抽芯力不大的场合。

1. 工作原理及结构特点

1）工作原理

斜滑块抽芯机构如图 9.29 所示，其中图 9.29(a)所示为合模成形状态。合模时，斜滑块 4 的端面与定模分型面接触，使滑块进入动模套板 8 内复位，直至动、定模完全闭合。各斜滑块间密封面由压铸机锁模力锁紧。开模时，压铸机顶杆推动模具推杆 5，推杆 5 推动斜滑块 4 向右。在推出过程中，由于动模套板内斜导槽的作用，使斜滑块在向前移动的同时也向两侧移动分型，在推出压铸件的同时也脱出压铸件的侧凹或侧孔，推出距离由限位销 7 限制，如图 9.29(b)所示。

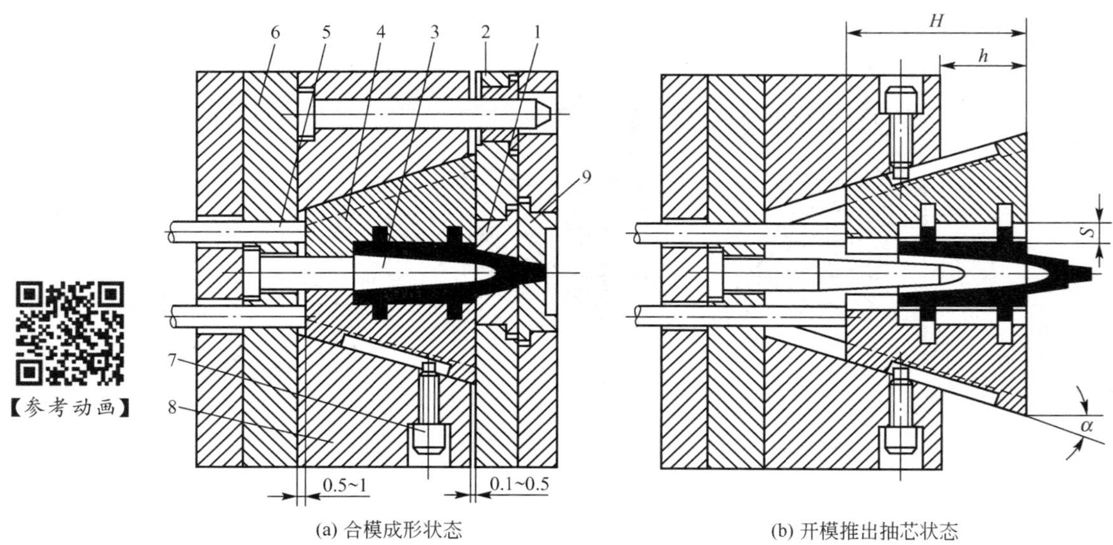

(a) 合模成形状态　　(b) 开模推出抽芯状态

图 9.29 斜滑块侧向抽芯机构

1—定模镶块；2—定模套板；3—型芯；4—斜滑块；5—推杆；
6—型芯固定板；7—限位销；8—动模套板；9—浇口套

2）结构特点

从斜滑块的工作原理可以看出，该结构有如下的特点：

(1) 斜滑块抽芯机构的抽芯距离不能太长，其结构简单紧凑，动作可靠。

(2) 抽芯与推出的动作是重合在一起的。

(3) 斜滑块的范围和锁紧是依靠压铸机的锁模力来完成的。所以在模具套板上会产生一定的预紧力，使各斜滑块侧面间具有良好的密封性，可以防止金属液窜入滑块的间隙，避免形成飞边，从而保证压铸件的尺寸精度。

(4) 合模时，在定模套板的推动作用下，斜滑块沿斜向导滑槽准确复位，因此无需设置推出机构的复位装置。

(5) 模体的强度和刚性好，能承受较大的液态金属冲击力，且不易磨损，使用寿命较长。

2. 斜滑块抽芯机构的设计要点

(1) 斜滑块推出高度的确定。推出高度是斜滑块在推出时轴向运动的全行程，就是推出行程或抽芯行程。为保证斜滑块的平稳运行，确定推出高度的原则如下：

① 当斜滑块处于推出的终止位置上后，应以充分卸除压铸件对型芯的包紧力为原则，同时必须完成所需的抽芯距离。

② 斜滑块推出高度与斜滑块的导向斜角有关。导向斜角越小，留在模具套板内的导滑长度可减少，而推出高度可以增加。

③ 斜滑块的推出高度 h 应小于斜滑块总高度 H 的 2/3，即 $h<2H/3$。

④ 推出高度 h 可以由式(9-12) 计算：

$$h=\frac{S}{\tan\alpha} \tag{9-12}$$

式中，h 为斜滑块的推出高度 (mm)；S 为斜滑块的抽芯距离 (mm)；α 为斜滑块的斜角(°)。

斜滑块推出高度的控制，除了可以用推板和支承板之间的距离进行限制外，还应设置限位螺钉，对于模具下面的斜滑块，推出后往往因为重力而滑出导向槽，所以应特别设置限位机构。

(2) 导向斜角 α 的确定。导向斜角需要在确定推出高度 h 及抽芯距离 S 后按式(9-13)求出：

$$\alpha=\arctan\frac{S}{h} \tag{9-13}$$

按式(9-13) 计算的 α 值较小，应进位取整数值以后按推荐值选取，一般 $\alpha\leqslant 25°$。

(3) 该机构是通过合模后的锁紧力压紧斜滑块，保证斜滑块之间的密封性，这就要求滑块与模具套板之间具有良好的装配要求。如图 9.29(a)所示，斜滑块 4 的底部与动模套板 8 之间应有 0.5～1mm 的间隙，而斜滑块端面应高出动模套板分型面 0.1～0.5mm。

(4) 在多块斜滑块的抽芯机构中推出时间需要同步，其目的是防止压铸件由于受力不均匀而产生变形，影响压铸件的尺寸精度。达到同步推出的方法如下：

① 在两滑块上增加横向导销，强制斜滑块同步，如图 9.30(a)所示。

② 设置推出机构的导向装置，并保证各推杆长度尺寸和研合后各斜滑块底端位置的一致性，使推杆导向平稳、推出均匀一致，从而保证斜滑块推出的同步，如图 9.30(b)所示。

(5) 斜滑块的主分型面上应尽量不设置浇注系统，防止金属进入模具套板和斜滑块的配合间隙，影响正常运动。在特定情况下，可将浇道设置在定模分型面上，如图 9.31 所示。如果采用缝隙浇道时，可设置在垂直分型面上，但都应以不阻碍斜滑块的径向顺利移动为原则。在垂直分型面上设置溢流槽时，流入口的截面厚度应增加至 1.2～1.5mm，防止取出压铸件时断落在滑块的某一部分上，合模时挤坏滑块。

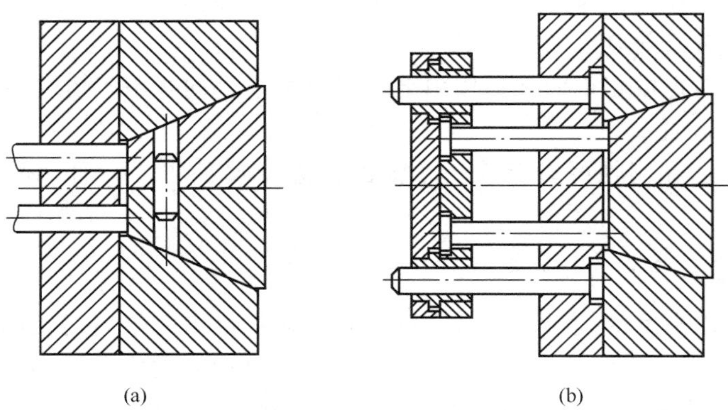

图 9.30　保证斜滑块同步推出的措施

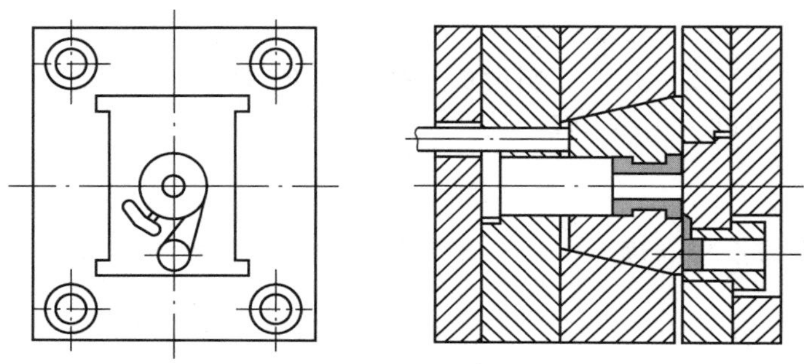

图 9.31　浇注系统设置在定模分型面上

(6) 在定模型芯包紧力较大的场合，开模时斜滑块和压铸件可能留在定模型芯上，或斜滑块受到定模型芯的包紧力而产生位移使压铸件变形，如图 9.32 所示的情况。此时，应设置强制装置，确保开模后斜滑块稳定地留在动模套板内。如图 9.33 所示为开模时斜滑块受限位销的作用，避免斜滑块的径向移动，从而强制斜滑块留在动模套板内。

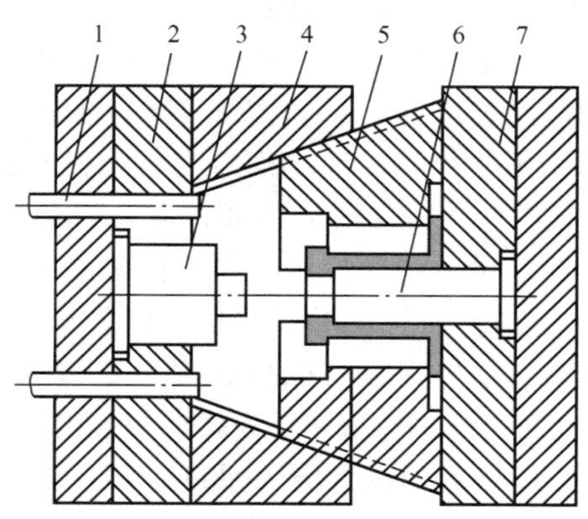

图 9.32　定模型芯包紧力大时的开模状态

1—推杆；2—动模固定板；3—动模型芯；4—动模套板；5—斜滑块；6—定模型芯；7—定模套板

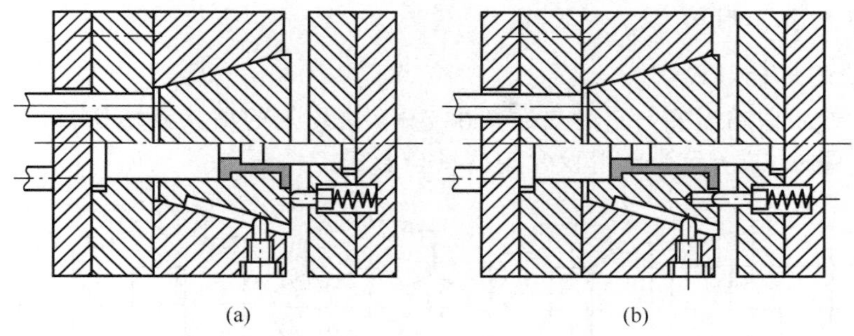

(a) (b)

图 9.33 斜滑块制动装置

图 9.33(a)所示为设置类似延时的制动装置，在主分型面上设置弹顶销，开模时，弹顶销在弹簧的弹力作用下，压紧斜滑块，使定模型芯在脱离压铸件时，斜滑块保持原来位置不动，保证压铸件留在动模套板内，以便于侧向分型的顺利进行。

当定模包紧力较大时，可采用图 9.33(b)所示的方法，将弹顶销插入斜滑块中，在定模型芯脱离压铸件时，由于弹顶销和导滑槽的约束作用，避免了斜滑块作侧向移动，强制斜滑块和压铸件留在动模套板内。弹簧的作用是防止在合模时与斜滑块产生碰撞，在斜滑块复位前压缩，直到与孔相对时，再插入斜滑块的孔中。

(7) 防止压铸件留在一侧斜滑块上的一些措施如下：

① 动模部分应设置可靠的导向元件，使压铸件在推出承受侧向拉力时仍能沿着推出方向在导向元件上滑移，压铸件在推出和抽芯的同时由于各斜滑块的抽芯力大小不同而将压铸件拉向抽芯力大的一边，使压铸件取出困难。

图 9.34(a)所示为无导向元件的结构。开模后压铸件留在抽芯力较大的一侧，影响压铸件的取出。如图 9.34(b)所示为采用动模导向型芯，避免压铸件留在斜滑块一侧。

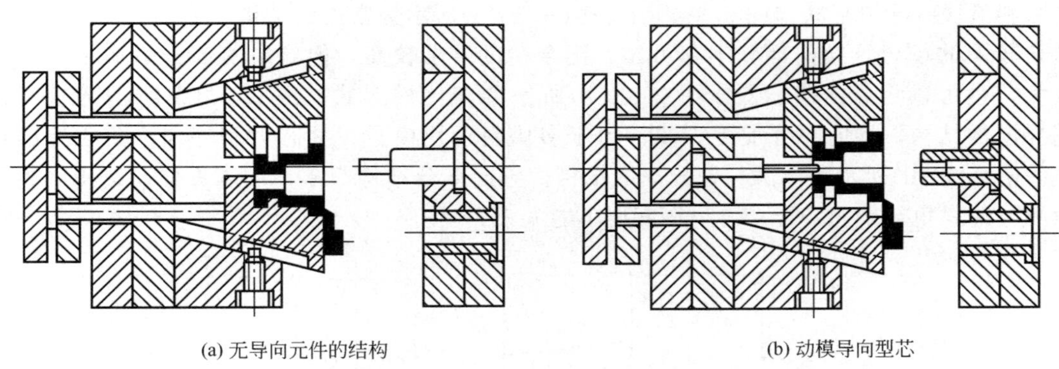

(a) 无导向元件的结构　　(b) 动模导向型芯

图 9.34 压铸件留在斜滑块一侧及其改进措施

② 斜滑块成形部分应有足够的脱模斜度和较小的表面粗糙度，防止压铸件受到较大的侧向拉力而变形。

(8) 对于抽芯距较长或推出力较大的滑块，工作时，斜滑块的底部与推杆的端面的摩擦力较大，在这两个端面上，应有较高的硬度和较低的表面粗糙度。此外，还可以设置滚轮推出机构，减少端面的摩擦力，但应保持斜滑块的同步推出。

(9) 带有深腔的压铸件，采用斜滑块抽芯时，需要计算开模后能取出压铸件的开模行程。

3. 斜滑块的基本形式

1) 斜滑块的拼合形式

根据压铸件脱模的需要，斜滑块通常由 2～6 块均匀的瓣状镶块拼合成具有侧向凹凸的成形型腔。图 9.35 所示为斜滑块常用的拼合形式。

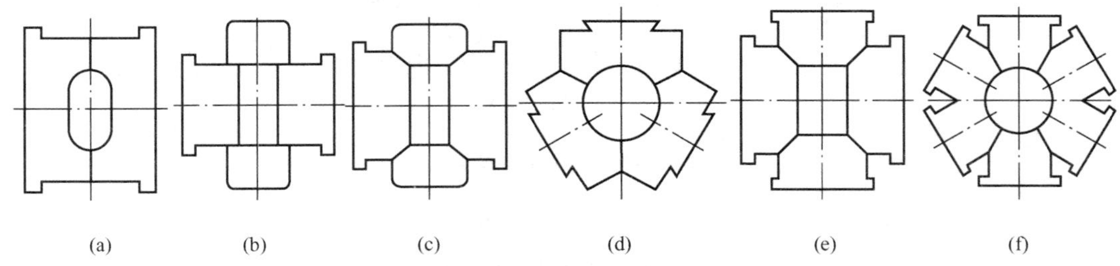

图 9.35 斜滑块常用的拼合形式

图 9.35(a)～图 9.35(c)所示是两瓣式的拼合形式。图 9.35(a)所示结构的拼合面设置在圆弧的中心处，有利于保证压铸件的表面质量，并易于清理浇注溢料。图 9.35(b)所示结构的斜滑块导滑面在压铸件轮廓的延长线上，利用斜滑块与固定镶件之间较高的配合间隙达到密封的效果。但由于模温的变化会引起配合间隙的变化，使得斜滑块在移动时与固定镶件产生摩擦拉伤或产生金属液窜入的溢料现象。图 9.35(c)所示的形式中，斜滑块与固定镶件采用斜面相互配合而达到密封的效果，改进了图 9.35(b)所示结构的不足。

图 9.35(d)～图 9.35(f)所示分别为三瓣式或多瓣式的拼合形式。各瓣合式斜滑块均采用斜角相互配合的形式，在压铸机锁模力的作用下，各配合斜面相互锁紧，达到良好的密封要求。组装时只需保证各配合斜面的研合密封，可降低导滑部分的配合要求。

2) 斜滑块的导滑形式

斜滑块的导滑形式如图 9.36 所示。图 9.36(a)所示为常用的结构，适用与抽芯和导向斜角较大的场合，导向部分牢固可靠，配合精度要求较高，但导向槽部分的加工工作量较大，也可以将导向槽加工成图 9.36(b)所示的燕尾槽形式。图 9.36(c)所示为双圆柱销导向的结构，导向部分加工方便，用于多块斜滑块模具，抽芯力和导向斜角中等的场合。图 9.36(d)所示为单圆柱销导向的结构，导向部分结构简单，加工方便，适用于抽芯力和导向斜角较小的场合，滑块宽度也不能太大。

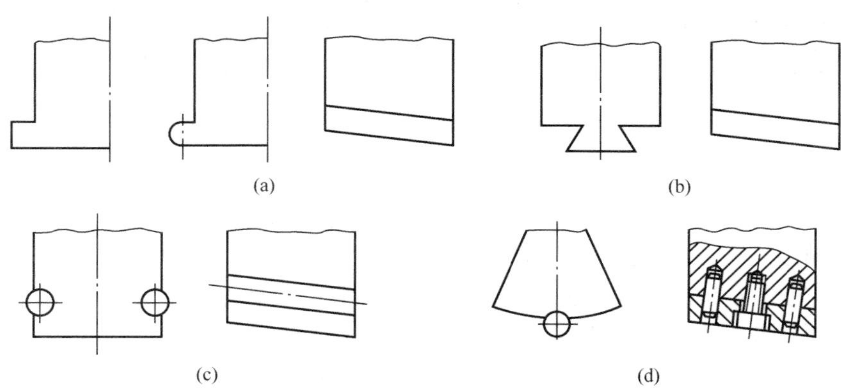

图 9.36 斜滑块的基本导滑形式

9.5 齿轮齿条抽芯机构

齿轮齿条侧向抽芯机构是将开模力或推出力通过齿轴、齿条的啮合传动，并改变移动方向而带动活动型芯完成抽芯动作的。

1. 齿轮齿条抽芯机构的组成及工作原理

齿轮齿条抽芯机构如图 9.37 所示。合模时，装在定模上的楔紧块 6 与齿轴 5 端面的斜面楔紧，齿轴 5 产生顺时针方向的力矩，通过齿轴上的齿与滑块齿条 4 上的齿相作用，使滑块楔紧。开模时，楔紧块 6 脱开。由于传动齿条 3 上有一段延时抽芯距离，因此，传动齿条 3 与齿轴 5 不发生作用。当楔紧块完全脱开，压铸件从定模中脱出后，传动齿条才与齿轴啮合，从而带动滑块齿条及活动型芯 8 从压铸件中抽出。最后，在推出机构的作用下，将压铸件完全脱出。抽芯结束后，滑块齿条由可调的限位螺钉 1 限位，保持复位时齿轴齿条顺利啮合。

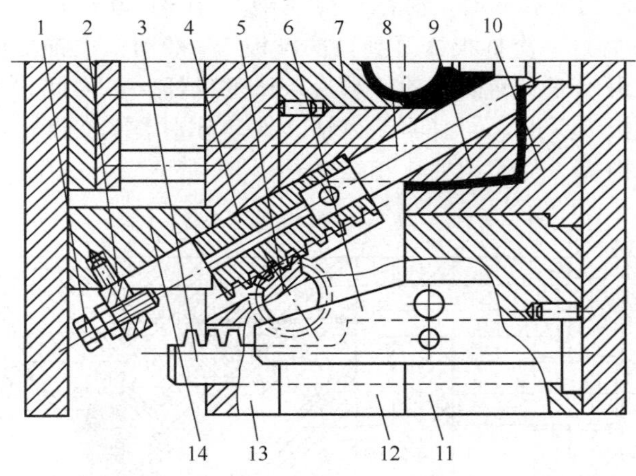

图 9.37 齿轮齿条抽芯机构

1—限位螺钉；2—螺钉固定块；3—传动齿条；4—滑块齿条；5—齿轴；
6—楔紧块；7—动模镶块；8—活动型芯；9—型芯；10—定模镶块；
11—定模套板；12—动模套板；13—支承板；14—垫块

2. 齿轮齿条抽芯机构的设计要点

(1) 为了使传动平稳可靠，又能传递较大的力，传动齿条的齿形常采用渐开线短齿。基本参数为：模数 $m=3$mm，齿轮齿数 $z=12$，压力角 $\alpha=20°$。齿轮、齿条的其他尺寸设计计算均以上述参数为依据。

(2) 齿轮、齿条的模数及啮合宽度是决定机构承受抽芯力的主要参数，当模数 $m=3$mm 时，可承受的抽芯力按式(9-14) 估算：

$$F=350B \qquad (9-14)$$

式中，F 为抽芯力 (N)；B 为啮合宽度 (mm)。

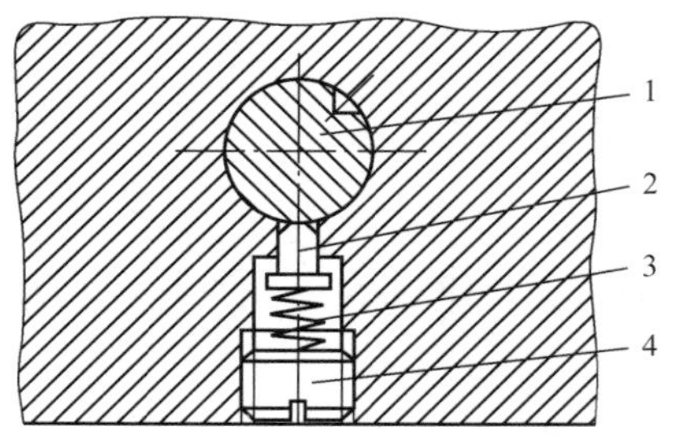

图 9.38 齿轴定位装置

1—齿轴；2—定位销；3—弹簧；4—螺塞

(3) 齿轴应有精确的定位装置，以便开模结束，传动齿条与齿轮完全脱开后，齿轴处于确定位置。在合模时，传动齿条与齿轮能很好地啮合。合模结束后，因传动齿条上有一段延时抽芯行程，传动齿条与齿轮完全脱开。故为了保证开模抽芯时，传动齿条与齿轮准确的啮合，也要求设置齿轴定位装置，如图 9.38 所示。

(4) 带有成形部分的齿条应有导向部位。

(5) 带有成形部分的齿条和活动型芯尽可能加工成镶拼式结构，以免热处理时齿条变形。

3. 齿轮齿条抽芯机构压铸模

1) 传动齿条设置在动模

当抽芯脱离不长时，可采用图 9.39 所示的齿轮齿条抽芯机构，将齿条安装在动模，借助推出动作完成抽芯。开模时，压铸件首先从定模部分脱离。当压铸机顶杆推动一次推板 2 使传动齿条 4、15 向前移动时，分别通过齿轴 9、16 带动滑块齿条 8、19 抽出活动型芯 14、17。抽芯结束后，一次推板 2 碰到二次推板 5，推动二次推板向前运动，从而将压铸件推出。合模时，由于伸出动模面的传动齿条比复位杆长，因此，定模套板先与传动齿条接触，推动一次推板 2 后退，同时驱动齿轴，推动分别安装在滑块齿条上的活动型芯复位。闭模结束时二次推板 5 与支承柱 7 相接触。

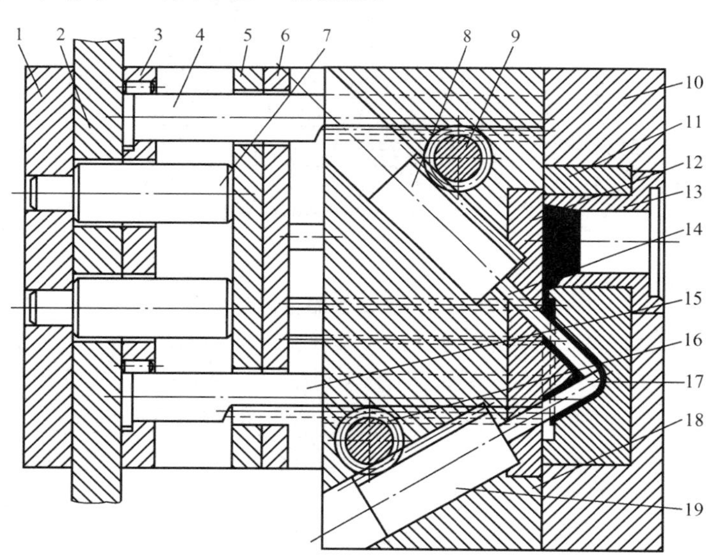

图 9.39 齿轮齿条抽芯机构压铸模(一)

1—动模座板；2、5—推板；3—传动齿条固定板；4、15—传动齿条；6—推杆固定板；7—支承柱；8、19—滑块齿条；9、16—齿轴；10—定模套板(定模座板)；11—定模镶块；12—动模镶块；13—浇口套；14、17—活动型芯；18—动模套板

这种机构在开模及合模终止时，各齿间不脱离啮合，因此不会产生齿条与齿轴的干涉现象。但推出部分行程较长，模具厚度较大。

2）传动齿条设置在定模

图 9.40 所示为传动齿条设置在定模的齿轮齿条斜向抽芯压铸模结构。将齿条安装在定模，借助开模动作完成抽芯。模具为一模多腔成型。齿轴为两个，每个齿轴同时带动六个齿条抽拔型芯。滑块齿条 9 在动模套板 2 的斜孔中滑动，固定于滑块齿条上的活动型芯 8 成形压铸件斜孔。开模时固定于定模座板 1 上的传动齿条 11 使齿轴 10 转动，带动滑块齿条 9 作抽芯运动。合模时，齿轴 10 作相反方向转动，活动型芯 8 复位。螺杆 12 在合模后顶紧楔紧块 14，保证滑块齿条和活动型芯在压铸过程中不会后退。

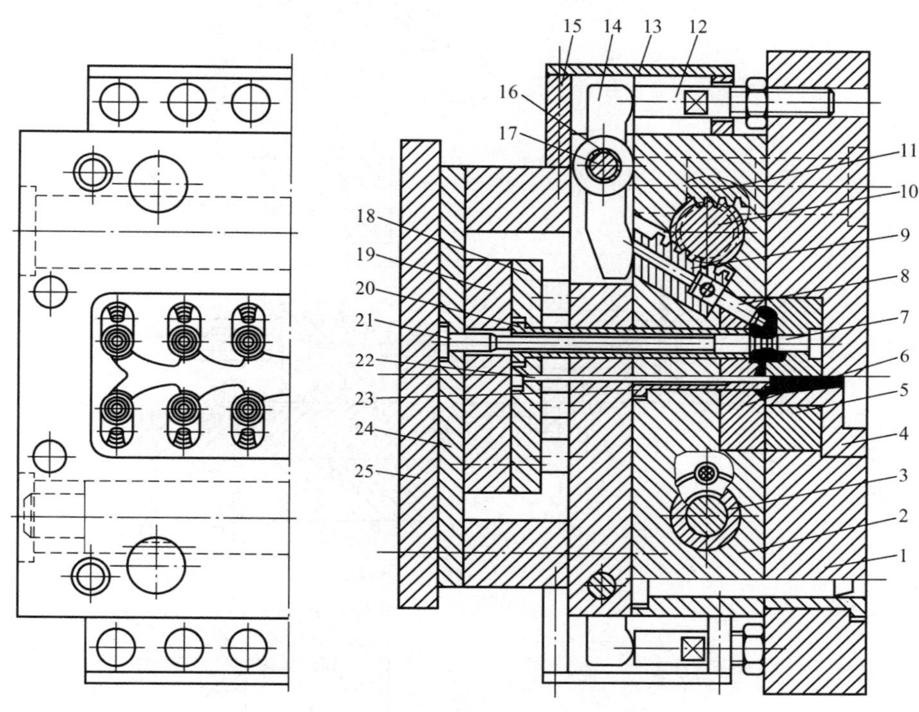

图 9.40 齿轮齿条抽芯机构压铸模(二)

1—定模座板(定模套板)；2—动模套板；3—齿轮；4—浇口套；5—定模镶块；6—动模镶块；7、21、23—型芯；8—活动型芯；9—滑块齿条；10—齿轴；11—传动齿条；12—螺杆；13、15—支架；14—楔紧块；16—轴套；17—芯轴；18—推杆固定板；19—推板；20—推管；22—推杆；24—型芯固定板；25—动模座板

9.6 液压抽芯机构

液压侧向抽芯机构是通过联轴器将活动型芯与装在模具上的抽芯器连成一体，抽芯器尾部的高压液体推动活塞产生抽芯力，驱动滑块完成侧向抽芯动作的。

1. 液压抽芯机构的工作原理及特点

常用液压抽芯机构的组成如图 9.41 所示。

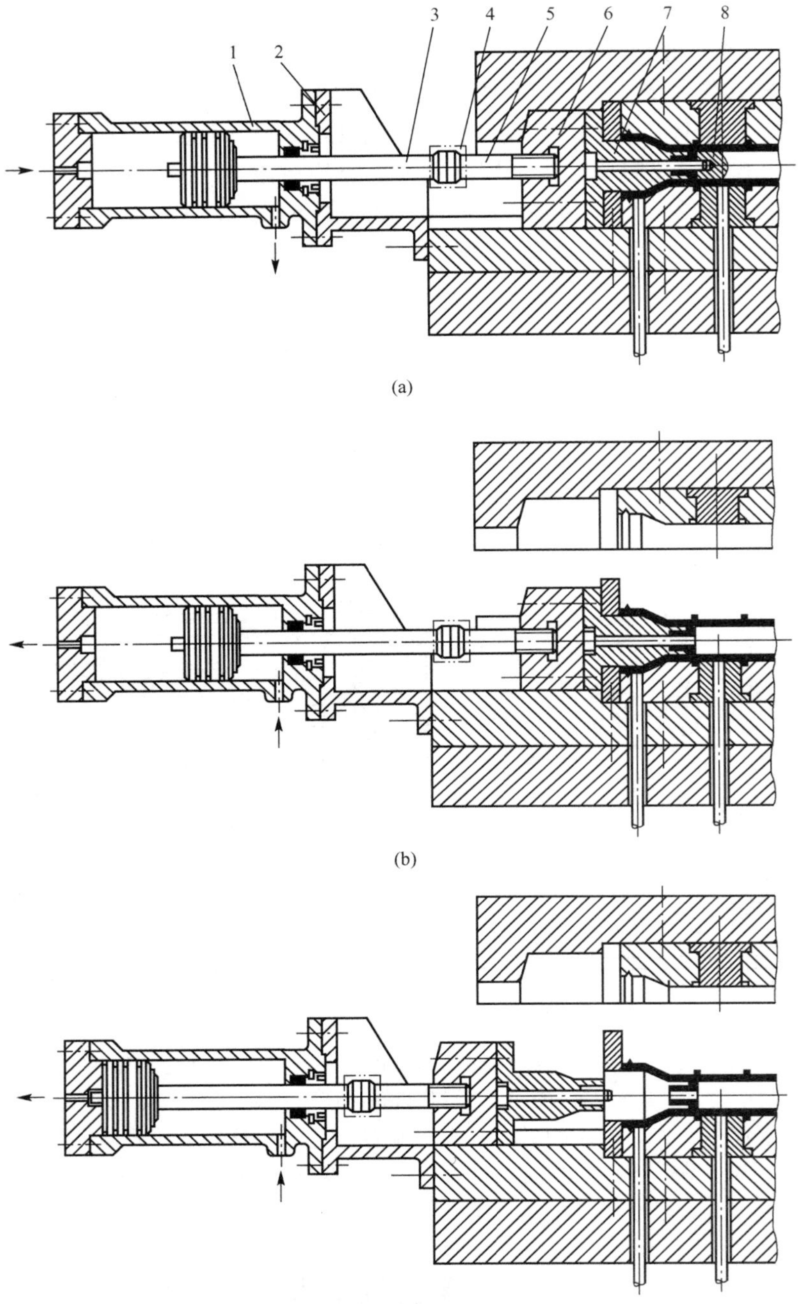

(a)

(b)

(c)

图 9.41　液压侧向抽芯机构

1—液压抽芯器(液压缸)；2—抽芯器座；3—活塞杆；4—联轴器；5—拉杆；6—滑块；7、8—活动型芯

它由液压抽芯器 1，抽芯器座 2 及联轴器 4 等组成。联轴器 4 将滑块拉杆 5 与抽芯器连成一体。图 9.41(a)所示为合模状态。合模时，定模锁紧块楔紧滑块 6，模具处于压铸状态。开模时，楔紧块脱离滑块，然后，高压油在抽芯器前腔进入，抽出活动型芯 7。图 9.41(b)所示为开模后尚未抽芯的状态，图 9.41(c)所示为抽芯状态。继续开模，由推出机构将压铸件

推出。复位时高压油从抽芯器的左腔进入，先将活动型芯7复位，然后合模，使模具处于压铸状态。

液压抽芯机构有如下特点：

(1) 可以抽拔阻力较大、抽芯长度较长的型芯。

(2) 可以对任何方向的型芯进行抽拔。

(3) 可以单独使用，随时开动。当抽芯器压力大于型芯所受反压力的1/3时，可以不安装楔紧块，这样，可以在开模前将活动型芯抽出，压铸件不易变形。

(4) 抽芯器为通用件，规格已经系列化，它的规格有10kN、20kN、30kN、40kN、50kN、100kN。用液压抽芯可以使模具结构缩小。

2. 液压抽芯机构的设计要点

(1) 按所需抽芯距离及抽芯力选取抽芯器的大小。选用抽芯器时应按所算得的抽芯力乘以1.3的安全值。常用液压抽芯器的规格可参见有关手册。

(2) 抽芯方向不应设计在操作工人一侧，因抽芯器多固定在动模上，并且在模具的外面，如抽芯器在操作工人一侧，易发生人身事故。

(3) 活动型芯复位后，不宜将抽芯器的抽芯力作为锁模力，需另设楔紧块，否则，在压铸力的作用下，活动型芯仍可能稍稍向后退缩，影响压铸件尺寸精度。

(4) 合模前，首先将抽芯器上的活动型芯复位，防止楔紧块碰坏滑块或活动型芯。在抽芯器上应设置行程开关与压铸机上的电器系统连接，使抽芯器按压铸程序进行工作，防止构件互相干涉。

(5) 由于液压抽芯机构在合模前先将滑块复位，因此，要特别注意避免活动型芯与推杆的干涉。一般在活动型芯下方不宜设置推出元件。

3. 液压抽芯压铸模结构

如图9.42所示为液压斜销抽芯结构，由于压铸件有侧面凸凹面，故采用四面抽芯。其中两端通孔较深，包紧力大，因此采用液压抽芯。为保证压铸件通孔的同轴度，两侧活

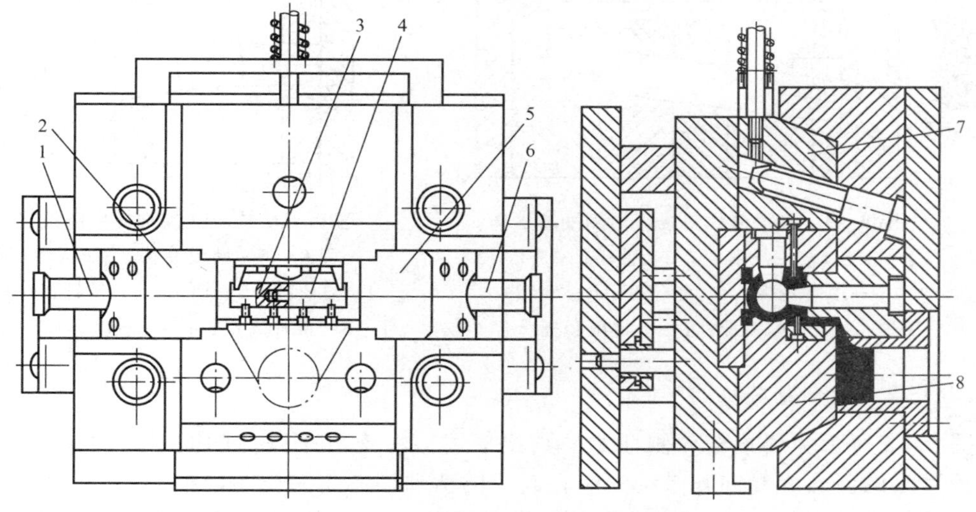

图9.42 液压斜销抽芯压铸模

1、6—拉杆；2、5、7、8—型芯滑块；3、4—活动型芯

动型芯复位后相互套接。浇口设在型芯滑块 8 上，开模时由于压射冲头对型芯滑块有压力，所以设置斜销延时抽芯，待开模至一定行程，撤除对型芯滑块的压力后再开始抽芯。

9.7 其他抽芯机构简介

压铸模侧向抽芯机构除上述几种常用的形式外，实践中根据压铸件的不同形状和结构特征，还可设计出其他各种各样的抽芯机构。本节仅简介其中的几种形式。

1. 成形斜推杆内侧抽芯机构

图 9.43 所示为导滑槽式成形斜推杆内侧抽芯的结构形式。将成形斜推杆 8 用轴销 3 接在导滑座 2 的导滑槽内。开模推出时，推板 1 驱动推杆 4 和成形斜推杆向脱模方向移动。在推出压铸件的同时，成形斜推杆以动模套板 5 上的斜孔为导向，完成侧向抽芯动作。成形斜推杆在推出时与推板产生的相对位移，由轴销在导滑座的导滑槽内的移动调节，克服了因滑动摩擦产生的损耗。合模时，推板在复位杆 6 的作用下，带动推杆和成形斜推杆复位。

图 9.44 所示为连杆式成形斜推杆内侧抽芯的结构形式。连杆 7 的两端分别与成形斜推杆 3 和滑座 9 以轴销 5 连接。推出过程中，推板 10 通过连杆推动成形斜推杆沿着动模套板 2 上的斜孔作斜向侧抽芯动作，并在推杆 6 的共同作用下，推出压铸件的同时完成侧抽芯。由于滑座安装在推杆固定板 8 上，合模时，复位杆 4 带动推出元件，通过连杆带动成形斜推杆复位。

【参考动画】

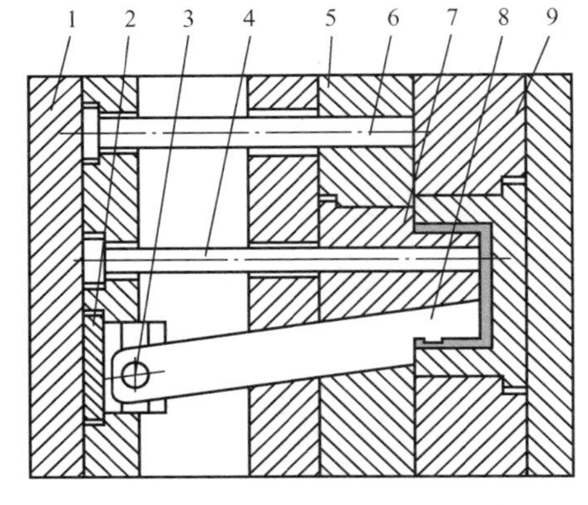

图 9.43 导滑槽式斜推杆内侧抽芯机构

1—推板；2—导滑座；3—轴销；4—推杆；5—动模套板；6—复位杆；7—型芯；8—成形斜推杆；9—定模套板

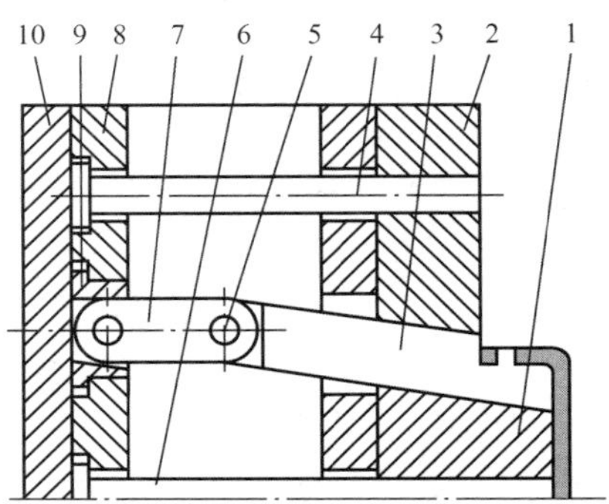

图 9.44 连杆式斜推杆内侧抽芯机构

1—型芯；2—动模套板；3—成形斜推杆；4—复位杆；5—轴销；6—推杆；7—连杆；8—推杆固定板；9—滑座；10—推板

2. 斜推杆外侧抽芯机构

图 9.45 所示为斜推杆外侧抽芯的结构形式。在推出压铸件的同时，斜推杆 7 以动模套板 4 上的斜孔为导向，带动安装在其上的活动型芯 1 完成侧向抽芯动作。斜推杆在推出时与推杆固定板产生的相对位移，采用滚轮 9 与推杆固定板滚动接触的形式来调节。合模时，推出机构在复位杆 6 的作用下，带动推杆复位，斜推杆由于上端部平面 A

的受力作用而复位。斜推杆与推杆固定板的相对移动，由滑动摩擦变为滚动摩擦，减轻了移动的摩擦损伤。

3. 成形推杆平移抽芯机构

图 9.46 所示为成形推杆平移式内侧抽芯的结构形式。成形推杆 3 安装在推杆固定板 6 的腰形导滑槽内，$L>L_1$。推出时，成形推杆与推杆 4 同时使压铸件脱离型芯 1，当推移至行程为 L 时，成形推杆上的 A 点脱离型芯的制约，并在 B 点与动模套板上的 B_0 点相碰，迫使成形推杆向内侧平移，完成侧向抽芯动作。合模时，复位杆 5 带动推出机构复位，成形推杆则在型芯侧面作用下(D 点触及型芯的 C 点后)，逐渐向外侧移动，回复到原来的成形位置上。

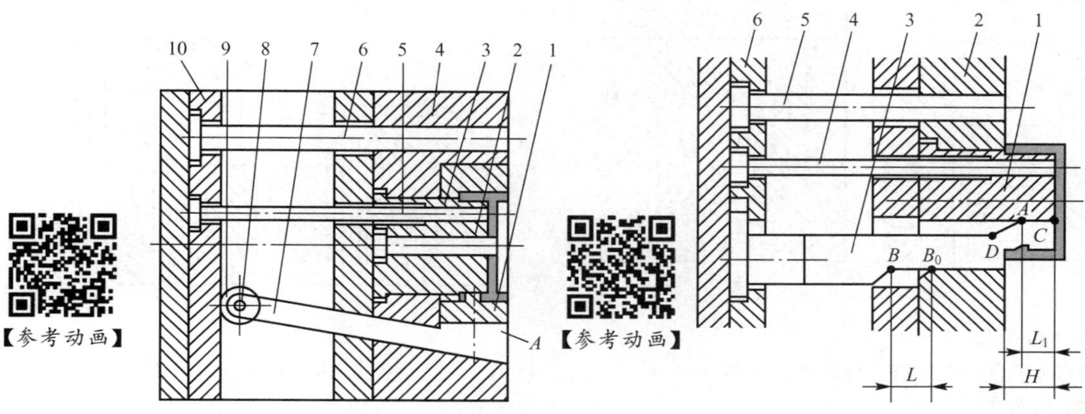

图 9.45 斜推杆外侧抽芯机构

1—活动型芯；2、3—型芯；4—动模套板；5—推杆；6—复位杆；7—斜推杆；8—轮轴；9—滚轮；10—推杆固定板

图 9.46 成形推杆平移式抽芯机构

1—型芯；2—动模套板；3—成形推杆；4—推杆；5—复位杆；6—推杆固定板

需要指出的是，当开始抽芯时，压铸件不应完全脱离型芯，即应满足 $L<H$，否则会由于压铸件没有径向约束而随着成形推杆平移，不能实现侧向抽芯动作。

实用技巧

用于内侧抽芯的成形推杆的端面应低于型芯的端面 0.05～0.1mm，否则，在推出压铸件时，由于成形推杆的端面陷入压铸件内表面，阻碍成形推杆的径向移动；并且在成形推杆边缘的径向移动范围内，压铸件上不应有台阶，否则也会干涉成形推杆的活动。

4. 手动侧向抽芯机构

手动侧向抽芯机构是在压铸件成形后，用手工操作的方法，将活动型芯从压铸件中抽出的侧向抽芯方式。虽然手动侧向抽芯的劳动强度高，压铸效率低，但由于结构简单，易于制作，制造周期短等特点，在小批量生产或产品试制生产时仍得到应用。

手动侧向抽芯机构分模内手动抽芯和模外手动抽芯。其中模内手动抽芯是指用人工的方法，通过螺杆、齿轴齿条及杠杆等在模内的传递，将活动型芯抽出。而模外手动抽芯则是在模具分型后，通过推出动作，将压铸件和活动型芯一起推出，在模外通过人工将它们分离，合模前再将活动型芯装入模体。

图 9.47 所示是常用的模外手动抽芯的结构形式。图 9.47(a)所示结构中，为避免推杆阻碍脱模，应注意推杆的安放位置，即要求 $S_1>S$。图 9.47(b)所示结构中，压铸件内侧带有嵌件，将嵌件装在固定杆上，开模后，压铸件、活动型芯和固定杆一起被推出，再将固定杆卸下，并从压铸件中将活动型芯取出。

图 9.48 所示是模外侧向取件的结构形式。活动型芯 2 安装在推杆 4 上，当它和压铸件从型芯 1 脱出后，按箭头方向将压铸件从侧面取出。这种结构形式，除了实现侧向抽芯的要求外，还降低了模具的加工难度并有利于立壁部分的顺利脱模。同样，为避免推杆 5 阻碍脱模，应注意推杆的安放位置，即要求 $S_1>S$。

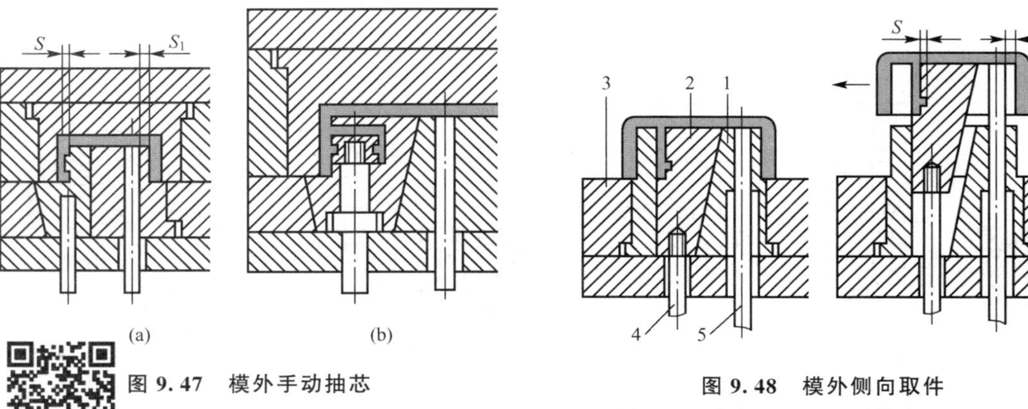

图 9.47　模外手动抽芯

【参考动画】

图 9.48　模外侧向取件

1—型芯；2—活动型芯；3—动模套板；4、5—推杆

实用技巧

采用模外手动抽芯，一方面要求活动型芯必须有稳定可靠的定位方式，以防止压铸时产生位移；另一方面应备有几套可供循环交替使用的活动型芯，并且取件时应方便快捷，以提高压铸效率。

本章小结

阻碍压铸件从模具中沿着垂直于分型面方向取出的成形零件，都必须在开模前或开模过程中脱离压铸件。模具结构中，使这种阻碍压铸件脱模的成形零件，在开模动作完成前脱离压铸件的机构，称为抽芯机构。用来成形与开模方向不同的侧孔(凹)或凸台的零件，借助于抽芯机构，能实现位移以完成抽芯、复位动作的可活动型芯，称为活动型芯。抽芯是除了采用推出机构实现压铸件脱模的另一种特殊的脱模形式。由于实践中压铸件的结构一般都较为复杂，往往具有与分型推出方向不一致的侧孔、侧凹或侧凸形状，因此侧向分型抽芯机构是压铸模中常用的机构。

本章概述了抽芯机构的组成、分类及抽芯机构的主要参数；重点阐述了斜销抽芯、弯销抽芯、斜滑块抽芯等常用抽芯机构的工作原理、适用范围及设计技术要求等；对齿轮齿条抽芯机构、液压抽芯机构及其他相关抽芯机构也进行了简要介绍。

关键术语

抽芯机构(core puller)、活动型芯(movable core)、斜销(angle pin)、弯销(angular cam)、滑块(slide)、型芯滑块(core slide)、斜滑块(angled sliding split)、斜槽导板(finger guide plate)、限位块(stop block)、楔紧块(wedge block)、滑块导板(slide guide plate)。

一、判断题

(　　)1. 侧向抽芯机构的主要参数是抽芯力和抽芯距离。

(　　)2. 弯销抽芯机构可以实现延时抽芯，而斜销抽芯机构不能实现延时抽芯。

(　　)3. 斜滑块抽芯机构的抽芯与压铸件推出动作是同时进行的。

二、常用术语解释

抽芯机构　活动型芯　抽芯距　干涉现象

三、思考题

1. 斜销侧向抽芯机构主要由哪些零部件组成？它们各起什么作用？

2. 指出避免或解决抽芯复位时产生干涉现象的几种常用措施。

3. 比较斜销抽芯、弯销抽芯和斜滑块抽芯三种抽芯机构的特点及适用场合。

实训项目

1. 分析本章【导入案例】中图示的压铸件，选择合适的侧向分型抽芯方式。

2. 拆装一副带有典型侧向分型抽芯机构的压铸模，重点分析其中的抽芯机构，包括类别、组成、特点、技术要求等。

第10章 压铸模材料选择及技术要求

知识要点	目标要求	学习方法
压铸工艺对模具要求	掌握	结合压铸成形工艺条件及对模具性能的要求，熟悉压铸模材料失效形式
常用压铸模材料	掌握	通过老师的讲解及查阅教材等相关内容，掌握压铸模常用材料的性能及热处理要求
压铸模材料选用	应用	通过实践例子，结合实际工艺条件，学会对压铸模各部件材料的选择
压铸模技术要求	掌握	结合压铸模总体设计、制造等要求，掌握压铸模具体技术要求

导入案例

模具材料的性能及热处理条件可以说决定了模具的性能和寿命。为了获得高质量的压铸件和长寿命的模具，必须选择合适的钢材和合理的热处理规范。作为模具设计人员，必须了解各种压铸模用材的种类和性能，更需要熟悉压铸模各部分材料的选择及模具的技术要求。

图10.1所示为一卧式冷室偏心浇口压铸模，用来压铸成形铝合金压铸件(材料牌号：YZAlSi10)，模具结构中涉及35个零件，为获得符合质量要求的压铸件及满足压铸成形要求的模具，应如何确定其各部分零部件的材料选择、热处理规范及模具总体技术要求？

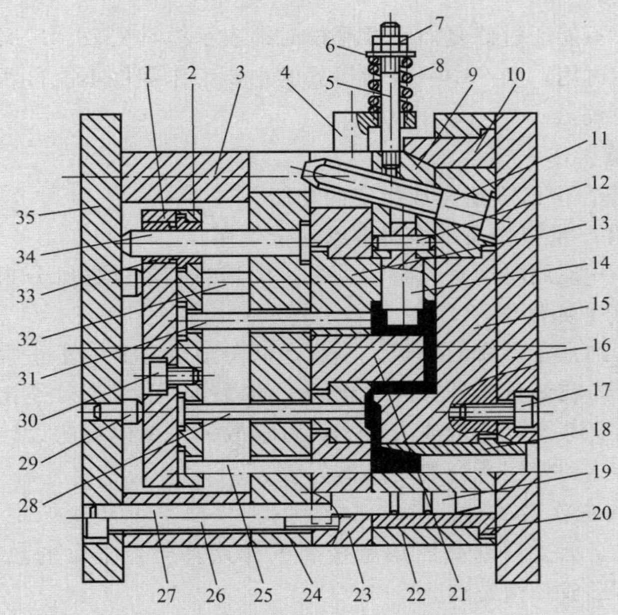

图10.1 卧式冷室偏心浇口压铸模

1—推板；2—推杆固定板；3—垫块；4—限位块；5—拉杆；6—垫片；7—螺母；8—弹簧；9—滑块；10—楔紧块；11—斜销；12、27—圆柱销；13—动模镶块；14—活动型芯；15—定模镶块；16—定模座板；17、26、30—内六角螺钉；18—浇口套；19—导柱；20—导套；21—型芯；22—定模套板；23—动模套板；24—支承板；25、28、31—推杆；29—限位钉；32—复位杆；33—推板导套；34—推板导柱；35—动模座板

10.1 压铸模工作条件和失效分析

1. 工作条件

在压铸成形过程中，压铸模工作时与高温(压铸有色金属时为400～800℃，压铸黑色金属时可达1000℃以上)的液态金属接触，不仅受热时间长，同时承受很高的压力(20～

120MPa)；此外还受到反复加热和冷却及金属液流的高速冲刷而产生磨损和腐蚀，因此，压铸模工作条件十分恶劣。

同一副模具中，各部位零件所处情况各不相同。成形零件由于直接接触金属液，工作条件最差；而各成形零部件、甚至同一零件不同部位因金属液进入型腔有先后而受热情况也各不相同。浇口处受热最为剧烈、温度最高，型腔表面受热次之，其他不接触金属液的部分则温度较低。另外，压铸不同的合金材料，压铸模的工作条件也有很大差别，比如锌合金的熔点为400～430℃，铝合金的熔点为580～740℃，镁合金的熔点为630～680℃，铜合金的熔点为900～1000℃，钢的熔点为1450～1540℃，相应压铸模型腔表面的温度也各不相同。

2. 失效分析

模具受到损坏，不能通过修复而继续服役时即表示模具失效。广义上讲，模具失效是指一副模具完全不能再用，生产中一般指模具的主要工作零件不能再用。在以下几种情况下可以认为模具已失效：

① 模具完全不能工作。

② 模具虽能工作，但已不能完成指定的功能。

③ 模具的结构有严重损伤而不能再继续安全使用。

模具失效的概率和使用时间有一定的关系，模具的失效过程可分为三个阶段，包括初期失效、随机失效和耗损失效。

模具的失效有达到预定寿命的失效，也有远低于预定寿命的不正常的早期失效，不论何种失效，都是在外力或能量等外在因素作用下的损伤。正常失效是比较安全的，而早期失效则带来经济损失，甚至可能造成人身和设备事故。一副模具的设计质量再高，都不可能永久地使用，总会达到使用寿命的终结而失效。

1）压铸模失效的主要表征

(1) 模具表面反复承受高温高压熔融金属的作用，产生很大的热交变应力引起热疲劳，从而在型腔表面形成细微裂纹。

(2) 熔融金属的长期腐蚀和氧化作用会逐渐引起裂纹，并对模壁产生明显的熔融损伤。

(3) 金属液高速射入型腔造成冲蚀，同时注入时的高温、高压和热应力作用，引起变形甚至开裂。

(4) 压铸金属部分粘附在模壁上，使型腔表面发生化学侵蚀。

(5) 推出或抽芯机构强度和刚度不足导致有关零件的断裂或弯曲。

(6) 压铸金属与型腔的较大摩擦力引起的磨损失效。

实际压铸生产中，模具失效主要表现为：

① 热疲劳龟裂损坏导致失效。

② 脆裂导致失效。

③ 溶蚀导致失效。

图10.2表示了失效产生的关联因素。

2）致使模具失效的因素

引起压铸模失效的因素是复杂的，既有外因：浇铸温度的高低、模具是否经过预热、水剂涂料喷涂量的多少、压铸机吨位大小是否匹配、压铸压力过高、内浇口速度过快、冷却水开启未与压铸生产同步、压铸件材料的种类及成分Fe的高低、压铸件尺寸形状与工艺性、壁厚大小、涂料类型等；也有内因：模具本身材质的冶金质量、坯料的锻制工艺、模具结构设计的合理性、浇注系统设计的合理性、模具机(电)加工时产生的内应力、模具的热处理工艺、各种配合精度和表面粗糙度要求等。

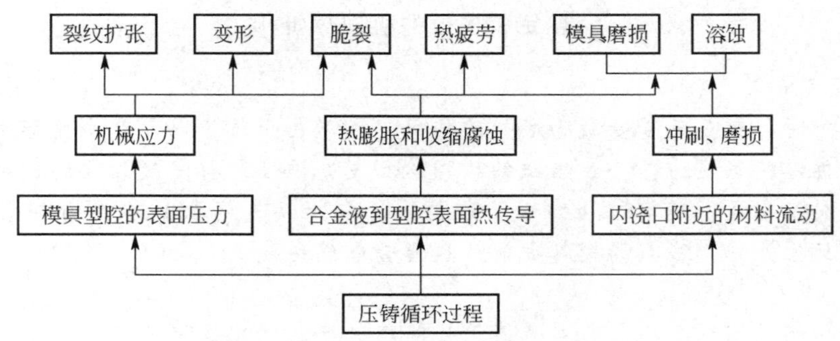

图 10.2 压铸模失效的关联因素

3）模具材料的选择与模具的失效

虽然引起压铸模具失效的原因很多，但是模具材料的选择和热处理工艺的制订对模具失效的影响是不容忽视的，合理地选材与实施正确的热处理技术是延缓模具失效、保证模具寿命的基础。

模具毛坯在锻造时出现断裂或在淬火时出现工艺缺陷，以及使用时降低其承载能力等，都与钢材的冶金质量有着密切的关系。冶金质量内容包括：

① 材质的洁净度。

② 有害元素、气体及非金属夹杂物量，碳化物的分布均匀及颗粒匀细程度。

③ 断口有无空洞、疏松及白点。

④ 成分上是否始终保持稳定一致，达到国家钢材的标准规范等。当前电渣重熔冶炼方法，对材质的冶金质量能起到明显的保证作用。压铸模与金属液接触部分的零件一般是采用4Cr5MoSiV1、3Cr2W8V或与国外相当的材料。

作为压铸模的材料，必须具有较高的热强性和回火稳定性，这样才有可能获得高的热疲劳抗力和耐磨性。在热处理过程中，由于金属材料金相组织的改变而产生的组织应力及受高温和快速冷却过程中产生的热应力的共同作用，会使模具发生开裂。因此，模具使用寿命的长短和模具质量的好坏与其热处理工艺有着非常重要的关系。

3. 对材料性能的要求

压铸模中与金属液接触的零件材料需要具备以下性能要求：

(1) 较高的耐热性和良好的高温力学性能。

(2) 优良的耐热疲劳性，高的导热性。

(3) 良好的抗氧化性和耐蚀性。

(4) 高的耐温性和良好的抗蠕变性。

(5) 热处理变形小，高的淬透性。

(6) 良好的可锻性和切屑加工性等。

成形零件以外的压铸模零件也应按零件的工作条件、作用部位及受力大小、装配形式和热处理等方面来考虑其性能要求。如滑动部件应有良好的耐磨性和适当的强度，受力、结构及紧固等零件则应有足够的强度和刚度。

压铸模失效的机理分析

1. 热疲劳龟裂

压铸生产时，模具反复受激冷激热的作用，成形表面与其内部产生变形，相互牵扯而出现反复循环的热应力，导致组织结构损伤和丧失韧性，引发微裂纹的出现，并继续扩展，一旦裂纹扩大，还有熔融的金属液挤入，加上反复的机械应力都使裂纹加速扩展。因此实际生产中，多数的模具失效是热疲劳龟裂失效。

2. 脆裂

在压射力的作用下，模具会在最薄弱处萌生裂纹，尤其是模具成形面上的划线痕迹或电加工痕迹未被打磨光，或是成形的倾角处均会最先出现细微裂纹，当晶界存在脆性相或晶粒粗大时，即容易断裂。而脆性断裂时裂纹的扩展很快。模具的脆裂失效是很危险的因素，模具材料的塑韧性是与此现象相对应的最重要的力学性能。

3. 溶蚀

常用的压铸合金有锌合金、铝合金、镁合金和铜合金，也有纯铝压铸的，Zn、Al、Mg是较活泼的金属元素，它们与模具材料有较好的亲和力，这是由于机械和化学腐蚀综合作用的结果。特别是Al易“咬模”，熔融铝合金高速射入型腔，造成型腔表面的机械磨蚀，同时，金属铝与模具材料生成脆性的铁铝化合物，成为热裂纹新的萌生源，此外，铝充填到裂纹之中与裂纹壁产生机械作用，并与热应力叠加，加剧裂纹尖端的拉应力，从而加快了裂纹的扩展。当模具硬度较高时，则抗蚀性较好，而成形表面若有软点，则对抗蚀性不利。但在实际生产中，溶蚀仅是模具的局部地方，一般内浇口直接冲刷的部位(型芯、型腔)易出现溶蚀现象，以及硬度偏软处易出现铝合金的粘模。提高材料的高温强度和化学稳定性有利于增强材料的抗腐蚀能力。

10.2 压铸模常用材料

压铸模分锌合金压铸模、镁合金压铸模、铝合金压铸模、铜合金压铸模、黑色金属压铸模。各类模具分别用于压铸锌合金、镁合金、铝合金、铜合金或黑色金属(钢铁)铸件。由于被压铸材料的温度相差很大，因而选用模具材料也不相同。

10.2.1 压铸模成形零部件常用材料

为了满足压铸模对材料性能的要求，所用成形零部件材料的成分中应含有Cr、W、Ni、Co、Mo、V等元素，因此，目前用于压铸模成形零件的材料主要有以下几种。

1. W 系热作模具钢

W 元素可以减小钢的热膨胀系数，其碳化物能大大提高钢的耐磨性。

3Cr2W8V 钢是比较典型的 W 系热作模具钢，使用温度可达 650℃，但由于导热性较差，冷热疲劳性差，在国外已被铬系和钼系热作钢代替。在国内仍有不少厂继续使用它，国外有很多工厂用此钢材模具压铸铜合金件。

2. Cr 系热作模具钢

合金中含 Cr 量高时，热膨胀系数小，在高温下 Cr 能生产稳定的氧化物层防止继续氧化，Cr 还能增加钢的耐磨性，提高钢的淬透性。

该钢种典型牌号为 H13，我国 4Cr5MoSiV 为国标。在使用温度不超过 600℃时，可代替 3Cr2W8V，使用温度低于 W 系，不适用于压铸铜合金件。这种钢材截面尺寸效应大，当截面尺寸超过 120mm 以后，芯部韧性显著下降。同时，这种钢热膨胀系数仍较大，导热系数不高，容易产生热疲劳裂纹。这类模具材料一般在气体或液体介质中进行渗氮处理或液体碳氮共渗处理后使用，其使用寿命可比 3Cr2W8V 钢的寿命高出 50%～100%。

3. Ni、Co 系热作模具钢

Ni 的作用是提高钢的硬度和韧性，并能显著提高钢的耐蚀性，Co 的作用提高钢的硬度和韧性。

这种钢材的化学成分重要的特点是含碳小于 0.01%，Ni 和 Co 的含量较高，加入适量的 Mo 和少量的 Ti。美国 Crucible Materials 公司生产的 Crucible Marlok 就是这样一种马氏体时效钢。典型成分为 Ni18% 、Mo5%、Co11%、Ti0.3%、C<0.01%、S<0.003%。它的特点如下：

(1) 硬化在 A_c 温度线下完成，属弥散强化过程。无论多厚，全截面均为马氏体组织。

(2) 由于不是奥氏体冷却相变，所以变形最小，可以省去精加工后的热处理。

(3) 热强度韧性和延展性是 H13 的两倍，可显著减少热裂。

(4) 模具表面很少发生熔接或冲蚀，易抛光。

这种钢材的缺点是价格高，为 H13 的 400 多倍。但由于模具加工过程中热处理简单和热处理后模腔的修正被取消，节约了加工成本，在长期工作中，模具无需维修保养，也使成本下降，加之模具的寿命为 H13 模具的 3～4 倍，故实际使用的成本下降。由于 Co 元素较少且贵，近来在以上成分的基础上发明了少 Co 和无 Co 的材料，Ni 和 Mo 的含量没有变化，Ti 的含量有所提高，但材料的性能和使用特点基本保持不变。

4. W 基合金

W 基合金具有较高的熔点和高温强度、良好的导热性、较小的线膨胀系数(与 H13 相比，它具有 3～4 倍的导热性和 1/3 的膨胀率)，几乎不产生裂纹，是最适宜的压铸高熔点金属的模具材料。但在室温下硬且脆，机械加工困难，力学性能的各向异性十分明显，因而限制了其应用。典型牌号为 Anvilloy1150，其使用寿命为 H13 的 5 倍。但该材料成本太高，约 10 倍于 H13。

10.2.2 压铸模零部件常用材料及热处理要求

压铸模零部件的选材及热处理见表 10－1。

表 10－1　压铸模零部件常用材料及热处理要求

<table>
<tr><th colspan="2" rowspan="2">零件名称</th><th colspan="3">压铸合金</th><th colspan="2">热处理要求</th></tr>
<tr><th>锌合金</th><th>铝、镁合金</th><th>铜合金</th><th>压铸铝合金、锌合金、镁合金</th><th>压铸铜合金</th></tr>
<tr><td rowspan="2">与金属液接触的零件</td><td>型腔镶块、型芯、滑块中成形部位等成形零件</td><td>4Cr5MoSiV1
3Cr2W8V
5CrNiMo
4CrW2Si</td><td>4CrMoSiV1
3Cr2W8V
(3Cr2W8)</td><td rowspan="2">3Cr2W8V
3Cr2W5Co5MoV
4Cr3Mo3W2V
4Cr3Mo3SiV
4Cr5MoSiV1</td><td rowspan="2">43～47HRC
(4Cr5MoSiV1)
44～48HRC
(3Cr2W8V)</td><td rowspan="2">38～
42HRC</td></tr>
<tr><td>浇道镶块、浇口套、分流锥等浇注系统</td><td colspan="2">4Cr5MoSiV1
3Cr2W8V</td></tr>
<tr><td rowspan="4">滑动配合零件</td><td>导柱、导套、斜销、弯销等</td><td colspan="3">T8A (T10A)</td><td colspan="2">50～55HRC</td></tr>
<tr><td rowspan="2">推杆</td><td colspan="3">4Cr5MoSiV1
3Cr2W8V</td><td colspan="2">45～50HRC</td></tr>
<tr><td colspan="3">T8A (T10A)</td><td colspan="2">50～55HRC</td></tr>
<tr><td>复位杆</td><td colspan="3">T8A (T10A)</td><td colspan="2">50～55HRC</td></tr>
<tr><td rowspan="2">模架结构零件</td><td rowspan="2">动模和定模套板、支撑板、垫块、动模和定模底板、推板等</td><td colspan="3">45</td><td colspan="2">调质 220～250HBS</td></tr>
<tr><td colspan="3">Q235
铸钢</td><td colspan="2"></td></tr>
</table>

注：1. 表中所列材料，先列者为优先选用。

2. 压铸锌、镁、铝合金的成形零件经淬火后，成形面可以进行氮碳共渗或渗氮处理，渗氮层深度为 0.08～0.15mm，硬度 HV≥600。

压铸模常用钢的化学成分见表 10－2。

表 10－2　压铸模常用钢的化学成分

钢　号	化学成分/(%)									
	C	Si	Mn	Cr	V	W	Mo	Ni	P	S
4Cr5MoSiV1	0.32～0.42	0.08～1.20	0.20～0.50	4.75～5.50	0.80～1.20		1.10～1.75		≤0.030	≤0.030
4Cr5MoSiV	0.32～0.42	0.80～1.20	0.20～0.50	4.75～5.50	0.30～0.50		1.10～1.75		≤0.030	≤0.030
3Cr2W8V	0.30～0.40	≤0.40	≤0.40	2.20～2.70	0.20～0.30	7.75～9.00	<1.50			
4Cr3Mo3SiV	0.35～0.45	0.80～1.2	0.25～0.70	3.00～3.75	0.25～0.75		2.00～3.00		≤0.030	≤0.030

（续）

钢号	化学成分/(%)									
	C	Si	Mn	Cr	V	W	Mo	Ni	P	S
4Cr3Mo3W2V	0.32～0.42	0.60～0.90	≤0.65	2.8～3.30	0.80～1.20	1.20～1.50	2.50～3.00			
4CrW2Si	0.35～0.44	0.80～1.00	0.20～0.40	1.00～1.30		2.00～2.50				
5CrNiMo	0.50～0.60	≤0.40	0.50～0.80	0.50～0.80	<0.20		0.15～0.30	1.4～1.8		
T8A	0.75～0.84	0.15～0.35	0.15～0.30						≤0.030	≤0.020
T10A	0.95～1.04	0.15～0.30	0.15～0.30						≤0.030	≤0.020
45	0.42～0.50	0.17～0.37	0.30～0.80	≤0.25				≤0.25	≤0.040	≤0.040

我国压铸模常用钢与国外主要工业国家钢号的对照见表10－3。

表10－3 我国压铸模常用钢与国外主要工业国家钢号对照表

中国(GB)	美国(AISI)	俄罗斯(ГОСТ)	日本(JIS)	德国(DIN)	瑞典(ASSAB)	奥地利(BOHLER)	英国(B. S.)	法国(NF)
4Cr5MoSiV1	H13	4X5MФ1C	SKD61	X40CrMoV5－1	8407	W302	BH3	
4Cr5MoSiV	H11	4X5MФC	SKD6	X38CrMoV5－1		W300	BH11	Z38CDV8
3Cr2W8V(YB)	H21	3X2B8Ф	SKD5	X30WCrV9－5	2730(SIS)	W100	BH21	Z30WCV
4Cr3Mo3SiV	H10	3X3M3Ф	SKD7	X32CrMoV3－3	HWT－11	W321	BH10	320CV28
5CrNiMo	L6	5XHM	SKT4	55NiCrMoV6	2550(SIS)		PMLB/1(ESC)	55NCDV
4CrW2Si(YB)	S1	4XB2C		45WCrV7	2710		BS1	
T8A(YB)	W108	y8A	SK6	C80W1				Y1 75
T10A(YB)	W110	y10A	SK4	C105W1	1880		BW1A	Y2 105
45	1045	45	S45C	C45	1650(SIS)	C45(ONORM)	060A47	XC45

实用技巧

在设计实践中，一副模具所选用的零件材料的种类应尽量少，并且在满足各项经济技术要求的前提下优先选用大众化的材料，以利于采购备料、提高加工效率和效益、降低模具制造成本。

10.2.3 压铸模典型用钢的热处理规范

1. 3Cr2W8V 钢

3Cr2W8V 钢含碳量虽然不高，但在其他合金元素的共同作用下，共析点左移，它是共析或过共析钢。如果冶炼不当，钢锭中的元素偏析就特别严重，共析碳化物的数量会增多，易造成模具脆裂报废。高钨钢有脱碳的倾向，这是模具磨损快、粘模严重及表面早期出现热疲劳裂纹的原因之一。

但由于 3Cr2W8V 钢抗回火能力较强，仍作为高热强热作模具钢得到广泛应用，可以用来制作高温下高应力、但不受冲击负荷的凸模、凹模，如平锻机上用的凸凹模、铜合金挤压模、压铸用模具，也可以用来制作同时承受较大压应力、弯应力或拉应力的模具，如反挤压的模具；还可以用来制作高温下受力的热金属切刀等。

1）热加工

3Cr2W8V 钢锻造工艺规范见表 10－4。

表 10－4　3Cr2W8V 钢锻造工艺规范

项目	加热温度/℃	始锻温度/℃	终锻温度/℃	冷却方式
钢锭	1150～1200	1100～1150	850～900	先空冷，后坑冷或砂冷
钢坯	1130～1160	1080～1120	850～900	先空冷，后坑冷或砂冷

锻后要在空气中较快地冷却到 A_{c1} 以下(约 700℃)，随后缓冷(砂冷或炉冷)；如果条件许可，可以进行高温退火。

2）预热处理

(1) 一般退火：加热温度为 800～820℃，保温 2～4h，炉冷至 600℃以下出炉空冷，退火后硬度为 207～255HBS，组织为珠光体＋碳化物。

(2) 等温退火：加热温度为 840～880℃，保温 2～4h，等温温度为 720～740℃，保温 2～4h，炉冷至 550℃以下出炉空冷，退火后硬度≤241HBS。

3）淬火及回火

(1) 3Cr2W8V 钢推荐淬火工艺规范见表 10－5。

表 10－5　3Cr2W8V 钢推荐淬火工艺规范

淬火温度/℃	冷却介质	温度/℃	延续	冷却到 20℃	硬度 HRC
1050～1100	油	20～40	至 150～180℃	空气冷却	49～52

高温淬火：常取 1140～1150℃加热奥氏体化，油冷淬火后硬度可高达 55HRC，分级淬火硬度为 47HRC。3Cr2W8V 钢的淬火加热温度提高，马氏体合金化程度也提高，模具热强性特别好，但韧性稍差，一般用于制造铜合金和铝合金挤压模、压铸模、压型模等冲击力不太大，而要求有高热强性的模具。

(2) 3Cr2W8V 钢推荐回火工艺规范见表 10－6，硬度与回火温度的关系见表 10－7。

表 10-6 3Cr2W8V 钢推荐回火工艺规范

回火用途	加热温度/℃	加热设备	硬度 HRC
消除应力，稳定组织和尺寸	600～620	电炉	40.2～47.4

表 10-7 硬度(HRC)与回火温度(℃)的关系

硬度 回火温度 / 淬火温度	20	500	550	600	650	670	700
1050	49	46	47	43	35	32	27
1075	50	47	48	44	36	33	30
1100	52	48	49	45	40	36	32
1150	55	49	53	50	45	40	34

(3) 固溶超细化处理：将 3Cr2W8V 钢锻造毛坯在 1200～1250℃加热固溶，使所有碳化物基本溶入奥氏体，然后淬入热油或沸水中，并立即进行高温回火或短时间等温球化处理。等温回火温度为 720～850℃(模坯加工需选温度上限，模具已完成机械加工则选温度下限)。最终热处理可选用常规热处理工艺，1100℃加热，油冷淬火。

经过以上热处理的 3Cr2W8V 钢模具组织非常精细，未溶碳化物呈点状，碳化物不均匀分布基本消除，模具的使用寿命可成倍提高。

(4) 等温淬火工艺：加热温度为 1150℃，在 350～450℃等温后油冷，组织为下贝氏体＋马氏体的混合组织，硬度可达 47HRC 以上。等温淬火后以低温回火为宜，温度为 340～380℃。

等温淬火后获得的贝氏体组织有较高的强韧性，回火稳定性也比常规热处理好得多，抗冲击性能也较好，模具变形小，模具等温处理后有较高的使用寿命。

4) 力学性能

3Cr2W8V 钢淬火温度与硬度的关系见表 10-8。3Cr2W8V 钢回火温度与力学性能的关系见表 10-9。

表 10-8 3Cr2W8V 钢淬火温度与硬度的关系

淬火温度/℃	950	1050	1100	1150	1200	1250
硬度 HRC	44	49	52	55	56	57

表 10-9 3Cr2W8V 钢回火温度与力学性能的关系

回火温度/℃	400	450	500	550	600	650
σ_b/MPa	1800	1800	1800	1760	1620	1270
$\sigma_{0.2}$/MPa	1400	1420	1450	1500	1410	—
Ψ/(%)	36	35.5	35	35.5	38	36
δ_5/(%)	18	14	13	12	8	12

注：1100℃油淬。

2. 4Cr3Mo2MnVNbB(Y4)钢

Y4 钢是针对铜合金压铸模结合我国矿产资源情况而设计出来的新型热压铸模模具钢，接近 3Cr3Mo 类钢，但增加了微量元素 Nb 和 B。与 Y10 钢相比，Y4 钢中的 Cr 和 Si 含量下降，因此碳化物不均匀性下降，同时以 B 来提高因 Cr、Si 含量减少而降低的淬透性和高温强度。加入微量 Nb，Nb 的碳化物难溶于奥氏体，同时 Nb 的加入还可以提高 M6C 和 MC 型碳化物的稳定性，因此能细化晶粒，降低热过敏性，提高热强度性和热稳定。Y4 钢在力学性能上，尤其是热疲劳及裂纹扩展速率方面明显优于 3Cr2W8V 钢，是比较理想的铜合金压铸模材料，模具使用寿命有较大的提高。另外，Y4 钢在热挤压模、热锻模的应用方面也取得了明显成效。

1）热加工

Y4 钢锻造工艺规范见表 10－10。

表 10－10　Y4 钢锻造工艺规范

项目	加热温度/℃	始锻温度/℃	终锻温度/℃	冷却方式
钢锭	1150～1200	1100～1150	850～900	缓冷
钢坯	1130～1160	1080～1120	850～900	缓冷

2）预备热处理

等温退火：加热温度为 840～860℃，保温 2～4h，等温温度为 680℃，保温 4～6h，炉冷到 550℃出炉空冷。

3）淬火和回火

淬火温度为 1050～1100℃，油冷，硬度为 58～59HRC。回火温度为 600～630℃，回火时间 2h，回火 2 次，硬度为 44～52HRC。

4）力学性能

Y4 钢的室温及室温力学性能见表 10－11。

表 10－11　Y4 钢的室温及室温力学性能

实验温度℃	力学性能				
	σ_b/MPa	σ_s/MPa	δ/(%)	Ψ/(%)	a_k/(j/cm^2)
室温	1455	1292	12.5	42.2	5.9
300	1494	1328	7.8	19.0	12.2
600	978	861	10	15.4	27.3
650	815	719	5.6	7.8	17.5
700	605	534	4.3	11.6	27.5

注：1100℃油淬，640℃回火 2h。

3. 4Cr5MoSiV 钢(H11)

4Cr5MoSiV 钢是一种空冷硬化的热作模具钢，在中温工作条件下具有很好的韧性，较好的热强度、热疲劳性能和一定的耐磨性，在较低的奥氏体化温度条件下能空淬，热处理变形小，空淬时产生的氧化铁皮倾向小，而且可以抵抗熔融铝的冲蚀作用。

4Cr5MoSiV 钢的工艺性能如下：

(1) 锻造性能：该钢的锻造性好。锻造工艺为：加热温度 1120～1150℃，始锻温度 1050～1100℃，终锻温度≥850℃，锻后缓冷。

(2) 预备热处理：采用等温退火，其等温退火工艺为：加热温度 860～890℃，保温 2～4h，等温温度 710～730 ℃，等温时间 4～6h，炉冷至 500℃再空冷。退火后的硬度≤229HBS，切削加工性较好。

消除应力退火工艺为：加热温度 730～760℃，等温时间 3～4h，炉冷或空冷。

(3) 淬火工艺：该钢的常规淬火温度为 1000～1030℃，淬火冷却介质为油(油温为 20～60℃)或空气，淬透性好，淬火变形小。

(4) 回火工艺：回火温度为 530～580℃，回火后的硬度为 47～49HRC。

4Cr5MoSiV 钢的淬火温度、回火温度与力学性能间的关系如图 10.3 所示。

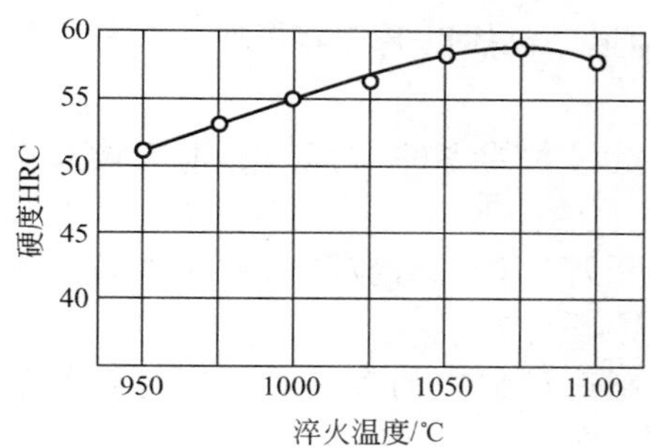

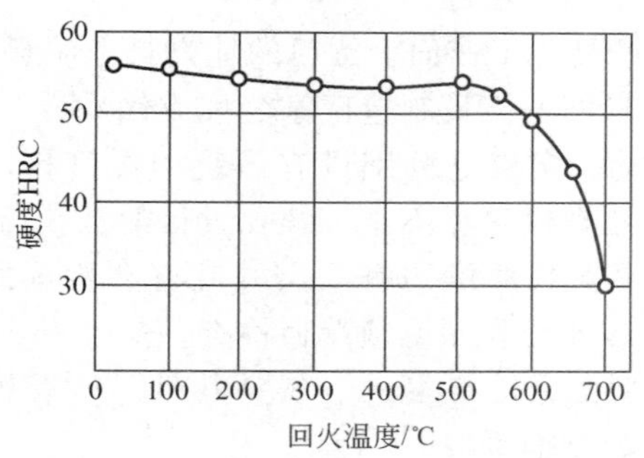

图 10.3　4Cr5MoSiV 钢的力学性能

4Cr5MoSiV 钢的应用范围如下：

该钢通常用于制造铝铸件用的压铸模、热挤压模和穿孔用的工具和芯棒，也可用于型腔复杂、承受冲击载荷较大的锤锻模、锻造压力机整体模具或镶块，以及高耐磨塑料模具等。此外，由于该钢具有好的中温强度，也被用于制造飞机、火箭等耐 400～500℃工作温度的结构件。

【参考图文】

10.3　压铸模技术要求

压铸模结构设计完成后，还有更重要更复杂的制造、装配、试模和生产应用过程。为了顺利进行模具的加工制造、试模和正常使用，必须在压铸模的装配图、零件图上注明对制造、装配、使用等过程的技术要求。

10.3.1　压铸模装配图应注明的技术要求

装配图应注明以下几方面的技术要求：

(1) 模具的最大外形尺寸(长×宽×高)。为便于复核模具在工作时，其滑动构件与机器构件是否有干扰，液压抽芯缸的尺寸、位置及行程，滑块抽芯机构的尺寸、位置及滑块到终点的位置均应画简图示意。

(2) 选用压铸机型号。

(3) 压铸件选用的合金材料。

(4) 选用压室的内径、比压或喷嘴直径。

(5) 最小开模行程(如开模最大行程有限制时，也应注明)。

(6) 推出行程。

(7) 标明冷却系统，液压系统进出口。

(8) 浇注系统及主要尺寸。

(9) 特殊运动机构的动作行程。

10.3.2 压铸模外形和安装部位的技术要求

压铸模的外形及安装部位应满足如下几点技术要求：

(1) 各模板的边缘均应倒角 2×45°，安装面应光滑平整，不应有突起的螺钉头、销钉、毛刺和击伤等痕迹。

(2) 在模具非工作面上醒目的地方打上明显的标记，包括以下内容：产品代号、模具编号、制造日期及模具制造厂家名称或代号。

(3) 在动、定模上分别设有吊装用螺钉孔，质量较大的零件(>25kg)也应设起吊螺孔。螺孔有效螺纹深度不小于螺孔直径的 1.5 倍。

(4) 模具安装部位的有关尺寸应符合所选用的压铸机相关对应的尺寸，并且装拆方便，压室安装孔径和深度须严格检查。

(5) 分型面上除导套孔、斜销孔外，所有模具制造过程中的工艺孔、螺钉孔都应堵塞，并且与分型面平齐。

10.3.3 压铸模总体装配精度的技术要求

压铸模的总体装配精度应保证达到下述几方面的技术要求：

(1) 模具分型面对动、定模座板安装平面的平行度按表 10-12 的规定选择。

表 10-12 模具分型面对动、定模座板安装平面的平行度规定 (单位：mm)

被测面最大直线长度	≤160	160～250	250～400	400～630	630～1000	1000～1600
公差值	0.06	0.08	0.10	0.12	0.16	0.20

(2) 导柱、导套对动、定模座板安装平面的垂直度按表 10-13 的规定选择。

表 10-13 导柱、导套对定、动模座板安装平面的垂直的规定 (单位：mm)

导柱、导套有效导滑长度	≤40	40～63	63～100	100～160	160～250
公差值	0.015	0.020	0.025	0.030	0.040

(3) 在分型面上，定模、动模镶件平面应分别与定模套板、动模套板齐平或允许略高，但高出量在 0.05～0.10mm 范围内。

(4) 推杆、复位杆应分别与分型面齐平，推杆允许凸出型面，但不大于 0.1mm，复位杆允许低于型面，但不大于 0.05mm。推杆在推杆固定杆中应能灵活转动，但轴向间隙不大于 0.10mm。

(5) 模具所有活动部位，应保证位置准确，动作可靠，不得有歪斜和呆滞现象；相对固定的零件之间不允许窜动。

(6) 滑块在开模后内定位准确可靠。抽芯动作结束时，所抽出的型芯端面，与铸件上相对应型位或孔的端面距离不应小于 2mm。滑动机构应导滑灵活，运动平稳，配合间隙适当。合模后滑块与楔紧块应压紧，接触面积不小于 1/2，并且具有一定的预应力。

(7) 浇道表面粗糙度 Ra 不大于 0.4μm，转接处应光滑连接，镶拼处应密合，脱模斜度不小于 5°。

(8) 合模时，型面应紧密贴合，如局部有间隙，则间隙尺寸应不大于 0.05mm(排气槽除外)。

(9) 冷却水道和温控油道应畅通，不应有渗漏现象，进、出口处应有明显标记。

(10) 所有成形表面的表面粗糙度 Ra 均不大于 0.4μm，所有表面都不允许有击伤、擦伤或微裂纹。

10.3.4 压铸模结构零件的尺寸公差与配合

压铸模是在高温下进行工作的，因此在选择压铸模零件配合公差时，不仅要求在室温下达到一定的装配精度，而且要求在工作温度下保证各部分结构尺寸稳定、动作可靠。尤其是与金属熔体直接接触的零件部位，在填充过程中受到高压、高速和热交变应力，与其他零件配合间隙容易发生变化，影响压铸的正常进行。

配合间隙的变化除了与温度有关外，还与模具零件的材料、形状、体积、工作部位受热程度及加工装配后实际的配合性质有关。因此，压铸模零件工作时的配合状态十分复杂。通常应使配合间隙满足以下两点要求：

① 对于装配后固定的零件，在金属熔体冲击下，不产生位置偏差。受热膨胀后变形不能使配合过紧，从而使模具镶块和套板局部严重过载，导致模具开裂。

② 对于工作时活动的零件，受热后，应维持间隙配合的配合性质，保证动作正常，而在填充过程中，金属熔体不致窜入配合间隙。

根据国家标准(GB/T 1800、1801、1803、1804)，结合国内外压铸模制造和使用的实际情况，现将压铸模各主要零件的公差与配合精度推荐如下：

(1) 成形尺寸的公差：一般公差等级规定为 IT9 级，孔用 H，轴用 h，长度用 GB/T 1800—F。个别特殊尺寸必要时可取 IT6～IT8 级。

(2) 成形零件配合部位的公差与配合：

① 与金属熔体接触受热较大零件的固定部分，主要包括套板和镶块、镶块和型芯、套板和浇口套、镶块和分流锥等。

整体式配合类型和精度为 H7/h6 或 H8/h7。

镶拼式的孔取 H8，轴中尺寸最大的一件取 h7，轴中其余备件取 js7、并使装配累计公差为 h7。

② 活动零件(包括推杆、推管、成形推板、滑块、滑块槽等)活动部分的配合类型和精度，孔取 H7，轴取 e7、e8 或 d8。

③ 镶块、镶件和固定型芯的高度尺寸公差取 F8。

④ 基面尺寸的公差取 js8。

(3) 模板尺寸的公差与配合：基面尺寸的公差取 js8；型芯为圆柱或对称形状，从基面到模板上固定型芯的孔的中心线尺寸公差取 js8；型芯为非圆柱或非对称时，从基面到模板上固定型芯的边缘尺寸公差取 js8；组合式套板的厚度尺寸公差取 h10；整体式套板的镶块孔的深度尺寸公差取 h10。

(4) 滑动槽的尺寸公差：

① 滑块槽到基面的尺寸公差取 f7。

② 对组合式套板，从滑块槽到套板底面的尺寸公差取 js8。

③ 对整体式套板，从滑块槽到镶块孔底面的尺寸公差取 js8。

(5) 导柱导套的公差与配合：对于导柱导套固定处，孔取 H7，轴取 m6、r6 或 k6；对于导柱导套间隙配合处，孔取 H7，轴取 k6 或 f7；若孔取 H8，则轴取 e7。

(6) 导柱导套和基面之间的尺寸：从基面到导柱导套中心线的尺寸公差取 js7；导柱导套中心线之间距离的尺寸公差取 js7，或者配合加工。

(7) 推板导柱和推杆固定板与推板之间的公差与配合：孔取 H8，轴取 f8 或 f9。

(8) 型芯台、推杆台与相应尺寸的公差：孔台深取＋0.05～＋0.10mm，轴台高取－0.03～－0.05mm。

(9) 各种零件未标注公差尺寸的公差等级均为 IT14 级，孔用 H，轴用 h，长度(高度)及距离尺寸按 js14 级精度选取。

10.3.5 压铸模结构零件的几何公差和表面粗糙度要求

几何公差是零件表面形状和位置的偏差。成形零件的成形部位和其他所有结构件的基准部件几何公差的偏差范围，一般均要求在尺寸的公差范围内，在图样上不再另加标注。压铸模零件其他表面的几何公差按表 10－14 选取，在图样上标注。

表 10－14 压铸模零件的几何公差选用精度等级

有关要素的几何公差	选用精度
导柱固定部位的轴线与导滑部分轴线的同轴度 圆形镶块各成形台阶表面对安装表面的同轴度 导套内径与外径轴线的同轴度 套板内镶块固定孔轴线与其他套板上的孔的公共轴线同轴度	5～6 级 5～6 级 6～7 级 圆孔 6 级、非圆孔 7～8 级
导柱或导套安装孔的轴线与套板分型面的垂直度 套板的相邻两侧面为工艺基准面的垂直度 镶块相邻两侧面和分型面对其他侧面的垂直度 套板内镶块孔的表面与分型面的垂直度 镶块上型芯固定孔的轴线对分型面的垂直度	5～6 级 5～6 级 6～7 级 7～8 级 7～8 级
套板两平面的平行度 镶块相对两侧面和分型面对其底面的平行度	5 级 5 级
套板内镶块孔的轴线与分型面的端面圆跳动 圆形镶块的轴线对其端面的径向圆跳动	6～7 级 6～7 级
镶块的分型面、滑块的密封面、组合拼块的组合面等的平行度	≤0.05mm

压铸模零件的表面粗糙度，既影响压铸件的表面质量，又影响模具的使用、磨损和寿命，应按零件的工作需要选取，适宜的表面粗糙度见表 10－15。

表 10－15　压铸模的表面粗糙度

表面位置	表面粗糙度 $Ra/\mu m$
镶块、型芯等成形零件的成形表面和浇注系统表面	0.1～0.2
镶块、型芯、浇道套、分流锥等零件的配合表面	≤0.4
导柱、导套、推杆、斜销等零件的配合表面	≤0.8
模具分型面、各模板间的接合面	≤0.8
型芯、推杆、浇道套、分流锥等零件的支撑面	≤1.6
非工作的其他表面	≤6.3

本章小结

一副压铸模通常需要好几种材料来制成，每一种材料均在压铸模中发挥一定的作用。选择合适的模具材料是压铸模设计成败的关键之一。本章内容主要从压铸模工作条件入手，针对模具的失效形式来提出模具用材的性能要求，通过介绍压铸模常用材料及热处理要求，进而分析模具各部分的材料选择。同时也介绍了压铸模的装配、零件的尺寸、几何公差的具体技术要求。本章重点是根据实际模具工作条件合理选择相应的材料及压铸模设计的具体技术要求。

关键术语

模具服役(service of die)、模具寿命(die service life)、模具失效(die failure)、模具材料(die material)、热处理规范(specification of heat treatment)、技术要求 (technical requirements)

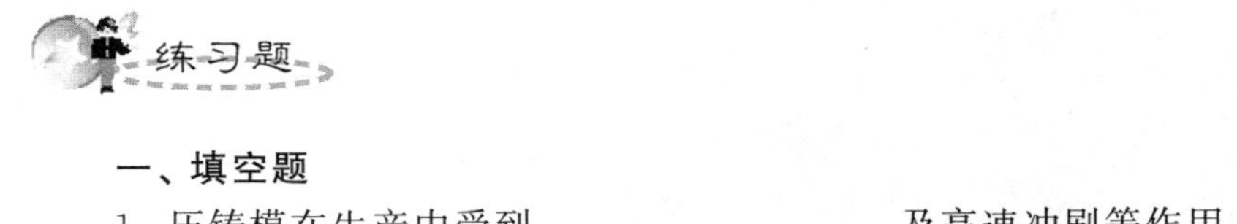

一、填空题

1. 压铸模在生产中受到________、________及高速冲刷等作用。其常见的失效形式为________、________、________。

2. 压铸模中的受力、结构及紧固等零件则应有足够的________和________ 。

3. 为满足压铸模对材料性能的要求，所用成形零件材料的成分中应含有________、________、________及 Co、Mo、V 等元素。

4. 压铸模配合间隙的变化除了与________有关外，还与模具零件的________、________、体积、工作部位受热程度及加工装配后实际的配合性质有关。

二、问答题

1. 压铸模的工作条件是什么?
2. 对压铸模材料性能要求有哪些?
3. W 基合金具有哪些特点?
4. 确定压铸模成形零件和结构零件的尺寸公差时，应分别考虑哪些因素? 哪些压铸模零件尺寸须考虑几何公差?

实 训 项 目

对如图 10.4 所示压铸件(铝合金)及其模具主视图，完成以下要求内容:

1. 了解压铸模具体结构形式。
2. 熟悉模具各零部件名称。
3. 对各零部件进行材料选择，并写出成形零件材料的热处理要求。

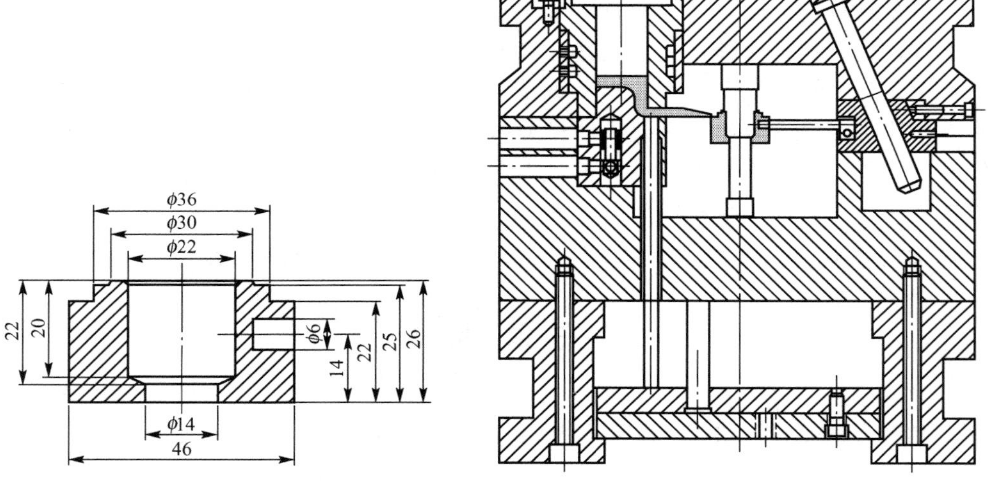

图 10.4 铝合金压铸件及模具示意图

第11章 压铸模 CAD/CAE 技术简介

知识要点	目标要求	学习方法
压铸模 CAD	了解	通过课程讲解及多媒体课件演示，了解压铸模 CAD 的基本应用，结合压铸模设计原则，初步熟悉压铸模 CAD 流程和方法
压铸模 CAE	了解	在熟悉压铸程序、工艺、模具结构原理及相关 CAE 应用软件基础上，了解压铸模 CAE 基本流程和方法，能初步根据 CAE 模拟的结果对出现的问题提出相应的优化对策

导入案例

现代压铸模CAD/CAE/CAM技术的广泛应用，从根本上改变了传统模具设计与制造的方法，大大优化了模具结构、成形工艺，提高了压铸件的质量及新产品的开发效率。随着压铸模CAD/CAE技术的日益成熟和深入应用，作为现代模具设计人员必须了解和熟悉压铸模CAD/CAE相关技术，并能熟练应用相关工具进行压铸模结构的设计、优化及压铸成形工艺的优化。

如图11.1所示为一端盖压铸件，材料为YL102，该零件密封性能要求很高，压铸件应没有气孔、疏松、裂纹等缺陷。现采用压铸成形进行批量生产，分析该压铸件结构工艺性，并进行模具CAD设计，以及利用CAE软件进行模拟和分析优化，重点需要解决以下问题：

压铸件结构工艺性；压铸模总体结构(两个侧抽芯)；压铸模CAD应用；压铸CAE分析。

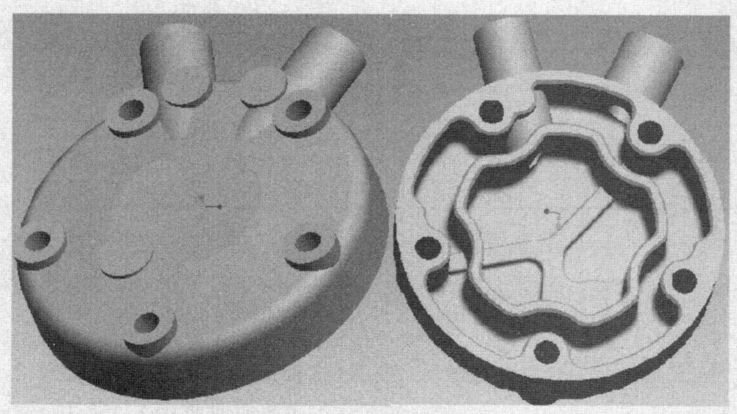

图11.1　铝合金端盖压铸件

11.1　基本内容

压铸模设计中，工艺参数和模具结构的合理性对压铸件的质量和成品率及模具的使用寿命都会产生极大的影响。压铸模的造价比较高，一般均在数万元至几十万元，有的高达几百万美元，传统的设计和落后的制造水平若造成压铸模的报废，将会带来很大的经济损失，同时，由于传统设计和制造的不可靠性，使得很多压铸模需要多次的反复试模、修模，增加了模具的成本，延长了新产品的开发周期。

随着计算机技术的飞速发展，现代模具设计与制造已经大量采用计算机辅助设计(CAD)、计算机辅助工程分析(CAE)和计算机辅助制造(CAM)等技术。模具CAD/CAE，是计算机技术在模具生产中综合应用的一个新的飞跃，它是在模具CAD和模具CAE分别发展的基础上发展起来的并通过改造传统模具生产方式的关键技术，是一项高科技、高效益的系统工程。模具 CAD/CAE 以计算机软件的形式，为用户提供一种有效的辅助工具，使工程技术人员能借助于计算机对产品、模具结构、成形工艺及成本等进行设计和优化。模具 CAD/CAE 技术的迅猛发展，软件、硬件水平的进一步完善，为模具工业提供了强有力的技术支持，为企业的产品设计、制造和生产水平的发展带来了质的飞跃，已经成为现代企业信息化、集成化、网络化的最优选择。

模具 CAD/CAE 技术同样在铸造领域得到了广泛的应用，并已成为铸造学科的技术前沿和最为活跃的研究领域。压铸模 CAD/CAE 利用计算机强大的计算和图形功能辅助模具设计，提高设计精度和设计的可靠性，使设计的模具结构及浇注系统更为合理，效率更高。在 CAD 的基础上将设计信息输入 CAE 系统，进行压铸过程的数值模拟，优化模具结构，找出最佳工艺参数，实现金属液合理的充型状态和模具的热平衡。通过绘图仪输出高精度、高质量的设计图纸。最后将优化的设计信息经 CAM 系统生成 NC 程序以高质量完成模具的制造，大大提高了产品研制和开发能力。

11.1.1 压铸模 CAD 简介

压铸模 CAD 是指利用计算机技术完成压铸工艺和压铸模设计过程中的信息检索、方案构思、分析、计算、工程绘图和文件编制等工作。它与传统的人工设计相比，具有缩短模具设计与制造周期、提高压铸件的质量、减轻设计人员的工作强度及降低成本等优点。

目前，压铸模设计大多采用通用的 CAD 系统，如 CATIA、UG、I-DEAS、Pro/E、EUCLID、CADDS5、CAXA、AutoCAD、MDT 等。压铸模 CAD 内容大致如下：在输入压铸件具体形状、尺寸、合金种类后 ，可估算出压铸件体积与质量，选择压铸机，设计浇注系统、型腔镶块、导向机构、模板、推出机构等，并选用材质，最后绘出模具图样。

1. 压铸模 CAD 系统结构

一个典型的三维压铸模 CAD 系统，主要包括以下几个方面：

1）压铸件工艺参数的计算

实现对每一种压铸件的压铸工艺参数(如体积、质量、投影面积、浇注温度、模温等)的计算和选择。

2）压铸机的参数选择

完成压铸机各参数(如压射比压、压射速度、锁模力等)的选择和校核。

3）浇注系统的设计

通过与计算机交互选择并设计直浇道、横浇道、内浇口、溢流槽、排气道等。

4）分型面的设计

通过与计算机的交互确定压铸件的分型线和分型面，完成型腔和型芯区域的提取。

5）模具结构的设计

通过概括和总结压铸模设计的规律与经验，运用数学方法由计算机交互进行模具结构的设计，包括型腔和型芯、导柱和导套、动(定)模套板、定模座板、动模支承板、动模垫板、动模座板等的设计。

6）推出机构的设计

完成包括推杆固定板、推板、推杆基本尺寸的设计计算及强度校核。

三维压铸模 CAD 系统的总体结构如图 11.2 所示。

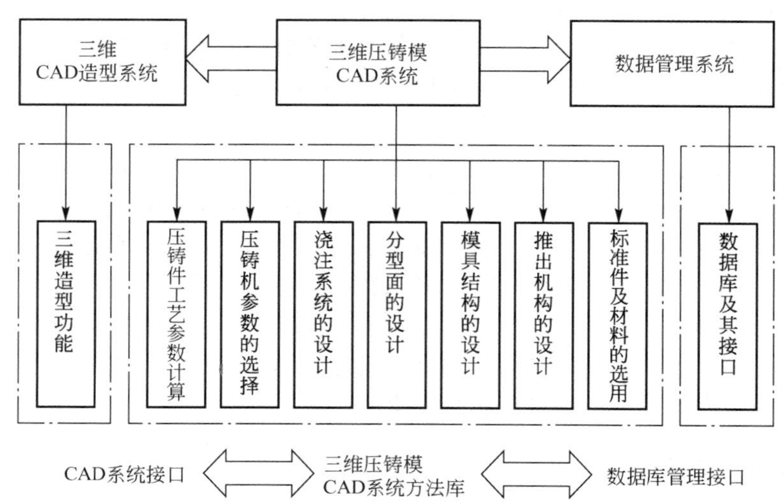

图 11.2　三维压铸模 CAD 系统的总体结构图

2. 压铸模 CAD 的发展趋势

经过多年的研究与开发，国内外在压铸模 CAD 方面取得了较为丰富的成果。目前发展起来的压铸模 CAD 开发方法主要有两种：一种是基于通用 CAD 软件平台进行开发，如 Pro/E、UG 等；另一种是根据在 Windows 环境下可视化编程语言编写 CAD 核心程序，核心程序以外的部件由其他专业 CAD 软件开发，如对于图形处理功能，可采用 UG、Pro/E、AutoCAD、Solidedge、Solidworks 等软件来实现。当前的压铸模 CAD 研究方向主要包括三个：一是基于三维几何造型设计系统的专业模块开发研究，进行基于参数化特征的精确实体造型；二是基于工艺数据交换和接口技术的开发研究，以实现产品数据的描述、共享、集成及存档等；三是基于软件系统实现的压铸工艺与模具现代设计理论方法的开发研究。其中，在第三个方向上的研究力度尤其显得薄弱。这方面的具体研究内容主要包括：面向对象设计技术；并行设计技术；智能化设计技术(包括专家设计技术、人工神经网络技术、模糊集合理论等)；结合数值模拟分析的评价知识系统设计技术。由此决定了今后压铸模 CAD 技术的发展趋势如下：

1）面向压铸件特征的建模设计

产品设计的过程也是信息处理的过程。基于特征的产品定义模型，是目前被认为最适合 CAD/CAM 集成的模型，它把特征作为产品模型的基本单元，将产品描述为特征的集合。它面向对象的特征表达，与传统的特征表达方法相比，其继承性、封装性、多态性及直接面向客观世界等方面具有传统的特征表达方法所无法比拟的优势。特征库是特征建模的基础，而特征库的建立与具体的应用行业紧密相关。

2）压铸工艺并行设计系统模型

并行设计法是一种系统工程的设计方法。它在产品的设计阶段就考虑到零件的加工工艺性、制造状态、产品的使用功能状态、制造资源状态、产品工艺设计的评价与咨询，以及产品零件公差的合理设计等。压铸工艺并行设计系统结构如图 11.3 所示。

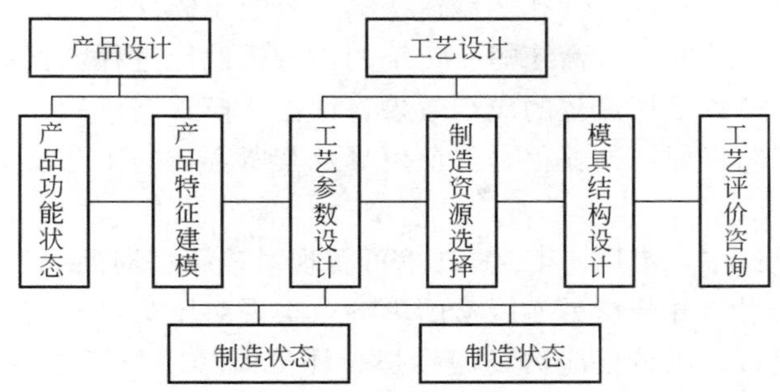

图 11.3 压铸工艺并行设计系统结构

3）ES 技术与 CAD 技术的结合

在 CAD 系统中引入 ES(Expert System 专家系统)技术，形成智能 CAD 系统。将 ES 技术融入 CAD 技术中，以人类思维的认识理论为基础，将设计人员擅长的逻辑判断、综合推理和形象思维能力与计算机的高速精密计算能力相结合，充分发挥专家系统运用不确定知识进行符号推理的优点，使智能 CAD 系统能够模拟设计者做出设计决策，提出和选择设计方法和策略，并且在概念设计、逻辑设计、细节设计和工程分析的综合决策中得到知识库和专家系统的支持，进一步提高工程设计的效率和质量。

4）基于 BP 神经网络的压铸工艺参数设计

目前采用模拟人脑形象思维特点的神经网络，来处理和分析在压铸工艺设计领域中大量出现的、反映设计人员知识经验的模糊、定性型数据、符号信息是最适宜的。在各种形式的网络中，最常用的为误差反向传播 BP 神经网络，反映其 BP 定理指出：给定任意精度 $\varepsilon>0$ 和任意映射 $f:[0,1]^m\rightarrow R^m$(实数域)，一个三层 BP 网络可在 ε 平方误差内逼近 f。因此，可采用 BP 神经网络来模拟压铸浇注工艺参数设计中基本工艺状况之间出现的复杂非线性映射，主要指压铸件与模具之间的映射。

5）模糊集合理论在压铸工艺中的应用

根据模糊集合理论，可以研究压铸工艺设计中大量出现的非确定性、非数值性，且事关经验的各种设计变量的状态及相互间的关系，较好地解决工艺设计过程中的各种复杂性、动态性问题。另外，还包括对压铸生产体系进行故障智能诊断与对策咨询、设计方案的综合评价等。目前的发展趋势是，在归纳现有的压铸生产实际工艺数据的基础上，采用 MATLAB 模糊逻辑工具箱来实现工艺设计过程的模糊智能化逻辑推理过程。

6）结合数值模拟分析的评价知识系统

随着数值模拟技术的快速发展，现在可利用它来进行充型与凝固分析，预测压铸件气孔、缩孔等铸造缺陷和残余应力，预测变形情况及模具寿命，确保设计质量的可靠性，以获得优质压铸件和高生产率。由于数值模拟结果只能显示可能出现的缺陷区域，不能提供直接产生这种缺陷的原因或提出相应的对模具结构与工艺设计的修改方案，因此需要在数值模拟后处理过程中引入知识处理机制，建立起对数值模拟结果进行归纳、分类、推理、判断等系列符号推理方法，对模具设计进行评判并给出修改建议。

11.1.2 压铸模 CAE 简介

在压铸生产过程中，液态和半固态的高温金属在高速、高压下充型，并在高温下迅速凝固，容易产生流痕、浇不足、气孔等铸造缺陷，影响压铸件质量，同时容易造成模具的冲蚀、热疲劳裂纹等，使模具寿命缩短。传统的压铸模设计过程，很难在设计之前优化出最佳的压铸工艺，使模具发挥最佳的应用效果，往往在模具制成后，在使用中进行不断的修补以实现预期的工艺目标。这就很难保证模具及其所实现的工艺质量，也很难保证模具的开发周期。

在现代压铸模设计中，借助于CAE技术可实现对连续多周期生产全过程的模拟分析，变未知因素为可知因素，并分析易变因素的影响，实现对压铸过程的金属液体充型凝固模拟、压铸模温度场模拟、压铸模应力场的模拟，评价模具冷却工艺和判断模温平衡状态，评估可能出现的缺陷类型、位置和程度，设计合理的压铸件、压铸型结构及浇注系统，选择恰当的压铸工艺参数，然后围绕此方案进行模具的力学分析及结构设计，保证其合理的力学结构。这种具有过程和质量前瞻性的科学的设计方法，不仅节省了模具开发制造的费用和周期，同时也有力地保证了模具及其所实现的压力铸造工艺的质量。

压铸工艺CAE软件的核心是压铸件充型、凝固过程的数值模拟。压铸件充型、凝固过程数值模拟的基本思路，是用有限分析(有限元或有限差分)方法对充型或凝固过程中所相应的流动、温度、应力应变等物理场所服从的数理方程进行数值求解，得出这些物理场基于时空四维空间行为的细节，由此引出相应的工程性的结论。一般而言，这些数理方程都是时空思维空间里的二阶偏微分方程。这种方程只有在极其简单的边界条件下才有可能通过数学推导的方法求得其通用的分析解，而实用铸件的情况下，边界和初始值条件都非常复杂，实际上不存在通用的分析解。但是，若借助高速发展的计算机技术及其相关技术，采用数值求解方法，这些复杂的边界与初始值问题可以得到完满的解决。多年来，实践中已经涌现出大量成功的范例，证明数值求解不仅能解出方程，而且确实能辅助完成铸造工艺的优化。

压铸模CAE和CAD是紧密相连的，CAE要利用CAD阶段得到的型腔数据和模具结构，结合压铸机参数、压铸工艺参数、压铸材料和模具材料的性能指标等进行分析计算，得到的分析结果又反过来指导设计人员修改设计方案直至合理。

1. 压铸模CAE软件的结构

铸造CAE软件工作的依据是铸件充型及凝固过程的数值模拟，而数值模拟的核心则是数理方程的有限分析求解，实用铸造CAE软件大多是用有限差分法(FDM)进行数值求解。从总的结构来看，基于有限差分方法的软件一般都划分为前置处理、数值求解、后置处理三大模块。图11.4所示为铸造CAE软件结构。

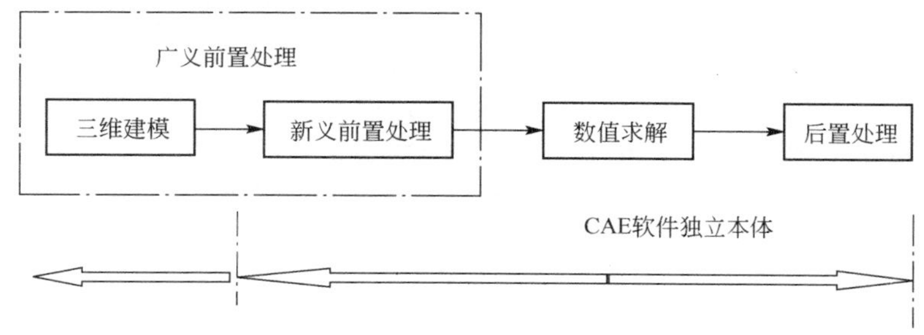

图11.4　铸造CAE软件结构

1）前置处理

在数值迭代之前为其准备迭代环境，这是迭代之前要做的工作。这一工作包含几何造型(或称三维建模)与网格划分两大部分。对于用户来说，三维建模是操作工作量最大的环节，因为一般来说，压铸件的几何形状都是比较复杂的，要准确地将其每一局部都造型出来，要投入很多时间。

时下流行的铸造CAE软件大多是将三维建模任务剥离出来，借用市场上各种强大的三维CAD软件完成此项工作。实际上，CAE软件在前置处理上的这种剥离方式并不完全是开发者人为主观的选择，而是多年来实践和市场选择的结果，是自然优化形成的格局。这不仅有利于开发者集中精力和专业优势做出功能丰富又可靠的CAE软件，也有利于用户灵活选择自己适用的CAD软件。特别是许多企业要求其CAE系统与企业内机械加工系统统一配置CAD软件时，这种灵活性更显出其重要意义。

在这种分工方式下，铸造CAE软件前置处理模块的主要任务就是三维接口、网格划分、几何识别和单元标识，在许多叙述中常常将这些工作系统成为网格划分。

三维建模功能剥离后，剥离交界处数据的交换是一个非常敏感的问题。目前流行的铸造CAE软件，包括国外最响品牌的一些软件，如德国的MagmaSoft、美国的ProCast，以及国内的FT－Star、华铸CAE/InteCAST等，大都采用STL数据格式与前端三维建模软件进行接口。由于这种数据格式受到绝大多数不同档次三维CAD软件如Pro/E、UG、SolidWorks、AutoCAD等的支持，因此，前端建模工具的可选范围非常宽。

STL数据格式是将零部件实体表面划分成一系列足够小的三角形，记录这些三角形三顶点的坐标和外法线单位向量的三分量，这就是STL的全部数据。在这种数据格式下，实体中原有的几何要素，如方形、球形、柱形、锥形等的几何特征全部消失，取而代之的是千篇一律的小三角形。于是，复杂的几何构造被转化为简单的三角形序列。前置处理接口的任务就是要从这种小三角形序列中提取几何信息，进而构建差分用的网格系统。

网格划分，就是选择适当的单元尺寸，将整个域空间划分成一系列小立方体，形成网格构造，并相应地建立一个巨大的三维数组，用数组里的每个数组元素分别去对应网格中的一个小立方体单元。然后进行几何识别，也就是扫描每一个立方体单元，按其与STL描述的各表面之间的相对几何关系，区分出每个立方体单元各落在铸件铸型系统的哪一部分，是铸件内，还是铸型内、型芯内、冷铁内等。识别的结果用一个专门的数组进行标识，这种标识既包含了几何信息，也包含了物理信息，是以后迭代计算和后置处理的基本依据。

网格划分不仅是满足一定求解精度的需要，也是确保大量迭代计算有序化的需要。铸件铸型系统极其复杂的几何结构和物理属性的差异，未经处理计算机是无法识别，更是无法运算的。但是，通过网格划分和单元标识，几何的信息和物理的信息被统一到有序的、线性的代数结构中，使极其复杂的四维空间里的数理方式通过数值迭代、循环计算完成求解。这对于整个数值求解，甚至于整个CAE都是意义非常重大的。

由于铸件铸型系统几何关系的复杂性，目前流行的许多强大的三维CAD软件，其输出的STL数据难免存在一些瑕疵。这些瑕疵轻者会造成网格划分时的识别错误；重者会造成软件系统的运行失衡；严重者会使系统崩溃、硬件死机。因此，优秀的前置处理必须具备STL容错、纠错的能力，确保在任何情况下系统能够正确稳定地运行。

2）数值求解

数值求解是整个软件的核心，其任务是用数值迭代去求解各相应物理场的数理方程，包括流动场、温度场、应力场等。

数值求解阶段，首先要为方程的各有关参数、系数赋值，为温度场、流动场各初始条件和数组元素赋初值。数理方程各系数一般都是各相关的物性参数，其值一般都要从相关的数据库查询，因此赋值过程首先包含一个查取参数值的操作。紧接着，要对计算中的一些选项，如时间步长、存盘方式、存盘间隔、计算终止方式等进行选择、设定。这些都是维持适当的、正常的迭代计算所必须的环境，是商品软件为用户提供充分的运行灵活性，为用户提供丰富的服务功能的方式。

对于复杂的压铸件，其计算过程的耗时一般都比较长，对这一过程进行维护和对其间发生的各种异常情况进行应急处理，是商品软件必须具备的能力。比如，出于某种需要，用户可能会要求中途临时终止计算，此时软件应能自动保留断点的现场，并在后续开始运行时自动恢复现场。在意外掉电的情况下，软件应有能力尽量减少丢失数据的损失等。

虽然数值求解是整个软件的核心，但由于数值迭代的有序性，程序循环的自持性，巨大的计算工作量都是在软件的控制下自动进行的，需要用户操作的工作量很少。对于用户来说，数值求解模块所需的操作是整个软件三大部分工作量中最少的部分。

3）后置处理

后置处理是整个软件最终向用户提供各种分析结果的窗口，这些结果提供的方式和可靠程度是影响整个软件工程效果的关键之所在。实践证明，后置处理的成败是凝固模拟研究成果是否能向实用转化的分水岭，是铸造 CAE 软件商品化效果的试金石。多年来，凝固模拟领域积累了大量的研究成果，这些成果如果不能及时转化为实际生产力，不能到实际生产中去经受检验，其价值与可信度就很有限。从这个意义上来讲，后置处理又是保证 CAE 软件能够不断从实践检验中吸取营养，从而得到健康发展的至关重要的环节。

后置处理的基本要求是可视化。从数值求解中得到的解是一个庞大的数据阵列，要从中提取信息，绘制出能够揭示物理内涵、反映工程因果的可视化图形，让用户能从数值求解数据中得到有助于工艺设计的辅助信息和判断依据，这是后置处理首先要做到的。压铸件结构一般比较复杂，表达复杂的三维关系还需配合旋转、剖切、透视等手段，后置处理要在用户操作的环境下向用户提供这些手段，并且要稳定可靠、方便灵活。

图形和动画是后置处理的两个主要表达方式。作为商品软件，不仅要提供这些表达，更重要、更难做的是，向用户提供一种最方便、最简洁的操作环境，使用户在其中能够轻松地实现所需的表达。为此，软件要具备多选项、多方式的图形生成功能，要具备多灵活性的动画剪辑与合并功能，还要为这些图形动画提供丰富、便利的显示及播放功能。

压铸件的质量主要取决于充型凝固过程，压铸件的缺陷也大都形成于此过程。过程是第四维时间 t 的函数，准确地模拟显示一个三维过程，最贴切的方式莫过于三维动画。充型中的涡流、翻卷，凝固中液相的孤立、通道的隔断等，都需要动画表现，只有在动画观察下才能有把握得到过程的最准确、最细腻的细节。

2. 国内外压铸过程 CAE 软件系统的现状和发展方向

目前模具与压铸件的温度场数值模拟技术已基本成熟，已有一批实用化软件包投入使用，表 11－1 列出了目前国内外投入使用的部分凝固模拟软件，这些软件主要用于分析模具温度分布和铸件凝固过程，以优化模具设计(主要是冷却系统)和工艺参数的设计。

表 11－1 国外具有代表性的压铸数值模拟软件

软件名称	方法	部分网格	主要功能	开发单位
SOLDIA	FDM	直角六面体	温度场	小松制作
STEFAN	FDM	直角六面体	温度场、流场	Tohoku Univ
MAGMASOFT	FDM	直角六面体	温度场、流场、应力场	MAGMA
ProCAST	FEM	各种有限元网格	温度场、流场、应力场	UES
DMT CASTHERM/CASTFLOW	BEM	二维面单元	温度场、流场	CSIRO

目前正在深入研究的方向是考虑多种边界条件和完善热物性参数，使模拟更接近实际过程，同时改进算法，提高模拟计算效率。充型过程数值模拟的研究是热点，基于层流假设的充型过程数值模拟已纳入一些实际应用软件中，但由于压铸充型在高压高速条件下进行，是强烈的紊流运动，运动流体的前沿是不连续的甚至是有喷射雾化的现象，因此给数值模拟带来很大的困难。目前的研究正着眼于修正计算机模型与算法，使得充型过程数值模拟更能接近于实际充填情况。应力场的数值模拟主要着眼于研究热疲劳对模具寿命的影响及铸件的变形问题。应力场数值模拟研究会涉及合金和模具材料在高温下的复杂力学本构关系及变化的边界条件。因而，对压铸过程应力场的模拟，很大程度上依赖于力学和有限元软件技术领域的进展和突破。国内外很多研究人员直接使用 ASTEAN、ANSYS、ABAQUS、MARC、PANTRAN 等商业化有限元软件。

国内外如设立在美国俄亥俄州立大学的精确制造工程研究中心，从合金材料到操作工艺，对压铸件的每个环节都做了细致而深入的研究。国内的中北大学、清华大学、华中科技大学、东南大学、上海交通大学等院校都在数值模拟软件方面进行研究、开发或集成，形成一些具有使用价值的 CAD/CAE/CAM 系统。

11.2 常用软件及其应用

11.2.1 三维压铸模 CAD 设计实例

现以本章导入案例中端盖压铸零件为例，利用 Pro/Engineer 对其进行成形零件的 CAD 设计。

1. 结构特征分析及三维建模

分析图 11.1 所示的端盖零件的三维模型图，该零件总体结构比较规则，通过拉伸、剪切、拔模、倒角等命令建立实体模型，即可完成端盖的绝大部分造型工作。由于 Pro/Engineer 软件的参数化驱动方式，故应在设计时采用草绘方式，在以后设计过程中可随时修改尺寸，非常方便。在绘制二维截面图的过程中，注意不要试图建立很复杂的剖面，圆角最好在 3D 实体模型中用倒圆角功能作出，尤其是受脱模斜度影响的部位必须在作了脱模斜度之后再倒角，以免产生错误。

2. 模具设计

1）建立新的模具文件

启动 Pro/Engineer，单击“新建”按钮，弹出“新建”文件对话框，选择“制造”→“模具型腔”选项，输入文件名“duangai”，单击“确定”按钮；在“新文件选项”对话框中选择“mmns _ mfg _ mold”选项，单击“确定”按钮。

2）建立模具模型

在“菜单管理器”中选择“模具模型”→“装配”→“参照模型”选项，读取设计好的端盖为参考零件，接受默认的文件名。

在“菜单管理器”中选择“模具模型”→“创建”→“工件”选项，选择“手动”选项，系统弹出“元件创建”对话框，在名称栏中输入工件名(可接受默认的文件名)，单击“确定”按钮；在“创建选项”中选择“创建特征”选项，单击“确定”确定。进入实体创建界面，按模具设计要求创建工件。这时创建的工件是模具的毛坯，用于在以后的设计步骤中生成模具的动、定模块。

3）设置收缩率

在“菜单管理器”中选择“收缩”→“按尺寸”选项，在弹出的“按尺寸收缩”对话框中选择“公式”“1+S”选项，将所有尺寸比率设为 0.005(YL102 按 0.5%计算收缩率)，单击“√”按钮，完成收缩率设置。

4）分型面设计

创建分型面的作用在于将型腔分割成两个或若干个模具元件，也就是我们所说的动模、定模、抽芯等，它由模具组件特征构成，可由一个或多个曲面特征组成。这是模具设计的重要环节之一，直接反映压铸件在生产时的成功率和模具制造时的难易程度。在端盖模具设计过程中，要创建的分型面有一个形成动模、定模的主分型面(图 11.5)，五个形成动模型芯的分型面(图 11.6)，两个抽芯分型面(图 11.7)。

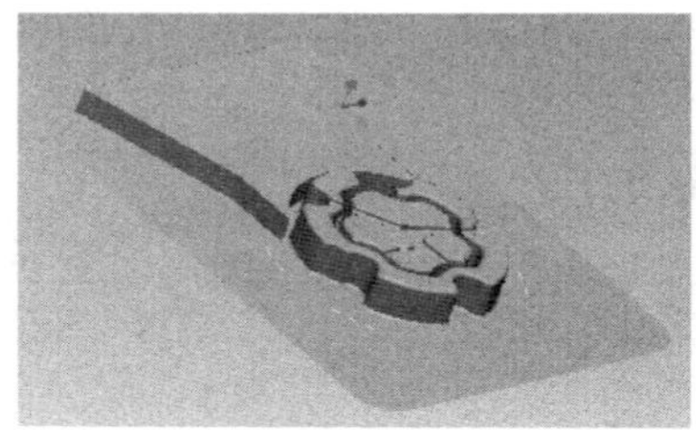
(a) 主分型面

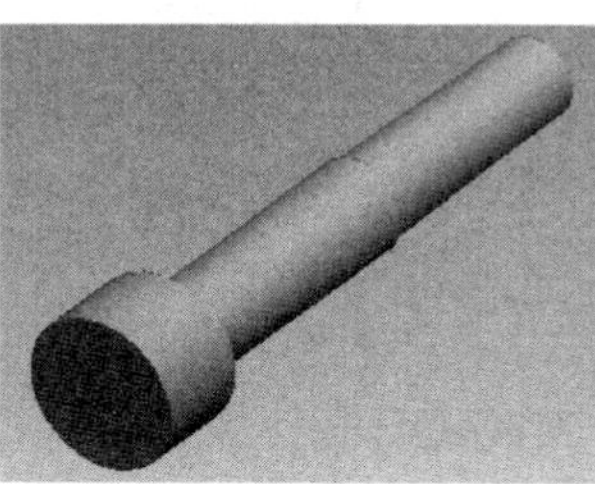
(b) 动模型芯分型面

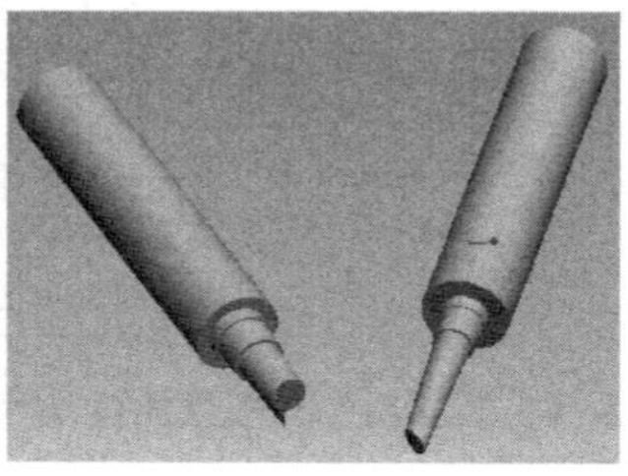
(c) 抽芯分型面

图 11.5　分型面

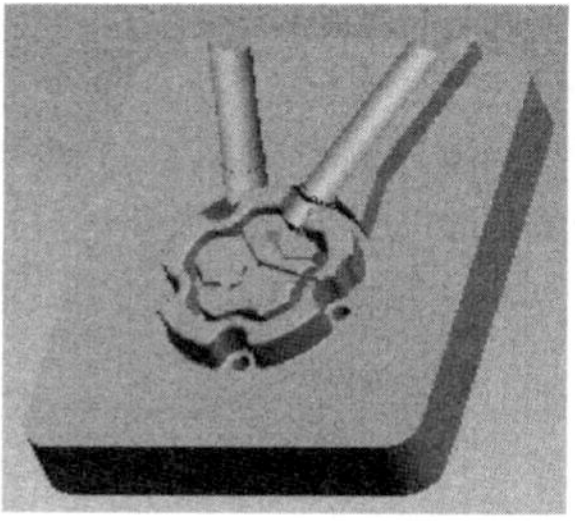
图 11.6　动模体积块

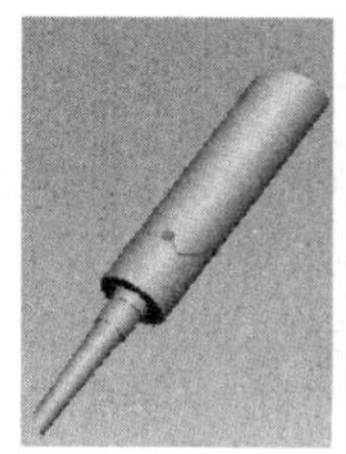
(a) 修整前

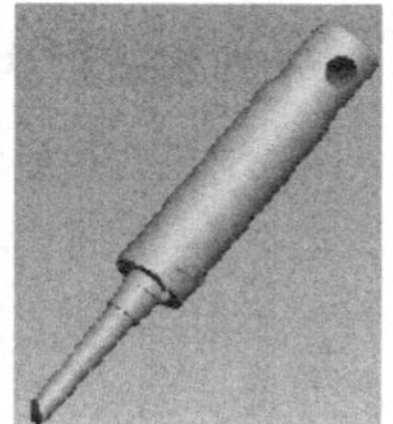
(b) 修整后

图 11.7　抽芯

在创建分型面时，Pro/Engineer 要求分型面上不能有孔，否则将无法分型。简单的孔洞可通过 Pro/Engineer 提供的填补靠破孔功能解决，复杂曲面上的孔洞必须通过曲面创建、缝合等方法填补靠破孔。在端盖分型面创建时，两抽芯孔在零件内腔一端处在不同的曲面上，用 Pro/Engineer 提供的填补靠破孔功能无法解决靠破孔填补，而且由于有脱模斜度，该处曲面创建难度较大。这里在零件造型时，在抽芯孔未形成之前，将内腔曲面复制，创建分型面时用复制曲面与其他面缝合，效果比较好。

5）分割、抽取体积块

分割体积块就是用分型面将前面创建的毛坯分割成不同的部分，在形状复杂的模具设计过程中，应特别注意体积块分割次序对分型面的设计有很大影响，以简化分型面的设计，提高工作效率。端盖模具体积块分割次序为，先在毛坯上用抽芯分型面分割两抽芯体积块，再用动模型芯分型面分割动模型芯体积块，最后用主分型面分割出动模、定模体积块。在分割体积块时可根据系统提示输入体积块名，也可接受默认名。

毛坯经上述步骤分割后，并不能直接生成模具零件，必须用 Pro/Engineer 软件提供的抽取体积块功能将其转换为模具零件。在“菜单管理器”中选择“模具元件”→“抽取”选项，弹出“创建模具元件”对话框，单击[≣]按钮，选全部，单击“确定”按钮即完成转换，图 11.6 所示为经分割、抽取体积块创建成的动模体积块。

6）浇注、溢流系统设计

由于压铸模与塑料模浇注系统差别较大，该模具的浇注系统不能使用 Pro/Engineer 软件提供的方法，须采用曲面拉伸、合并、倒角等方法产生复合曲面，然后用复合曲面裁减的方法形成浇注系统。模具的溢流系统用拉伸、斜度、倒角等方法生成，如图 11.8(a)所示。

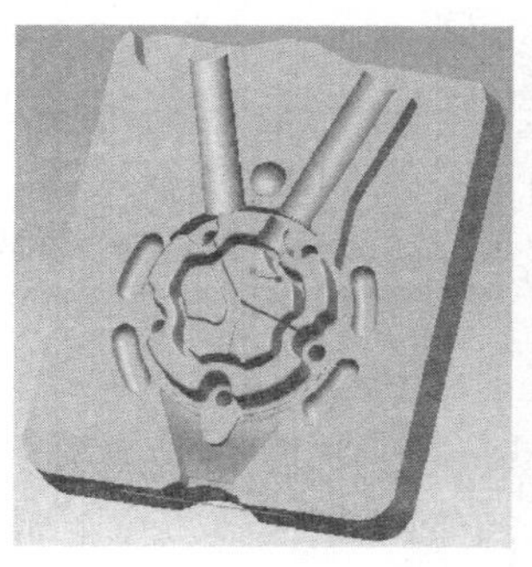
(a) 动模块

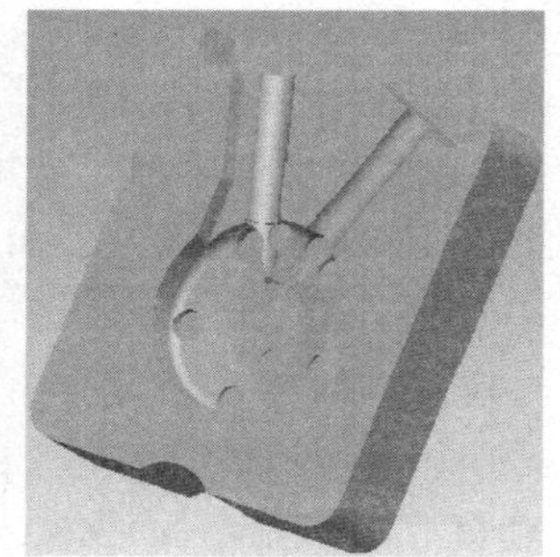
(b) 定模块

图 11.8 经修整后的动、定模块

7）模具零件的修整和工程图的创建

经分割、抽取在毛坯基础上产生的模具零件有时并不符合生产的实际，如图 11.7(a)，须经过修整方可使用。零件的修整可在零件模型上根据实际需要进行，如图 11.7(b)所示，在零件图修整过程中要注意与其他零件的装配关系，一般在装配图上进行。图 11.8 所示为修整后的动模、定模模块。

在模具生产过程中，为了便于工件检测尺寸和加工需要，须将模具零件等三维模型转换为二维图形。利用工程图模块可以很方便地生成二维工程图样，Pro/Engineer 虽然提供

了自动标注尺寸的功能，但一般用此功能所标出来的尺寸并不完全符合零件的尺寸要求，而采用手工标注尺寸。在二维工程图较复杂的情况下，则可以将图形转换为dwg格式文件，在AutoCAD软件中完成标注尺寸等其他工程图的工作。

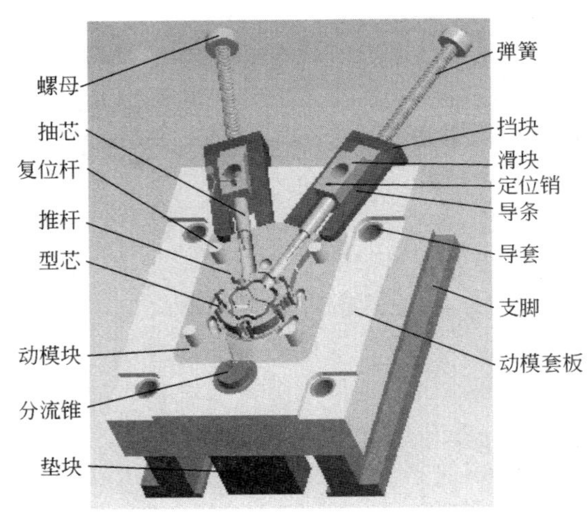

图 11.9　端盖动模装配图

8）整套压铸模的装配和其他零件设计

在 Pro/Engineer 软件中，可调用 PTC 标准模架库和 EMX 模块设计模具零件，这些模块主要是按塑料模具设计的特点设计的，由于压铸模与塑料模在设计和使用过程差别较大，因此笔者在端盖压铸模的装配设计时使用在装配图上添加零件的方法，这样不仅可以利用前期设计的零件边界确保零件间的相关性，而且避免了零件装配时的干涉，图 11.9 为端盖动模部分装配图。

11.2.2　压铸模 CAE 软件的应用

压铸模 CAE 已经广泛应用于从航空航天设备零件到家用日常电器等零件压铸工艺和模具设计中，取得了很多成功的经验，这里以 FLOW－3D 软件为例，简要介绍其操作实施过程。

1. FLOW－3D 简介

FLOW－3D 是高效能的计算仿真工具，1985 年由 Flow Science 公司正式推出。用户能够根据需要，自行定义多种物理模型，应用于各种不同的工程领域。通过精确预测自由液面流动(Free－surface flows)，FLOW－3D 可以协助用户在工程领域中改进压铸模设计和制造工艺。

FLOW－3D 软件拥有：网格几何(Meshing & Geometry)、流动种类选项(Flow type options)、流动定义选项(Flow definition options)、数值模型选项(Numerical modeling options)、体模型选项(Fluid modeling options)、热模型选项(Thermal modeling options)、金属铸造模型(Metal casting models)、紊流模型(Turbulence models)、自动化特色(Automatic features)等多项分析模块，与其他软件接口方便，并有丰富的资料操作选项(Data processing options)和多处理器计算功能(Multi－processor computing)。

FLOW－3D 具有以下特点：

(1) 首创自由流体表面跟踪完整算法，可准确计算动态自由液面的交界聚合与飞溅流动，尤其适合高速流动状态计算模式。

(2) 采用 FAVOR 改良型有限差分模型，整个计算过程简单、稳定、准确。

(3) 非均匀化、多块分区网格划分，减少网格数目。网格与几何现状自动耦合，精确、稳定、快速。

(4) 自动化计算调节，自动控制满足精度及稳定性时间步长，自动设置松弛收敛水平。

(5) 多种实体输入方式，边界条件设定灵活，用户可自定义适合自己的材料库。

(6) 提供紊流模型，模拟紊流状态下的充填过程，包括压力、温度、速度等动态分布。

(7) 独特的表面缺陷跟踪模型，准确模拟压铸过程氧化层缺陷的分布。

(8) 可进行铸件凝固收缩模拟、卷气气泡预测。

(9) 可进行压射室中合金流动模拟，充满度、多级速度、变速位置可按实际任意设定。

(10) 可对压铸时模具温度分布、热循环进行计算，对冷却管道进行设置。

(11) 根据需要，可模拟型腔内背压、排气、触变黏度，以及热应力、表面张力、偏析等。

(12) 多种模拟结果，形象、直观的FLOW-VU三维显示，方便的动画制作。

(13) 精确的模拟结果，减少改模次数，提高一次试模合格率，节省了时间。

(14) 除压力铸造外，FLOW-3D还可用于半固态、挤压、砂型、重力、低压、离心、消失模等铸造模拟。

2. FLOW-3D具体操作步骤

FLOW-3D操作基本流程如图11.10所示。

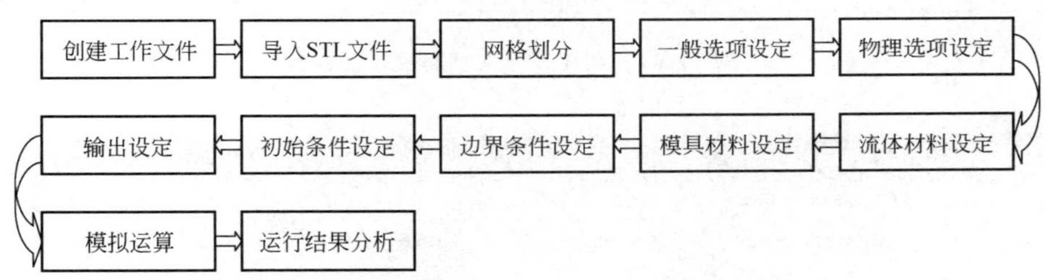

图11.10 FLOW-3D操作基本流程

具体操作过程如下：

1) 新建文件

创建工作文件和模拟文件，如图11.11所示。

2) 导入文件

FLOW-3D接受多种图档及网格格式，可从外部绘图程序或其他CAE前处理器转入。不过在预设的前处理器中，仅能直接读取STL格式，如图11.12所示。

通常在CAD软件中建立三维模型并导出STL文件，利用FLOW-3D导入该STL文件。通过Model Setup→Meshing _ Geometry→STL→Add导入创建好的STL文件，并在Transform(图11.13和图11.14)中转化单位。

3) 创建网格

选中块(Block)右击，可以创建并编辑网格，具体命令如图11.15所示。

单击“自动切割网格”按钮(图11.15)，弹出图11.16所示的对话框，可设定相应的网格数量，单击“OK”按钮即可实现网格自动分割。然后利用图11.17所示的FAVOR对话框来检查网格切割情况，以便调整。

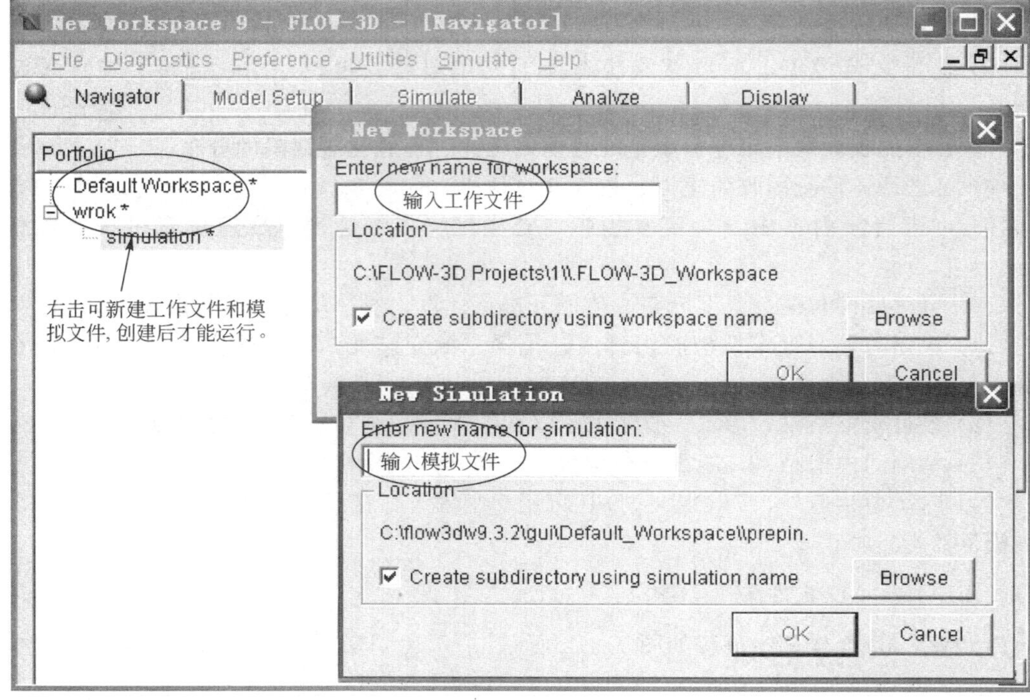

图 11.11 创建工作文件和模拟文件

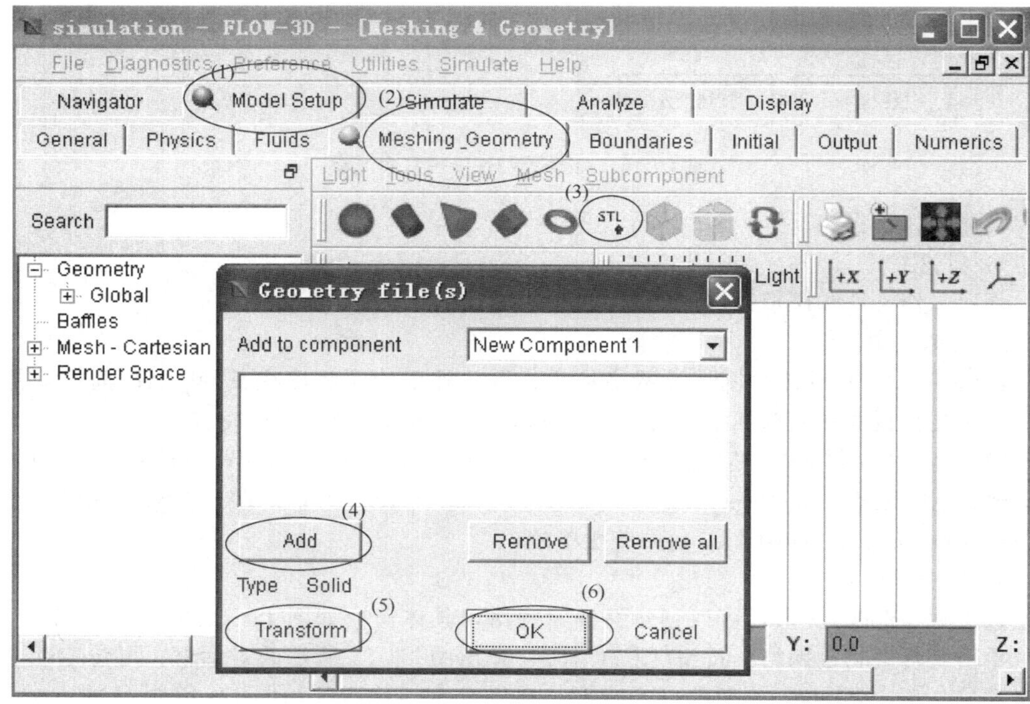

图 11.12 导入 STL 文件

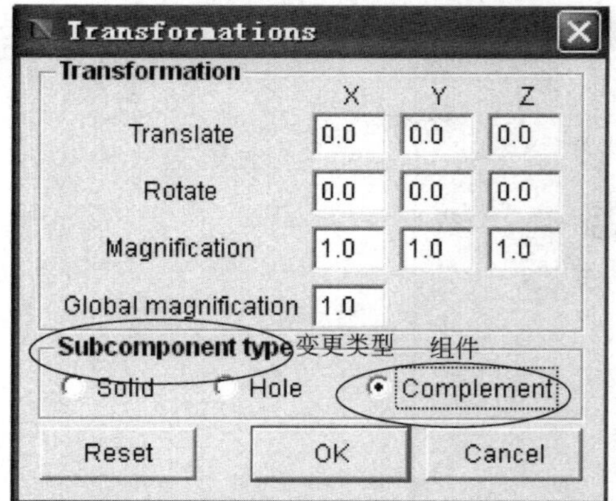

图 11.13 转化单位

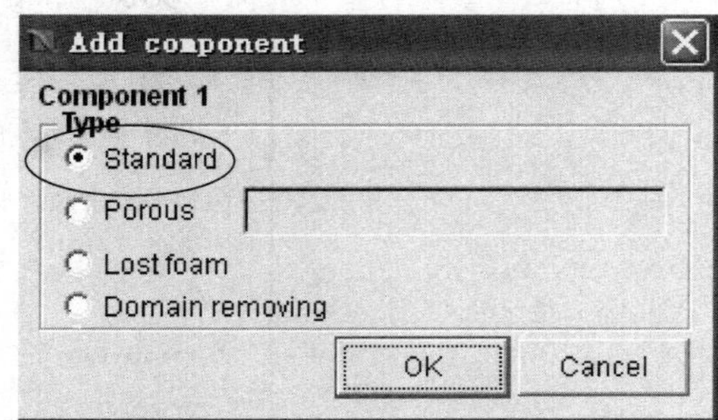

图 11.14 默认 Standard

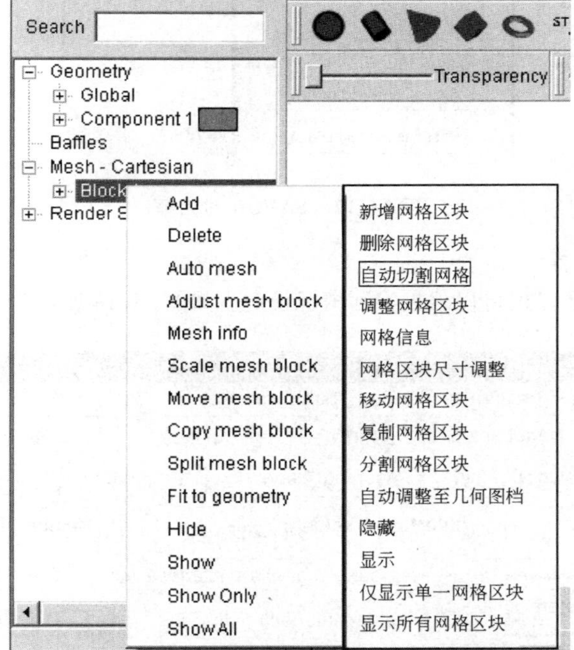

图 11.15 网格创建及编辑

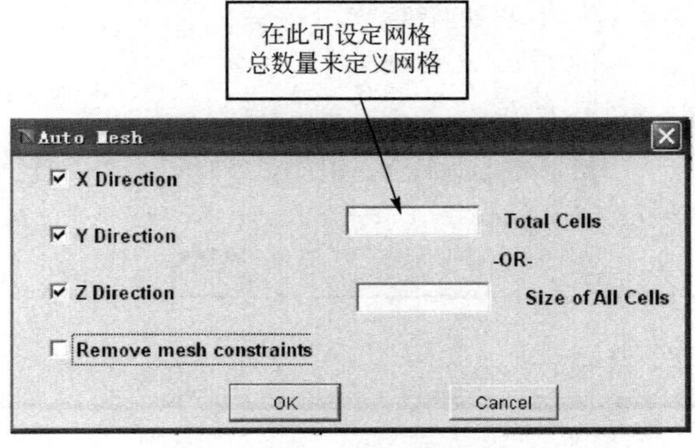

图 11.16 自动划分网格

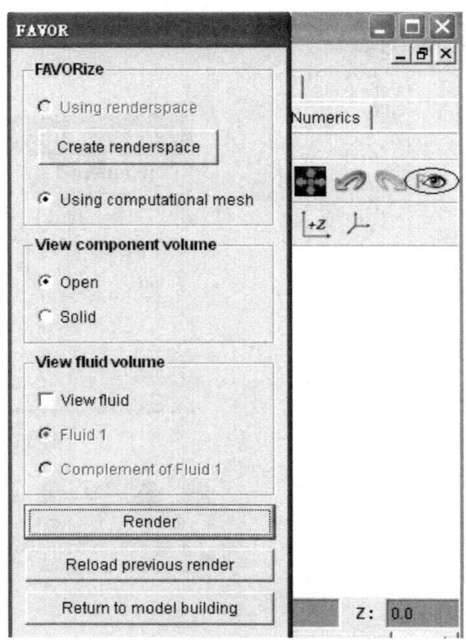

图 11.17　FAVOR 对话框

4）一般选项的设置

可以保持默认设定，也可以根据实际情况设定。如图 11.18 所示为一般选项设置界面。

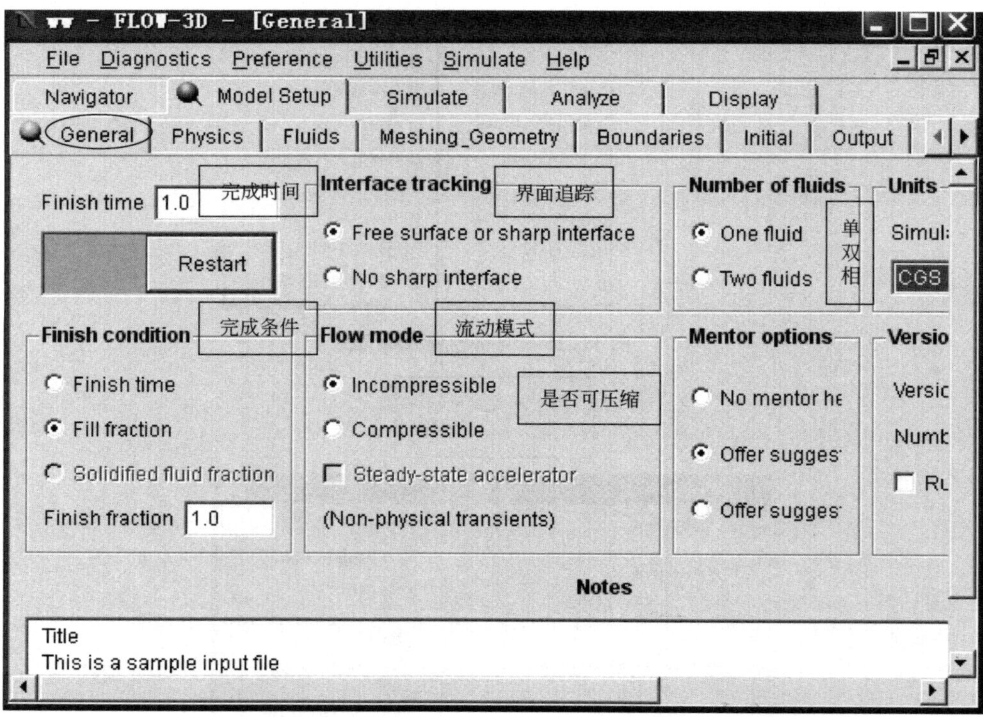

图 11.18　一般选项设定界面

5）物理选项设置

由于FLOW-3D中物理选项非常多，我们可以根据实际情况有选择地设定相关参数。如图11.19所示的缺陷跟踪(Defect tracking：可跟踪氧化膜与泡沫渣等产生的情况)、重力(Gravity)、热传递(Heat transfer：开启时，流体热量可以由与型腔接触面而带走)、黏度(Viscosity and turbulence：压铸时，流体多半属于紊流)等选项必须设定，具体设定不再赘述。

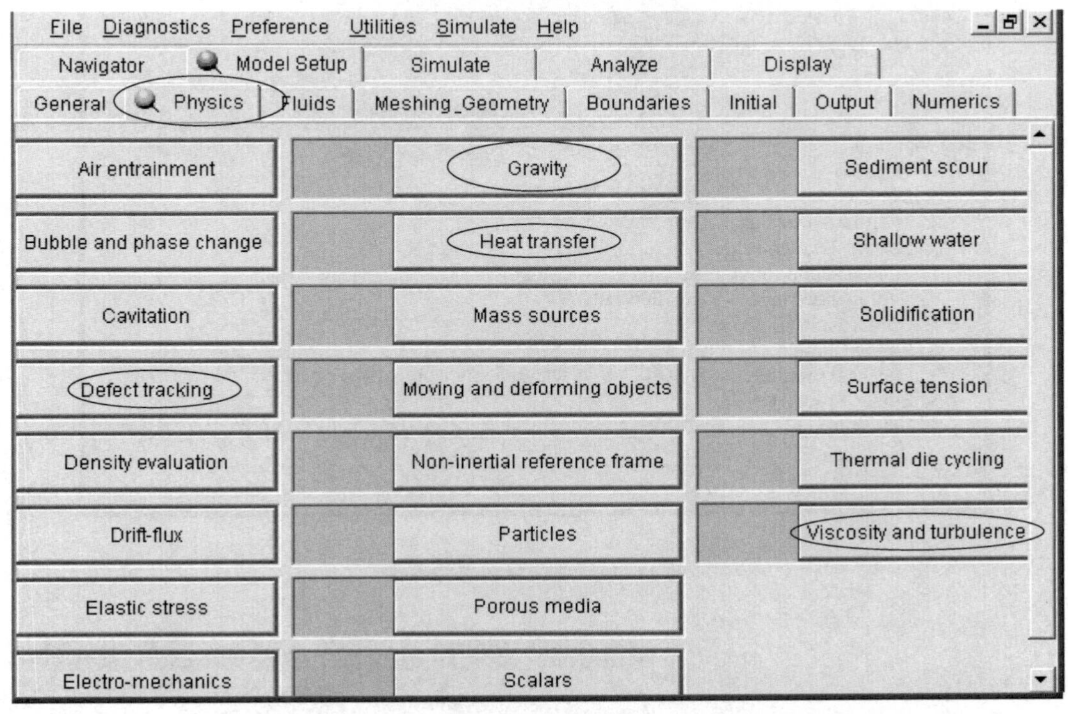

图11.19 物理选项设置

6）填充材料的选择

根据实际使用材料进行选择。如图11.20所示为填充材料选择界面。

7）模具材料的选择

选择Model Setup→Meshing_Geometry→Tools→Solids Database选项，如图11.21、图11.22所示为模具材料选择操作菜单和选择界面。

8）边界条件的设置

铸造模拟时，可能会使用的边界条件有：Symmetry、Wall、Pressure、Velocities等。如图11.23所示为边界条件设置界面。

Symmetry——边界上没有流体通过，也没有剪应力产生。

Wall——边界上没有流体通过，可考虑传热和粘滞力。

Pressure——可以输入固定或随时间变化的压力条件。

Velocity——可以输入固定或随时间变化的速度条件。

9）初始条件的设置

初始条件包括排气位置、模腔内初始压力和初始温度。如图 11.24 所示为初始条件设定界面。

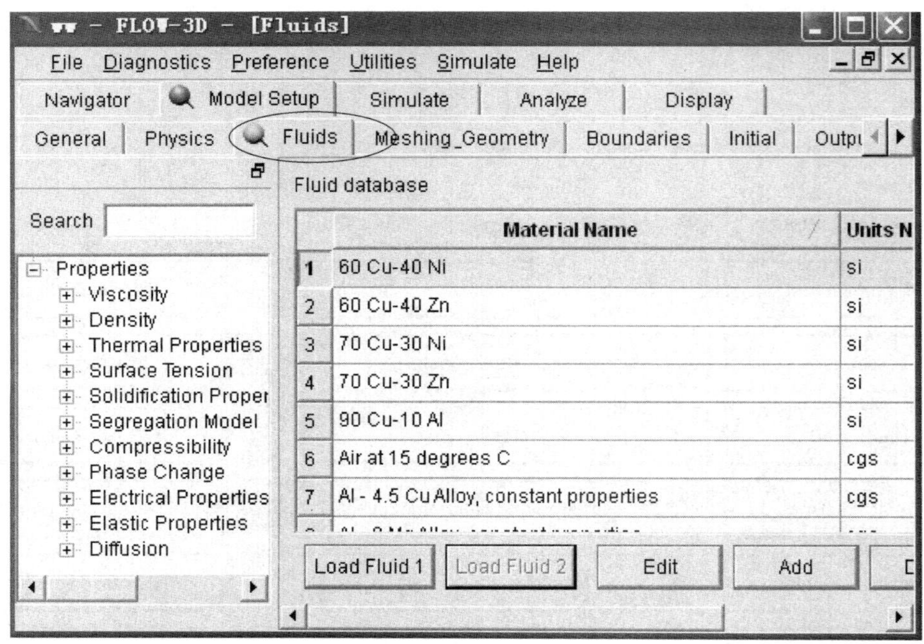

图 11.20 填充材料选择界面

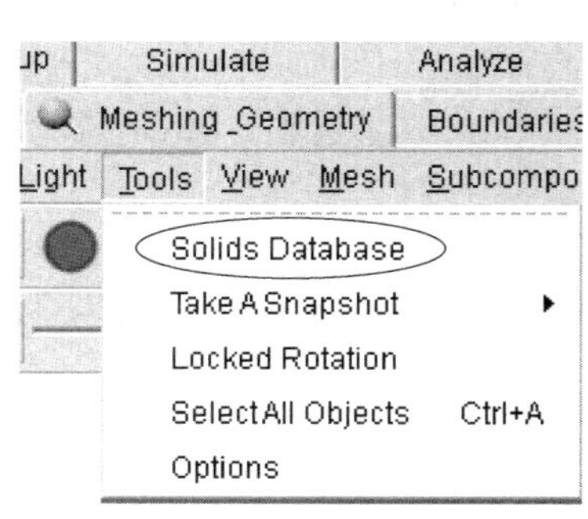

图 11.21 模具材料选择操作菜单

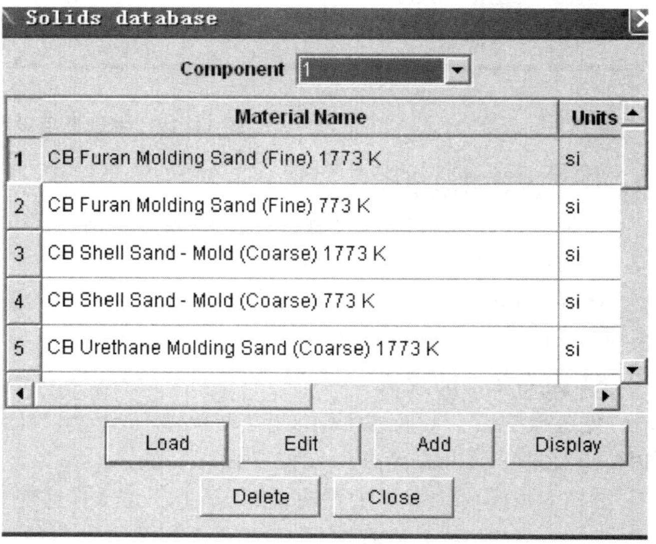

图 11.22 模具材料选择界面

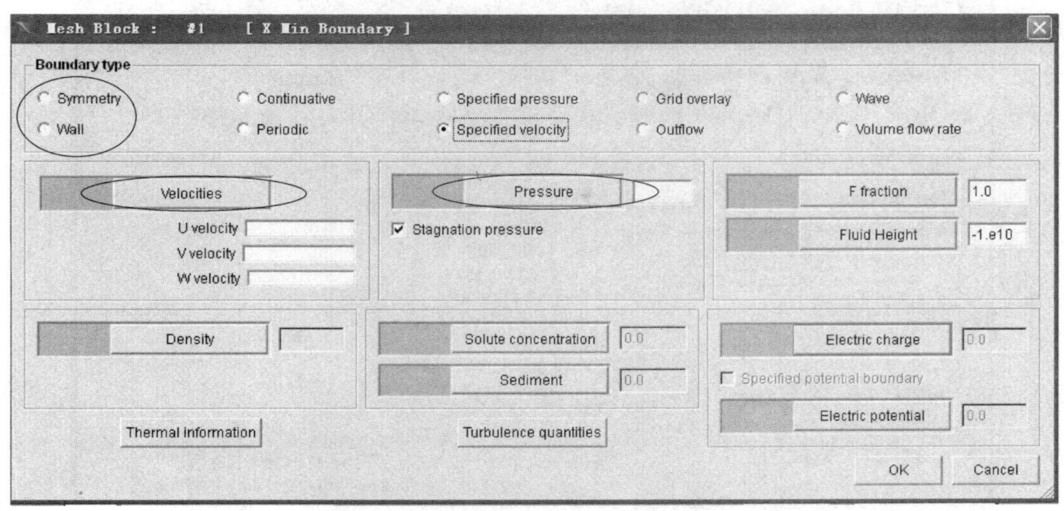

图 11.23　边界条件设定界面

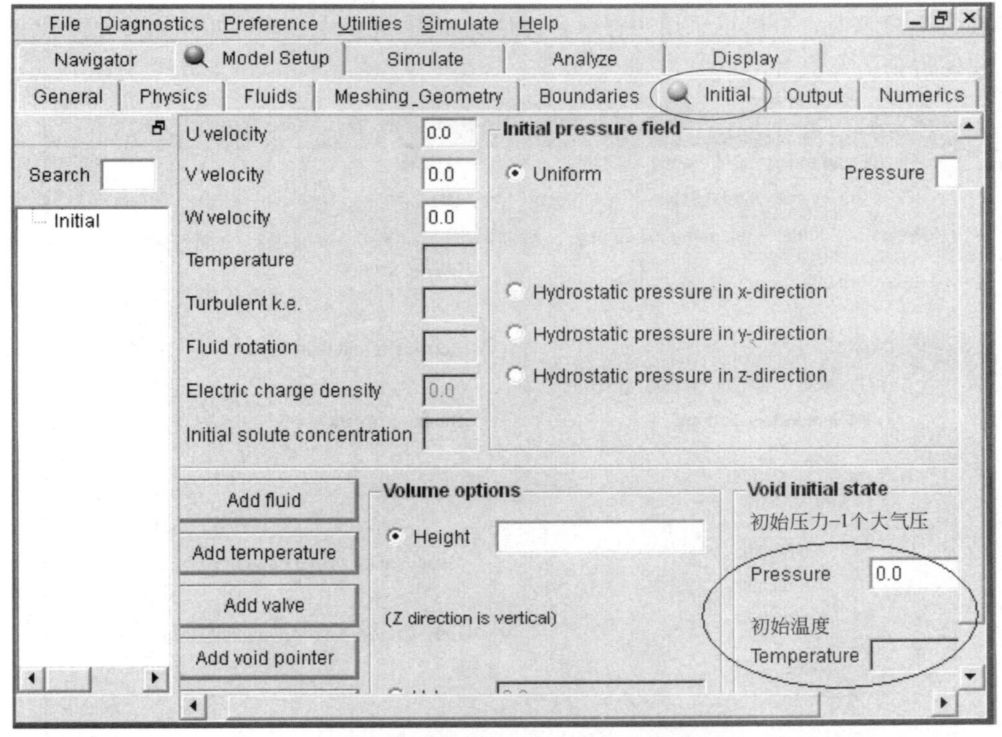

图 11.24　初始条件设定界面

10）输出资料设置

每隔几秒输出一次结果，一般可设定为 0.1。如图 11.25 所示为输出资料设定界面。

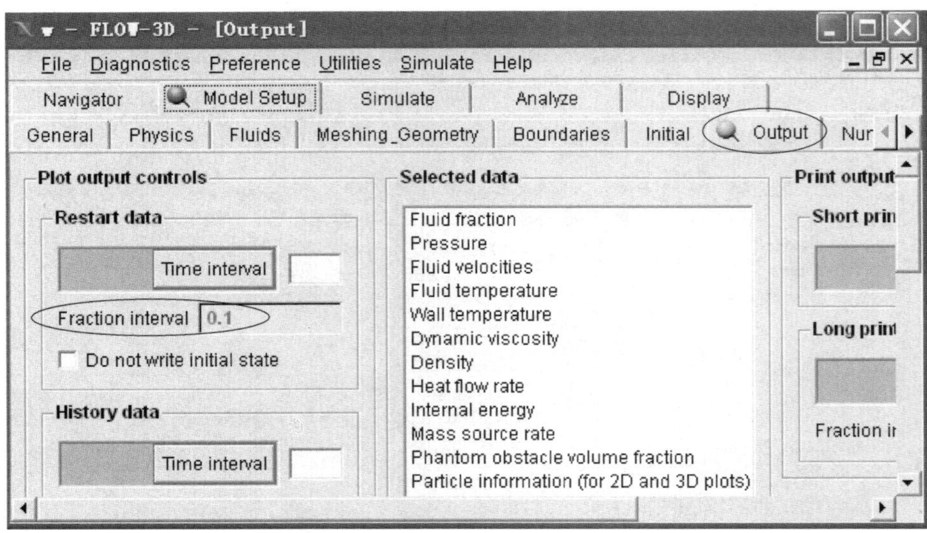

图 11.25　输出资料设定界面

11）数值控制选项设置

在铸造模拟时，一般可采用两种数值方法：SOR 和 GMRES，如图 11.26 所示为数值控制设定界面。

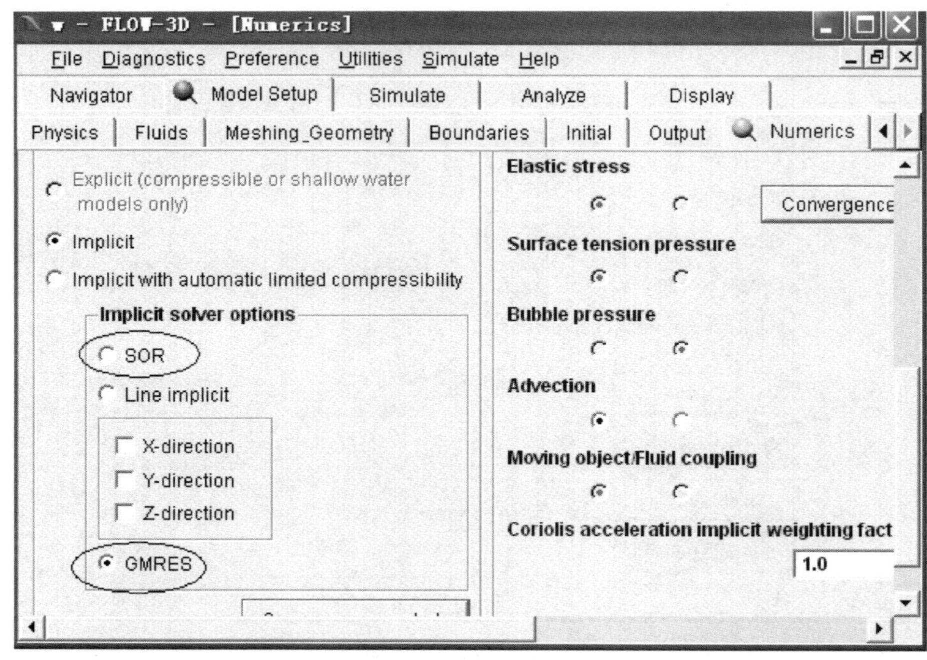

图 11.26　数值控制设定界面

12）模拟运算

当所有设置完成后，可以进行模拟运算。Simulate|Run Simulation，如图 11.27 所示为模拟运算菜单。

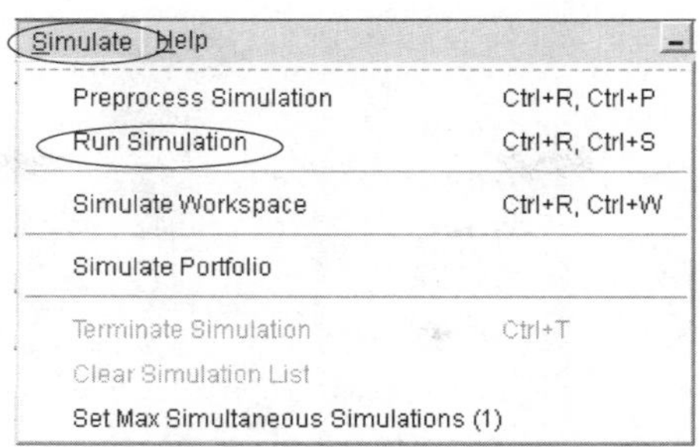

图 11.27 模拟运算菜单

13）分析结果

选择 Analyze 选项卡，选择分析结果文件，单击 OK 按钮，即可选择相关的分析内容，见表 11－2。

表 11－2 常用的结果分析选项

Pressure	压力	Surface defects concentration	表面缺陷
Temperature	温度	Strain rate	劳损率
Vol，fraction entrained air	空气含量	Velocity magnitude	速度

图 11.28～11.34 为一模型模拟结果图。

【参考图文】

图 11.28 模型（包含浇注系统）

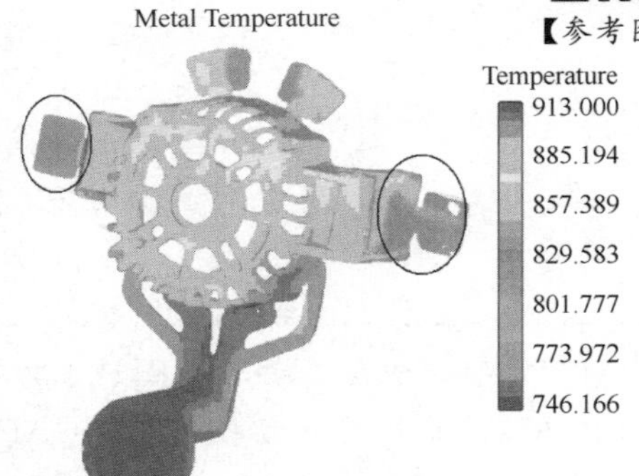

图 11.29 充填合金温度（圈内温度比较低）

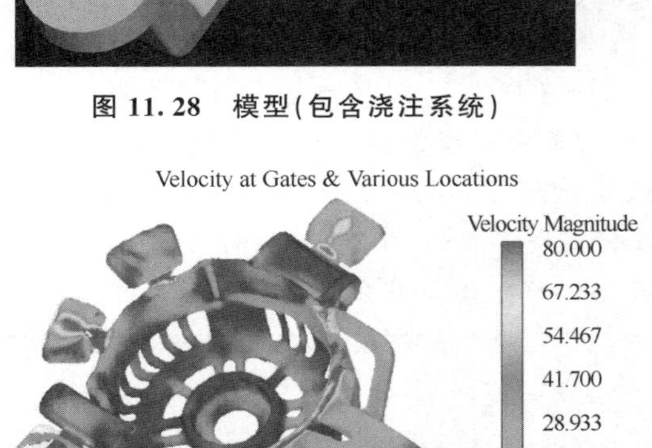

图 11.30 浇口及不同位置的流速

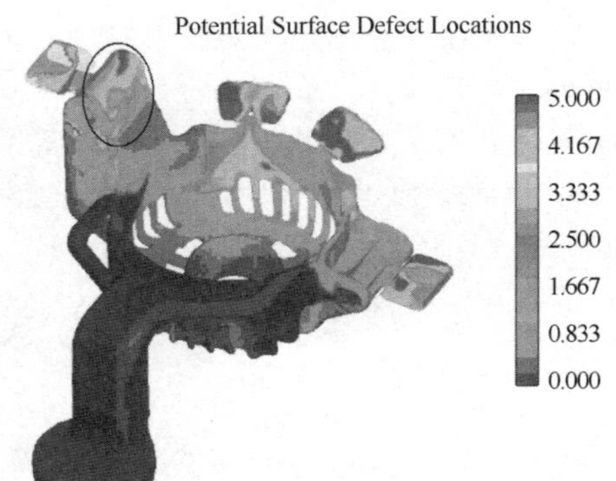

图 11.31 表面潜在的缺陷

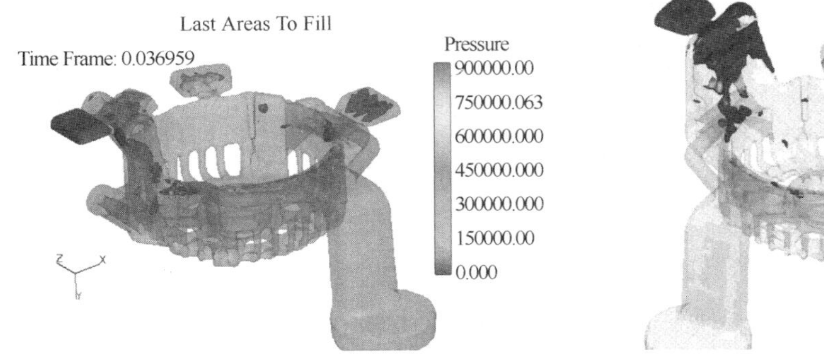

图 11.32 最后填充区域

图 11.33 压射系统的卷气

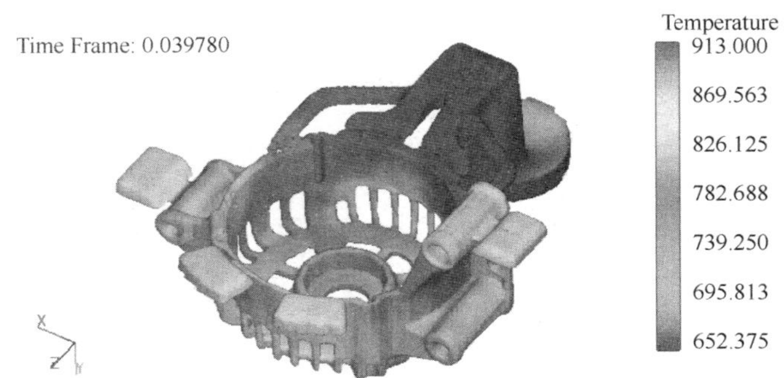

图 11.34 凝固合金温度

本章小结

目前，可以说各个领域的制造业，已离不开CAD/CAE/CAM技术的应用，其中在模具领域的应用尤为出色，模具CAD/CAE/CAM技术在解决模具开发关键问题过程中不断完善的同时，也在与先进制造技术的紧密结合中得到发展，其内涵日益丰富，外延不断扩大。随着模具制造业的快速发展，计算机在模具中的应用必将日趋广泛和深入，因此，计算机技术也成为现代模具设计人员所必须掌握和应用的重要技术手段。

本章重点介绍了压铸模CAD/CAE系统基本结构及其初步应用。结合本章导入案例中的端盖压铸件，基于Pro/Engineer介绍了压铸模成形零件的CAD设计；以FLOW-3D为例，介绍了压铸模CAE软件的操作基本流程，并列举了部分模拟结果示意图。

关键术语

CAD(Computer Aided Design)、CAM(Computer Aided Manufacturing)、CAE(Computer Aided Engineering)

练习题

一、填空题

1. CAE 软件大多是用________法进行数值求解，该类软件一般都划分为________、________、________三大模块。

2. 铸造 CAE 软件前置处理模块的主要任务就是________、________、________和单元标识等。

3. 铸造 CAE 软件数值求解的任务是用数值迭代去求解各相应物理场的数理方程，包括________、________、________等。

4. 后置处理的两个主要表达方式是________、________。

5. FLOW－3D 一般导入的文件为________格式。

二、问答题

1. 压铸模 CAD 系统的结构特点是什么？

2. CAD/CAE 技术在压铸模设计中的作用是什么？

3. 利用 FLOW－3D 软件进行 CAE 分析的基本流程是什么？

实训项目

按图 11.35 所示压铸件(手把拉环壳体，材料：锌合金)，完成以下要求内容：

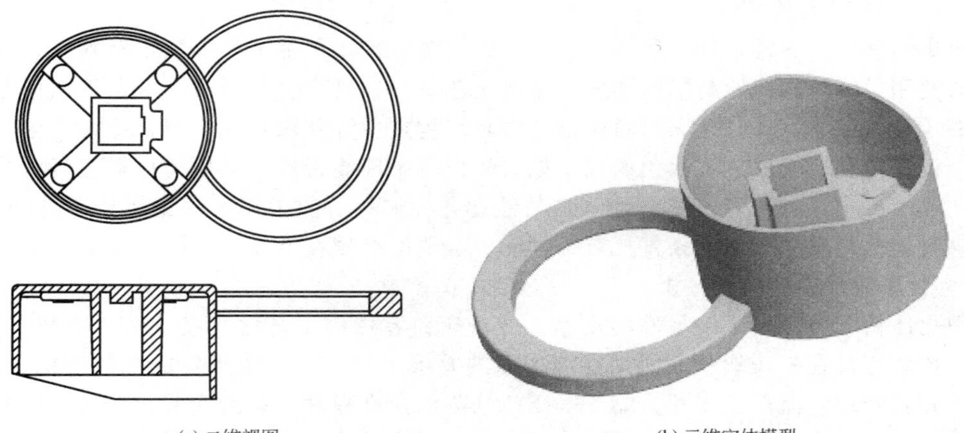

(a) 二维视图　　(b) 三维实体模型

图 11.35　手把拉环壳体压铸件

1. 对压铸件进行结构工艺分析。

2. 条件许可的话，对压铸件进行充填模拟，分析卷气、表面潜在缺陷、成形温度及压力等结果。

3. 合理确定压铸模设计方案。

4. 结合确定的模具设计方案，进行压铸模三维设计。

附　　录

附录1　压铸模设计范例

一、压铸模设计基本步骤

1. 明确任务

压铸件的任务书通常由零件设计者给出，提供经过审签的正规零件图样，并说明采用压铸合金材料的牌号和性能要求、压铸件的使用要求或技术要求、压铸件的生产数量及交货期限等。模具设计任务书一般由压铸零件工艺员根据压铸零件的任务书提出，模具设计人员以压铸零件任务书、模具设计任务书为依据来设计模具。

2. 设计准备

1）收集整理有关资料

收集整理有关零件设计、压铸工艺、压铸设备、机械加工及特殊加工资料，以备设计模具时使用。了解压铸原材料的熔化及压铸工艺参数。消化工艺资料，分析工艺任务书所提出的压铸方法、设备型号、材料规格、模具结构类型等要求是否恰当，压铸件生产单位的压铸设备情况、模具加工单位的加工能力和设备条件能否落实。压铸材料应当满足压铸零件的强度要求，具有好的流动性、均匀性和各向同性、收缩率。根据压铸零件的用途，压铸材料应满足电镀金属的条件、装饰性能、必要的机械性能或者焊接性等要求。

2）对压铸件进行结构分析

消化压铸零件图，了解零件的用途，分析压铸零件的工艺性、尺寸精度等技术要求。例如，压铸零件在外表形状、使用性能方面的要求是什么，压铸零件的几何结构、斜度、嵌件等是否合理，流痕、缩孔、缩松等压铸缺陷的允许程度，有无涂装、电镀、机械加工等。选择压铸零件尺寸精度最高的尺寸进行分析，看看估计压铸公差是否低于压铸零件的公差，能否压铸出合乎要求的压铸零件来。具体包括：

（1）在满足压铸件结构强度的条件下，宜采用薄壁结构。这样不仅可减轻压铸件的重量，也减少了模具的热载荷。压铸件壁厚应均匀，避免热节，减少局部热量集中，降低模具材料的热疲劳。压铸件的最小壁厚及适宜壁厚见表 4 - 2。

（2）压铸件所有转角处，应有适当的铸造圆角，以避免模具相应部位形成棱角，导致该处产生裂纹和塌角。

（3）压铸件上应尽量避免窄而深的凹穴，以免使模具的相应部位出现尖劈，使散热条件恶化而产生断裂。压铸件上有过小的圆孔时，可只在铸件表面上压出样冲眼位置，然后对压铸件后加工。压铸件的最小孔径及孔深见表4-4。

(4) 分析压铸件上的尺寸精度用压铸方法加工能否达到。若不能达到，则应留加工余量以便进行后加工。压铸件能达到的尺寸精度见表4-8。机械加工余量见表4-19。

3. 选择分型面及浇注系统

根据选择分型面的基本原则合理选择分型面的位置，并根据压铸件的结构特点确定型腔的数目及分布，合理选择浇注系统形式，使压铸件具有最佳的压铸成形条件、最长的模具寿命和最好的模具机械加工性能。

4. 选择压铸设备

根据压铸设备的种类来进行模具设计，因此必须熟知各种压铸设备的性能、规格、特点。对于压铸机来说，在规格方面应当了解以下内容：锁模力、压室容量、压射压力、开模行程、开模力和顶出力、模具安装尺寸、顶出装置及其尺寸、压铸机浇口位移距离、浇口套定位圈尺寸、模具最大厚度和最小厚度、安装匹配尺寸等。根据压铸件的质量、压铸件在分型面上的总投影面积计算所需的锁模力，初步估计模具外形尺寸，并结合压铸件生产单位实际拥有的压铸机情况，初步选择压铸机。

5. 确定合适的模具结构，绘制模具装配草图

这部分主要内容包括：

(1) 浇注系统和排溢系统的形式，包括直浇道、横浇道，以及内浇口的位置、形状、大小，还有排气溢流方式等。

(2) 成形零件的结构形式。

(3) 压铸件脱模方式，模具打开的方法和顺序，推出机构的选择与设计等。

(4) 主要零件的结构与尺寸及所需要的安装配合关系。

(5) 模架的选择、支承与连接零件的组合设计。

(6) 冷却加热方式和模温调节系统。

在确定压铸模结构时，应考虑下列情况：

(1) 模具中各结构元件应有足够的刚性，以承受锁模力和金属液充填时的反压力，且不产生变形。所有和金属液接触的部位，均应选择耐热模具钢。

(2) 要尽量防止金属液正面冲击或冲刷型芯，避免内浇口流入处受到冲蚀。在上述情况不可避免时，受冲蚀部分应做成镶块式，以便经常更换。也可采用较大的内浇口截面和保持模具的热平衡，以提高模具寿命。

(3) 合理选择模具镶块的组合形式，避免锐角、尖劈，以适应热处理要求。推杆和型芯孔应与镶块的边缘保持一定距离以免减弱镶块强度。模具易损部位也应考虑镶饼结构，以便更换。

(4) 成形处有拼接后易在压铸件上留下拼接痕。拼接痕的位置应考虑压铸件的美观和使用性能。

(5) 模具的尺寸大小，应与选择的压铸机相对应。

绘制模具结构草图可以检查所考虑的结构相互间的协调关系。对经验不足的设计人员来说，以此草图征求模具制造和模具操作人员的意见，以便将他们的丰富实践经验引入设计中。

6. 有关参数的计算与校核

(1) 计算成形零件工作尺寸;
(2) 计算校核成形零件型腔侧壁与底板厚度，以决定模板的尺寸;
(3) 计算抽芯力、抽芯距离、抽芯所需开模行程及斜销等相关抽芯零件尺寸;
(4) 推杆抗压失稳校核;
(5) 计算温度调节系统参数;
(6) 压铸机有关参数的校核。

7. 绘制图样

按照国家制图标准绘制，有时也要结合国家标准未规定的工厂习惯画法。

1) 绘制压铸件图

在画模具总装图之前，应绘制压铸件图，并要符合零件图和工艺资料的要求。由下道工序保证的尺寸，应在图上标明“工艺尺寸”字样。如果压铸后除了修理毛刺之外，再不进行其他机械加工，那么工序图就与零件图完全相同。在压铸件图下面最好标出零件编号、名称、材料、材料收缩率、绘图比例等。压铸件图和材料收缩率通常画在模具总装图上。

2) 绘制模具总装结构图

压铸模装配图反映各零件之间的装配关系，主要零件的形状、尺寸及压铸的工作原理。绘制模具总装图尽量采用 1∶1 的比例，先由型腔开始绘制，主视图与其他视图同时画出。按顺序将全部零件序号编出，并且填写明细表，标注技术要求和使用说明。

模具总装图应包括以下内容：浇注系统、排溢系统的结构形式，分型面位置及分模取件方式，模具外形结构及所有连接件定位、导向件的位置，模具总体尺寸，辅助工具(取件卸模工具，校正工具等)，有关技术说明等。

3) 绘制零件图

除了标准件外，凡需自制的模具零件都应单独绘制符合机械制图规范的零件图，以满足交付加工的要求；零件图的图号应与装配图中的零件图号一致，便于查对。

由模具总装图拆画零件图的顺序应为：先内后外，先复杂后简单，先拆画成形零件，后拆画结构零件。

图形要求：按比例绘制，允许放大或缩小。视图选择合理，投影正确，布置得当。为了使加工人员易看懂、便于装配，图形尽可能与总装图一致，图形要清晰。

标注尺寸要求统一、集中、有序、完整。标注尺寸的顺序为：先标主要零件尺寸和脱模斜度，再标注配合尺寸，然后标注全部尺寸。在非主要零件图上先标注配合尺寸，后标注全部尺寸。其他内容，如零件名称、模具图号、材料牌号、热处理和硬度要求、表面处理、图形比例、自由尺寸的加工精度、技术说明等都要正确填写。

8. 校对与审核

检查全部零件图及总装图的视图位置，投影是否正确，画法是否符合制图国家标准。

装配图上各模具零件安置部位是否恰当，表示得是否清楚；有无遗漏零件图上的零件编号、名称、制作数量，是标准件还是非标准件；模具零件的材料、热处理、表面处理、表面精加工程度是否标记、叙述清楚；工作尺寸及配合尺寸数字应正确无误，无遗漏尺寸。

校核加工性能(所有零件的几何结构、视图画法、尺寸标注等是否有利于加工)；分型面位置及精加工精度是否满足需要，会不会发生溢料。

开模后是否能保证压铸件留在有顶出装置的模具一边，脱模方式是否正确，推杆(推管)的大小、位置、数量是否合适，推件板会不会被型芯卡住，会不会擦伤压铸零件。

冷却介质的流动线路位置、大小、数量是否合适；浇注系统和排溢系统的位置、大小是否恰当。

压铸件出现侧凹时，其脱侧凹的机构是否恰当，如斜销抽芯机构中的滑块与推杆是否相互干扰。

9. 设计资料的整理与归档

模具从设计开始到模具加工成功、检验合格为止，在此期间所产生的技术资料，如任务书、零件图、技术说明书、模具总装图、模具零件图、底图、模具设计说明书、检验记录表、试模修模记录等，按规定加以整理、装订、编号进行归档。

二、压铸模设计实例

中间壳体侧浇口压铸模设计

附图 1.1 所示为一电器组件的安装总成用中间壳体。压铸件材料为 YZAlSi12，合金代号：YL102，尺寸精度为 GB/T 6414—1999 CT6 级，符合压铸件的生产技术工艺条件。未注铸造圆角 $R1.5$mm。

1. 压铸件的结构工艺性分析

(1) 压铸件所用材料的合理选择。铝合金因其具有良好的压铸性能，比强度和比刚度较高，高低温力学性能也好，其表面有一层致密的氧化膜，又具有一定的耐蚀能力而在压铸件生产中被大量、广泛采用。本压铸件除有一定的连接强度要求外，无其他特殊技术要求，故选用了铝合金中最基础的硅铝合金：YZAlSi12，合金代号：YL102。

(2) 压铸件壁厚最小处为 3mm，最小壁厚处符合工艺要求，两长侧面的 3mm×54mm 凸筋、8mm×4mm 长方孔、$R4$mm 凸缘等也符合压铸工艺要求。

(3) 因在高温下铝合金与铁的亲和能力较强，容易与压室粘接，在压铸模设计时应尽可能使用冷室压铸机。

2. 分型面的选择

根据中间壳体为长框形中空件，两侧长侧面各有不同侧凸、台阶、小长方孔的结构特点。本压铸件的压铸分型面除动模、定模间的水平分型选择在壳体的上端面外，两侧长侧面的成形需同时采用侧向分型的模具结构形式(即斜销滑块侧向抽芯的形式)。

3. 浇注系统的确定

由于中间壳体的四周边壁厚较薄且长、宽尺寸相差悬殊，为防止冷隔和保证模具的热平衡，浇注系统采用侧浇口。熔融合金从铸件的长边两侧端部同时压入，并在金属液汇合或有可能产生涡流的部位设置较大的溢流槽。较大溢流槽的设置一可兼具排气作用，二可集渣和有利于模具的热平衡。

4. 压铸机的选用

中间壳体为无嵌件的压铸件，可选用卧式冷室压铸机，按企业生产实际，选用 J116D 型

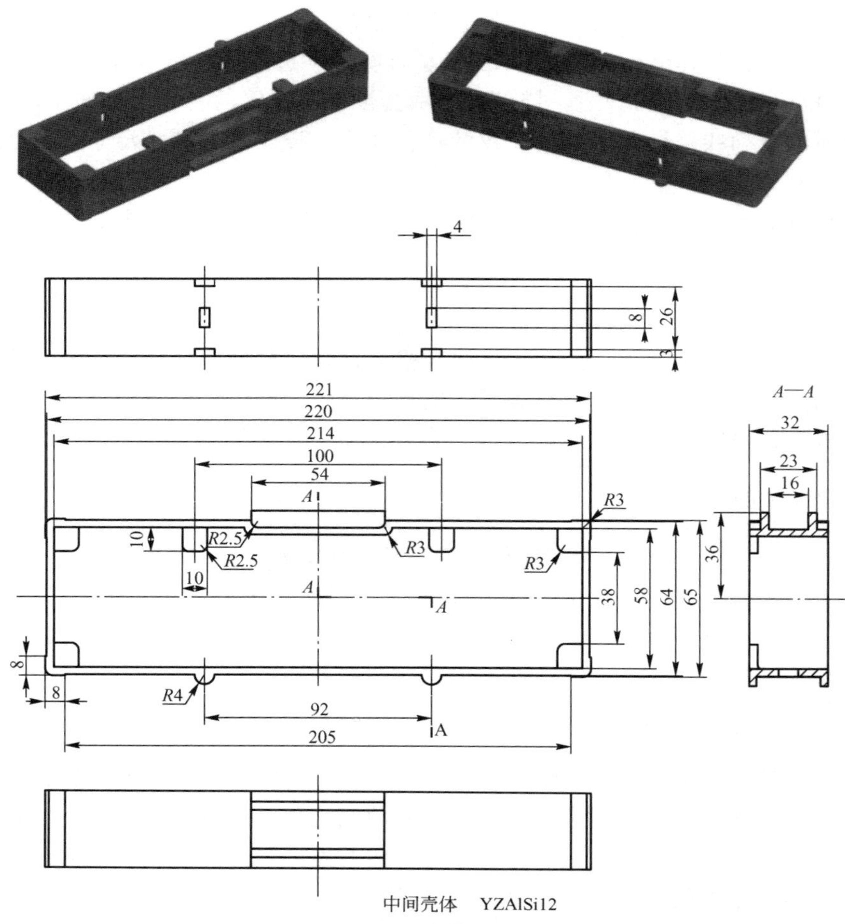

附图 1.1 中间壳体压铸件零件图

压铸机。其主要技术参数：锁模力：600kN；压射力：90kN；压射比压：94MPa；动模座板行程：250mm；最小模厚 150mm；最大模厚 350mm；压室直径 $\phi35 \sim \phi40$mm；压射位置 0～60mm；推出行程 80mm。经校核，满足实际生产要求。

5. 压铸模成形零件工作尺寸的计算与确定

由压铸合金综合收缩率列表数据可知：铝合金的收缩率中自由收缩率为 0.50%～0.75%；受阻收缩率为 0.40%～0.65%。经分别分析、计算后确定(计算过程略)：

压铸件主要尺寸(mm)	对应的模具工作零件尺寸(mm)
220	220.90
214	214.80
100	100.50
92	92.45
64	64.40
58	58.30
32	32.15
16	16.03

6. 压铸工艺规程

工艺规程制订主要是确定压铸生产时的工艺参数。压铸生产用的工艺参数主要包括压铸用新、旧材料的合理配比(旧料是不可能废弃的，新、旧材料的不合理配比将影响材料性能及收缩率)、确定的压铸生产工艺规程、设备、涂料的正确使用(因其具有改善模具工作条件、改善成型条件、提高铸件质量和延长模具寿命的作用而必不可少)等。附表 1 - 1 所列为中间壳体的压铸工艺规程(工艺卡)。

附表 1 - 1　中间壳体的压铸工艺卡

<table>
<tr><td colspan="5">压力铸造工艺卡片</td><td>产品名称</td><td colspan="2"></td><td colspan="2">压铸件名称</td><td>中间壳体</td></tr>
<tr><td rowspan="2">材料</td><td>牌号</td><td>YZAlSi12</td><td rowspan="2">铸件质量/kg</td><td rowspan="2">0.31</td><td rowspan="2">浇注系统质量/kg</td><td rowspan="2">0.11</td><td rowspan="2">每模件数</td><td rowspan="2">1</td><td colspan="2" rowspan="2"></td></tr>
<tr><td>新旧料比</td><td>2∶1</td></tr>
<tr><td rowspan="9">工艺规范</td><td colspan="2">模具预热温度/℃</td><td colspan="2">230～240</td><td rowspan="2">涂料</td><td>名称</td><td colspan="2">牌号</td><td colspan="2">方法和次数</td></tr>
<tr><td colspan="2">压铸温度/℃</td><td colspan="2">650～680</td><td>胶体石墨</td><td colspan="2"></td><td colspan="2">用刷子每压铸一次涂定模一次</td></tr>
<tr><td colspan="2">比压/MPa</td><td colspan="2">59～63</td><td rowspan="2">设备</td><td colspan="3">型号</td><td colspan="2">压室直径/mm</td></tr>
<tr><td colspan="2">压射速度/(m/s)</td><td colspan="2">3.0～5.0</td><td colspan="3">J116D</td><td colspan="2">40</td></tr>
<tr><td colspan="2">保压时间/s</td><td colspan="2">1.5～2.0</td><td colspan="6" rowspan="5"></td></tr>
<tr><td colspan="2">冷却方式</td><td colspan="2">自然冷却</td></tr>
<tr><td colspan="2">留模时间/s</td><td colspan="2">6.5～8.0</td></tr>
<tr><td colspan="2">铸件投影面积/mm^2</td><td colspan="2">14112</td></tr>
</table>

7. 压铸模的总装设计

在模具总装设计时有两种结构方案。方案一：压铸成形铸件的外形、内腔模具成形部分均设计成整体结构的形式；方案二：成形铸件的内、外形模具工作零件全部设计成镶套、镶块镶拼组合的结构形式。经分析比较，方案一虽用材少，强度好，加工周期短，但模具制造精度较难得到保证，模具损坏及磨损后不易修复。而方案二虽增加了模具合金钢的使用，加工周期有所延长，但模具工作零件的精度易保证，模具各工作件的尺寸调整及经一定时间生产后所形成的磨损和损坏也方便维修与更换。故选择方案二为本模具的总装结构形式。

模具总装结构如附图 1.2 所示。定模部分的定模镶件(件 7)、定模镶块(件 17)以组列形式镶入定模板(件 31)内。动模部分的动模镶块(件 8)、动模镶件(件 18)以组列形式镶入动模板(件 12)内。模板选用中碳钢为基体。工作零件选用压铸用热作模具钢，模具的强度和加工精度都能得到保证，各成形尺寸的调整也方便。

由于压铸件中空壳体的两侧长边分别有长方孔、凸缘、凸筋等结构。所以两侧均需采用不同滑块结构成形、斜销抽芯分型、楔紧块锁紧的侧向成形形式。

考虑到中间壳体的四周边壁厚较薄(均为 3mm)，而溢流槽尺寸已放大，因此在溢流槽和横浇道上设置推杆(件 6)，在压铸件的长边两侧设置 8 片矩形薄片推杆(件 29)，以保证溢流槽、横浇道、压铸件的顺利同步推出。

模具的合模复位由复位杆(件 5)推动推杆固定板(件 27)复位。

模具总装图、模具零件图如附图 1.2～图 1.15 所示。

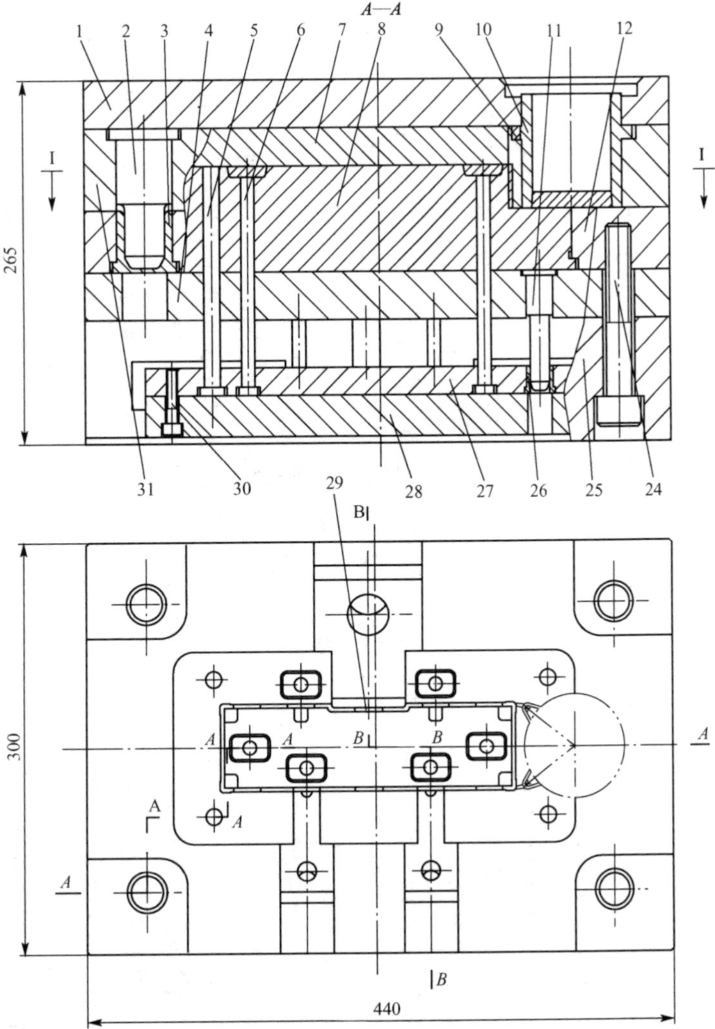

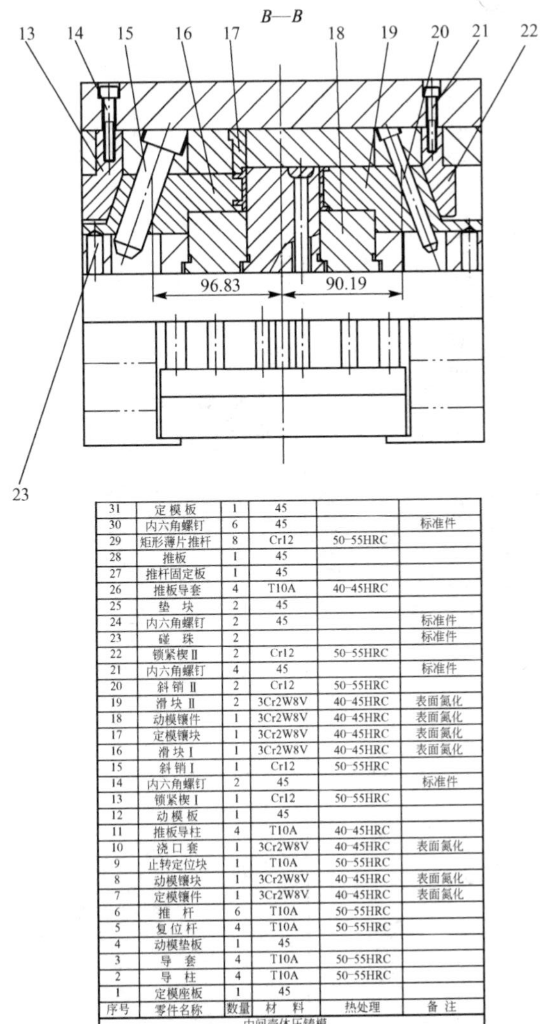

序号	零件名称	数量	材　料	热处理	备　注
31	定模板	1	45		
30	内六角螺钉	6	45		标准件
29	矩形薄片推杆	8	Cr12	50~55HRC	
28	推板	1	45		
27	推杆固定板	1	45		
26	推板导套	4	T10A	40~45HRC	
25	垫　块	2	45		
24	内六角螺钉	2	45		标准件
23	碰　珠	2			标准件
22	锁紧楔Ⅱ	2	Cr12	50~55HRC	
21	内六角螺钉	4	45		标准件
20	斜销Ⅱ	2	Cr12	50~55HRC	
19	滑块Ⅱ	2	3Cr2W8V	40~45HRC	表面氮化
18	动模镶件	1	3Cr2W8V	40~45HRC	表面氮化
17	定模镶块	1	3Cr2W8V	40~45HRC	表面氮化
16	滑块Ⅰ	1	3Cr2W8V	40~45HRC	表面氮化
15	斜销Ⅰ	1	Cr12	50~55HRC	
14	内六角螺钉	2	45		标准件
13	锁紧楔Ⅰ	1	Cr12	50~55HRC	
12	动模板	1	45		
11	推板导柱	4	T10A	40~45HRC	
10	浇口套	1	3Cr2W8V	40~45HRC	表面氮化
9	止转定位块	1	T10A	50~55HRC	
8	动模镶块	1	3Cr2W8V	40~45HRC	表面氮化
7	定模镶件	1	3Cr2W8V	40~45HRC	表面氮化
6	推　杆	6	T10A	50~55HRC	
5	复位杆	4	T10A	50~55HRC	
4	动模垫板	1	45		
3	导　套	4	T10A	50~55HRC	
2	导　柱	4	T10A	50~55HRC	
1	定模座板	1	45		
中间壳体压铸模					

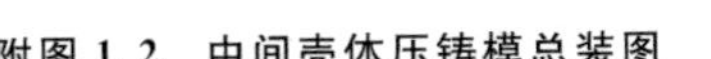
附图 1.2　中间壳体压铸模总装图

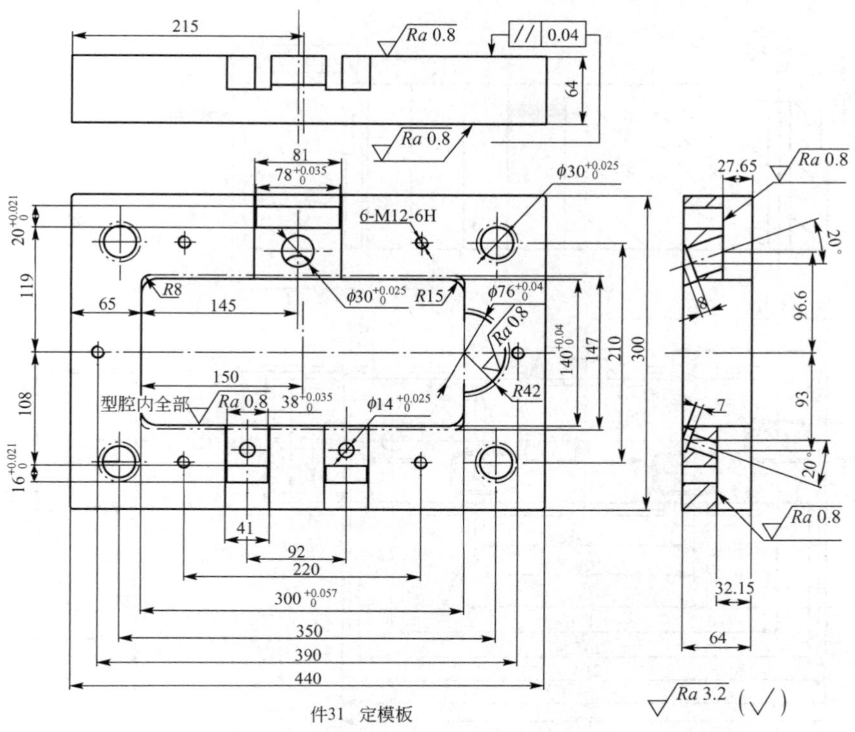

附图 1.3 定模板(件 31)零件图

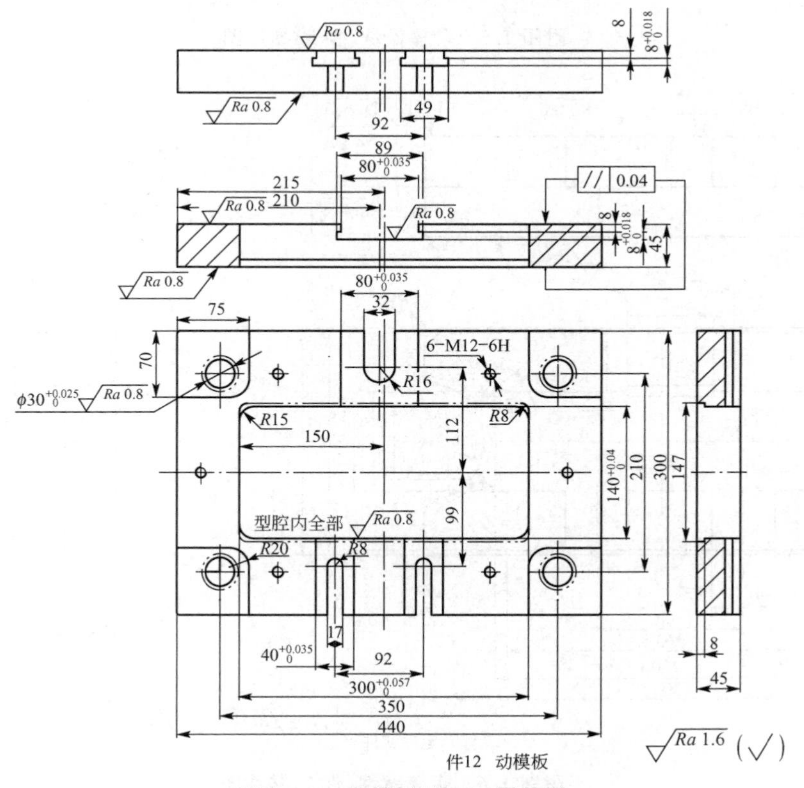

附图 1.4 动模板(件 12)零件图

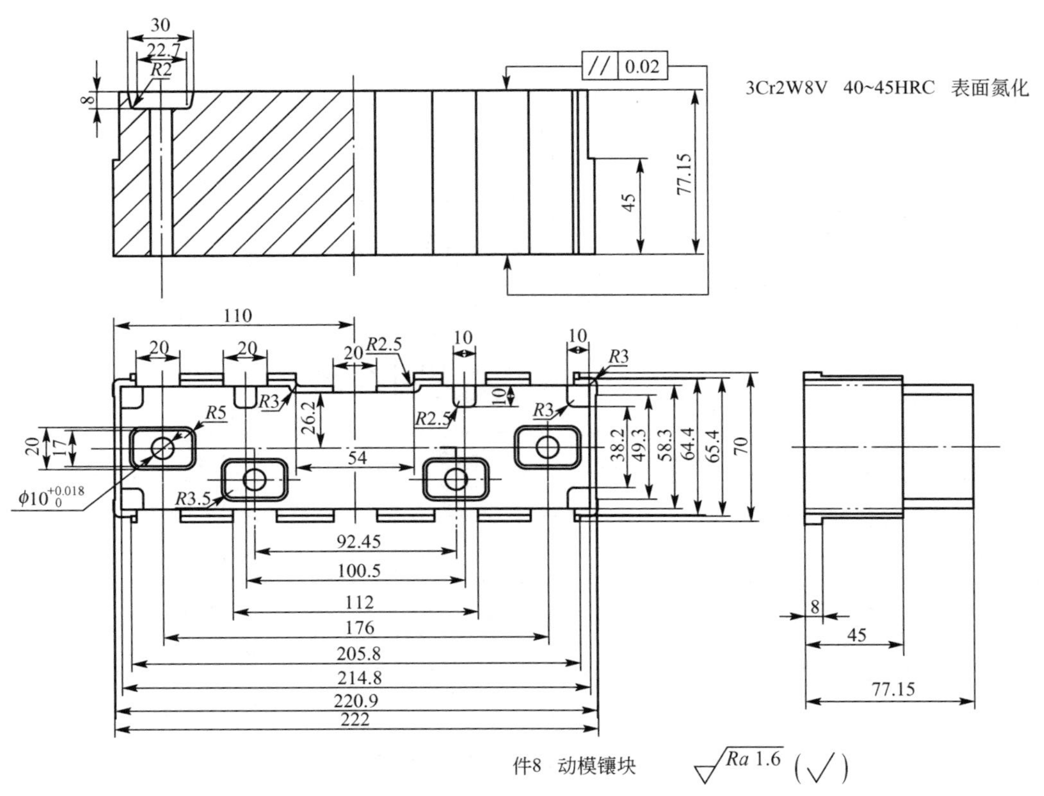

附图 1.5 动模镶块(件 8)零件图

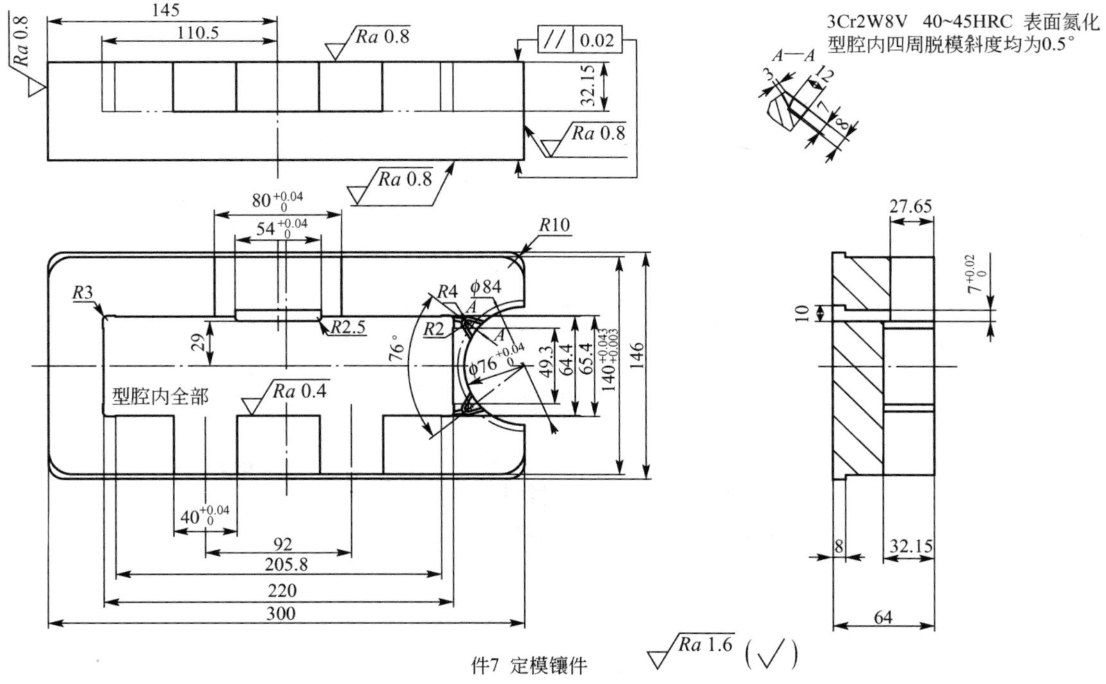

附图 1.6 定模镶件(件 7)零件图

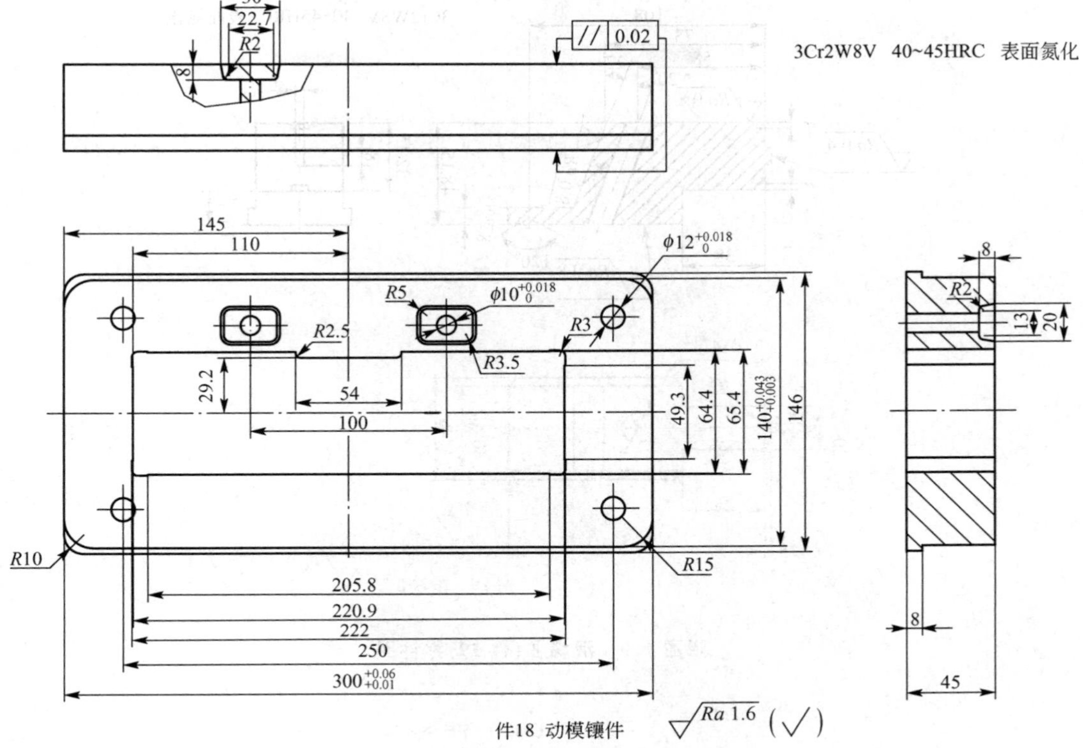

附图 1.7 动模镶件(件 18)零件图

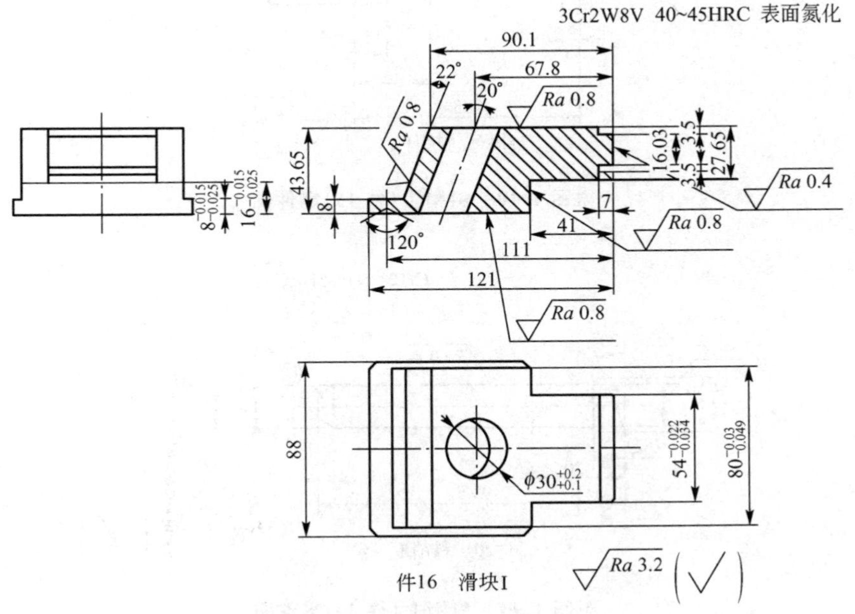

附图 1.8 滑块Ⅰ(件 16)零件图

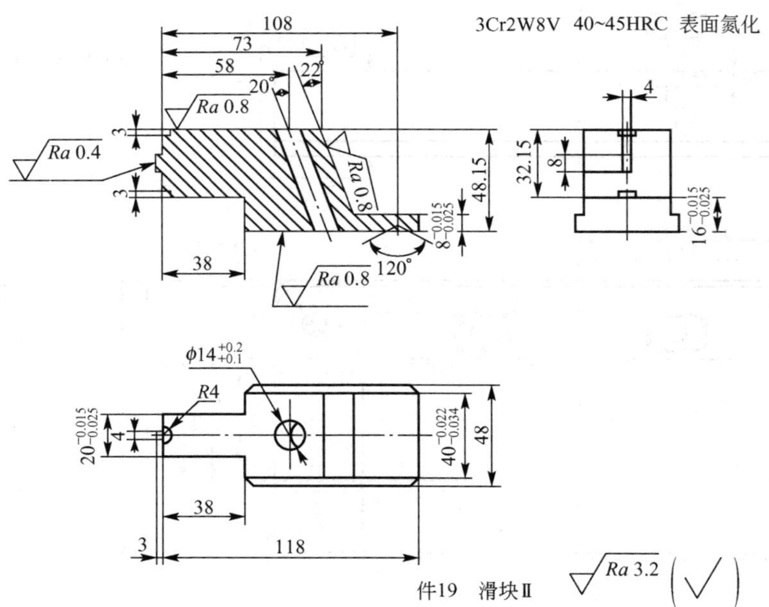

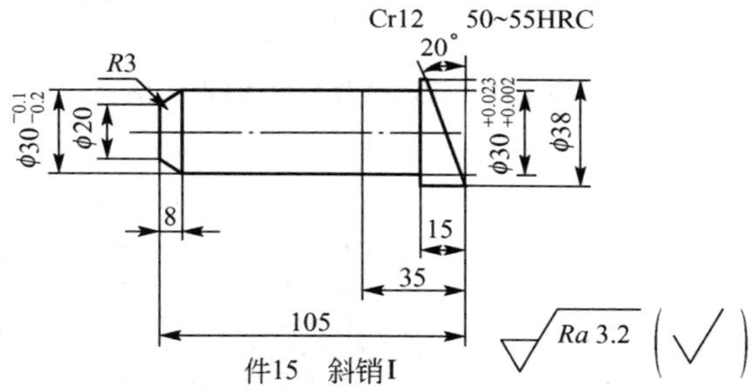

附图 1.9 滑块Ⅱ(件 19)零件图

附图 1.10 斜销Ⅰ(件 15)零件图

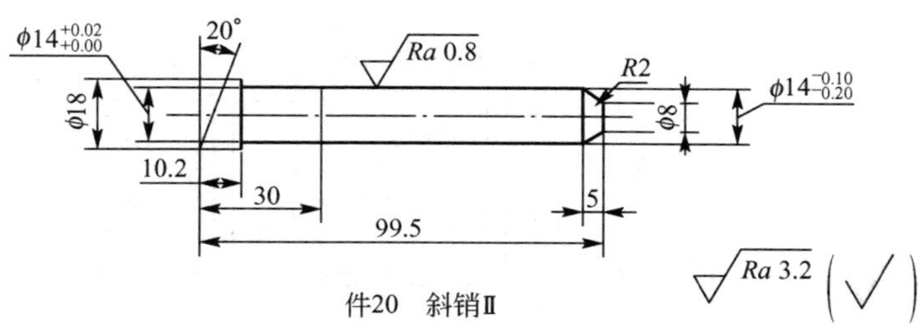

附图 1.11 斜销Ⅱ(件 20)零件图

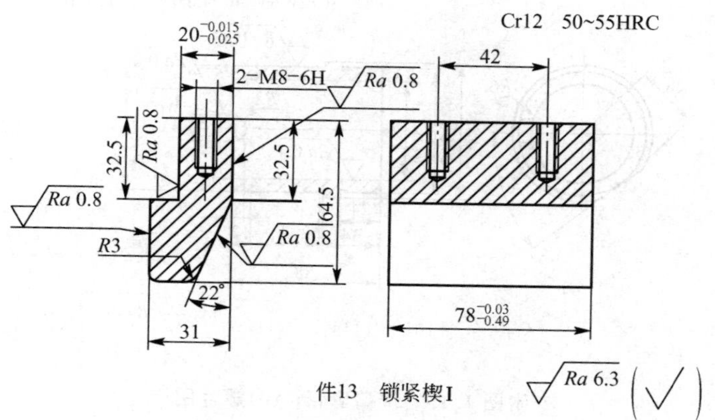

附图 1.12 锁紧楔Ⅰ(件 13)零件图

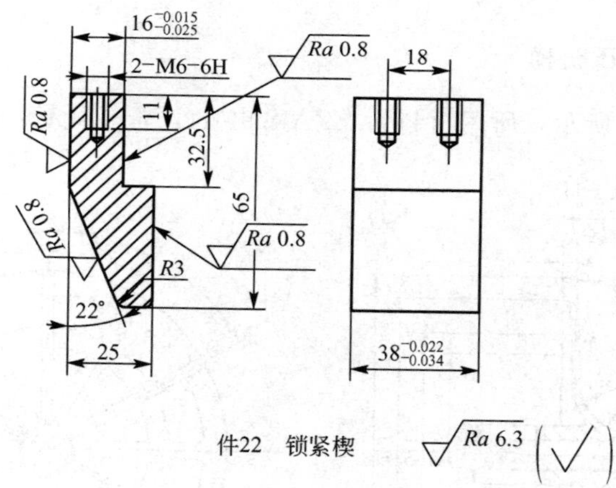

附图 1.13 锁紧楔Ⅱ(件 22)零件图

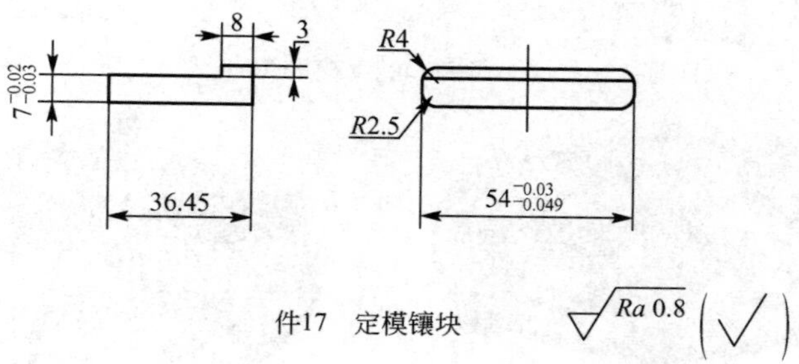

附图 1.14 定模镶块(件 17)零件

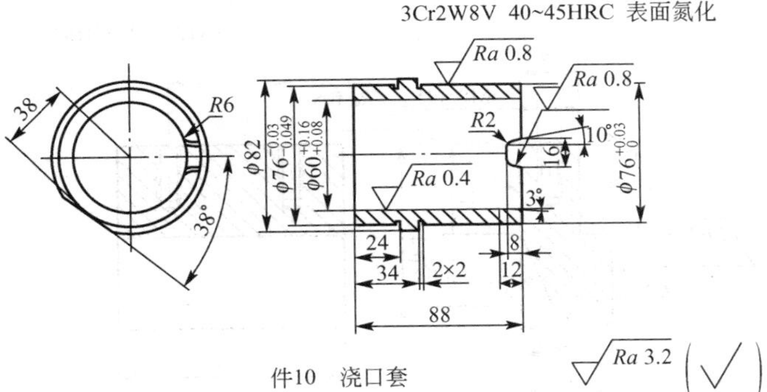

附图 1.15 浇口套(件 10)零件图

附录 2 压铸模结构实例及分析

一、风扇叶轮中心浇口压铸模

压铸件如附图 2.1 所示，所用材料为 YZAlSi9Cu4，合金代号：YL112。

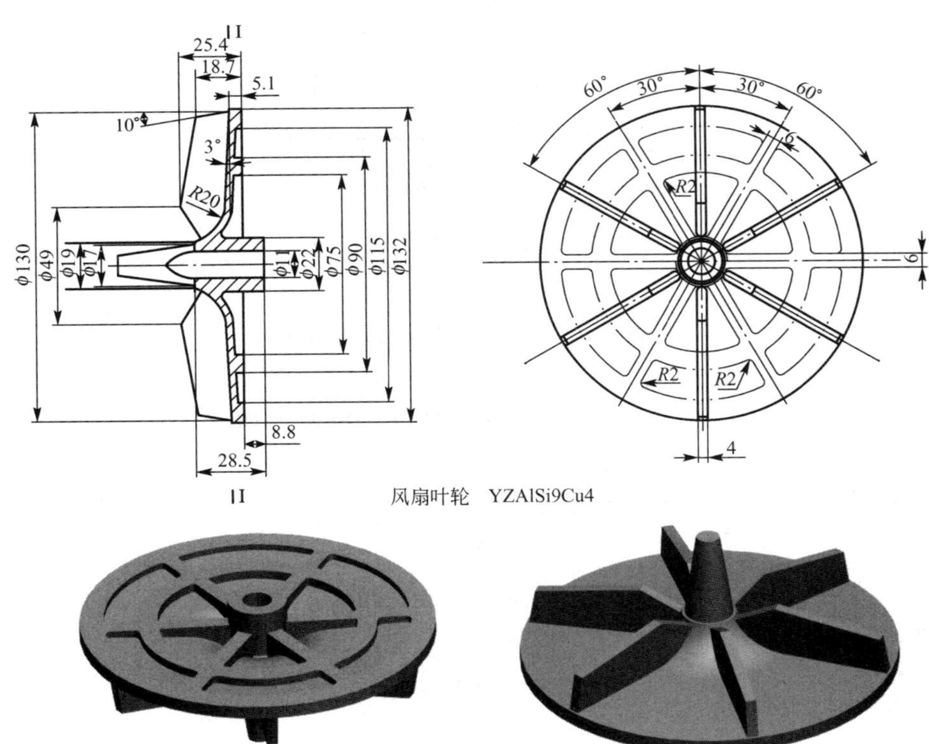

附图 2.1 风扇叶轮压铸件零件图

压铸件外形尺寸 ϕ132mm×32.5mm，壁厚 4～6mm，尺寸精度为 GB/T 6414—1999 CT6 级，符合压铸件的生产技术工艺条件。

压铸件为圆盘状回转体的结构形式，宜采用一模一腔的压铸生产方式。铸件中间 ϕ11mm 轴孔处壁厚较厚且强度要求较高，为增加中间 ϕ11mm 轴孔处补压效果，使该处合金组织致密；同时考虑到在生产压铸时，合金在模具内的流程较短，熔体流向顺畅，也便于排气，浇注系统采用中心浇口的形式。直浇道选用 ϕ40H9 浇口套，内浇口尺寸为外圆 ϕ19mm、内圆 ϕ11mm 的环形，其面积约为 132mm^2。

根据铸件的结构特点，综合考虑浇注系统及铸件推出机构的设置，分型面的选择如风扇叶轮压铸件零件图(附图 2.1)中主视图所示 Ⅰ—Ⅰ 的标记面。

压铸件原材料为铝合金，故选用常用的卧式冷室压铸机。根据压铸件分型面投影面积计算及生产实际情况，选用 J1116 型压铸机。

压铸模的总装设计如附图 2.2 所示。定模座板与定模板间的定位导向采用设置在定模座板内的导柱(件 2)与设置在定模板内的导套(件 3)反向导向的形式，以保证模具在完全打开后，因六角螺母的限位作用，定模板与定模座板始终在导向状态。整个浇注系统在此空间被先拉断，再与铸件分离后被取出。而动模、定模间的定位采用设置在动模板内的导柱(件 15)与设置在定模板内的导套(件 13)导向配置。与金属液面直接接触的模具材料均采用了 3Cr2W8V 模具钢，而动（定）模板、座板等均采用了中碳钢材料。

动模、定模内的成形结构件全部为镶块、镶套的形式，便于各工作零件的加工和模具尺寸的调整，也便于后面在压铸生产过程中的修理与易损件的更换。

因铸件底面平整，推出机构的设计以在铸件的环形肋和经向肋处设置了 9 支直径为 ϕ6mm 的圆形推杆，以保证铸件及浇口顺利推出。为使铸件平稳推出，在动模垫板内装有推板导柱(件 27)，与推杆固定板内的导套(件 26)导向配合。保证其推出平衡。

在动、定模板侧面均设有吊环螺孔，便于模具的装卸。

二、外壳斜推块内侧抽芯压铸模

压铸件如附图 2.3 所示，所用材料为 YZAlSi12，合金代号：YL102。

铸件体积适中，可采用一模两腔，以两端部对列排列的方式，压铸时有利于金属液的流动和充盈。模具总体结构设计时以壳体的下端大平面为动模、定模间的分型面。浇注系统采用横浇道侧浇口的进料形式。

因铸件内侧有两 8mm×2mm×1.4mm 凹形长方槽，必须采用内斜滑块的模具结构形式，如附图 2.4 所示。

压铸结束，模具打开。设置在模具内的内斜滑块推杆(件 20)推动 T 形内斜抽芯滑块(件 16)向上移动时，T 形内斜抽芯滑块同时沿内侧斜面向内移动。而设置在动模镶件(件 6)内的推杆(1)、(2)、(3)(分别为件 8、10、27)与内斜滑块推杆同步推动铸件向模外脱模。设置在动模板(件 12)部分的浇道镶套(件 19)内的浇道推杆(件 17)也同时推动浇注系统脱模。

合模时，复位杆(件 4)推动推杆固定板(件 23)内的全部推杆复位。同时定模镶件(件 5)推动 T 形内斜抽芯滑块的 T 形端面使其向模内复位。设置在 T 形内斜抽芯滑块内的限位圆柱销(件 15)起到其移距、限位的作用。

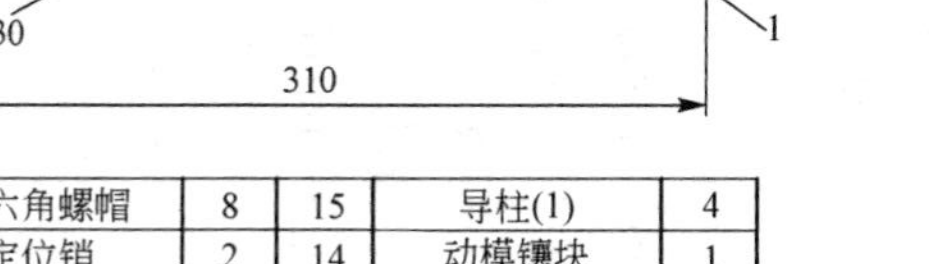

30	外六角螺帽	8	15	导柱(1)	4
29	定位销	2	14	动模镶块	1
28	推杆	9	13	导套(1)	4
27	推板导柱	4	12	定模板	1
26	推板导套	4	11	复位杆	4
25	内六角螺钉	5	10	定位销	1
24	推杆垫板	1	9	内六角螺钉	6
23	挡钉	4	8	动模型芯块	1
22	推杆固定板	1	7	动模型芯	1
21	动模座板	1	6	压铸件	1
20	内六角螺钉	8	5	定模镶块	1
19	垫块	2	4	浇口套	1
18	内六角螺钉	10	3	导套(2)	4
17	动模垫板	1	2	导柱(2)	4
16	动模板	1	1	定模座板	1
件号	名称	数量	件号	名称	数量
风扇叶轮压铸模					

附图 2.2 风扇叶轮压铸模总装图

外壳 YZAlSi12

附图 2.3 外壳压铸件零件图

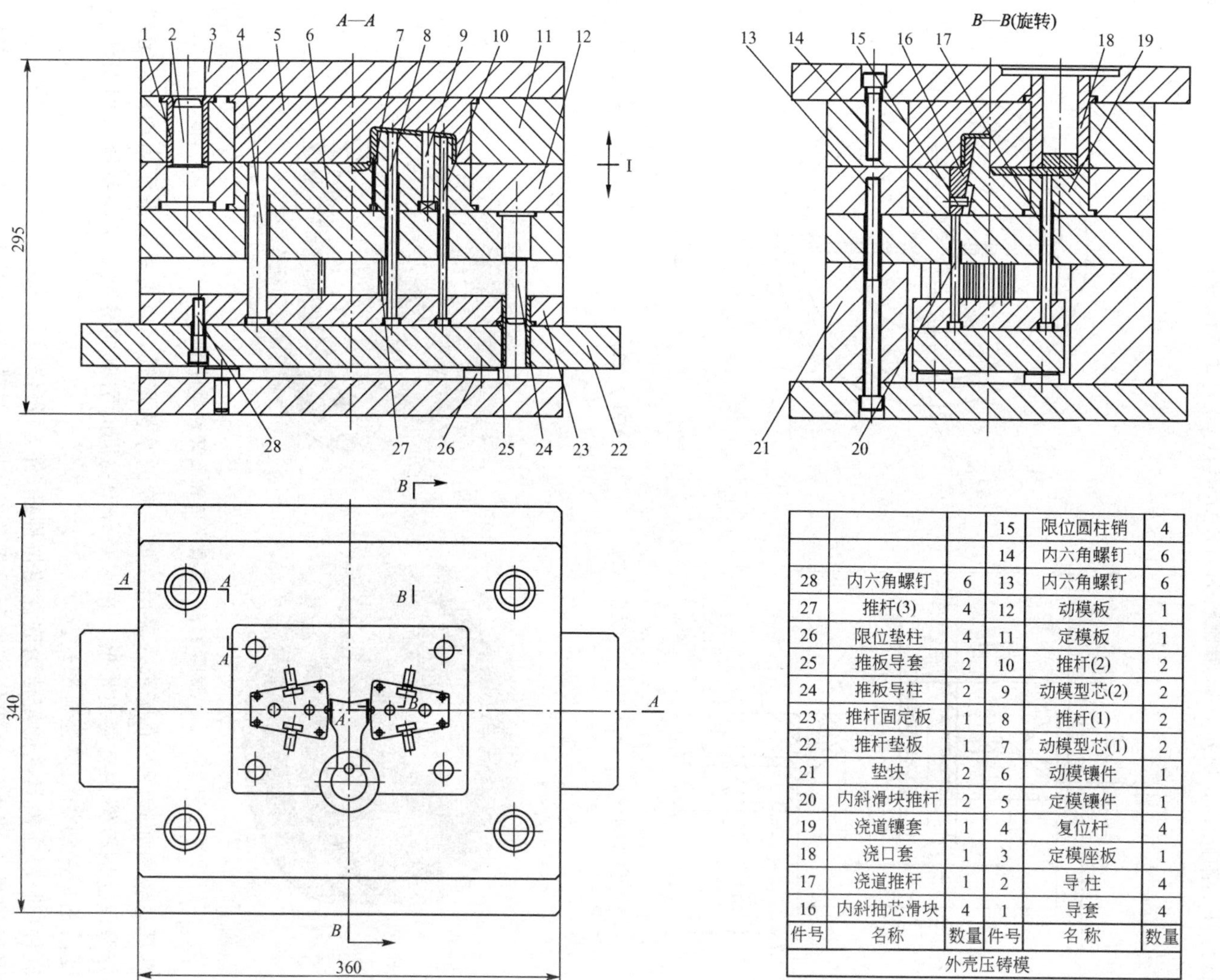

			15	限位圆柱销	4
			14	内六角螺钉	6
28	内六角螺钉	6	13	内六角螺钉	6
27	推杆(3)	4	12	动模板	1
26	限位垫柱	4	11	定模板	1
25	推板导套	2	10	推杆(2)	2
24	推板导柱	2	9	动模型芯(2)	2
23	推杆固定板	1	8	推杆(1)	2
22	推杆垫板	1	7	动模型芯(1)	2
21	垫块	2	6	动模镶件	1
20	内斜滑块推杆	2	5	定模镶件	1
19	浇道镶套	1	4	复位杆	4
18	浇口套	1	3	定模座板	1
17	浇道推杆	1	2	导 柱	4
16	内斜抽芯滑块	4	1	导套	4
件号	名称	数量	件号	名 称	数量
外壳压铸模					

附图 2.4 外壳压铸模总装图

三、双槽平带轮斜销抽芯压铸模

压铸件如附图 2.5 所示，所用材料为 YZAlSi11Cu3，合金代号：YL113。

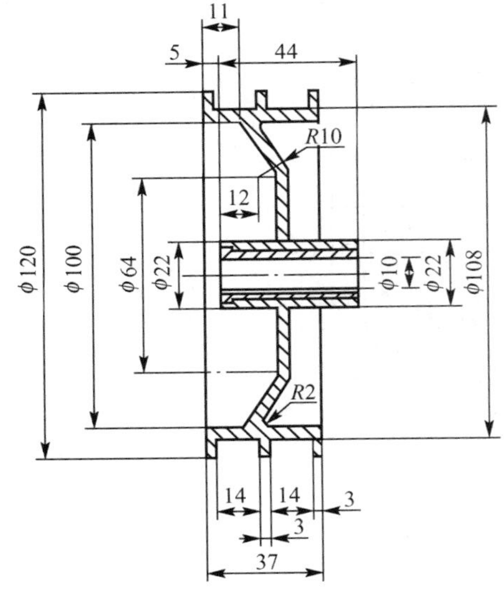

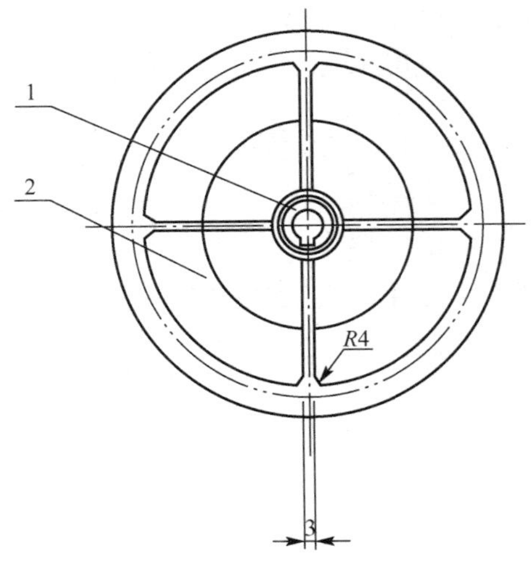

双槽平带轮　　　YZAlSi12Cu2

1. 嵌件　　2. 压铸件

附图 2.5　双槽平带轮压铸件零件图

模具总装图如附图 2.6 所示。采用一模一腔的结构形式，以上端大平面为动模、定模间的分型面。因该铸件有两皮带槽，在水平分型的同时需侧向分型。浇注系统采用偏转一定角度后的横浇道侧浇口进料形式。

嵌件(件 7)在模具内的定位由嵌件定位推杆(件 8)定位。

因压铸件上部由定模部分成形，设置在定模板(件 11)内的定模镶件(件 5)面积较大。因此，设置在动模部分的滑块在未打开前，铸件上部必须与定模部分先行分离。否则易造成在动、定模分型时铸件因局部粘附在定模型腔内而使铸件无法正常脱模。所以采用了滑块内的斜销(件 3)延时抽芯的结构形式。

动模部分的成形滑块(件 4)、侧面导板(件 17)组列在动模板(件 16)上后成一整体，由导柱(件 14)导向，模具打开后在推杆推动下可上、下移动，复位杆(件 22)兼具推出与复位两个作用。

压铸结束，模具打开，滑块与斜销的插配斜孔已加工为长圆形斜孔，在动模、定模打开一定距离后斜销再带动滑块抽芯，实现滑块的延时分型。即铸件的上部与定模部分分离后，斜销带动滑块抽芯。模具完全打开，最后由嵌件定位推杆推动铸件中间部位；同时复位杆(其兼具推出与复位两个作用)推动整个动模板上打开后的滑块部分沿导向导柱(件 14)向上移动，共同协调一致推出铸件。

滑块的延时分型距 S(见总装图俯视图)应保证铸件与定模部分分离有效距离在 2/3 以上。复位杆推动动模部分的脱模行程 L_1 应在动模移动时，小于导柱有效导向行程 L 的 10～15mm 范围内，以保证模具的正常工作。

四、散热器盖气动辅助顶出压铸模

压铸件如附图 2.7 所示，所用材料为 ADC12①。

椭圆形状中空结构件的外缘为其最大轮廓。故其动、定模间的水平分型面较易选择，即以铸件下端部的大平面为模具的动模、定模间的分型面。压铸模总装图如附图 2.8 所示。

根据压铸模浇注系统的设计原则，金属料流应顺着散热片的方向充填，以避免产生流痕、冷隔和散热片部分形状充填不完整。最终所选择的浇注系统设计如附图 2.8 所示，总装图主视图中浇口套内铸口的分流锥(件 19)以圆弧导料的结构形式设计，以使压铸时加快料流的充盈速度。俯视图中横浇道以铸件圆弧相一致的导料结构方式设计。在铸件成形型腔的三面设置了七个溢料集气包。

模具主要成形部分的工作零件采用镶件分别镶入动、定模内(定模镶块 7；动模镶块 32)的结构形式，以利于模具工作及成形部位尺寸的调整，也有利于易损部分零件的修理、更换、调整。

成形 ϕ6.5mm 圆孔及 ϕ12mm 台阶孔的动模型芯Ⅰ、Ⅱ(件 8、件 29)分别以插入气动推管(1)(件 6)和气动推管(2)(件 16)内的结构形式设计。采用这一结构形式主要是为了防止模具在压铸时料流对型芯的冲击压力而使型芯位移、折断。

由于铸件的外形成形均设置在定模部分，为防止动模、定模打开后铸件留置在定模型腔内而无法取出，因此在定模的上部设计了气动顶出的结构。气动顶出部分的动作与动模、定模间的开模动作应协调一致。

模具压铸成形结束。压铸机压射头移动完毕，经保压与冷却，动模部分后移。与此同时，设置在定模内的气动顶出推管(共 7 件)同步起动推顶铸件使其脱离定模型腔镶块(件 7)，确保铸件留置在动模部分。开模结束后，压铸机的液压顶出系统开始工作。推动动模推杆(件 9)，将铸件顶离动模镶件。在推杆固定板内的浇道推杆(件 23)、横浇道推杆(件 24)同步把浇注系统与溢料包推出动模。合模时，设置在动模内的复位杆(件 27)使动模部分的所有推杆复位，为实现快速、可靠复位，在推杆固定板与动模垫板(件 33)间设置了矩形截面弹簧(件 28)。此时定模部分的气动气压已完全消除，动模内的型芯台阶顶动已可自由移动的气动推管复位。

---

① 日本的铝合金牌号，相当于国产的合金代号 YL113，合金牌号是 YZAlSi11Cu3。

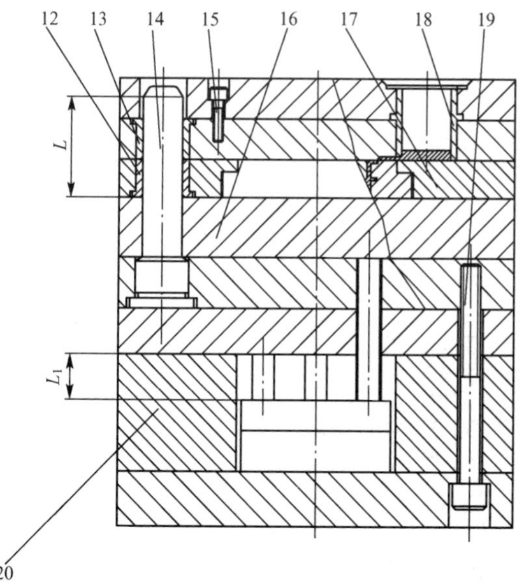

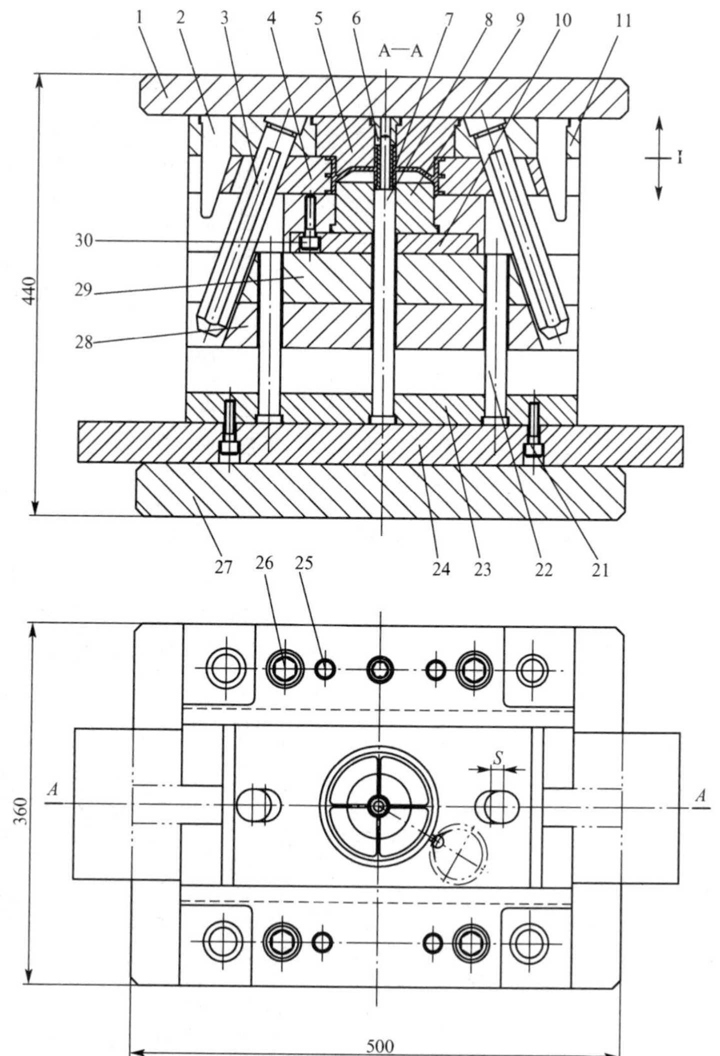

30	内六角螺钉	4	15	内六角螺钉	6
29	动模固定板	1	14	导柱	4
28	动模垫板	1	13	定模导套	4
27	动模座板	1	12	动模导套	4
26	内六角螺钉	4	11	定模板	1
25	圆柱销	2	10	动模内小垫板	1
24	推杆垫板	1	9	动模镶件	1
23	推杆固定板	1	8	嵌件定位推杆	1
22	复位杆	2	7	嵌件	1
21	内六角螺钉	2	6	定模镶套	1
20	垫 块	1	5	定模镶件	1
19	内六角螺钉	2	4	滑块	2
18	浇口套	1	3	斜销	2
17	侧面导板	2	2	楔紧块	2
16	动模板	1	1	定模座板	1
件号	名 称	数量	件号	名称	数量
双槽平带轮压铸模					

附图 2.6 双槽平带轮压铸模总装图

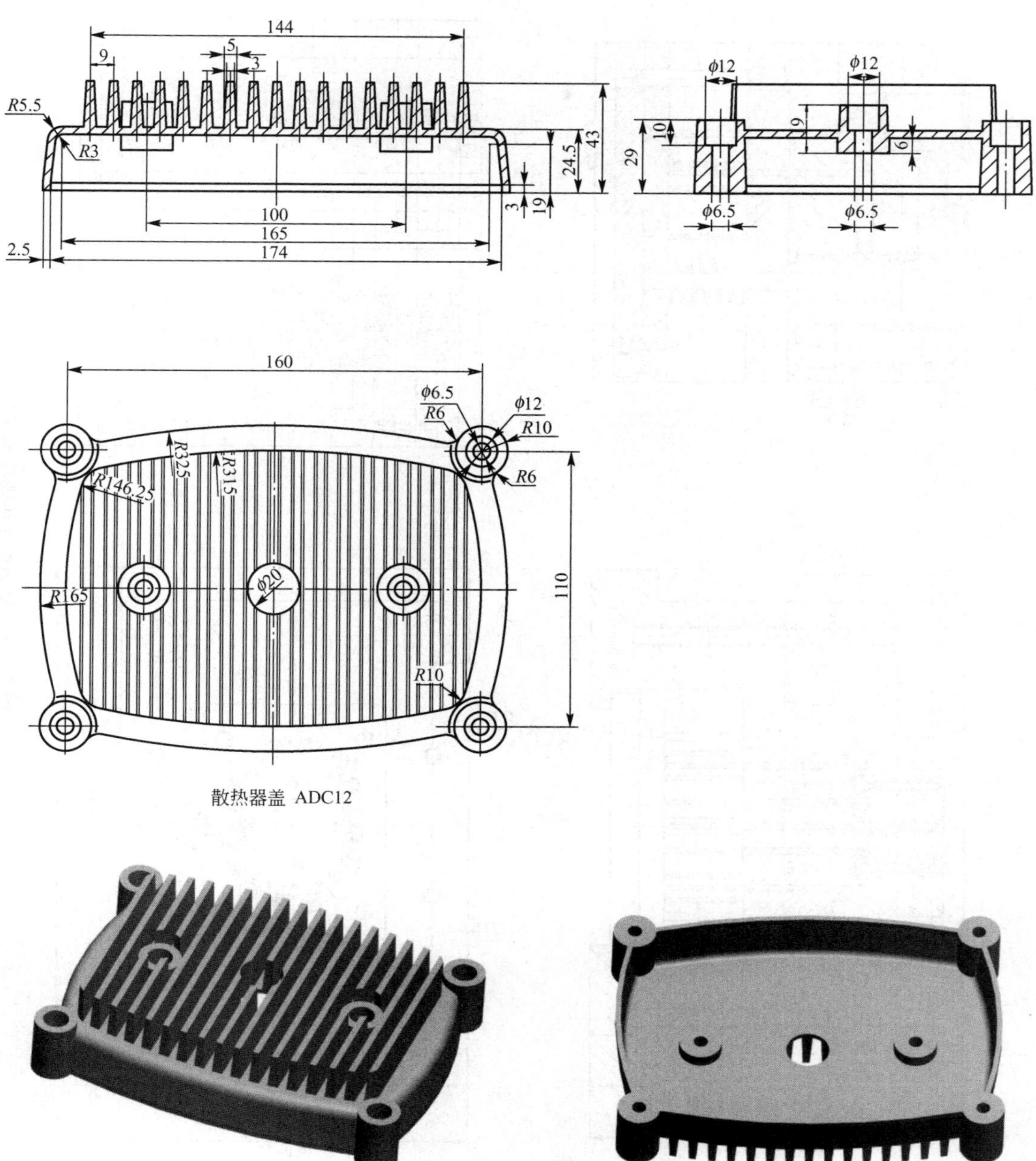

散热器盖 ADC12

附图 2.7 散热器盖压铸件零件图

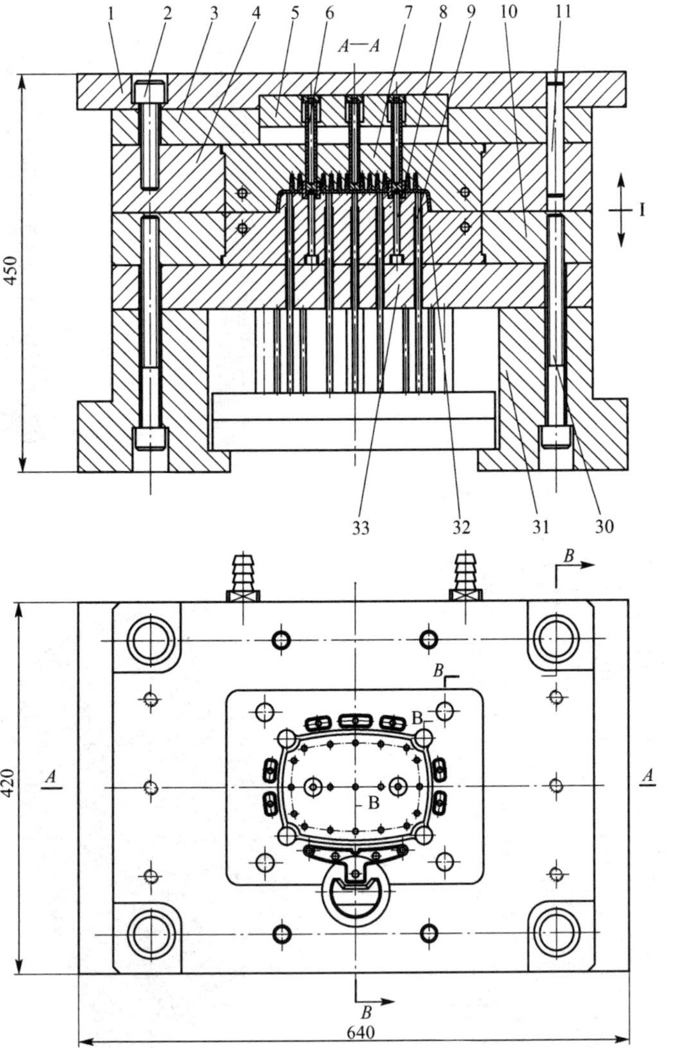

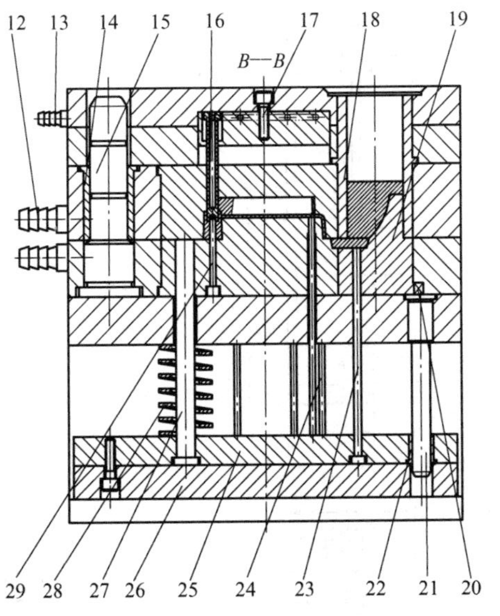

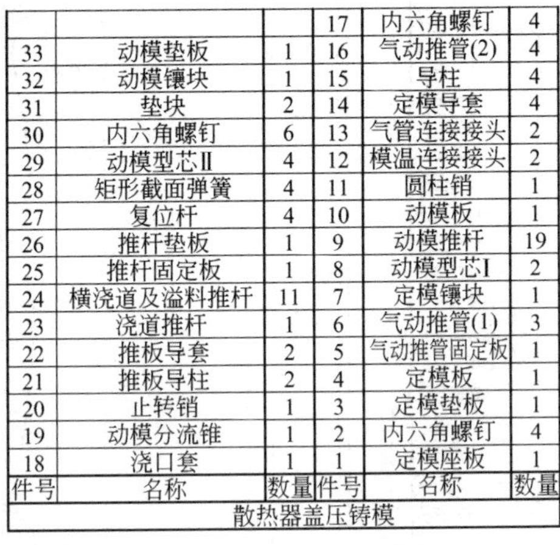

件号	名称	数量	件号	名称	数量
			17	内六角螺钉	4
33	动模垫板	1	16	气动推管(2)	4
32	动模镶块	1	15	导柱	4
31	垫块	2	14	定模导套	4
30	内六角螺钉	6	13	气管连接接头	2
29	动模型芯Ⅱ	4	12	模温连接接头	2
28	矩形截面弹簧	4	11	圆柱销	1
27	复位杆	4	10	动模板	1
26	推杆垫板	1	9	动模推杆	19
25	推杆固定板	1	8	动模型芯Ⅰ	2
24	横浇道及溢料推杆	11	7	定模镶块	1
23	浇道推杆	1	6	气动推管(1)	3
22	推板导套	2	5	气动推管固定板	1
21	推板导柱	2	4	定模板	1
20	止转销	1	3	定模垫板	1
19	动模分流锥	1	2	内六角螺钉	4
18	浇口套	1	1	定模座板	1
散热器盖压铸模					

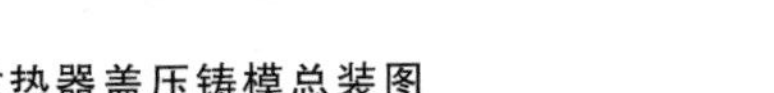
附图 2.8 散热器盖压铸模总装图

附录 3　压铸模设计相关标准目录

<table>
<tr><th>序号</th><th>标准代号</th><th colspan="3">标准内容</th></tr>
<tr><td>01</td><td>GB/T 15115—2009</td><td>压铸铝合金</td><td colspan="2">Die casting aluminum alloys</td></tr>
<tr><td>02</td><td>GB/T 13818—2009</td><td>压铸锌合金</td><td colspan="2">Die casting zinc alloys</td></tr>
<tr><td>03</td><td>GB/T 25748—2010</td><td>压铸镁合金</td><td colspan="2">Die casting magnesium alloys</td></tr>
<tr><td>04</td><td>GB/T 15116—1994</td><td>压铸铜合金</td><td colspan="2">Die casting copper alloys</td></tr>
<tr><td>05</td><td>GB/T 15114—2009</td><td>铝合金压铸件</td><td colspan="2">Aluminum alloy die castings</td></tr>
<tr><td>06</td><td>GB/T 13821—2009</td><td>锌合金压铸件</td><td colspan="2">Zinc alloy die castings</td></tr>
<tr><td>07</td><td>GB/T 25747—2010</td><td>镁合金压铸件</td><td colspan="2">Magnesium alloy die castings</td></tr>
<tr><td>08</td><td>GB/T 15117—1994</td><td>铜合金压铸件</td><td colspan="2">Copper alloy die castings</td></tr>
<tr><td>09</td><td>GB/T 25717—2010</td><td>镁合金热室压铸机</td><td colspan="2">Hot chamber die casting machines for magnesium alloys</td></tr>
<tr><td>10</td><td>JB/T 6309.1—2013</td><td>热室压铸机
第 1 部分：基本参数</td><td rowspan="3">Hot - chamber die casting machine</td><td>Part 1：parameters</td></tr>
<tr><td>11</td><td>JB/T 6309.2—2015</td><td>热室压铸机
第 2 部分：精度检验</td><td>Part 2：Testing of the accuracy</td></tr>
<tr><td>12</td><td>JB/T 6309.3—2015</td><td>热室压铸机
第 3 部分：技术条件</td><td>Part 3：Technical requirements</td></tr>
<tr><td>13</td><td>JB/T 8083—2000</td><td>压铸机　参数</td><td colspan="2">Die casting machines - Basic parameters</td></tr>
<tr><td>14</td><td>GB/T 21269—2007</td><td>冷室压铸机</td><td colspan="2">Cold chamber die casting machines</td></tr>
<tr><td>15</td><td>GB/T 6414—1999</td><td>铸件　尺寸公差与
机械加工余量</td><td colspan="2">Castings - System of dimensional tolerances and machining allowances</td></tr>
<tr><td>16</td><td>GB/T 6060.1—1997</td><td>表面粗糙度比
较样块　铸造表面</td><td colspan="2">Roughness comparison specimens - Cast surface</td></tr>
<tr><td>17</td><td>GB/T 8847—2003</td><td>压铸模术语</td><td colspan="2">Terminology of Die-casting dies</td></tr>
<tr><td>18</td><td>GB/T 8844—2003</td><td>压铸模技术条件</td><td colspan="2">Specification of the Die-casting dies</td></tr>
<tr><td>19</td><td>GB/T 4679—2003</td><td>压铸模零件
技术条件</td><td colspan="2">Specification of Die-casting die components</td></tr>
<tr><td>20</td><td>GB/T 4678.1—2003</td><td>压铸模零件
第 1 部分：模板</td><td colspan="2">Die - casting die components - Part 1：Mould plate</td></tr>
<tr><td>21</td><td>GB/T 4678.2—2003</td><td>压铸模零件
第 2 部分：圆形镶块</td><td colspan="2">Die - casting die components - Part 2：Round insert block</td></tr>
</table>

（续）

序号	标准代号	标准内容	
22	GB/T 4678.3—2003	压铸模零件 第 3 部分：矩形镶块	Die - casting die components - Part 3: Rectangular insert block
23	GB/T 4678.4—2003	压铸模零件 第 4 部分：带肩导柱	Die - casting die components - Part 4: Shouldered guide pillar
24	GB/T 4678.5—2003	压铸模零件 第 5 部分：带头导柱	Die - casting die components - Part 5: Headed guide pillar
25	GB/T 4678.6—2003	压铸模零件 第 6 部分：带头导套	Die - casting die components - Part 6: Headed guide bush
26	GB/T 4678.7—2003	压铸模零件 第 7 部分：直导套	Die - casting die components - Part 7: Straight guide bush
27	GB/T 4678.8—2003	压铸模零件 第 8 部分：推板	Die-casting die components-Part 8: Ejector plate
28	GB/T 4678.9—2003	压铸模零件 第 9 部分：推板导柱	Die-casting die components-Part 9: Ejector guide pillar
29	GB/T 4678.10—2003	压铸模零件 第 10 部分：推板导套	Die-casting die components-Part 10: Ejector guide bush
30	GB/T 4678.11—2003	压铸模零件 第 11 部分：推杆	Die-casting die components-Part 11: Ejector pin
31	GB/T 4678.12—2003	压铸模零件 第 12 部分：复位杆	Die - casting die components - Part 12: Return pin
32	GB/T 4678.13—2003	压铸模零件 第 13 部分：推板垫圈	Die-casting die components-Part 13: Ejector plate washer
33	GB/T 4678.14—2003	压铸模零件 第 14 部分：限位钉	Die - casting die components - Part 14: Stop pin
34	GB/T 4678.15—2003	压铸模零件 第 15 部分：垫块	Die - casting die components - Part 15: Spacer block
35	GB/T 4678.16—2003	压铸模零件 第 16 部分：扁推杆	Die - casting die components - Part 16: Flat ejector pin
36	GB/T 4678.17—2003	压铸模零件 第 17 部分：推管	Die-casting die components-Part 17: Ejector sleeve
37	GB/T 4678.18—2003	压铸模零件 第 18 部分：支承柱	Die - casting die components - Part 18: Support pillar
38	GB/T 4678.19—2003	压铸模零件 第 19 部分：定位元件	Die - casting die components - Part 19: Locating element

附录 4　与课程内容相关的部分网络资源站点

序号	网站名称	网　　址	简　　介
01	中国模具工业协会	http：//www.cdmia.com.cn	中国模具工业协会主办唯一官方网站
02	中国压铸网	http：//www.yzw.cc	全球领先的压铸行业综合服务平台，包括压铸家园、压铸学院、压铸百科、压铸问答、压铸论坛等栏目
03	中国模具论坛	http：//www.mouldbbs.com	全面的模具技术人才交流网站，包含模具技术中心、机械技术中心、软件学习中心等
04	国际模具网	http：//2mould.com	面向全球的国内模具产业链贸易平台，为模具采购商、供应商、配套商提供贸易机会等
05	燕秀模具技术论坛	http：//bbs.yxcax.com	很好的模具学习论坛，免费提供原创的模具设计外挂“燕秀工具箱”等资源下载等
06	中华压铸网	http：//www.001cndc.com/	国内较权威的压铸行业垂直门户
07	中国轻工模具网	http：//www.mouldscity.com	包括模具生产、模具机械、模具材料、模具辅助机构、模具资讯等栏目内容
08	（国际模具协会）（ISTMA）	http：//www.istma.org	国际特殊模具及加工协会（ISTMA）是一个国际组织，提供其成员之间的沟通渠道等
09	iCAx开思论坛	http：//bbs.icax.org/	CAD/CAM/CAE/PDM/PLM/模具/设计加工交流论坛
10	MoldMaking Technology Online	http：//www.moldmakingtechnology.com	（英文）提供模具加工方面的技术资料等

参考文献

[1] 潘宪曾．压铸模设计手册［M］．3 版．北京：机械工业出版社，2006.

[2] 屈华昌．压铸成型工艺与模具设计［M］．北京：高等教育出版社，2005.

[3] 宋满仓．压铸模具设计［M］．北京：电子工业出版社，2010.

[4] 洪慎章，王国祥．实用压铸模设计与制造［M］．北京：机械工业出版社，2011.

[5] 黄勇．压铸模具简明设计手册［M］．北京：化学工业出版社，2010.

[6] 骆榈生，许琳．金属压铸工艺与模具设计［M］．北京：清华大学出版社，2006.

[7] 柯春松．压铸模具设计与制造［M］．北京：高等教育出版社，2014.

[8] 田雁晨，田宝善，王文广，等．金属压铸模设计技巧与实例［M］．北京：化学工业出版社，2006.

[9] 龙文云，卢百平．金属液态成型模具设计［M］．北京：化学工业出版社，2010.

[10] 耿鑫明．压铸件生产指南［M］．北京：化学工业出版社，2007.

[11] 卢宏远，董显明，王峰．压铸技术与生产［M］．北京：机械工业出版社，2008.

[12] 甘玉生．压铸模具工程师专业技能入门与精通［M］．北京：机械工业出版社，2008.

[13] 马晓录，李海平．压铸工艺与模具设计［M］．北京：机械工业出版社，2010.

[14] 赖华清．压铸工艺及模具［M］．北京：机械工业出版社，2010.

[15] 罗启全．压铸工艺及设备模具实用手册［M］．北京：化学工业出版社，2013.

[16] 王鹏驹，殷国富．压铸模具设计师手册［M］．北京：机械工业出版社，2008.

[17] 齐卫东．压铸工艺与模具设计［M］．2 版．北京：北京理工大学出版社，2012.

[18] 关月华．压铸成型工艺与模具设计［M］．北京：电子工业出版社，2013.

[19] 张荣清．模具设计与制造［M］．2 版．北京：高等教育出版社，2008.

[20] 潘宪曾．压铸工艺与模具［M］．北京：电子工业出版社，2006.

[21] 杨裕国．压铸工艺与模具设计［M］．北京：机械工业出版社，2004.

[22] 吴春苗．压铸技术手册［M］．广州：广东科技出版社，2006.